Blue Machine

ブルー・マシン

海というエンジンと人類史

How the Ocean Shapes Our World

A&F

ブルー・マシン
海というエンジンと人類史

Blue Machine

わが妹、エレーナへ

ブルー・マシン
海というエンジンと人類史

目次

リーンランド
海流
ノルウェー海流
北大西洋海流
カナリア
海流
大西洋亜熱帯環流
大西洋
北赤道海流
赤道反流
南赤道海流
ソマリア海流
北赤道海流
赤道反流
南赤道海流
ベンゲラ
海流
アガラス海流
インド洋
南大西洋亜熱帯環流
インド洋亜熱帯環流
ォークランド
海流
ブラジル海流
西オーストラリア海流
南極周極流
亜寒帯環流
東風海流
暖流
寒流

海流

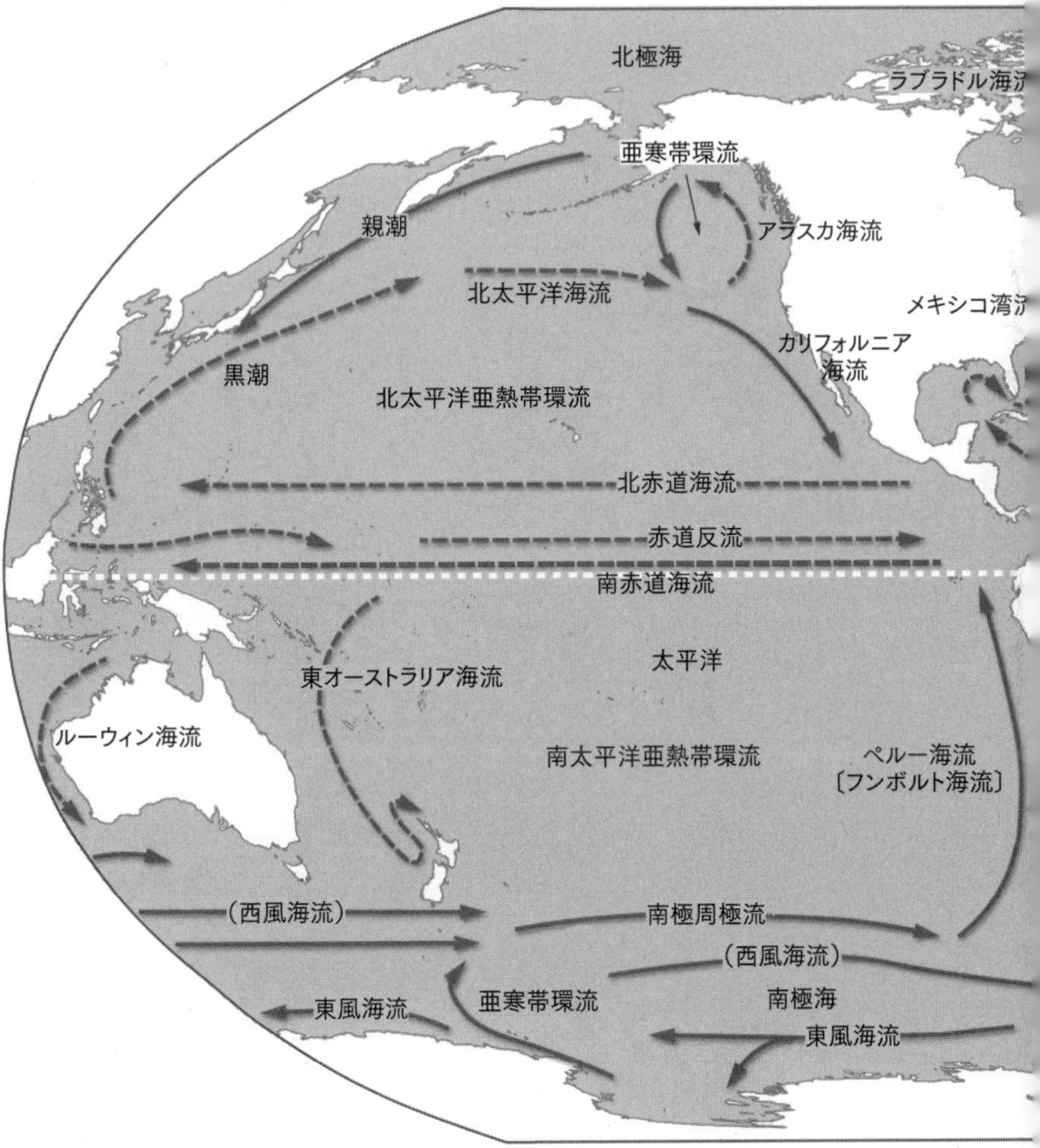
北極海
ラブラドル海流
亜寒帯環流
親潮
アラスカ海流
北太平洋海流
メキシコ湾流
カリフォルニア
海流
黒潮
北太平洋亜熱帯環流
北赤道海流
赤道反流
南赤道海流
太平洋
東オーストラリア海流
ルーウィン海流
南太平洋亜熱帯環流
ペルー海流
〔フンボルト海流〕
（西風海流）
南極周極流
（西風海流）
東風海流
亜寒帯環流
南極海
東風海流

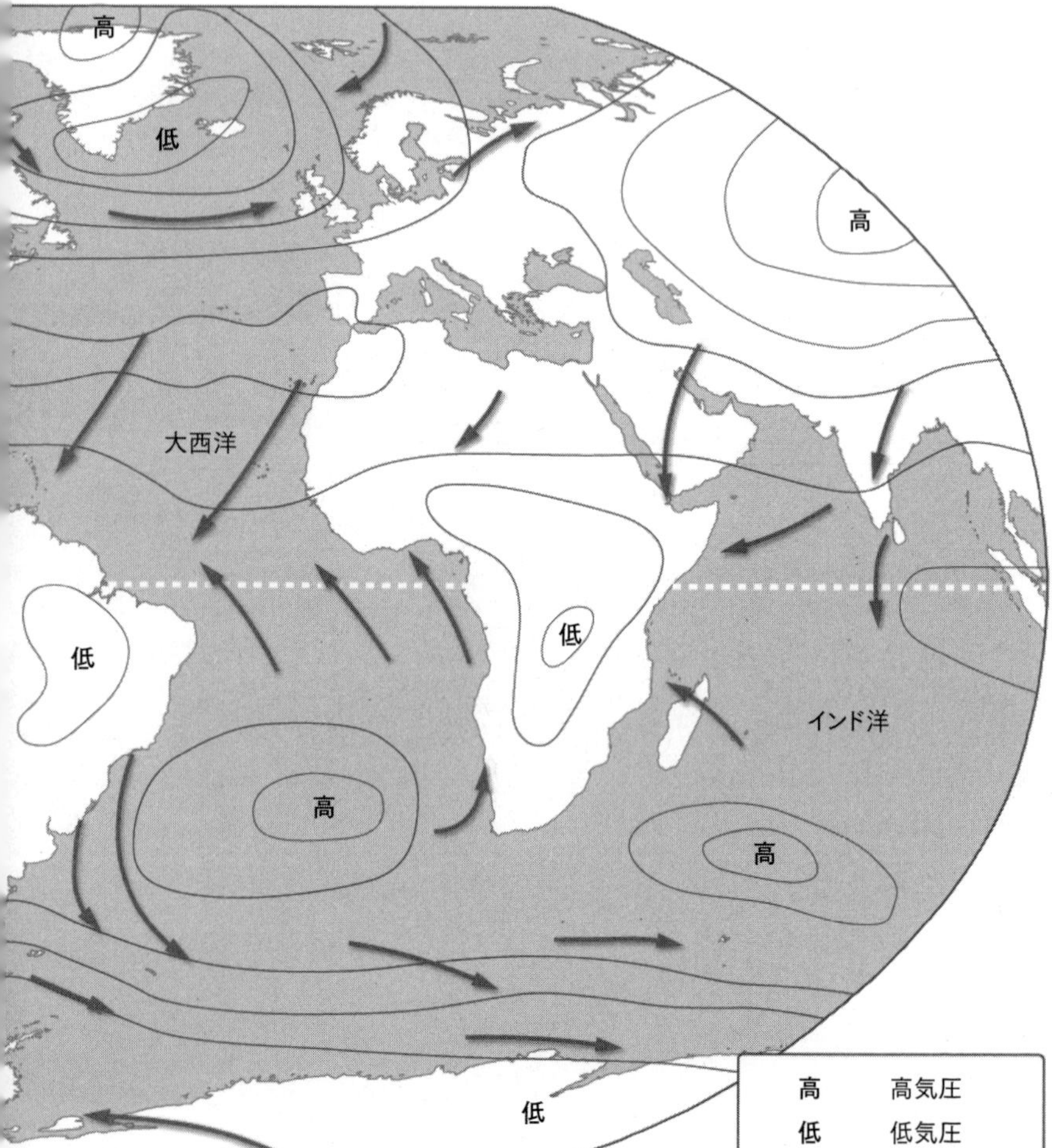
高
低
高
大西洋
低
低
インド洋
高
高
低
高　高気圧
低　低気圧

海の風

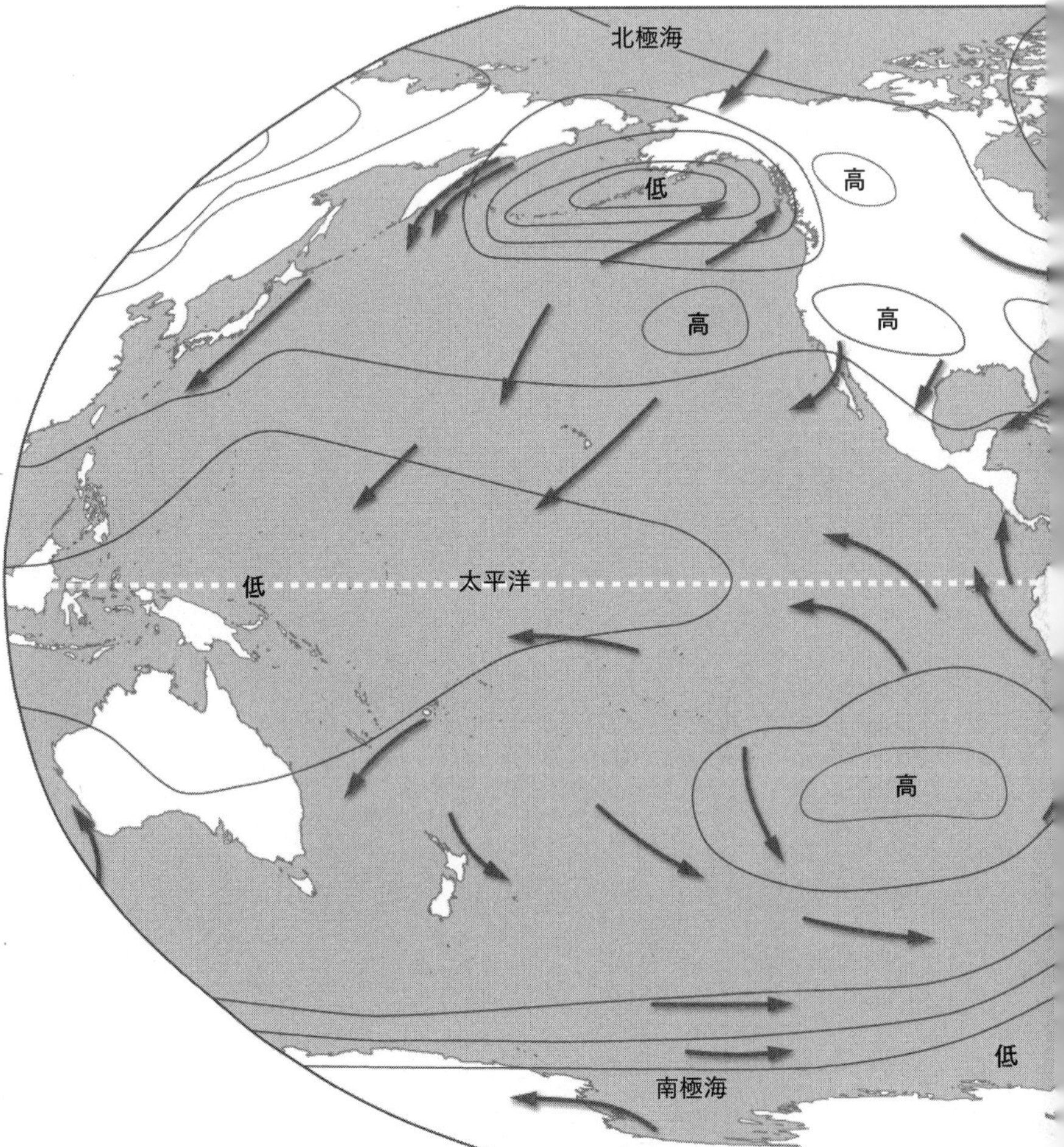

イントロダクション

赤道

暗闇のなか静かに浮かぶ私たちのカヌーは、星空のもとでは、漂流するちっぽけな粒となる。私たちは濃いインク色の青が水平線からゆっくりとのぼってきて星々を優しく消し去り、マウイにあるふたつの休火山のうち大きなほう、ハレアカラの巨大なシルエットを浮かびあがらせるのを待つ。サポートの船が一艘、数メートル先、私たちと東の水平線のあいだで揺れる。私は六人乗りのアウトリガー・カヌーの先頭から五つ目に座り、水に浮かぶアマを左に見ている。海とのあいだに置かれた安定用の浮きのことで、このカヌーを特徴づけるものだ。水面は平らかつ静かで、素晴らしく平穏。私たちは待つ。

時が来て、ピンク色をした光の兆しがハレアカラの輪郭に寄せる。ショートパンツとTシャツを着てティリーフのレイを身につけたキモケオ・カパフレフアがサポート船の片側で立ちあがり、カヌーと向きあう。彼はカヌーにいる私たちと、サポート船にいるわれわれの仲間たちに呼びかける。私はハワイ語をほとんど知らないが、彼の言っていることはわかる。ハワイの人々の海との深いつながりを示す、馴染みある表現だからだ。そのカヌーはただの物体ではなく、また実践的目的のためだけにつくられたものでもない。カヌーとはあらゆる面でチームワークの象徴だ――それをつくり、運び、漕ぎ、維持する協働の象徴――そして島々の共同体をひとつにまとめているのはそのチームワークなのだ。重要なのはオハナという大家族であり、自分たちのカヌーに乗る人々を大切にすることだ。海は陸と同じように、故郷《ホーム》の一部だ。海は様相を変えやすく、危険でありうるが、もしあなたが謙虚さを見せるなら、そして観察し、学ぶなら、海はあなたを助け、導いてくれるだろう。

きょう私たちは、ここカフルイ湾からはるかキヘイまで、マウイ第二の火山マウナ・カハラヴァイ周辺の航海に出ているが、この旅を完結させるには、技術と気候と良好な海の状態が必要だ。成功するかどうかにかかわらず大切なのは、ともに過ごす時間と、私たちがその道のりで得る学びだ。ここ赤道では太陽がすばやく昇るため、この知らせの儀式はたった数分で終わる。ハレアカラを背に明るいライラック色とピンクが空を埋めるとき、キモケオがひとつの詠唱を終え、そして私たち皆が参加する。エ・アラ・エはハワイの子どもたちが最初に学ぶ、もっとも重要な詠唱で、この大切な瞬間、すなわち陽光が最初に海にふれ、すべてがはじまりうるこの瞬間に向けられたものだ。

澄んだ空の下、私たちはほとんど昼間のような強烈な日差しの洪水を感じている。私のちょうどうしろ、六番目に座ってカヌーを漕いでいるカムが「ホッオマーカウカウ」と呼びかけると、私たちは櫂を上げる。眼前の海に明るい日差しの最初の一筋が当たり、私たちの櫂はほんの束の間、空中で静止する。そして「イムア!」の声で、六つの櫂は同時に海へと切りこむ。船出の時だ。

極

五か月後、私は巨大な氷盤の端で腹ばいになっている。[1] 同僚のマットは海に浮かぶ三メートル四方の

---

1 氷盤 [ice floe] は浮遊する板状の氷のこと。全長二キロメートルと、この氷盤はめったにないほど巨大だった。ほとんどはもっと小さいのだ。

木製の台の上に立っており、私はその側面にロープをとりつけようとしている。水温はマイナス一・八℃。数値としては空気（きょうはマイナス八℃）よりもかなり温かいものの、水は空気よりもはるかに効率的に熱を奪うため、私は指とロープを乾いた状態に保たなければならない。その台の中央からはずんぐりと丸い金属製のドームが突き出ており、台の残りの部分はドームの必要に応える機械仕掛けの召使いたちの巣箱だ。太いケーブル類を介して中心にいる女王蜂とデータ・電子・空気を交換する、大きな金属製の箱やバッテリの数々。これはマットの実験で、海が大気に放出しているあらゆる細かな粒子を採取・計測するよう設計されている。私は新しい結び目をぐっと引いて立ちあがり、重いフローテーション・スーツのポケットからなにも落ちていないことを確認する。私がうなずくと、マットは氷盤を大股で横切り、幾人かの助けの手をとる。帽子の上の毛糸玉が陽気に揺れることで、彼がそうなりたいと願ってきたかもしれない「生真面目な極地研究者」の見た目は完全に和らげられている。

私はただ目の前の景色を眺めて数分を過ごす。上出来だ。二キロメートル先、氷盤の対岸にはスウェーデンの砕氷船オーデン号が見える。ここ二か月の私たちの家だ。氷盤の中央にかけては、小さなキャンピングカーほどの大きさの赤と白の大型風船がひとつつながれて宙に浮いている。その下にぶらさがっているのが本日の科学実験装置だ。反対方向では白い海氷が数百マイル先まで広がっている。

私たちのいる、北極点からわずか数海里の場所では、夏の海氷は二メートルの厚みをもつ。私たちの氷盤の周囲では、それぞれの氷盤が移動しながらゴロゴロと鳴っている。ゆっくりとした動きだが、私たちの仕事場が毎朝違うものに見えるには十分な速度だ。

この午後、雲がなくなるとともに珍しく青空が真上に現れつつあるが、その方向から日光が降り注ぐことは決してない。この場所の太陽は水平線の周りをのそのそと動く。かといってその下に落ちてしまうことはなく、雲が許せば驚くほど長い影をつくり出す。たとえこの場所が六か月間のたえまない昼光のなかにあるとしても、その日差しは純粋に装飾的なもの、やわらかく、微かな照光のささやかな連なりと感じられ、決して温かさをもたらすものではない。

この場所のエネルギーの流れはほとんど目に見えず、上に向かっており、下に向かってはいない。私の周りでは地球自体が輝き、赤外線を放射している。それと同時に、赤外線のもつ、なけなしの熱は空へと広がってゆく。障害物としての雲がなければ、この熱エネルギーはただ空間へと放散し続けるだけだろう。氷と海がそのエネルギーを宇宙へと明けわたすのだから、きょうの快晴は明日の寒さを意味する。このプロセスは地球のエネルギー収支の重要事項だが、私たちはまだそれを正確に予測することができない。この氷盤の上で、私たちはそれらのメカニズムのただなかにおり、液体でできた時計仕掛けに囲まれながら、「知りたい」と欲している。オーデン号に乗る科学者の一団は、最新の装置と理論を用いてこの壮観な環境を観察・測定・分析することで海洋と大気の秘められた仕組みを探るためにここにいる。

マットは三人の同僚たちとともに戻ってくる。自然環境のなかでデータを取得することは骨の折れる作業であり、しばしば非常に肉体的な努力を要する。私たちは台を氷の端から遠いところへ浮かせたいと考えている。そうすれば開放水面で測定結果を得ることが可能だ。チームで長いロープを摑み、大きなうめき声を上げて押しながら、私たちはその台を端から遠ざけ、それが動かないかどうかを確認する。満足したらその場所に固定し、船へと戻る準備をする。私たちが立っている氷の下の海は深く暗く、静かで冷たく、いつもそこにあるが、注目の的になることはきわめてまれだ。

地球の海は広大だが、しばしばなおざりにされているように思える。私たちの惑星を決定的に特徴づけるものが陸ではなく水だということが本当に理解されたのは、人類が宇宙へ行ってからだった。アポロ計画は人類を月へ送ったが、そのもっとも重要な成果は私たち皆に地球を見せたことにあったと私は思っている。これまで撮られたなかでもっとも影響力のある写真のうちの二枚、私たちの世界の見え方を恒久的に変えた二枚の写真がある。一九六八年にアポロ八号で撮られた「地球の出」と一九七二年にアポロ一七号で撮られた「ザ・ブルー・マーブル」だ。ひとたびそれらの写真を見れば、その景色とそれがもつ重要性を知る以前に戻ることはできない。私たちがこれまでに知ったすべてを戴《いただ》く、宇宙に浮かぶ脆《もろ》く青い球体という景色を知る以前には。だがそれ以後でさえ、その青は陸地が描かれるカンヴァス、大陸と大陸のあいだの空虚、すべての重要な事柄が分別されたあとにおそらく待つのであろうひとつの謎と見なされた。アポロから五〇年、人間はやっと、それらの広大な青い広がりの中身に対して適切な注意を向けはじめている。もっと早くはじめるべきだった。とはいえ私たちは宇宙進出によって、必要な出発点、新しい白地図を得ていた。

＊

地球の地図は豊かで驚くべき発見の宝庫であり、地球儀はなおさらそうだ。私たちの惑星の解剖図は細かなところまで魅力に満ちている。海岸線、山脈、河川、列島など、さまざまなパターンにあふれており、さらにまだまだ多様だ。詳しく眺めれば眺めるほど見るべきものが現れるため、終わりがないように思える。でこぼこした大陸が青い海に形を与え、そして私たちは故郷の惑星を陸と海に分ける。固有の特徴で土地にラベルづけをするのは自然なことで、そのラベルは数十年あるいは数世紀にわたって変わらずに持続することがある。しかしながら私が見てきたすべての素晴らしい地図は、ひとつの根本的なあり方で私たちをミスリードするという罪を犯している。それらの地図や地球儀は、私たちの惑星の、もっとも重要で息をのむような特徴のひとつをたやすく忘れさせるのだ——海が動くという特徴を。

地球の青はひとつの巨大なエンジン、私たちの惑星のあちこちに広がり、私たちの生命のあらゆる部分とつながる、流動するダイナミックな原動力だ。それは大西洋を横切って動く強大なメキシコ湾流から、砕波《さいは》〔安定していた波が砕ける現象。海岸で波が白く泡立っているのを想像すればわかりやすい〕の頂点で弾ける細かな泡まで、あらゆる規模の構成要素をもっている。これは美しく、エレガントで、しっかりと織りなされたシステムであり、驚くべきつながりに満ち、重大な影響をもたらす。その複雑さになすすべもないと思えるかもしれないが、もっとも大きな規模で考えれば、その論理は率直だ。政治の皮肉な面を理解しようとする人々は「金の流れを追え」と助言されるわけだが、惑星物理学は人間のシニシズムに影響を受けない。私たちの任務はより単純で、より満足をもたらすものだ。海の内なる論理を明らかにする鍵は、物理学者の本能に従うこと、そしてエネルギーの流れを追うことなのだ。

私たちの惑星は太陽が出力する強力なエネルギーのごく一部をとらえ、それが宇宙へと流れ出るのを防ぎ、海・大気・氷・生命・岩といった地球のメカニズムを通じて、はるかにゆっくりとした経路へと迂回させる。そうした惑星のシステムを通過する途中で、このエネルギーは風と海流に運ばれ、力強い樫の木々と石壁の繊細な苔の両方をつくりあげ、毎日一兆トンの水を空へともちあげ、地球上のすべての人間とすべてのフクロウとすべてのアリに栄養を与え、私がタイプしているラップトップに電力を供給する。海というエンジンはこうしたシステムの心臓であり、熱または運動として流動する、このエネルギーの大部分に場所を提供している。海は深く広く、水が地球上を循環する際にその周囲を熱したり冷やしたりすることで生じるさまざまな深度でのさまざまな方向への膨大な量の流れがそこにある。

しかしエネルギーとは一時的なものであり、かりそめの来客にすぎない。最終的に、かなりのリサイクルのあと、そのエネルギーは熱として地球から漏れ出て、宇宙の旅を再開する。熱力学の第一法則が述べている通りエネルギーは生成も破壊もされえないため、巨大な流動の出入りは収支がとれている。地球はただ迂回先にある小さな滝にすぎず、流出をとめることはできないものの、水がしたたり落ちるときに、それを利用している。そして海は、宇宙がローンを回収する前に、太陽光を運動・生命・複雑性に変換するエンジンなのだ。

太陽光は地球のあらゆる場所に届くが、赤道付近ではより強烈だ。太陽が真上にあるからで、赤道地域は極地よりもはるかに多くの太陽エネルギーを受けとる。しかし地球は、それよりもかなり均等に熱を失っており、極地からは大量のエネルギーが失われている。このことが意味するのは、一年にわたって、赤道地帯ではエネルギーが純増し、極地では純減するということだ。この対比は、ひとつの非常に根本的な結論をもたらす。すなわち、大気と海はシステムを流れるエネルギーを単に貯蔵しているのではなく、再分配しているということだ。このこと、つまり赤道から極へのエネルギーの全面的な押し出しが、海というエンジンの背後にある支配的なパターンだ。海と、海が私たちの生命にもたらす影響のすべての側面が、このモザイクのどこかにあてはまる。たとえば海流、嵐の海、のちにアマゾン全域に雨として降り注ぐ蒸発した海水、海岸侵食、回遊魚、空中に噴射されるクジラの潮――これは地球上でもっとも大きな哺乳類の噴気孔から発射され、一時的に大気中を浮遊する。それらすべてに、果たすべき役割がある。

海をエンジンと書くのは暗喩《メタファー》でうわべを繕うためではない。運動以外のエネルギー（ふつうは熱）を運動に変換するなにか、というのがエンジンの定義だからだ。私たちに馴染みのあるエンジンは歯車と梃《てこ》を連結され器用に駆動する、固形の金属製ピストンを備えた種類で、全体が卵を揚げるのに十分なほど高温になって動くものだ。産業革命は遠い昔だが、かなりの数の愛好家が蒸気の世界を存続させている――あれほど特徴的な技術を完全に放棄することなどできるだろうか？　蒸気で動く鋼鉄製のドラゴン〔蒸気機関〕は、近代の世界では珍しいほどに美しく、満ち足りている。というのも、それらがどのように作動するかを正確に見てとることができるからだ。このピストンがホイールを駆動し、ホイールがチェーンに沿ってこの小さな装置等々を回転させる――原因と結果が優美に連続する様は魅惑的だ。しかしエンジンというものは必ずしも、固形の物質でできていなくともよい。

　陸と同様に、海と大気も太陽のエネルギーを吸収して熱を帯びる。その熱のいくらかは、対流を通じて、ほとんどすぐに運動を引き起こす――温かい水はその上にある空気を熱してそれに浮力を与える可能性があり、そうすれば新たに温められた空気はしばしば押しあげられ、それより冷たい空気はその下に滑りこむ。そうして生じた風が海の表面を横切って動くとき、その空気が水を押し、エネルギーを波として海へと戻す。このエネルギーは最終的に海の熱に戻り消散する。しかしこれは入ってくるエネルギーが、この魅力的で果てしないモザイクのなかで進みうる筋道のひとつにすぎない。地球の青は、大気・氷・生命・陸地という地球全体における他の構成要素と密接に関係しており、その五つすべてはひとつのシステムとしてともに作動する。

　そして海は地球という惑星を動かす仕組みのなかでも特に大きな存在だ。地球の海というエンジンは太陽光をとりこみ、それを巨大な水中の流れと落水に変換し、生命のための成分（栄養素や酸素に加え、カリウムや鉄などの微量金属）を運び、海岸を形成し、熱を移動させる。これはエンジンの別種などではなく、すべてのエンジンのなかでもっとも大きなもの、ひとつの惑星の大きさをしたエンジンだ。人間がもっとも巧みにエンジンを組み立てたとしても、海はその優美さをすべて備えているし、その構造はより繊細で入り組んでいる。きちんと並べられたピストンのかわりに私たちが直面するのは、どちらか一方の側の水に合流する水の流れだ。それは間違いなくなにかによってなされるのだが、どこで「これ」が「それ」を押すと説明するのは難しい。しかしそれはやはり完全にひとつのエンジンであって、無数の異なる方法を通じて光と熱を運動に変換しているのだ。

このエンジンに関してもっとも不満を言いたくなる事柄は、それを直接目にするのが大変に難しいということだ。私はかつて、発明したいが不可能なものの筆頭はなにかと尋ねられたことがあるが、答えはひとつしかないだろう。私たちが空の先を見られるのと同じようにして、海のなかを見せてくれる双眼鏡だ。船の舳先に立ち、その下の広大な山脈に沿って流れる堂々たる海流と、下の層から水面へと日々垂直移動をする小さな海洋生物たちの巨大な噴煙を覗きこむことを想像してみてほしい。おそらくは垣間見える全長四メートルのマグロ、カメやヨシキリザメといった偉大な航海者たちの姿も。そうした双眼鏡がすぐに利用できるようになることはないとしても、どこに注意を向ければよいかを知っていれば、作動中のエンジンを見ることは可能だ。私たち人間はそのなかに住んではいないが、それがなすことのほとんどすべてに影響を受けている。幾年ものあいだ、私たちは自分たちのことを、荒れた水面を離れたところで見渡す好奇心旺盛な観察者だと考えていたのだが、私たちは実際には、この偉大な青い流体の機械の岸辺に住み、その出力に完全に依存している小さなアリなのだ。こうした考え方の移行は世界の見え方が変わることでもあり、眩暈《めまい》を起こさせるものかもしれない。

人間と海洋

地球に住む者として、私たちは海の影響からは逃れられないし、逃れたいと思うべきでもない。人間はこの深く青いエンジンに便乗したまま、世代という小さく脆い船を乗り継いで貿易をおこない、深海内部の仕組みには構うことなしに、その表面が私たちをどこへ連れていくのかを探究してきた。勝敗は海が私たちに投げかけるものをもとに決まったし、社会全体が海という肥沃な場所の周囲で成長してきた。それは、なぜ魚が「そこ」ではなく「ここ」にいるのかも一切知らないままになされた、目に見えない海の構造に対する応答だ。陸上でさえ、農業に最適な地域は、しばしば近くの海によって決まるのだ。海は人間の文化に深く織りこまれており、その糸をさかのぼれば常にエンジンに、そして究極的にはエネルギーの流れにたどりつく。多くの文化において、知的で観察力のある人々は、エンジン全体を見ることはできなかったとしても、そのパターンの一部を目にしてきた。そして航行し、釣り、探索し、取引するのに十分な深い知恵を目の前の水から獲得し、海に依拠して生活してきたのだ。文化を養ってきた知識、そして神話や物語は、そのパターンを説明し、海について考える基盤を与えるために使用された。海とはなにか。なぜそれが重要なのか。人間はそれに対してどのようにふるまうべきか。海に対する姿勢は陸上の文化にもフィードバックされ、一度も海へ行ったことのない人々にまで影響を与えた。そしてあらゆる文化において、海への態度は、ある程度まで地理的偶然に左右されるものなのだ。

科学と文化は、ほとんどの科学者たちが認めたがるよりも、はるかに複雑に絡まりあっている。したがって海洋科学があまり目立たない理由のひとつとして考えられるのは、多くの文化において、海とは天気の良い日には少しばかり厄介で、天気の悪い日には厄介どころか非常に危険なものと見なされているということだ。たとえばイギリスでは、地元の海辺に旅行することは子ども時代に必要な儀式だと広く受けとめられているが、参加する子どもたちからは楽しみよりも義務と見なされている場合がある。私が育ったイングランド北西部では、浜辺への訪問は凍えるような冷たい水のなかで漕ぐことを余儀なくされ、ばったりと倒れることなしに風のなかをどこまで進めるか競うこととしばしば関係していた。私が学生のころは、海水面の下を見ることなど誰の頭にも思い浮かばなかった。ひとつには水が冷たかったからで、ひとつにはイギリス沿岸の海水がしばしば沈殿物でいっぱいで、なにも（自分の足元さえ）見ることができなかったからだ。

ウィリアム・ターナーのような芸術家たちはときに、穏やかな海と美しい海岸線を描いたが、そこで明確に含意されていたのは、海は眺めるものであってそのなかへ入ってゆくものではないということだった。ターナーは猛然とした暗い雲の下の荒々しい海に翻弄される船の絵で知られている。一九・二〇世紀のイギリスの船乗りたちが語った冒険によって強化されたイメージだ。ほんの一例だが、極地探検家アーネスト・シャクルトンは座礁した船員を救助するため小舟に乗った一九一六年の並外れて英雄的な旅についてこう書いている。「続く一六日間の物語は、荒れ狂う水のなかで起きた究極の戦いのお話だ。亜南極の冬の海は、その悪評に応えたわけだ」[2]。気楽な見物人がそこに立ち寄り、自分でちょっと見てみることを奨励するような記述ではない。

そしてそれはイギリスだけに限らない。北大西洋の北端に位置するアイスランドは漁業を基盤に築かれた国家で、何世紀にもわたって続いてきた誇り高き海の伝統をもっている。しかしレイキャビクの港沿いを歩けば、アイスランドの地図が掲載された一連の大きな表示板に出くわす。それぞれの海岸線の周辺に点々と表示されているのは難破船を示す黒色の記号で、それぞれに船名、年、船の種類、失われた船員の数が記されている。それぞれの地図は三〇から四〇の難破船を掲載し、一〇年間を網羅している。すべての地図で二〇〇年間をさかのぼり、それらの記念碑を通過せずに船に乗ることはできない。この場所が発しているメッセージに誤解はない――海はあなたを殺す可能性があるし、殺すものだ。アイスランドの人々に、いままで余暇として船に乗ったことがあるかを尋ねたこともあるが、返ってくる反応はほとんどいつも、ぽかんとした表情だった。ここでは、海へ行くのは遊ぶためではなく魚を獲るためなのだ。アイスランド周辺の海は荒れることがあり、そうした状況で魚を獲るのは疑いようもなく危険な仕事だ。アイスランドの人々の歴史から得られるはっきりとした教訓は、どんな場所であれそうした危険に近づく前には、非常に慎重に考える必要があるということだ。

世界の反対側、広大な太平洋に包まれて生活を送るハワイの人々は、まったく違うとらえ方をしている。赤道に近いためスコールや強風は比較的まれだが、数千マイルも北にある嵐はなめらかな海のうねりを引き起こし、ハワイをサーフィンにうってつけの場所にする。海の波を統御することは王族の務めと考えられていたため、王や女王は自分たちの特別なサーフボードを持っていた。サーフィンは儀式であり権利であり、ハワイ社会の中心だった。海は生活の一部であり、そのただなかやその上にいるのは自然なことだった。[3] 海がハワイ文化において重要な位置を占めるのは、ひとつにはハワイの小さな島々が完全に海に囲まれているからで、ひとつにはその地域の海がアイスランド周辺の海よりもはるかに穏

2 「帝国南極横断探検隊」となるはずだったこの航海の全貌は、シャクルトンの並外れたリーダーシップと、南極の氷のなかで船がつぶれたあと、部下を救出するために彼がおこなった大胆な航海で有名になった。

3 学校の歴史の教科書に載っている英国王・女王たちの単調で形式的で概して徹底的に悲痛な様子に見える（そしてわざとらしく尊大に見える）写真すべてについて考えるにつけ、ちょっとサーフィンをすれば良い影響があったろうにと思わざるをえない。

やかだからだ。私たち人間と海との関係は、海そのものと同じくらい、豊かで変化に富んでいる。

偶然の海洋学者

私が海洋物理学の道に進んだのは、計画外かつ予想外のことだった。私はイングランド北部のマンチェスターで育ったのだが、そこでは「大洋《オーシャン》」という言葉は非常にエグゾティックな概念と考えられていた。私たちが目にするのは海《シー》だったからだ。正確を期すなら、ふたつの海《シーズ》――東にあるのは凍える寒さの北海で、西にあるのは荒れ狂う灰色のアイリッシュ海だ。どちらの海もとりたてて魅力的なものとは思えなかった。

私は物体がどのように動くのかを知りたくて物理学を専攻した。加えて地球がどのように動くのかに興味があったため、ときどき地質学についても考えていたが、そのふたつが重なるとは夢にも思っていなかった。実験爆発物理学で博士号を取得する際、私は論文を書き終えるのと次の研究の題材を探すのに六か月を費やした。興味深い実験を組み立て続けられるような題材が望ましいものの、実験装置自体が粉々に砕けたあとの掃除がほとんど必要ないものがいい。泡の研究はその条件にぴったりのものに思えた。そしてスクリップス海洋研究所のグラント・ディーン博士が私にチャンスをくれ、彼のもとでポストドクターとして一年間働けるように招待してくれたのだ。

私はスクリップスが大好きで、グラント研究室で過ごした最初の三週間、完全に自宅にいるように感じていた。そこはオシロスコープやその他の使い慣れた電子機器でいっぱいで、おこないたいどんな実験でも構築できるすべてのブロックが引き出しや食器棚に収納された、ラボという巨大なレゴ・セットだった。そしてある日、巨大なフレームがドアの近くに現れた。四隅にはブイがあり、中央にはセンサを内蔵した防水ボックスを備えている。それは海での計測用に設計されており、頑丈で厳粛で、同僚たちがその近くで大騒ぎしているあいだ、巨大なクモのように壁のそばで佇んでいた。それは私がかつて見たことのない一種の獣で、必要になるとは思いもよらないものだった。それは同僚たちの絶対的な注目の的であり、しばらくしてから私はその理由を理解した。それはもうひとつの世界への入り口で、波の下にある未知なる領域へ近づくための手段だったのだ。そうして私は海の知恵という、存在することさえ知らなかった深淵へ足を踏み入れたのだった。

最初は、ただ聞いて夢中になり、驚きを抑えようとしていた。しかしそのすぐあとに、不可解な憤りが襲ってきた。どうしていままで、このことについて誰もなにも教えてくれなかったのだろう。取得した物理学の三つの学位と読んできた何百もの本と記事、聞いてきた講演、そのどれもが海に言及しなかったのに、やってこられたのはどうしてなのだろう。それは確実に、私がこれまで聞いてきた科学の物語のなかで最大のものだった。そうして私は読めるだけ文献を読み、スクーバ・ダイヴィングを学び、目を見開き耳をそばだてて海に関係する会議を歩きまわり、すべてを吸収した。

私はまだ、私たちが海についてもっと多くを語らないこと、この広大で決定的なエンジンがほとんど無視されたままとなっていることに困惑している。海についての発見をすればするほど、海に視線が注がれていない現状は心を掻き乱すものとなった。海というエンジンの巨大な流れはそれだけで魅力的なものだが、その流動はまた、私たちが呼吸し、歩きまわり、食べ、原材料として利用する地球の部品に直接影響を与えている。それはこの豊かで変化に富む惑星の基礎構造の大部分を占めている。これは単にいくらかの塩水についての楽しいお話というのではない。これは地球という惑星を定義する物語なのだ。

私がアウトリガー・カヌーの世界にたどりついたのも、計画外で予想外の出来事だった。ロンドンにやってきたばかりのころ、私は誰かが地域のパシフィック・カヌー・クラブについて話しているのを耳にした。アウトリガーがなにかは知らなかったものの、太平洋赤道域向けに設計されたカヌーでテムズ川河口の不透明で冷たい海を駆けまわる酔狂な人々のグループがあるのなら、気が合うだろうと思った。やはり私は正しかった。しかし私がより深いつながりを築いたのは一年ほどのち、海で漕ぐことにさらに時間を費やしてからのことだ。それは私が興じてきた他のどんなスポーツとも似ていなかった。ハワイの文化がすべての動作に織りこまれているのだ——おそらくそのことは部外者からはわかりづらいが、どこに注意を向ければよいかがわかれば、非常に明白だった。それはオープンで友好的で、すべての人を尊重し、社交的で、触覚的で、カヌーのオハナ（家族）に包みこんでくれるものだった。必要なときには上手くなれるよう助けてくれて、違いを許容してくれる人々がいた。

それから私は太平洋を横切る航海の歴史と、それを可能にする驚くべき技術と観察——そこには私の科学調査のトピックである、波と泡の観察も含まれる——を学んだ。ハワイの人々は海を眺めるし、私も海を眺めるが、私たちは違うものを見ていた。つながりのようすがはカヌーだった。海は騙し絵のようになった——まばたきひとつで、眺めをひとつの視点から別の視点へと切り替えることができたのだ。それでも私は思うほどはハワイの人々と隔てられていないと確信していた。私は科学者だが、その前に人間だ。地球上でもっとも偉大な海洋文明の人々、太平洋の島の人々は、私が計測・精査しコンピュータ・プログラムでパラメータに換算したすべてのものをどのように見るのだろうか？　スクリップス海洋研究所で目新しいものとして海を見たときの私は、文化の住まいではなく物理的なエンジンを見ていただけだった。はじめてカヌーの考え方を理解したとき、またしても自分が的外れだったように感じられた。カヌーは私が受けてきた科学教育が提供してこなかった相補的な観点を象徴するようになった。すなわち、海の伝統と文化だ。

新しい科学分野の発展

浜辺の波に踏み入り、しぶきをあげれば、海水を介して地球の海のあらゆる滴《しずく》に接続される。長い道のりを進まなければならないかもしれないが、漕いでいる水面から離れることなく、エグゾティックなパロットフィッシュ〔ブダイ科の魚〕、熱水噴出孔、氷山、水中の砂漠にたどりつくことができる。私たちの多くが少なくとも一度は浜辺に行ったことがあるのだから、海を完全にアクセス不可の場所であるかのように考えるのは間違いだ（ただし海の大部分においては、到達する途中でいくつかの実際的な問題を克服する必要があることは認めよう）。

しかしながら、海がどのように動くかについての基本的な原理でさえ、数十年前までは曖昧だった。一八七二年から一八七六年にかけて、HMSチャレンジャー号によって最初の全地球的な海洋科学の研究遠征（ここから専門分野としての海洋科学がはじまったとされることが多い）が実施され、サンプル・測定・観察の膨大なコレクションが持ち帰られた。チャレンジャー号は地球を巡って約七万海里を移動し、気温と海流をマッピングし、海底から種々の海洋生物を釣りあげたが、乗船した科学者たちは対象のほんの端っこを摑むことしかできなかった。それは巨大な芸術作品の型をとるようなもので、システィーナ礼拝堂の天井画の色を、天井を一周するだけで三六〇度ピンポイントにマッピングするようなものだった。

さらにいえば芸術作品は通常、季節によって変化せず、数十年も続くサイクルでひとつのパターンから別のパターンに変化することもない。

科学者たちが持ち帰ったサンプルは横断した広大な海域からすればごくわずかだったが、それでもこの収穫はすでに豊富で魅力的だった。たとえば遠征隊は、海面下約一一キロメートルにある海の最深部チャレンジャー海淵を発見した。それについて彼らが言えたのは、そこにあるということだけだったとはいえ、こうして新しい科学知識を得たことはそれでも重要な達成だったし、チャレンジャー号の科学者たちが書いた王立協会への充実した報告は、地球についての人間の知識の大いなる前進として賞賛された。スタートは切られたのだ。

こうした遠征を開始するにあたっての費用と困難のために進展は遅かったものの、それも潜水艦戦が大海原を席巻した第二次世界大戦までだった。突然、軍はこの新しい戦闘空間を理解することに興味をもち、戦争が終わると、海洋学はついに黄金時代を迎えた。一九五〇年代から一九六〇年代にかけて、すべての遠征は新しいアイデアと予想外の発見を持ち帰り、一九七〇年代なかばまでに、海というエンジンの概要はようやく理解されうるものとなった。その後、衛星データが登場し、個々の船が描くたくさんの点をつなぐことで大規模な表面パターンを明らかにする可能性を示した。

今日、私たちは自律ブイや自律ヴィークルの時代に突入しつつある。それらはどんな海洋学者の一団よりもはるかに詳細な色分けをしながら、何年にもわたって漂流したり、海の奥深くで何日も潜水したりすることが可能だ。

そして、私たちはさらに学ぶ。すべての段階で、新しいメカニズム、新しい識別、新しいつながりが発見されている。海は巨大なエネルギー貯蔵庫なのだが、大気・氷・地質・生命と密接につながっており、地球システムにおけるこうした海以外の構成要素に、その力学は依存している。だからこそ、あらゆるスケールが重要だ――ミリ秒から数十年まで、微視的なものから数千キロメートルにわたる海洋盆地まで。この物語はまだ終わっておらず、私たちの海はもっとも経験豊富な海洋科学者でさえも驚かせ続けている。

過去一〇年間で、焦点はわずかに変化した。この液体エンジンを探索し、その内部の仕組みを理解するにつれて、ここ地上の世界がそれにどれだけ依存しているかに気づかざるをえなくなったのだ。それは私たちをとりまく天気と気候を制御する。エルニーニョは大気と海がペアを組み太平洋赤道域で踊るワルツで、周囲諸国のGDPに測定可能な影響を与える。また海は、私たちが大気中に排出する余分な二酸化炭素の約三〇パーセントを吸収し、地球温暖化の進行を遅らせているものの、そのことで重大な影響を受けている。海について考えることはもはや、好奇心旺盛な人が興じる贅沢ではない。それは私たちの生命維持システムの主要部分であり、私たちはそれを真剣に受けとったほうがよい。

また、この広大な水域でさえ、人類の影響を無視できるほど大きくはないということもわかってきている。私たちが海に与える影響に対する意識の高まりは公的な議題のなかに徐々に浸透してきており、このあとには何十年遅れの話し合いが控えている。しかし、この話し合いは大きな障害に直面している。はじめにそれがどのように動くかを知らなければ、変化しているなにかについて、なにをすべきかを議論することはほとんど不可能なのだ。たとえば医師が患者に対して腎臓に問題があると告げた場合、その患者はおそらく、腎臓がどこにあるのか、なにを担っているのかについて、少なくとも漠然とした考えをすでにもっているだろう。学校で、自分自身の身体の生命維持システムの該当する部分について学んだからだ。しかし海の場合はそうではない。南極海のオキアミの数が長期的に減少しているというニユースは、一般的に悪いことのように聞こえる。しかしそのことで問題となるのは、クジラが空腹になるリスクだけではない。オキアミは海というエンジンの一部であり、流体機械に織りこまれた生命であり、私たちは少なくともいくつかの文脈を理解しなければ、その変化について議論し、適切な行動をとることができない。

海をより深く眺めることは、私たち自身のアイデンティティと、海の惑星の住人であることの意味を、より詳しく眺めることでもある。十分にズーム・アウトすると、私たちの物語は地球に到達する太陽光からはじまり、地球を離れる光で終わる。惑星規模のエンジンを通過することによって変化をこうむる光。それは反射・散乱・吸収・放出され、さまざまな種類のエネルギーに変換されてふたたび光になる。私たちのもとを離れ宇宙への旅を再開する光には、色のない赤外線、森の緑、岩の茶色、雲や氷の反射する白い光、そして水の青として、惑星のダイナミクスの痕跡が明白に残っている。鋭くシンプルな太陽光が変換されてできた、この美しいパレットの色彩は、動的で生きている惑星が走り書きした、宇宙に対する私たちの直筆署名だ。そして、その署名の主役は青。だから地球外への私たちのメッセージはこうだ——「私たちは海である」。

私が研究した他のどの科学的主題よりも、海は私が人間だということを思い出させてくれる。私は海で人生最大の冒険をいくつか経験し、永続的な友情を築き、怖がり、刺激を受け、退屈し、疲れ、陸上にいたどんなときよりも満たされた。この科学者をカヌーに乗せると、個人的な事柄と職業的な事柄が融合するわけだ。それらが分離することは決してなかった。

私たちと海とのつながりは、私たちの歴史・文化・生活のいたるところに書きこまれており、すぐに見つかる場所に隠れている。しかしいまこそ、それらのつながりを強調し、はっきりと話すときだ。地球の海に対する私たちの態度は、それに対する私たちの行動を決定する。そして私たちは、私たちの行動の結果を実際に見ることができる最初の世代なのだ。私たちは社会として、地球の青についてどのように考えるかを決定する必要があり、その決定が海に対する私たちの行動の指針となるだろう。科学の知識は不可欠だが、これは文化的な決断だ。海についての伝統的な知識と海に対する伝統的な態度を、私たちの直面する大きな決断に役立てることが必要だろう。競合する多くの利益・立場と、危機に瀕しているものに対しての私たちの意識の高まりとに、どのように折り合いをつければよいか。個々の社会はこれまでもこの問題に直面してきたが、いまやグローバルな合意に達するためにそれぞれの文化的態度を一新し、共有する必要がある。海というエンジンは決定的に重要であり、人類の豊かな文化的財産も無視できない。私たち人間は、両方に直接対処する必要がある。私たちの惑星はひとつで、海も地球にひとつだ。青い惑星が未来の世代にもたらす体験をできる限り良好なものにしたいのであれば、先延ばしにするわけにはいかない。

航海

海をよりよく理解すると聞けば比較的単純なことのように思えるものの、私たちはすぐに、回転する惑星を包む水という貝殻の、美しく渦を巻く機微に満ちた現実と出会う。そこでは大きなパターンと小さなパターン——海流とオキアミ、海氷と堆積物——がすべて、明瞭な境界なしに重なりあっている。他のあらゆるエンジンと同じく、そこには基礎となる構造がある。部品＝構成要素があり、それらの構成要素のあいだに相互のつながりがあるのだ。

物事を実現するには構成要素とつながりの両方が必要だ。どんなに精巧なピストンでも、それが他のなにかに接続されていなければ役に立たない。蒸気機関ではふつう、ひとつのピストンにふたつの連結がある。海では、ひとつの流れが数十、もしかすると数百のつながりをもちうる。それがこのシステムの本質的な特徴であり、また海の魅力を果てしないものにしている原因だ。しかしこのシステムはいくつかの基本原理に従っており、ブルー・マシンを活発に動かし続ける接続と構成要素の迷路を探索しているあいだも、私たちはそれらの基本原理を手放さないでいることができる。

本書はあなたを世界中の海を巡る航海へと連れ出し、歴史と文化、自然史と地理、動物と人々の物語のあいだを行き来しながら、ブルー・マシンの基本的な形を明らかにする。私たちの冒険は海の内部、すなわち液体のエンジンに織りこまれた物理的メカニズムと生命の両方を横断する。見えてくるのは、私たちが観察・注目する海の出来事はランダム性、不運、または神の気まぐれの結果ではなく、実際には、常に深い場所で回転しているエンジンの表面的なあらわれにすぎないということだ。

地球の海の複雑さをまるごと一冊の本に詰めこむことはできない。しかしその概要を描き、その仕組みの根底にある基本原理を提示することはできる――さらなる調査に役立てるための地図としては十分だ。その地図があなたの海に対する見方を変え、ことによるとあなた自身に対する見方も変えることを願っている。知れば知るほど良くなるというのは海に関しては間違いなく真実だ。それでは、はじめよう。

第1部 ブルー・マシンとは何か

第1章 海の性質《ネイチャー》

地球の海は、外面的には移り気だ。海水は熱帯の浅い湾の驚くほど鮮やかなターコイズ、激しく波立つ北の海岸の荒々しいグレー、何千マイルも続く穏やかなロイヤル・ブルー、あるいはその青をひととき覆う夕暮れのお転婆なオレンジといった色を浮かべる。海を見れば細部の豊かさに気づくが、視覚でとらえられるもっともはっきりとした特徴はしばしば分刻みで変化する。対照的に、海辺まで歩き、そうした変化すべての源としてそこにある水にふれるとすれば、リストの上部に登場するのは常に同じ三つの観察結果だ。すなわち、それは顕著に温かいか冷たく、塩を含んでおり、液体だ。それら基本的な特徴三つ――温度と塩分〔ここでは塩の濃度を表す“salinity”の訳語として「塩分」を用いる〕、そして水というものが奇妙かつ素晴らしいことに湿っていること――は、海というエンジンがおこなうことすべての基礎となっている。しかしそれらの特徴は、経験豊富なポリネシアの航海者や大西洋の漁師だけでなく、一〇歳の子どもであってもたどりつくことができるものだ。そのそれぞれが、私たちが当然と思っている世界に直接影響を与えるのだ。そして海辺から一歩離れて視野を広げると、このトリオは連結された単一のシステムの三つの相として、より深い美しさと影響をもたらしている。

しかし浜辺の砕波ひとつから、海岸線に食いこむ幅一〇〇マイルの湾、そしてさらに海全体にいたるまでズーム・アウトすると、別の要因が明らかになる。私たち人間は回転する惑星に住んでいるのに地軸を中心とした日々の旋回《ピルエット》を感知できないが、一方で変化する流体である海はそれを無視できない。回転する私たちの球体は結果として、この液体の機械《マシン》を美しいループと曲線、巨大な渦巻き、広大な水中のうねりに変形させる。

そのパターンと驚くべき複雑さにまっすぐ飛びこんでいくという考えは魅力的だ。しかし、地球の青い機械《ブルー・マシン》のもっとも壮大な展望にたどりつく前に私たちは、それを動かす主要な物理的動因、すなわち温度・塩分・密度・回転を理解する必要がある。すべての機械は動作するためにエネルギーを必要とする。だからこそ、エネルギーが海に蓄えられるあり方と、海洋科学者たちがそれを追跡する方法からはじめよう——そう、温度だ。

温度

広いコンクリートの土台に水平に取りつけられた金属格子から下を覗きこむものの、見えるのは静かな水面に反射する、空と私の顔だけだ。キース・オルソンが集水槽の上に身を乗り出すと、丸い水面のなか、私の隣に彼の顔がひょっこりと現れる。「この水に日光が当たったのはおそらく一〇〇〇年ぶりだろうね」と彼が言う。ハワイはビッグ・アイランドのコナにある、海の隣の溶岩原。そこにある、フェンスで囲まれた小さな区画のまんなかに私たちはいる。フェンスの内側では、遠く海から溶岩を横切って蛇行してきた、それぞれ直径〇・五メートルの四本の巨大なパイプが地面を這い、二本に合流している。これらのパイプの下に水を押し出しているポンプの塗装は、それぞれのパイプの違いを区別するための明瞭な手がかりを示している——二本は赤で、二本は青だ。これはハワイ州立自然エネルギー研究所（NELHA）の施設であり、ここ太平洋のまんなかで、原初の海水を利用可能状態《オン・タップ》で、正確を期すならふたつの蛇口《トゥー・タップス》を使って得ている――ひとつは熱水用、ひとつは冷水用の蛇口というわけだ。あふれんばかりの驚くべき生産力が、こうして供給される水と、活火山の不毛の一角という組み合わせから生み出されている。すべての鍵となるのは海水の温度差だ。

NELHAは一九七三年から一九七四年にかけての冬のオイル・ショックへの対応策としてはじまった。原油価格がほとんど一夜にして一バレル二四ドルから一バレル五六ドルに跳ねあがった出来事だ。本土から何千マイルも離れたハワイ州は、そのエネルギーを海運による石油にほぼ完全に依存していたため、化石燃料からの脱却を試みるほうがよいと判断した。もしそうするなら、ハワイが赤道直下の豊富な日差しを浴びる火山列島だという議論からはじめるのが常道だ。しかしハワイの技術者たちは他に得策があることに気づいた――深海へのアクセスだ。ハワイ諸島は水深四キロメートルから五キロメートルの海域に停泊する楯状火山[1]で、海岸線から沖に向かって航行すると、火山群は船の下で深度を増してゆく。その斜面に沿って十分な深さまでパイプを引くと、そのまま驚くべきものに入っていける――冷たい水だ。今日、NELHA最長のパイプは一〇〇〇メートルの深さに達し、それらの青いポンプは五℃の海水を地表に運んでいる。一方、赤いポンプは表面にある二五℃の水を引いている。それらのポンプで、毎日一億一三〇〇万リットルつまり一一万六〇〇〇トンという驚異的な量の海水がテクノロジー・パークに汲みあげられている。しかし、こうしたことすべての目的は水の供給ではない。ここで価値ある商品は、エネルギーだ。

水は驚くほどの量のエネルギーを熱として蓄えることができる。グレープフルーツの大きさをした、水でできた球がふたつ並んでいると想像してほしい。[2] ひとつは約マイナス一・八℃の北極海の水でできており、もうひとつは約三〇℃のペルシャ湾の水でできている。より温かい水はより多くの熱エネルギーをもっている。その余分なエネルギーをすべてなんらかの機械的な作業に回すことができれば、SUV（重さ約二トン）を約七メートル、すなわち二階建ての家の屋根に並ぶのに十分な高さまでもちあげられるだろう。これは驚くべきエネルギー量であり、それがたった一キログラムの水に蓄えられているのだ。水を熱するのは本当に難しく、温度を少し変えるだけであっても大量のエネルギーを加える必要がある。[3] しかし水を温め終えたとき、なにかが失われているわけではない――水がエネルギーを放出して冷めるまで、それは熱として蓄えられているだけだ。そう、水は驚くほど効果的にエネルギーを貯蔵できるのだ。NELHAによって汲みあげられている数百万リットルの温水は、その温度だけで毎日何千ギガジュールものエネルギーを運んでいる。そこにエネルギーがあることは疑いようがない。NELHAの課題は、それを取り出すことだ。

そもそものアイデアは、温度差を使って熱機関を稼働し発電することだった。このプロセスは海洋温度差発電（OTEC）と呼ばれている。[4] どんな温度の水にも熱エネルギーはあるが、それを取り出すには差異が必要だ――温水をなにか冷たいものとペアにする必要がある。次に、熱水と冷水のあいだに位置し、そのふたつのあいだを流れるエネルギーのいくらかを取り出す技術が必要になる。この場合それ

1 楯状火山は流れやすい溶岩の噴出によって、比較的なだらかかつなめらかな斜面をもつ。徐々に地形の上にこぼれる溶岩が、幅の広い、浅い円錐形を形成し、それが地面に置かれた楯のように見えるというわけだ。

2 この果物は無作為に選ばれたわけではない。平均的なグレープフルーツの直径は約一二センチメートルで、その体積は一キログラムの水とほぼ同じなのだ。

3 湯沸かしが家庭でもっとも電気を食う装置のひとつなのは、このことが原因だ。

4 この文脈では、逆方向に動作する冷蔵庫を考えるとわかりやすいだろう。冷蔵庫は電気エネルギーを取得し、それを利用して冷蔵庫の内外に温度差を生み出す。OTECがおこなっているのは、逆方向に進んで反対の結果を得ること、すなわち温度差を電気エネルギーに変換することなのだ。

は、マカイ・オーシャン・エンジニアリングによって構築された、アンモニアを継続的に循環させることで作動する熱機関だ。[5] 二〇一五年に開設された現在のヴァージョンは送電網に接続された実証プラントで、一〇〇キロワットの電力を生成できる。このテクノロジーを稼働させるには二〇℃の温度差が必要で、その温度差を提供する熱帯の島々はたくさんある。このエネルギー源は、その送電網のベースロード〔必要最低限の電力を供給するための発電設備〕として理想的だ——制御がとても簡単で、必要に応じて出力を上げたり下げたりできる。一番つまずくのは（熱帯の深海へのアクセスの困難は別として）、費用対効果の高いものにするためには、規模を相当大きくする必要があるという点だ。どうすればそれを実現できるのか、実現する価値はあるのか、それが意図しない結果をもたらすことはないのかということについては、まだ疑問が残る。いずれにせよ、海の表面に現在蓄えられている太陽エネルギーを取り出すというコンセプトは、適切に実行されれば間違いなく機能するものだ。

　ほとんどの地元住民は敷地全体をＯＴＥＣと呼んでいるが、実証用のエネルギー・プラントは敷地のほんのはじまりの部分にすぎない。コナのこの一角は、熱い海水と冷たい海水の供給を利用可能な、小規模ビジネス向けのインキュベータ〔起業を支援する組織や施設〕で、全体が一八〇一年のファラライ山の噴火によって堆積した溶岩原の上に位置している。キースは私を車に乗せ、黒い岩の上に建つ気取らない建物群のなかに驚くほど多様なビジネスが隠されていることを指摘しながら、敷地内を案内する。スピルリナ〔藍藻の一種〕を栽培する巨大なタンク群は、海水による加熱と冷却で適切な温度に保たれている。ある企業は水産養殖界の花形のひとつであるバナメイエビ（*Litopenaeus vannamei*）の種親の五〇から六〇パーセントを養殖している。世界中のシェフに人気の海洋軟体動物アワビも成長中だ。水素製造施設やアサリの繁殖施設、さらに藻類の養殖、ハワイモンクアザラシの病院もある。なによりＮＥＬＨＡ

のオフィスがあり、そこは海水を利用して空調がなされている。冷たい塩水が普通の水道から引かれた淡水を冷却し、その冷水が太陽エネルギーを使って建物中に送りこまれるのだ。私はエアコンの効きすぎた建物が概して好きではないが、ＮＥＬＨＡの空調はたやすく許容できる。

ＮＥＬＨＡは小規模な事業にすぎず、この種のエネルギー抽出が世界のエネルギー問題を解決することはない。しかしそれは温水――熱水でさえない、ただの温かい水――が膨大なエネルギーの貯蔵庫だということを実証している。人間がそのエネルギーを取り出すのは至難の業《わざ》かもしれないが、惑星規模で見ると、地球の海は、ひとつの巨大な熱の貯蔵庫なのだ。少しでも温度が上がるということは、膨大な量の熱が蓄えられたということであり、水温は蓄えられたエネルギーを測る重要な尺度だ。しかし、その熱エネルギーは地球上に均等に分布しているわけではない。熱エネルギーの場所やそれがおよぼす多大な影響を理解するには、それがどこから来たのか、そしてなぜある場所には行き着き、他の場所には行き着かないのかということに立ち返る必要がある。

なぜ温かいのか？

それはひとつの星にはじまる。太陽系について考えるときには、私たちと太陽を共有する他の諸惑星

5　その仕組みは美しいまでにシンプルだが、もちろん実行にあたっては多くの繊細な手順がある。アンモニアは非常に低い温度で沸騰する液体で、室温では気体だが、少し圧力をかければ、その沸点を熱水と冷水のあいだの温度に移動させることができる。そのアンモニアは冷水を通過すると冷えて液体になる。それがさきほどの冷水より温かい水に到達すると、沸騰して非常に高圧のガスを形成する。これを利用してタービンを駆動し、電気を生成することができるのだ。その後、冷水がアンモニアを凝縮させて、同じ工程を準備する。

の多様性と謎に気をとられることがよくある。夜空をさまようこれらの漂泊者は、人類の想像力に豊かな糧《かて》を与え、巨大でほとんど近づくことのできない七つの球体として都合よくパッケージ化されている。しかし太陽は太陽系の総質量の九九・八六パーセントを占める。多様性の九九パーセントは惑星に見つかるという主張もできるかもしれない。しかし実際には、私たちの太陽系は振り落とすことのできない球状の塵粒に囲まれたひとつの巨大な原子炉だ。太陽の中心部では、途方もない温度と圧力によって水素原子が融合してヘリウム原子となるときに、毎秒四〇〇万トンの物質がエネルギーに変換されている。新しく放出されたエネルギーは表面に到達するまでの何万年ものあいだ太陽の内部を動きまわるが、プラズマの枷《かせ》から解放されると、赤外線・可視光線・紫外線として、全方向に向かって宇宙へ流れ出る。この光線の洪水のうち地球が受けとるのは、全体の一〇億分の一未満だ。物理法則によってこのエネルギーは地球の本質的な通貨となり、この惑星で起こるすべてのことに対する一定の予算として設定される。[6]

あらゆる予算と同様に、配分は事情に応じてすぐに決まる。全予算のうち三分の一は反射されてそのまま宇宙に戻るため、地球のシステムにはほとんど接触しない。一部が大気に遮断されるだけだ。表面に降りてくるのは約三分の二で、その表面が海水面であれば、やっと地球の海に太陽からの剝き出しのエネルギーが到達するわけだ。

しかし、地表に到達しても入場が保証されるわけではない。物理法則は門番であり、厳格な基準に基づいて、どの光線の入場を許可するかを選択する。海の向こうの日の出を眺めているところを想像してみてほしい。凪《なぎ》の日には美しいオレンジ色の日の出が、まるで海面が鏡であるかのように、ほとんど完璧に反射する。というのも光が浅い角度で水面に到達すると、水は確かに鏡とまったく同じようにふるまうのだ。そのとき光はすべて空に（日の出の場合は、あるいは待ち構えているカメラのレンズに）跳ね返される。しかし時間の経過とともに太陽と水面のあいだの角度が大きくなるにつれて、太陽光は空気と水の境界を越えやすくなる。となると、太陽光が海におよぼす影響がもっともわかりやすく表れるのは熱帯だ。赤道の近くでは日中、太陽が空高くにあるため、日差しが海面を突き抜ける見込みがもっとも大きいのだ。そして海岸に近づけば、この光が海のもっとも愛すべき特徴を照らし出すのを目にすることができるかもしれない——熱帯サンゴ礁だ。

健康なサンゴ礁は、もっとも多様でもっとも並外れた自然環境のひとつだ。サンゴ自体は、色とりどりに集まった膨らみ、大きな塚状の部分、繊細な葉状体、分岐した枝角様の突起からなる海の景観を形成する。色鮮やかなパロットフィッシュが泳ぎまわり、動きをとめるたびにサンゴをかじる。アヤメエビスは暗い隙間に潜んで、目の前を通りすぎる世界を眺めている。人目をひくチョウチョウウオは縄張りの見回りをおこない、ごくわずかな攻撃にも備えて自分たちのテリトリーを守る準備をしている。[7] さらにウミウシ・ワーム・エビ・二枚貝・海綿動物その他たくさんの生物たちが、にぎやかで多様性に富

6 核分裂（そして上手くいけば将来的には核融合）は、この有限な予算の埒外にある。しかし世界の核エネルギーの総供給量は、太陽から地球に到達する全エネルギーの一〇〇万分の一に満たない。他の例外として地熱エネルギーが多少あり、さらに太陽と月の潮汐、宇宙線、磁気嵐、その他いくつかのこまごましたものがある。しかし、これらすべてを合計しても私たちが太陽から受けとる量の一パーセントの四〇分の一にすぎない（そしてそのほとんどすべてが地熱だ）。

7 私はつねづね不思議に思っているのだが、サンゴ礁にすむ魚の西洋における通称は、どうしてこれほど多くが陸上の動物に基づいているのだろうか。ゴートフィッシュ〔ヒメジ〕、シープヘッド・ラス〔コブダイ〕、ホークフィッシュ〔ゴンベ〕等々リストは無限に続くように思える。カエルアンコウがまさしく迷子のヒキガエルのように見えるのは事実だが、もちろんトード〔ヒキガエル〕フィッシュはまったく別の種なのだ〔本注釈の直前に登場する「パロットフィッシュ」「アヤメエビス」は原文ではそれぞれ"parrotfish"と"red squirrelfish"だが、どちらもオウム[parrot]、リス[squirrel]という動物の名前が入っている〕。

んだ海洋都市をつくり出している。海面の近くではたっぷりの光が注ぎ、その下で自然界が陳列する縞模様・斑点・迷彩・虹色・砂・岩を惜しみなく照らしているように見える。しかし水は、決して一般的に考えられているほど光にとって透明というわけではない。深くなるにつれて、周囲はだんだんと青くなり、次に黒くなる。供給される太陽光を水がすべて吸収するためだ。人間は世界を眺めるとき、こうして視覚が失われることに焦点を当ててしまいがちだ。

しかし物理法則は異なる視点を提示する——光は消えるかもしれないが、そのエネルギーが消えることはありえない。可視光線は海の熱に変換される。写真家の損失が温度計の利益になるわけだ。陽光は美しいサンゴ礁の魚を二度包む——水にエネルギー税を徴収されるまでは光で、次は温かさで。そうして海は太陽に熱せられる。

この可視光線——人間の視覚世界を構成する虹の〔スペクトルに含まれる〕色——は、太陽から届く光の半分にすぎない。地球の表面に到達している太陽光の残りの半分は赤外線——虹の赤い部分の外にあり、人間の目には見えない色だ。暗闇のなかで温かい物体の近くに手をかざしたとき、その温かさを感じることができるのは、その物体がエネルギーをもった赤外線を送っているからだ。たとえ目がなにも探知できずとも、なにか温かいものが近くにあるということはわかる。赤外線は太陽から下方に降り注ぎ、確かに海にふれはするのだが、赤外線の波長にとって水は非常に不透明なため、〔水面の〕数分の一ミリメートル以内で完全に吸収され、そのまま大気に再放射される。直観に反して、可視光線は海を熱することに貢献し、私たちが移動する温かさと考えているもの——赤外線——はまったくそれに寄与しない。

どこであれ海水にふれれば太陽光はそれを加熱し、エネルギーを注ぎこみ、蓄えさせる。太陽を出発してから一〇分も経たないうちに、そのエネルギーは海中の長期保存庫に溜めこまれ、警戒心の強いチョウチョウウオを快適で温かな状態に保つ。水は温まるのと冷めるのに長い時間を要するため、熱帯の海は昼も夜も同様にほとんど同じような温度を保つ。

　この加熱は赤道でもっとも顕著で、私たちの惑星に熱帯魚の生息する穏やかな帯域を与えている。しかし地球が北半球と南半球で曲線を描いて太陽から遠ざかるにつれて、太陽光からの直接的な熱の付与は減少する。極に近づくと海は、まったく違う場所となる。

熱帯の下にある冷たさ

　大西洋の北限をちょうど越えたあたりで、北極圏を描く円はグリーンランドを通過し、その東二〇〇〇キロメートルにわたる外洋をまたぎ、アイスランドをかろうじてかすめながら灰色の波立った海を横切ってノルウェー北部に到達する。冬至の正午には毎年、太陽はほんのわずかなあいだだけ地平線と水平線をかすめてから地球の曲線のうしろに埋もれ、北極圏にあと一日、宇宙の容赦ない暗闇を残してゆく。太陽光が二四時間連続して海面を斜めに覆う六か月後でさえ、その光線は地球の傾きによって厳しく制限され、大気中を長時間通過することによって弱められるため頼りない。その結果として現れるのは、地球の海のまったく異なる一面だ――ここは寒く、他の地域と比べて暗い。とはいえ、たくさんの生き物がいるが、それぞれの細目は進化によって各地域の課題に沿って微調整されてきた。すべての生き物はその環境の痕跡をもっているわけだ。

　アイスランドとグリーンランドの中間、海面下四〇〇メートルで、暗闇が移動している。その動きはゆっくりで、一メートル進むのに四秒かかる。灰色のまだらの皮膚は長い胴体の上でゆるくたわんでいる。あまりに着心地が良いため決して捨てられないだぶだぶの古いジャンパーを彷彿とさせるやわらかな見た目が、近縁種に見られる尖った部位と流線型のシルエットのかわりになっている。このゴツゴツした見た目の生き物は、体長四・五メートル、重さはなんと四〇〇キロにもなる。スピードでは勝負していない。ニシオンデンザメが急いでどこかへ行くことなど決してない。というか、その必要がないのだ。このサイズの個体はおそらく、産業革命の最初期の輝きより前に生まれ、この水域を二四〇年のあいだ動きまわっている。この種は少なくとも三〇〇歳まで（おそらくはそれ以上）生きることができ、約一五〇歳になるまで性成熟に達することがなく、生涯を通じて毎年約一センチメートルの割合で成長し続けると考えられている。私たちが知る限り、それは世界でもっとも長生きする脊椎動物だ。この並外れた寿命は寒さと直接関係していると見られる。寒さは生命のプロセスを遅らせ、[8]サメの生存期間を一〇倍に延ばすのだ。この緩慢な巨体は摂氏約〇℃の水中で、のんびりとした生活を送っているのだろう、ほとんど水面下数百メートルの場所に隠れている。

そのだぶだぶの体がもつ最大の謎のひとつは、どのようにして獲物をとらえるのかということだ――成体のニシオンデンザメはカレイやガンギエイといった魚で満腹の状態で発見され、ときには食べられたばかりのアザラシを胃に擁していることさえある。それらの種のいずれもが、この忍び寄る捕食者から容易に逃れ泳ぐことができただろう。さらに謎を深めるのが、ほとんどすべてのニシオンデンザメは、片目あるいは両目にすみつく寄生虫のせいで、少なくとも部分的に目が見えないということだ。そうした支障は深い海のインク色の闇のなかでは問題にならないとはいえ、水面付近では狩りを制限するだろう。私たちはしばしば、食物連鎖の頂点に君臨する捕食動物の王座は牙・爪・重量という形で自然からもっとも危険な武器を与えられた、もっとも俊敏で、もっとも目ざとく、もっとも攻撃的な動物に占められているに違いないと思いこむ。しかしニシオンデンザメは、深く暗く冷たい場所には別の生存方法と狩猟方法があるということを私たちに教えてくれる。

熱帯のサンゴ礁と、のろのろしたニシオンデンザメが通常いる北極圏の生息地とを比べてみると、海水面近くの温度には幅広いパターンがあることがわかる。それはどれだけ太陽光にさらされるかによって決まるのだが、その露光には緯度と季節が密接にかかわっている。晴れた赤道の海は約三〇℃の気温で訪問者たちを楽しませるが、中央北極圏では水温がマイナス一・八℃まで下がることもある。

海という地球規模のエネルギー貯蔵庫は赤道付近では破裂寸前だが、極に近づくほど、ほんのわずかなエネルギー量しか示さなくなる。しかし海面水温の詳細な地図はどれもが、この規則に対する細かな例外についての見事な調査報告であり、そのそれぞれが海面下の複雑性についての新たな扉を開いている。海岸線の隣に不釣り合いに置かれた冷たい部分と温かい部分、岸から遠く離れた穏やかな水域の優美なうねり、親しみやすい環境に蛇行しながら入りこむ際立った冷水。それらのいくつかについては本書の後半で探究するが、これらのパターンすべての美しい複雑さの根底にあるのは、海水温というものがマイナス二℃から三〇℃のあいだで変化し、また赤道への近さにおおまかに相関しているということだ。しかし表層だけが、このエネルギー貯蔵のパターンを示すわけではない。深層にも語るべきお話がある。

二〇一三年八月、調査船R／Vアパラチー号は、メキシコ湾で作業していた。その三年前、ディープ

8　この魚種についての最近の国際共同研究の名前は「老齢《オールド》で寒冷《コールド》――ニシオンデンザメの生物学」［Old and Cold – the Biology of the Greenland Shark］という見事に的を射たものだった。

ウォーター・ホライズン石油掘削施設で一一人の作業員が死亡した爆発事故の現場の近くだ。この場所の緯度は北緯二九度に近く、極よりは赤道のほうがはるかに近い。一年のうちその時期の海水面の典型的な温度は約三〇℃。乗船したのはフロリダ州立大学のチームに率いられた研究者たちで、石油流出の影響を調査するために深海魚のコミュニティのサンプルを採取していた。釣りあげられた魚のひとつは、茶色がかった灰色で体長三・七メートル、どう見ても明らかに若いニシオンデンザメだった。それは緑色のネット・ストレッチャーで夏の暑い日差しのなかに運ばれ、甲板の上、いままで生きてきたどこよりもはるかに暖かな場所で死んでいた。この魚種がメキシコ湾で捕獲されたのははじめてだった——いくつかのオンライン・ニュース・サイトで取りあげられるほどの注目を集めたが、その記事が研究者たちを驚かせることはなかった。では、北極のサメは夏の盛りのメキシコ湾でなにをしていたのだろうか?

そのサメを釣った針は海面下一七四九メートルに垂れさがっていた。その場所の水温は四℃で、ニシオンデンザメにとって快適な範囲内だった。それより上の海は入浴できるほど温かかったかもしれないが、深い場所はそうではなかったわけで、これは正常だ。深海はほとんどどこでもそのくらいの冷たさなので、そのサメは北極と釣り針のあいだのどこかその深さの場所を棲み処にしていたのだろう。赤道に幅の広いあざやかな赤の縞模様が描かれた、海水表面の温度を示す明るくカラフルな地図は、まさに表面《うわべ》の温度の地図にすぎないのだ。明るい太陽の光を浴びる表面の水と、それより深い何十年も太陽の光にふれなかった場所の水との温度差は劇的な場合がある。メキシコ湾の場合、その温かな表層の部分の厚さはわずか一〇〇から二〇〇メートルにすぎないが、湾内の海盆の広大な部分の水深はほとんど四〇〇〇メートルにもなる。一〇〇〇メートルより下では、北大西洋海盆深部の大部分を満たしているものと大変よく似た冷たい塩水がこの盆地を満たしている。その塩水はカリブ海から流れこみ、水たまりを絶えず刷新している。その上には他の、より微妙な層もある。

私たち人間が目にする海——溌剌《はつらつ》として、個性豊かで、食料の豊富な、快適に足を浸して歩くことができる陽に照らされた水——は海洋全体のごく一部をなすにすぎない。熱帯のサンゴ礁は、たとえ海の生命にとって不可欠なものであり、地球に住むことの大きな喜びを与えてくれるものだとしても、ひとつの例外なのだ。しかしここで非常に重要なのは、どうも深海は放っておくのが最善だと考えて諦めてしまわないことだ。その冷たく暗い水は、その上の水面で起こっているあらゆることと同様に興味深く、必要かつ重要だ。海水温を俯瞰する平面図に目を落とすだけでは十分ではない。深さによって物事がどう変化するかにも注意を払う必要がある。

重なった水

私たちの惑星を覆う塩水の薄皮は、深さ四キロメートル直径一万二七四〇キロメートルで、劇的な内部構造をもっている。その内部構造は温度と塩分で表現されており、水平の層で構成されている。そのディテールは惑星を巡るにつれ変化する——水流は最終的に周囲の流れと合流し、水はある場所では沈み、別の場所では上昇する。さらに水の厚板《スラブ》は巨大な海底の山脈を滑り落ちるときに瓦解する。しかし全体的なパターンは明白だ。深海の盆地では通常、海洋学者が水塊と呼ぶ主要な層が三つか四つまとまってひとつになっている。それぞれに異なる特徴と歴史をもつ、海というエンジン最大の構成要素だ。海の構造についての初歩の初歩は、それが層をなしており、それらの層は通常、互いに混ざりあわないということだ。

海のもっとも顕著な内部境界は温度によって定義され、水温躍層〔thermocline〕と呼ばれる。水温躍層とは、水深とともに急激な温度変化を起こす海中の薄い層のことで、異なる温度をもつ層間の移行部を示している。しかし海洋学者たちが特定のものを指して「水温躍層」と言うときは一般に、太陽に照らされた温かい表層水とその下のはるかに冷たく暗い水との境界という、すべての移行部のうちでもっとも際立ったもののことが話題にされている。このはっきりと温かい上層は「混合層」と呼ばれる。混合層は地球の海洋の大部分に存在しており、太陽の膨大なエネルギーとその熱エネルギーで作動する海＝エンジンとを接続する、この惑星の駆動列《ドライヴ・トレイン》だ。

一方で広大な海盆は混合層よりはるかに冷たい水で満たされており、その水はしばしば、何世紀にもわたって日を浴びない。太平洋における水温躍層の深さは典型的に六〇から二〇〇メートルで、それより下では海水の性質が劇的に変化する。ＮＥＬＨＡがハワイ近海から冷たい水を汲み出すことができるのは、水深一〇〇〇メートルかそれ以上、すなわち水温躍層よりかなり下から汲みあげているためなのだ。

私たち人間が目にする海は、システム全体の蓋にすぎない。しかしその蓋はエンジン全体にとって、完全に、決定的に重要だ。この蓋、つまり表面にある温められた水の混合層に――いまのところは――注目してみよう。海にある他のすべてのものと同じように、それは動く。さらに、気温は赤道で最高に達し両極に向かって均一に低下するという原則に対する例外のいくつかを検討するとしよう。その例外がもたらす結果は豊かで美しく素晴らしいものだ。しかし歴史においてはよくあるように、その物語は往々にして、人間の登場を機に華々しく終焉を迎えるわけだが。

温度で描かれた芸術作品

海水温がもつ変わった特徴の多くは、何世紀にもわたって船乗りたちに知られてきた。そうした地域ごとの海水温の特徴から全地球的なパターンをまとめはじめた最初期のひとりに、ある限りなく熱心なドイツの博物学者・科学者がいた。科学者の技術と詩人の心の両方を用いて私たちの惑星について幅広く記述したことで有名な人物だ。

フリードリヒ・ヴィルヘルム・ハインリヒ・アレクサンダー・フォン・フンボルトは自然界への深い情熱をもった、とどまることを知らない知性だった。[9] 一七六九年にベルリン〔当時はプロイセンの一部〕で生まれたフンボルトは地球探検の道を選んだが、もし彼の母親が生きてそれを見ていたら、おおいに失望したことだろう。彼女の希望は彼が、飛ぶ鳥を落とす勢いだったプロイセンの文官になることだった。そのかわり、彼はあふれんばかりの好奇心で何年にもわたってエグゾティックな場所を旅して、研究し、スケッチし、あらゆることへの答えを探し求めた。後年、彼は自然〔人間というその構成要素も含む〕をひとつにつながった巨大なウェブ[10]〔クモの巣状に相互接続された複雑なシステム〕として見るようになった。すべてをきちんとした分類にカテゴリ化することに忙殺されていた当時のほとんどの科学者たちとはまっ

9　彼は自分の見た世界の科学的・文化的・芸術的諸相を関連づけることに類まれな能力をもち、チャールズ・ダーウィンとラルフ・ワルド・エマーソンの両者にひらめきを与えた。彼の生涯の全容についてはアンドレア・ウルフの快著『フンボルトの冒険――自然という〈生命の網〉の発明』〔鍛原多惠子訳、NHK出版、二〇一七年。原題は *The Invention of Nature*〕を推薦する。一八〇〇年のことだ。彼の数多くの業績のなかでも特に注目すべきなのは、彼が人間の引き起こす気候変動を認識した最初の人物だったことだろう。

10　これはジェームズ・ラブロックがのちにガイア仮説に組みこむことになるアイデアのいくらかを一七〇年先どりしている。

たく対照的な姿勢だ。

一八〇二年、はじめて太平洋を見たフォン・フンボルトはペルーのリマを出航し、南米の海岸線を北上してメキシコにたどりついた。ずっとあとになって『コスモス――世界の物理的記述の素描』という浩瀚《こうかん》な著作（誰ひとりとして野心の欠如を理由には彼を非難することができなかった）のなかで、彼はその旅で乗った海流について次のように描写している。

一年のうちの特定の時期には、この冷たい海流の温度は、熱帯において、たった六〇°Fだが、隣接する平静な水は八一・五°Fおよび八三・七°Fという温度を示す。パイタの南、南米の海岸がもっとも西向きに傾いているその場所では、海流が突然、海岸と同じ方向にそらされ、西向きに大変鋭く転回するため、北に向かって航行する一艘の船は冷たい水から突然、温かい水に入りこむ。

摂氏温度の目盛りでいえば、彼はその海水が、その緯度で期待されるだろう二八℃ではなく一六℃だと記録していたのだ（当時でさえ、彼は科学的記述に換算表を添付していた。摂氏と華氏の両方が一般に使用されていたためだ）。それだけでなく、温かい水と冷たい水のあいだには明確な境界があった。リマは赤道の南わずか一二度の緯度にあり、誰の基準でも十分に熱帯地域内にある。世界の海面温度を示す現代の地図では、その変則性はさらに明らかだ。冷たい水の舌が南米の西側を這いあがり、チリの上半分からペルーまで伸びている。それは赤道のやや手前、南緯四度付近でとまる。この奇妙な特徴は、世界の地政学、アタカマ砂漠、多くの漁師たち、驚くべき数の豚たちに多大な影響をおよぼしていた。それを知ればフォン・フンボルトもきっと喜んだことだろう。

この寒流のもっとも注目すべき住人はペルー・アンチョベータ、別名アンチョビ。大きな影響をおよぼす小さな魚だ。それは細身で、下の部分ほど明るく上部は暗い銀色の体をしており、頭部の大部分を占めているかのように見える大きく丸い目をもっている。体長はせいぜい二〇センチメートルに届くか届かないかだが、密集した広大な群れで数百万匹の仲間と行動することで、その小ささを補っている。

アンチョベータの群れは、この地域の冷たい表層水を他のたくさんの種と共有している。サバ・イワシ・メルルーサ・ボラなどで、それらはカツオやアシカ、さまざまな種の海鳥といったより大きな種に捕食される。この狭い海域はいわば移動式の宴会場で、外洋の多くと比べても例外的に贅沢な場所だ。その生物学的な気前の良さの根本原因に到達するには、満腹の連鎖をさかのぼる必要がある。カツオのような大きな捕食者は、アンチョベータのようなより小さな魚に支えられ、そうした小型の魚はオキアミ（小さなエビのような生き物）を食らい、オキアミは植物プランクトンを堪能する。この植物プランクトンは海に棲むもののなかでもっとも重要で、太陽のエネルギーを食物連鎖の他の部分にとって利用可能ななにかに変換するという役目にせわしなく時間を費やしている。ここまでは順調。十分な太陽エネルギーが変換されると、食物連鎖の残りの部分は肥えて幸せになる。この生態系がもつ驚くべき密度は、つまるところ驚くべき数の植物プランクトンによって成立しているといえるはずだ。しかし、この尋常でない氾濫を見せる、地球上でもっとも小さな発電所は、隣の温水ではなくこの寒流で、いったいなにをしているのだろうか？

層状になった海がもっとも重要な結果のひとつをもたらすのはこの点だ。植物プランクトンは多様で複雑で美しい生命体群だが、それらの主要な要求はかなり単純だ。植物プランクトンは日光・栄養・二酸化炭素・水を必要とする。もちろん、このうち水が海において限られた要素と考えられたことはかつて一度もない。問題は最初のふたつだ。海の上部の（通常は温かい）層は陽光をたっぷり受ける。しかしそこでは、栄養が瞬時に使い尽くされることがある。一方、下部に隠れた、より深部の冷たい水は、栄養が豊富でも日光が届かない傾向にある。そして微小で単細胞の植物プランクトンには実に途方もない課題を遂行する能力がある――海の食物連鎖すべての基礎を築くという課題だ。しかし植物プランクトンたちは、光と栄養の両方――すなわちエネルギーと原材料の両方――があるときにしかその課題を遂行できない。しかし悲しいかなわれらが層状の海は、それらの決定的因子を隔てたままにする傾向がある――光は上に、栄養は下に、というわけだ。フォン・フンボルトが言及した（そしてのちには彼にちなんでフンボルト海流と名づけられた）寒流は、この根本的問題に対する非常に効果的な解決策を示す場所なのだ。

オキアミを捕獲《スクープ》しようと奔走《スクート》する一匹のアンチョベータは通常、海の上部五〇メートル以内にとどまる。重要なアクションは上と下の両方で起こり、アンチョベータはまんなかに挟まれて、その結果をすばやく食べることになる。海面では風が水を西へ運び広大な太平洋へ送り出す。この海岸線にずっと沿って、温かい表層が常に沖へ押し出されているのだ。その押し出しが非常に強いため、温かい海水は海岸線から完全に離れたところへ移動する。そうすれば穴が残ると思うかもしれないが、アンチョベータの下、深さ約三〇〇メートルでは、海の冷たい下層からの水が隙間を埋めるために入りこみ、海岸に接するまで東へドリフトし、その後上向きに移動する。われわれのアンチョベータが泳ぎまわっているのは、深海からやってきて陽光を注がれた水のなかなのだ。

実直な心をもつ海洋科学者たちは、この湧き昇る流れを湧昇流と呼んでいる。冷たく栄養豊富な水が温かい蓋の下から逃れてきて日光と出会うということはすなわち、生命の因子すべてが大量にそこにあるということだ。それはすべての海岸線に沿って起こる現象というわけではないが、ここでは盛大に起こる。植物プランクトンは太陽光を眩暈《めまい》がするほどたらふく食べることができ、莫大な規模で太陽エネルギーを蓄える。

　このように通常の海のルールが破られる場合こそ重要なのだ。この狭い海域は、地球の海面のおそらく〇・〇五パーセントを覆うだけだが、世界全体の漁獲量の一五から二〇パーセントを占めている。ごく最近まで、ペルーのアンチョベータの年間漁獲量は連続して、単一の野生魚種のなかでもっとも多かった。漁獲量が最大に達したのは一九七一年の一三一〇万トンで、個体数換算だと約二〇〇〇億匹だ(ただし留意すべきは、この異常な漁獲が翌年には個体数の激減をもたらしたことだ)。二〇一八年、ペルーのアンチョベータの漁獲量は、世界の総漁獲量約九〇〇〇万トンのうち、約五〇〇万トンだった。

　この点について、なぜペルー産アンチョビが地元のフィッシュ・アンド・チップス屋に登場しないのかと考えてみるのも悪くない。判明するのは、アシカたちはこの油まみれの小さな一口に完全に満足しているが、人間はそれほど夢中にならなかったということだ[11]。アンチョベータ・ベースの料理のファンたちでさえ、その風味を「独特」や「大胆」といった言葉で表現する。一九五〇年代には、ほとんど誰もアンチョベータを食べていなかった。しかし人間は、この豊富な海の恵みをほうっておくことに消極的だった。そして何世紀にもわたる畜産を通じて、人間はみずからが真っ向から扱えない食べ物をどうすればよいかを正確に習得してきた——豚の餌にするのだ。

　第二次世界大戦後は食料が不足し、生活必需品の価格が大幅に揺れ動く可能性があった。イギリスで

11　しかし現在、この状況を変えようと保全チャリティーや有名シェフらによるキャンペーンがかなりの数おこなわれている。

は戦時中、政府が国民に食料の自給自足を熱心に促していた。これにより多くの家庭で鶏が飼育されるようになったほか、「豚クラブ」という存在が生まれた。豚を育てるために協力しあう個人の集まりで、育成された豚の半分は手元に置かれ、残りの半分は戦時協力として政府に送られた。豚はタンパク質を必要とする——牛のように草だけで生きることができない——ため、家庭の残り物を餌として活用できる。戦後になると豚の生産規模の拡大が妙案として浮上したが、家庭の残り物では工業的農場に十分な供給をまかなえるわけもない。養豚農家たちは難題にぶつかっていた。

五〇〇〇マイル離れたカリフォルニアのイワシ漁師たちは、難題以上のものに直面していた。その産業全体が崖から転落したばかりだったのだ。ジョン・スタインベックの小説『キャナリー・ロウ』の題材になった有名なイワシ缶詰工場は四〇年間にわたるイワシ漁業の爆発的な成長とイワシ個体数の壊滅的な減少を経て空っぽになっていた。一九三四年から一九四六年にかけては、漁業生物学者たちの反対運動を押しながしながら、毎シーズン約五〇万トンのイワシが獲られた。しかし一九四七年までにそれは終わった。その漁業は崩壊したのだ。カリフォルニアの実業家たちはひるむことなく、新たに利用可能になった設備・専門知識・資金をペルーにもちこんだ。アンチョベータ漁を発展させるためだ。しかしその焦点は、人間が消費する魚の缶詰ではなく、魚粉の生産に当てられていた。

魚というのは精巧で魅力的な生き物だ。海でどう生きるかという問いに対する、何億年にもわたる進化によって磨かれてきた驚くべき回答だ。魚粉はそんな魚を、乾燥させ、押しつぶし、徹底的に粉砕してできる。[12] タンパク質も驚くほど豊富で、重量の五〇から七〇パーセントにもおよぶ。そして一九五〇年、畜産農家たちはその可能性にちょうど目覚めつつあった。

チリとペルーがフンボルト海流から最大限のすばやさでアンチョベータを引きずり出すと、業界はその魚粉を購入した。長期的な結果にまつわるカリフォルニアの教訓は完全に無視された。一九五〇年から一九七三年のあいだに、世界の漁獲量は三倍になったが、人間が直接消費する魚の量は変わらなかった。残りは家畜のサプリメント飼料として魚粉になり、それは現代の工業型農業の必須要素となった。イギリスはめいっぱいの魚粉を輸入し、一九六〇年までに、すべての魚粉の半分が豚の餌として使用されていた。工業型の農業メソッドと抗生物質の追加によって、養豚家たちはより多くの豚をより素早く、より小さなスペースとより少ない資金で育てることが可能になった。一九六〇年まで、ペルーは世界最大の魚粉生産国であり、一九六四年には世界全体の漁獲量の四〇パーセントをペルーが占めていた。一九七二年、乱獲と環境条件によってペルーの漁獲が激減し、魚粉の供給が絶たれたとき、イギリス産ベーコンの価格は、ほとんど間を置かず二倍になった。

要するに、南米の海岸に沿って湧昇する水がもたらす並外れた結果は、比較的小さなエリアで巨大な海洋生態系がつくり出されるということだけではない。同様に驚くべき結果として、湧昇流がもたらす生物学的な豊かさは、世界中の豚と鶏（そして増えつつあるのが他の国々で養殖される魚）に食料を与えてきたのだ。それらの動物たちは人間の食料として育てられたが、それを口にする能天気な人間は、そのタンパク質の源が海にあることにおそらく気づいていなかったし、自然環境がこうむる途方もない代償にも気づいていなかった。小さなアンチョベータは栄養を運ぶが、連鎖《チェーン》のひとつの輪にすぎなかった。そしてこの、信じがたいほどの生産をなした漁業の起源は、海の表面温度を示す地図に書きこまれている。その地図からは、層構造の乱れが読みとれるのだから。

12　魚粉のかなりの部分は、廃棄されるはずの混獲魚や切れ端からつくられている。しかしその多くは現在でも「食品等級」の魚に由来している。

雨天の下で

海はさまざまな形で陸上の生活に関係しており、波をくぐって直接やってくる海産物は、そのひとつの形態にすぎない。ほとんどの人類にとってもっともわかりやすいのが天気だ。これは私たちを、蓄えられたエネルギーの目印《マーカ》、すなわち温度の話題に連れもどす。なぜなら、海というエンジンは上から燃料を注がれる（太陽光が表面に当たる）けれど、大気のエンジンは下からくべられるからだ。海の熱保存庫はホットプレートのように働き、天気に力を与える。

ペルーの北数千キロにある一本の木の上五メートルのところに、地球上でもっとも熱心な陸上動物の一種がいて、幸せそうに海からの贈り物に耽溺《たんでき》している。その木は海岸から一〇キロメートル内陸にあり、近くのカリブ海からは、密集した熱帯雨林のカーペットで隠されている。激しい雨がやんだばかりで、葉の繁った林冠からは水滴がまだしたたっている。いくらかの滴が、散歩に行こうかと思案している、緑がかったベージュ色のぬれそぼった毛皮の塊にぴしゃりと落ちる。枝に沿って二メートル先には食べられる見込みの葉が青々としており、このノドチャミユビナマケモノはのんびりとだが熱意をもって、それをじっと見つめている。ナマケモノの世界では、おなかの毛皮が胴に沿って分かれているのが標準で、上下逆さまの動物にとっては、降雨を脇へ流す一〇〇万の小さな雨樋となっている。ナマケモノが移動をはじめると、速さを増した水滴は林床へとしたたりつづける。この場所の年間降水量は一年に四メートル以上と著しく、ここコスタリカの平均のほとんど二倍だ。そして、そのすべては海からやってくる。

あらゆる雨滴は、温かい水が海面から蒸発して水蒸気となり、それから大気中まで高く運ばれ、凝縮し、雲粒を形成することによって存在する。風はそれらの雲を横に動かし、やがてその雲粒は大きくなって雨として落ち、熱帯雨林を濡らす。借用した膨大な量の海水を陸に放出するのだ。しかしこの巨大な蒸留《ディスティレーション》と散布《ディストリビューション》のシステムは、物語の半分にすぎない。その見えない双子は、このプロセスが大気に直接あずける膨大な量の海のエネルギーだ。そのエネルギーは水の循環を促進すると同時に天気に燃料を与えている。ナマケモノと葉の繁るその棲み処は、その両者に依存しているのだ。

私たちが見てきたように、海水は液状のストレージ・システムを形成し、太陽のエネルギーを貯蔵する。そのエネルギーは個々の水分子の押しあいへしあいで保持され、水分子は温度が上がれば上がるほど、互いにぶつかり跳ねまわる速さを増す。表面では、それらの分子のいくらかが十分な速度に達してまとまりを逃れ、大気へと勢いよく上昇して液体から解放される。これが蒸発の過程だ。しかし、逃げ出すことができるのはもっともエネルギーに満ちた分子だけで、その遷移にはエネルギーの値札（物理学者は潜熱と呼ぶ）が必要だ。逃げ出す分子は、それが液体ではなく気体になっているならば、必ずこの戦利品をともなっている。言い換えれば、蒸発する水にともなって移動するぶんのエネルギーが海面から失われるために、蒸発のプロセスは海面を冷却するということだ。しかしそれは次のことも意味する。すなわち、大気中の高いところへやってきた分子が凝縮し、雲粒に加わってふたたび液体となるとき、この余分なエネルギーは放出されなければならないということだ。その雲粒は進みつづけ、大きくなりながら移動し、最終的には地表に落ちて戻ってくる。しかしエネルギーは空にとどまり、上昇気流と風に力を与え、地球の天候のダイナミズムを駆動するのだ。

海は非常に効率的に熱エネルギーを貯蔵するが、それが周囲を熱する動きはきわめて遅い。大気は対照的に、強い熱はとても苦手だが、エネルギーを非常にすばやく周囲に押しやることができる。温暖な海は、エネルギーを空へと安定して供給することが可能なため、雲が太陽を何日も何週間も覆い隠すときでさえ、大気を順当に動かし続ける。このエネルギー供給の大部分は蒸発する水に乗って移動するが、海面もまた、熱を直接放射することによって、表面すぐのところで伝導によるわずかなエネルギー移動を実現している。このすべてが、太陽の規格外の供給を和らげる働きをし、地球のあらゆる場所に分配される流れをなめらかにすることで、海をいきいきとしたエネルギー貯蔵庫にしている。また、それは地球の空にある水の大部分の源でもある。海面水温は絶えず地球の気象パターンを変形させる。そしてそのことにより、海面水温は現代の天気予報にとってきわめて重要な情報となっているのだ。

昼食にたどりついたとき、ふたたび雨に降られたナマケモノは、いちばん近くにある葉から水を舐めとり、葉そのものにとりかかる前の食前酒とする。熱帯雨林がここにあり、ナマケモノがこの場所にいるのは、海からもたらされる温かな雨の確実な供給があるからだ。イギリスのコーンウォールにあるアブラヤシの木々は、温暖なメキシコ湾流の水が西へやってくることで育つ。アメリカ東海岸を打ちのめすハリケーンは、大西洋の温かな海水によって勢力を増す。アマゾン盆地全域で降雨量が増えているのは、大西洋の海水が温かくなってきているからだと近年の研究は示唆している。地球の天気は地球の海と、切り離せないほど強く結びついている。

このことは私たちを、南米の西海岸にすり寄る、あの冷たい水の帯へと連れもどす。ここでいえるのは、鳥の糞という媒介が南米の政治とイギリスのカブとのあいだに直接のつながりを形成するということだ。これは自然界でも稀有な特徴であり、しかし、だからこそ世界は驚きに満ちている。

周囲よりも冷たいフンボルト海流の水は、その地域の天候に直接影響を与える、すなわち雨を防ぐ。

グアナイウやペルーカツオドリ――どちらも、このあたりの海域を泳いでいるペルー・アンチョベータの豊富な魚体をごちそうとする鳥の種だ――は、そんなことを気にしない。しかし入ったものは必ず出てくるわけで、鳥たちが営巣のため地元の島々に戻るときには、糞が積みあがる。アンチョベータ・ブームよりもかなり前の一八〇〇年代初頭、そうした糞の山には三〇メートルの厚さに達するものもあった。窒素・リンその他の微量元素が並はずれて豊富に含まれ、乾燥したうんちでできた、そびえたつ灰色の丘――グアノだ。インカの地域共同体は、これを生態学的な宝物として評価していた。作物にとって非常に効果的な肥料だったためだ。この農業的ホワイト・ゴールドの英名「グアノ」は、ケチュア語で肥料を意味する言葉「ワヌ」に由来している。インカの人々はグアノの山を保護し、鳥たちの邪魔をする者は誰であれ罰した。健全な鳥の個体群こそが持続可能なうんち供給の鍵だと正しく認識していたためだ。しかし西洋世界にはそれほどの規律がなかった。この見慣れない物質に気づき、一八〇四年にイングランドに持ち帰ったのはフォン・フンボルトその人だ。彼はこの、つんとした臭いのする白い粉の重要性がいずれ判明することをほとんど疑っていなかった。グアノの散布によって作物の収量が劇的に増加することをヨーロッパの農家たちが立証するのに数年かかったものの、一八四〇年代までにはグアノ・ブームがはじまった。

ペルー政府は、かなりの悪臭を放つ白い丘の収穫に熱心に取り組みはじめた。人体に有害なグアノを掘り出すという過酷な労働は主に奴隷たちによっておこなわれ、そのドタバタは元来アンチョベータを肥料に変換していた海鳥の個体数に多大なダメージを与えた。しかしそれでも貿易商たちはとまらず、グアノの輸出は急速に拡大した。一八五〇年代までに、ペルーのグアノ輸出の半分（重さにして二〇万トン）がイギリスに行きついた――それはイギリスの農民が大量に購入した唯一の肥料だった。そしてイギリスがそれを使っておこなったのは、なによりもまず、カブに施肥することだったと思われる。[13]ペルーのアンチョベータがイギリスの豚の餌になっていたのよりも一世紀前に、ペルーの鳥たちはわれらが根菜に肥料を与えていたのだ。[14]「しかしフンボルト海流がこれまで私たちになにをしてくれたのか？」という問いにはじまるモンティ・パイソン流の議論は、かなり長引くことがわかるだろう。

思うに、ヨーロッパには一羽あたりで南米の鳥と同じくらいの量の糞をする鳥がたくさんいたはずだが、なぜ鳥のうんちを輸入する必要があったのだろうか？　決定的な違いはフンボルト海流の冷たい水だった。寒冷な海面が雨を抑制したため、南米のグアノは、雨水に化学的組成を乱される前にすみやかに乾燥し、まじりけのない堆積物として残ったのだ。一方、ヨーロッパに広がる湿潤な気候条件では、鳥の糞は雨水で流されるか、化学的な変化をこうむった。冷たい海水はアンチョベータひいては鳥にとっての好条件をつくり出しただけでなく、その窒素に富んだ成果物を独自の効果的な方法で保存もしたのだ。

グアノ貿易の利益はペルー経済を支配し、国に新たな財政的安定をもたらしたが、それも「グアノ時代」のあいだだけだった。[15]そうした価値ある資源は、少なからぬ国際的羨望を巻き起こした。アメリカ合衆国は一八五六年にグアノ島法を可決し、市民にグアノのある島々を、合衆国を代表して占有する権利を与えた。アメリカの帝国主義の最初の実験と広く見なされている動きのひとつだ。チンチャ諸島戦争は一八六五年から一八七九年にかけて、もっとも価値のある島々のうちいくつかをめぐって起きたし、ボリビアがその海岸線をチリに明けわたした一八八〇年代初頭の太平洋戦争では、争われた資源のひとつが貴重なグアノだった。

チリでグアノ戦争が起こりフロリダでは起きなかったという事実は決して偶然ではない。そうした現実が生じたのは、海というエンジンの構造が、ある場所では豊富な資源を生み出す直接の原因となった一方、別の場所ではそうならなかったからなのだ。文明に影響をおよぼす諸パターン——天候・資源・文化——はしばしば、海というエンジンが生成するパターンの帰結だ。人間はたいてい鼻先すぐの問題にかかずらって表面をうろついているだけであり、下でうねる海というエンジンには注意を払わない。しかしそのエンジンはいつもそこにあり、物理法則のしもべとして働いている——人間のしもべとしてではなく。私たちは温度そのものと温度が運ぶエネルギーが人間の文明にとって重要性をもつということを見てきた。しかしそれらがもたらす影響は惑星地球にとってのほうがはるかに大きい。

地球全体の気温について考えるとき、地上に基盤を置くわれわれ人類は、大気の温度に焦点をあてがちだ。しかし科学者たちが地球の熱エネルギーを探究しはじめたとき、大気そのものはちょっとした気がかりにすぎないことが明らかになった。地球の地表一平方メートルの上には一〇トンの大気があり、地表面から数百キロメートル上まで広がっている（ただし、その質量の七五パーセントは最下層の一〇キロメートル内にある）。一平方メートルの海面を切りとり、その正方形の上にある大気全体の温度を一℃上昇させるのに必要なぶんの熱を加えることを想像してみてほしい。海の温度を一℃上昇させるために同じ量のエネルギーを投入したとしても、正方形の下にある海水の上層二・五メートルしか温めることができないだろう。深海四キロメートルを遊び相手にするのであれば、とるにたらない薄片だ。したがって、

13 これは歴史の不思議のひとつだ。当時でさえ、カブには硝酸塩よりもリン酸塩が豊富な肥料が必要なことは明らかだった。グアノの恩恵をカブ以上に受ける作物は、他にもたくさんあっただろう。しかし一八四〇年から一八六〇年までは、カブだったのだ。

14 カブはしばしば家畜の餌になったので、いずれにせよ豚たちが恩恵を受けていたと主張することも可能だ。

15 イングランド北部のヨークシャーには「糞あれば真鍮あり」ということわざがある。汚れ仕事があるところでは、誰かがそこから大金を生み出すことができるという意味だ。この物語は間違いなく、このフレーズについての究極かつ世界規模の裏書きだ。

大気中の熱エネルギーの総量は海のそれと比べてごくわずかといえる。大気は海よりもはるかにすばやく移動するため、エネルギーの周囲への流動を助けるが、それは輸送システムであり、倉庫ではない。

では、地球の表面の残り三〇パーセントを占める陸地についてはどうだろう。確かに、硬い土壌は熱をすばやく吸収するし、一立方メートルの岩はかなりの量の熱エネルギーを蓄えることができる。しかし岩は動かないので、熱は表面付近にとどまる。地下深くに広がる岩石は、陸の貯蔵能力には関係しない。地表の熱がそこへ届くことなど決してないからだ。したがって、陸も大気も熱の貯蔵にはあまり役立たず、その役目は、ほとんど完全に海水にゆだねられているのだ。

海は地球の温度計だ。広大な渦を巻く青は惑星全体のエネルギー貯蔵庫として機能するため、その平均温度は任意の時点で地球に蓄えられている熱エネルギー量の尺度になる。また、海は地球の気候の起伏の激しいエネルギー供給を平滑化し、昼と夜、夏と冬の違いを平準化する巨大な緩衝装置だ。これがもたらす安定は地球上の生命にとってきわめて重要なもので、私たちすべてが依拠している繊細な生化学的機構が気温の大幅な変動によって簡単に凍ったり暑さにやられたりする可能性を防ぎ、私たちを守っている。しかしながら、温度は海というエンジンを駆動する影響力のある事柄のうちのひとつにすぎない。次の項目は、私たちの世界への影響を度外視するならば、万物のうちでも目立たず、誰でも知っていて、まったくありふれたもののひとつといえる――すなわち、塩だ。

塩

海洋の大いなる不条理のひとつは、海に浮かんでいるとき、それを介して地球上のすべての水の九七パーセントとつながっているにもかかわらず、脱水症状で死ぬ可能性があるということだ。[16] 犯人はもちろん、塩だ。水に溶けると、塩の成分は分裂して水分子の隙間に入りこみ、そのプロセスを通じて目に見えないものになる。しかしそれらの小さな侵入者は、海というエンジンの機能のあり方に膨大な影響を与える。塩がなければ地球という惑星は実際まったく異なる場所になるだろう。

　私たちが知っている通り塩は生命に不可欠だ。成人ひとりの身体には約二〇〇グラムの塩が含まれており、これは運ばれるのを待っている積み荷ではない。それは常に働いており、神経や筋肉を通る信号の流れを助け、血液を調節する。発汗や排尿によって過度に失った場合は、補充する必要がある。主に肉を食べる動物は食物からの供給で塩を補充できるが、植物を食べる動物は生きるために別の供給源を見つける必要がある。[17] そしてそこには農耕社会の人間も含まれる。塩は十分にあればありふれたものにすぎないが、海岸から離れると見つけるのが難しい場合がある。だからこそ、人類の文明の歴史にはいたるところに塩が振られている。たとえば大英帝国・中国・アステカをはじめとする多くの文明による塩の供給管理、塩の抽出と輸送のための精巧な技術――そして多くの貿易と緊張と謀略[18]は、塩漬けニシンのずっしりとしたサイド・オーダーと一緒に供される。[19]

　とはいえ、私たちの惑星に塩が不足しているわけではない。浴槽を海水で満たせばそこには中型のバ

16 「老水夫行」〔サミュエル・テイラー・コールリッジの詩〕の有名な一節で詠われるように「水、水、ずっと水／乗組員はみなしぼむ／水、水、ずっと水／飲めるものはしずくもない」というわけだ。

17 こうした理由から、ゾウやヤギ、シカは塩を求めて塩なめ場に集まるが、肉食動物たちは獲物だけを求めてそこに現れるわけだ。

18 マーク・カーランスキーの快著『塩の世界史――歴史を動かした小さな粒』〔山本光伸訳、中公文庫、二〇一四年。原題は *Salt: A World History*〕がこの物語を詳細に語っている。

19 第6章「航海者たち」参照。

ケツをいっぱいにするのに十分な量、五キログラムの塩が含まれている。たくさんといっていい。海の水を蒸発させるのに十分な大きさの小惑星が明日地球に衝突した場合、そのあとに残る塩の層は海底全体を約六五メートルの厚さで覆い、重さは四京九〇〇〇兆メートルトンにもなるだろう。塩は世界中の海水にかなり均等に分布しているが、海についての他のあらゆる事柄と同様に、見方を知っていれば、物語を教えてくれるさまざまなパターンが表れる。そうしたパターンの手がかりを読み解くことはとても価値ある作業なため、今日ではNASAと欧州宇宙機関の両者が値の張る衛星を軌道上に配置し、海面の塩の濃度を常に監視している。しかし塩が重要であること、あるいはなぜ塩がそこにあるのかさえ、常に明らかだったわけではなかった。この食べられる岩は、歴史上の偉大な思想家たちの多くを悩ませてきたのだ。

　肖像画で判断するなら、一七世紀の著名な科学者ロバート・ボイルは、悪臭を放つ海水の臭いを嗅いでいるという予想からは程遠い人物かもしれない。これみよがしに長く贅沢な巻き髪が双肩に流れおち、上等の背景幕と噴水のようなレースが、彼を裕福で権力のある、高い社会的・経済的地位をもった男性だとわかりやすくラベルづけしている。しかし彼は、さらに偉大な地位をみずから築きあげた。現実の本質を妥協せず注意深く調べ、誰か（できればみずから）が実際に実験をおこなって確認するまではなにも信じないという姿勢に基づいて達成された科学的地位のことだ。これは今日では珍しいことではないように聞こえるかもしれないが、現実を理解するのに必要なのは迷信と歴史的宣告だけだと一般に考えられていた一七世紀という時期において、これは先駆的な頑固さだった。ボイルは彼の周囲の世界を調査し、みずからの実験――題材は氷の形成、空気の働き、色の意味その他、数えきれないほどある[20]――に関する多弁だが厳密な冊子類を著した。彼は王立協会（およびその前身である「インヴィジブル・カレッジ」)の創設メンバーのひとりであり、王立協会のモットー「Nullius in verba」(ふつう「何人《なんぴと》の言葉も真に受けぬよう」と訳される)を完全に体現していた。そして一六七四年、彼は『海の塩についての観察と実験』を出版した。

彼はまず、海水が塩辛いのは日光がなんらかの方法で海水に塩味を授けるためであるというアリストテレスの示唆に狙いを定めることからはじめ、淡水を日光にさらして塩辛くなるかどうかを観察した(ならなかった)。彼自身が単独で得られるデータの限界を認識したことで、ボイルは海全体を対象に検証をおこなうことにした。もしアリストテレスが正しければ、海の底は真水で、上部では塩分が高くなるはずだ。だがボイルは、それが事実だと示唆する信頼可能な情報源を見つけることはできないと宣言した。彼は真珠漁師たち――その宝物を収穫するために大変な深さまで素潜りすることで知られる――の証言を集めたが、それらの証言は海が上部と同様に底部でもただ塩辛いと言明していた。[21] それからも彼は熱心に別の説明を探求し続けた。もちろん彼が途中で脇道にそれたことは一度や二度や三度どころではなかった。彼は海水は腐敗しないという主張を検証しようとバケツいっぱいの海水を日光の下に置き、「それは間違いなく、数週間で強烈な悪臭を放つようになった」と宣言して評決を下した。助手のロバート・フックが顕微鏡を使って微小の世界で人々に衝撃を与えてからたった数年後には、ボイルは、多くの船乗りたちが「それ[海]の遠大な広がりには、おびただしい数の不定微粒子が染みこんでおり、いくつかの方法でその各部を多様化し、それが単純な食塩水にならないようにしている」と考えている

20 彼がおこなったさらに記憶に残る、しかし偶発的な実験のひとつは毒蛇を真空に置いたことだが、これは高気圧医学(圧力変化が身体にどのような影響を与えるかの研究)の先駆けだった。
21 とはいえ、その時点では海の底というのが本当はどこなのか誰も実際に知らなかったのだが。

と遠慮がちに言及した。

そして彼は、最後にもっとも近代的な思考をとっていた。それが発揮されたのは、海が時間の経過とともに塩を増していくのか、海はどこでも同じ塩分をもつのかについての熟考の際だ。彼は大きな問いを発することに自信をもっていた。非常に根源的なために、そうした疑問の存在を認識することにさえ聡明な頭脳が必要な類の問いだ。しかし彼は自分自身の回答の限界も知っていた。目の前にある証拠を超えて推測することにはずっと気が進まなかったボイルだが、海の塩がどこでも同じ濃度なのかという疑問に答えるには「さまざまな気候とさまざまな海域での膨大な数の観察」が必要だろうと述べている。彼がこれを書いてから三五〇年間（そしてほとんどが最近の三〇年間）、海洋科学者たちはそのことについての観察を何十億回もおこなってきた。細かいところにこだわるボイルはその詳細を愛しただろうが、それによって明らかになった海の仕組みは彼をもっと大きく喜ばせたと私は思う。しかし、塩がどのように分配されるかにたどりつく前に、一歩下がってみる必要がある。私たちが海塩と呼ぶこの物質は、正確にはなんなのだろう？

私の本棚の高い場所、南極の岩石と北極の水のサンプルの隣に、塩の入った小さな金属製のポットが置かれている。ハワイのコナで購入したもので、ＮＥＬＨＡで汲みあげられた冷たい深層水から採取した塩だと誇らしげに書いてある。もしこれを食べたなら、深海が私の一部となり、神経の信号伝達と筋肉の収縮を助けることだろう。しかしこのエグゾティックな塩は、私が育った土地に近いノースウィッチやナントウィッチ[22]で採掘された岩塩となにか違うのだろうか？その答えは一八七二年から一八七六年にかけてのチャレンジャー号遠征まで波のなかに隠されていた。それまでも海洋調査遠征はおこなわれていたが、チャレンジャー号は海洋学の新たな基準と新たな野心を設定した。この船は専任の科学者を乗組員として擁し、真に全地球的な活動範囲をもち、四年間にわたって大西洋・太平洋・南極海を周回した。しかしながら、そこから驚くほど新しく予期せぬ科学が生み出されたとしても、その航海のための資金が人間の好奇心を満たすという目的で誰かの心からの善意によって提供されたものでないことは確かだ。

チャレンジャー号遠征隊は、通信ネットワークの改善のため深海に電信ケーブルを敷設するという商業・海軍両方の関心事と科学的諸課題とが出会う十字路に位置していた。王立協会には純粋な科学的課題があり、水路局には測量の経験があり、海軍には港・石炭・防衛力と、そして船そのものであるHMSチャレンジャー号があった。[23] 乗りこんだ「科学班」は奇妙な深海の生物や未だ見ぬ堆積物になにより も興奮していたが、海軍は明らかに海底の形状にもっとも興味をもっていた。しかし、その重要な測量作業と並行して「科学班」は手に入る限り海のあらゆる側面についてのデータを収集した。それに加え、寄港した植民地のさまざまな港では時間の都合をつけてかなりの数のパーティーに参加し、海上での長い数か月間を陸上での短期間の逗留で埋め合わせるとともに、舞踏会や晩餐会や地元の観光地で主賓として扱われた。

チャレンジャー号が持ち帰ったデータの山は驚異的なものだった。帰還後、すべての分析と公表にはほとんど二〇年を要した。そのため、船上の科学者たちは自分たちが収集していた未分析の物質の重要性をすぐには理解できない場合もあった。分析は時間のかかる、骨の折れる作業であり、しかも海に関

22 イングランドにおいて町の名の終わりにつく“wich”は塩の生産と関連している。
23 これは大英帝国の最盛期、イギリスが世界中の膨大な量のインフラを支配していた時期のことだった。チャレンジャー号の遠征が世界中をその範囲としたのは、大英帝国が世界的な影響力をもっており、それを維持しようと決意していたからだ。

してはできるだけ多くの質の良いデータを収集することに焦点が置かれているため、こうした時間のズレは今日でもありがちだ（とはいえ近年では通常一年から四年であり、二〇年はかからない）。船を降りたばかりの科学者になにを学んだか尋ねても、多くの場合その答えは「まだわからない」だ。最高の驚きはしばしばあとからやってくる。海上にいるとき心にあった海のイメージがデータによって塗りかえられるのだ。

海塩は世界中どこでも同じかという問いへの答えは、チャレンジャー号遠征隊が持ち帰った七七の水サンプルのなか、漬けられた魚や堆積物の入った箱、無数の軟体動物の殻のあいだで静かにたたずみ、グラスゴーのウィリアム・ディトマーに送られるのを待っていた。彼は数年かけて、あらゆる地域とさまざまな深さの海水から化学的な手がかりを引き出し、その詳細を一八八四年に発表した長く印象的な報告にすべて記した。そこにはひとつの一般的結論があった。すなわち、海水中の塩の量は場所によって異なる場合があるが、すべての主要成分（ナトリウム・塩化物・マグネシウム・カリウムなど）の比率は、あらゆる海のあらゆる深さで常に同じである。[24] 私が大切にもっている熱帯のコナの塩は、灰色で暗いアイリッシュ海の塩とまったく同じなのだ。[25]

アリストテレスは塩がどのようにして海にやってくるかについては間違っていたかもしれないが、塩は海水から水をすべて取り除いたときに得られるものである、という出発点となる定義をきちんと与えていた。側面がなだらかに傾斜した大きな浅いボウルから海水を蒸発させると、はっきりした輪をなして白い塩が残る。これは「海塩」が一筋縄ではいかないことを示す最初の手がかりだ。

海塩の成分はすべて、たまたま最後に海に溶けてしまった、地球という惑星の流動する破片だ。そのすべては二酸化炭素の豊富な大気に覆いをされた過酷で暑い場所——すなわち初期の地球ではじまった。

表面に露出した土地はどこも、定期的に酸性雨で洗われる単なる裸の岩だった。酸が岩石と反応すると、ナトリウム・カリウム・マグネシウム・カルシウムをメンバーとした原子の選抜グループが遊離した。これらはすべて周期表の左上の隅に属する小さな分子であり、その特性として、チャンスがあればひとつまたはふたつの電子を放棄し、正電荷をもったイオンとして周囲をぶらぶらする。それが意味するのは、水に溶けやすいということだ。[26] しかしわれわれの惑星も若いころは火山活動がきわめて活発で、内部が落ち着くにつれて常にハフハフと荒い息をしていた。火山は、水素と塩化物イオンが高い反応性を示して結びついてできた塩酸、さらには硫黄化合物を大量に噴出する。このプロセスは負電荷をもったイオンである塩化物イオンと硫酸イオンを海に加えた。これらのイオンはすべて、海にある水の分子の隙間に隠れ、それぞれがマイナスまたはプラスの電荷をもって所定の位置に保持される。一リットルの海水には一八・九グラムの塩化物、一〇・六グラムのナトリウム、二・六グラムの硫酸塩、一・三グラムのマグネシウム、〇・四グラムのカルシウム、〇・四グラムのカリウムのほか、微量だが他の元素

24 この考えにいたったのはディトマーが最初ではなかった。ヨハン・フォルシュハマーはそれより前の一八六五年、亡くなる直前にその考えを提案していた。しかしディトマーは実に徹底した化学調査を実施し、それをもとに疑いの余地のない原理を提示した最初の人物だった。

25 私は購入時すでにそのことを知っていた。私が九九グラムの塩に一〇ドルを支払ったのは、それがなんともばかばかしい行為だったからにほかならない。また、数百年のあいだ太陽の光が当たることのなかった塩という考えも気に入ったのだ。

26 化学者たちは水分子が「極性」をもつと考えている。これは分子自体のなかで、負に荷電した電子のクラスタが分子上の特定の場所に集合する傾向があるという意味だ。電子クラスタがある場所はわずかにマイナスになり、電子の密度が小さくなった場所はわずかにプラスになる。水が室温で液体なのはこのことによる。というのも、プラスの部分は近くにある分子のマイナスの領域を強く引きつけるため、それらを引き離す（すなわち水を蒸発させる）にはたくさんのエネルギーがいるからだ。しかしこのように正負が強いということはすなわち、電子をひとつかふたつ獲得あるいは喪失した原子（正に荷電したナトリウムイオン Na+ など）が入りこみやすいということも意味するわけだ。

も多種含まれている。[27]

海では、これらのさまざまな元素は互いにほとんど関係がない。しかし水を取り除くと、プラスのイオンがマイナスのイオンと必ず対になって固体の塩を形成する。そしてこれは、もっとも溶解度の低い組み合わせから順に起きる。そのため、塩水は蒸発するときにリングを形成するのだ。もっとも多い組み合わせは塩化ナトリウム、つまり「食塩」だ。海水をナトリウムと塩化物に出会いの場を提供するイオン同士の交際仲介所と見ることもできるが、このよく知られた組み合わせが姿を見せるのは、水そのものが静かにしていて邪魔をしないときだけだ。海塩は実際、ただ残っているものであり、それは世界のどこでも同じなのだ。

かといって、海塩通の御仁においてもあまり心配する必要はない。塩自体に変化はないものの、自然がファッショナブルな食用塩にその他の要素をいくつか加えていた可能性はある。私たちの塩はすべて海から来ているが、そのほとんどは私たちがそれを口にするまでの数百万年にわたって陸地を逍遥してきた。私たちは大量のエネルギーを使って海水を熱し、水を蒸発させて塩だけを残すことができる。しかし太陽がその重労働を数千年前にすべておこなった場所へ出かけるだけのほうが、はるかに簡単なのだ。岩塩は、干上がった浅い海が深層にあった塩の積荷を陸地として新しくラベルづけされた土地に投棄することで形成される。水を除去するために使用される方法に関係なく、未精製の塩には微量の藻類、バクテリアおよび（岩塩の場合は）その他のミネラルが含まれる可能性がある。これにより色や味に多少のヴァリエーションが生じる。高級な塩が好きな人は、これにお金を払っているわけだ。ピンク色または黒色の塩には、一時的に陸上にあったことを示す化学的痕跡が残っている。退屈で古めかしい「食卓塩」は、塩化ナトリウム以外のすべてが除去されるように加工されている。

一八七〇年代にチャレンジャー号に乗船したジョン・ブキャナンは、塩がどこからやってきたのかについて多くを知らなかった。しかし探検隊の化学者として、それがどれだけ存在するのか、特にどこに存在するのかを解明するのが彼の仕事だった——それはすべての深さ、すべての場所で同じなのだろうか？　化学的分析のためには、繊細な実験用ガラス器具に毎日、非常に正確なダンスをさせる必要があったことだろう——揺れる船の上では、間違いなく禍《わざわい》のもとだ。そこでブキャナンは、見事にシンプルかつ堅牢な装置を構築した。彼は塩を加えると海水の密度が高まることを知っていた。すなわち密度を測定すれば塩分がわかると知っていたわけだ。彼のエレガントな解決策とは、海水とほぼまったく同じ密度をもち、上部から突き出た背の高い薄い部分を備えた円柱だった。これを海水のサンプルに入れると、ほぼ完全に水に浸かった状態で浮くものの、水の密度に応じて水中でわずかに位置を低くしたり高くしたりする。[28]正確な測定値は、上の薄い部分の目盛りから読みとることができる。その装置全体が船中央に吊りさげられたトレイに取りつけられていたため、周囲の船体自体が動きまわっても、水のサンプルは平静な状態を保っていた。四年を超える遠征でブキャナンはこの測定を二〇〇〇回おこない、その過程で、海洋全体の塩分をマッピングした史上初の人類となった。[29]

彼は、チャレンジャー号が航行した場所の塩分はどこでもかなり似通っており、わずか一〇パーセントの違いしかないものの、その狭い範囲内には明確なパターンがあるということを発見した。さらに、

27　このリストで次に来るもの、すなわち〇・一四グラムの重炭酸塩は、第3章「海の解剖学的構造」で見ることになるように、地球規模の海洋炭素循環全体の隠れた実現要因だ。これは水一リットルに対して、米七粒とほとんど同じ体積をもつ。

28　この方法は完全に新しいものというわけではなかった。一六七四年にロバート・ボイルは、非常によく似た装置を搭載した船で船長を海に送り出したと書いている。

29　彼の一八七七年の論文に、より限られた地域からサンプルを採取した以前の探検隊のデータが含まれていることは確かだ。

海の層によって塩分が異なること、そして大西洋は太平洋よりも塩分が高いことを発見した。現在、海洋学者たちはプラクティカル・サリニティ・スケールで塩分を測定しているが、これは通常、海水一キログラムあたりのグラム数に相当する。[30] このスケールでは、海洋の平均的な塩分は約三五だが、大西洋の表層は約三七、南極海は約三四だ。次の大きな疑問は、なぜこのようなヴァリエーションがあるのかということだった。詳細については今日でも議論が続いているが、その答えの一部は当時でさえ、よく探せばすぐに見つかる類のものだった。すなわち、地中海とバルト海という、何世紀にもわたって貿易商を運んできた、まったく異なる特徴をもつふたつの重要な海の対照だ。

地球の海洋はひとつのつながった水域だが、そこには他の部分にほとんどふれない、いくつかの付属する海域が含まれている。もっともよく知られているもののひとつはヨーロッパの南端を示す地中海で、雄大なジブラルタル海峡で大西洋に接している。この接続部の幅はわずか一四キロメートルだが、地中海は東に開けてスペインからシリアまで四〇〇〇キロメートル近く広がり、二一の国に海岸線を提供している。ヨーロッパの北側には、北海からバルト海へ通じる入り口の、蛇行した通路がある。ここはカテガット海峡といって、デンマークとスウェーデンのあいだの曲がりくねった浅い海峡で、二五キロメートルのボトルネックへ向けて狭くなり、その後スウェーデンをフィンランドとロシアから隔てる一五〇〇キロメートルの外海に開ける。

構造的な観点から見ると、地中海とバルト海は非常によく似ている。どちらも大西洋と弱々しくつながる、やや大きな海だ。しかし水面の下で泳ぐ動物たちにとっては、ふたつの海はなにからなにまで違っている。バルト海は冷たく、ほぼ淡水で、[31] 海水面の年間平均温度は約八℃、塩分は驚くほど低く約八だ。地中海は温かくて塩分が高く、海水面の年間平均温度は約二〇℃、塩分は三八。これは海のチョークとチーズ〔似て非なるもの〕なのだ。

ここでは塩自体には直接影響することのない、ふたつのプロセスが働いている。地中海とバルト海は入り口が非常に小さいために、すなわちあまりに小さく外界の水が十分に入りこんですべてを平均化することがないために、それらのプロセスの影響が一目瞭然となっているのだ。ひとつ目は水分子を除去するプロセスだ。それすなわち蒸発のことで、水分子は温かい海から空気中に逃げて、他のすべて〔塩・藻類・魚・イルカ〕を置きざりにする。二番目は、降雨と河川流出という形で淡水を海に戻すプロセスだ。地中海とバルト海にはどちらも多くの川が流れこんでいる。それらの河川は周囲の土地のかなりの範囲から集まった雨を運び、そのすべてを海に注ぐのだ。これらふたつの海それぞれの違いは、これらふたつのプロセスの多寡に由来する。寒冷なバルト海北部は、あふれんばかりの川の水と雨を受け入れるが、非常に涼しいため、水面から蒸発する淡水はごくわずかだ。この海のバランスは淡水へと大きく傾いている――ひとえに、河川からの流入に対してバランスをとるのに十分な塩がないのだ。一方、温暖な地中海は蒸発によって大量の淡水を大気中に放出するが、熱く乾いた土地を通過してきた浅い河川から得るものはほとんどない。つまり、とても塩気が多いのだ。水分子は常に失われ、ごくわずかしか戻ってこない。

ポイントは海の塩分が塩それ自体には依存しないということだ。塩は周囲の水に運ばれるただの乗客

30 海の塩分を測定する方法はいくつか考案されてきたが、現在ではこれ――プラクティカル・サリニティ・スケール――がもっともよく使用される。これは実際には電気伝導率の比なので単位をもたないが、結果の数値はg／kgに大変よく似ている。二〇一〇年には絶対塩分の新しい尺度TEOS-10が開発された。これは科学的により堅牢だが、計算が複雑だ。塩分の測定は、想像するよりもはるかに困難なのだ。

31 塩辛い海と塩分を含まない淡水の中間の塩分をもつ水の技術的な名称は"blackish"だ〔"blackish water"で「汽水」を意味する〕。

だ。地球の海の塩分を増大させたり枯渇させたりする大きな塩の出入りというものはない。[32] いま海にある塩は、今後もほとんどすべてそこにある。だから私たちが海の塩分の変化を見るとすれば、その変化のパターンが教えてくれるのは、塩がなにをしているかではなく、水がなにをしているかということなのだ。

塩の濃度は、海の物理的構造と働きに大きな違いをもたらす。ただし海というエンジンの生きている部品の多くにとって、塩は生死をわけるものでもあり、常に警戒を必要とする変わらぬ課題だ。あまりに多くの塩はただちに死をもたらすが、その事実は私たちにとある謎を残す。水分を摂取するにあたって海水しかなければ人間は死んでしまうが、どうやら魚たちは上手くやっているようだ。では、海のネイティヴたちはどのように水を飲むのだろうか？

塩分とつきあう

ノバスコシア州沖の冷たい水のなかは霧のかかったターコイズ色で、上層は放散する太陽光に照らされ、下へ行くにしたがい暗闇に変化してゆく。その霧は漂流する有機生命体の小さな破片で構成されている。それらは個々には見えないが、集団としては、そこに棲むすべての生物をぼんやりと包みこみ、五メートル以上離れたあらゆるものを見えなくさせる。海は静かで、邪魔をするのはときおり水面で砕ける波と、遠くで聞こえる船のエンジンの深い低吟だけだ。一頭のオサガメが霧のなかから現れ、なにもない明るさのなかをゆっくりと滑り出す。彼女は鼻から尾まで二メートル近くあり、灰色がまだらに散る頑丈な楕円の体と、巨大な足ヒレと短くて上向きの鼻をもっている。彼女はカリブ海の繁殖地から四〇〇〇キロメートル近くを旅してきており、おなかを空かせている。

分子レベルでは、このカメは私たちとそれほど違わない。彼女の体の平均塩分は海水の約三分の一で、その爬虫類の腎臓は血液よりも塩分の大きな尿を生成できない。彼女の体は紛れもなく低塩分生物として構成されており、体内が彼女の泳ぐ水の塩分に近づけば、細胞は機能しなくなるだろう。彼女《レザーバック・タートル》の革《レザリー》のような肌は塩を防ぐ要塞なのだ。

水面下の暗がりから、忘れようのない呼びかけが聞こえてくる。ザトウクジラの、長くゆっくりとした鳴き声だ。これらのクジラは魚を食料とし、その魚たちは海よりもはるかに塩分が小さい。魚たちが消化されると、それらの炭水化物と脂肪は水分を放出する〔代謝水のこと〕。また、魚自体も細胞内に有用な水を含んでいる。したがってクジラは、魚を口いっぱいに含むたびにやってくる海水を、飲みこむ前に注意深く絞り出せば、余分な塩分を過度に摂取することなく、食物から十分な水分を得ることができる。確かなことはまだわからないが、クジラはおそらく水を飲む必要がないようだ[33]。魚たちは海水を飲み、エラ・尿・糞便を通じて塩分を環境に押しかえす専門家だ。そしてクジラにとって過剰な塩分を除去する役目は、獲物の魚たちが主に担っているのだ。水を飲む海洋脊椎動物はほとんどいないが、そのすべてが水分を内に、塩分を外に保つという課題に直面している。

オサガメはこのゲームの達人だ。彼女が泳ぐターコイズの暗がりは、このカメの常食であるクラゲが生息する生きたビュッフェだ。一、二分ごとに、霧のなかから暗く、脈動するシルエットが現れる。そ

32 岩塩の形成は塩の量全体で見れば、ごく一部の出来事だ。

33 クジラが陸上哺乳類から進化して海へ戻ったことを思い出せば、これは特に驚くべき達成だ。長時間の潜水に深呼吸で耐えられるように進化するという課題は、淡水の完全な欠乏に対処するという進化上の課題よりも小さかったかもしれない。

れはまるで、無色のドームからオレンジ色の滝のような蔓が乱雑に垂れさがっているかのようだ。足ヒレを少しひねり、カメは不運なゼリーの塊を圧倒している。残るは一撃、そしてふわりとした残骸だけだ。

しかしカメの塩分処理の収支は、まさにここで打撃を受ける。クラゲというのは実際には、生命の仮装をした小さなバケツ一杯の海にすぎない。クラゲは九六パーセントが水で、残りの四パーセントのほとんどが塩なので、海と同じくらい塩分があるといえる。クラゲのうち有機物質すなわち食物として有用な部分は一パーセントに満たないため、夕食の代償として、カメは一口ごとにその三倍の塩を摂取せざるをえない。しかも、われらがオサガメは巨大だ――四五〇キログラムあり、繁殖のため熱帯へ戻るまでに、さらに一〇〇キロ増量する必要がある。この一匹のクラゲからのわずかな栄養摂取ではほとんどどうにもならない。そのため、彼女は毎日、食べて食べて食べて、彼女自身の体重の八〇パーセントに相当する栄養の乏しいゼリーを体に詰めこまなければならない。そしてその代償は嵩む――彼女は毎日一〇キロ以上の塩を摂取するのだ。どのようにすれば、完全に萎びてしまうことなく、この状況を生き延びることができるのだろうか？

その解決策は独創的かつ（私たちにとっては）悲痛だ――この優しい巨人は食べるとき、涙を流すのだ。彼女の頭の大部分は、塩分を除去して涙管から押し出す器官＝塩類腺に占められている。オサガメの涙はどろりとして粘度が高く、海のほぼ二倍の塩を含んでいる。塩で命を落とすことなく食べ続けるには[34]、そのカメは毎時、約八リットルの涙を流さなければならない。しかしこれは海水で生きるうえでは必要な代償だ。そのカメが両ヒレを使ってゆっくりと前に進み、ターコイズのなかへ消えるとき、彼女の体は海をえりわけ、栄養をこつこつと溜め、塩を退け、流れてゆく。

われわれの社会は「極限」の環境に生きる動物に夢中になっている。それはたとえばマイナス二〇℃や一二〇℃という温度に耐えられる微生物や、胃酸と同じpHの火山泉でも生き残ることができるバクテリアだ。しかし忘れられがちなのは、多くの海洋動物にとって海そのものが、塩と水を厳密に整理することによってのみ生き残ることのできる極端に過酷な環境だということだ。塩と水はどちらも不可欠だが、一方を取り入れたとき、他方に影響がないことはありえない。海に塩を避ける道はないため、生命はその危ない橋を渡るか、さもなくば海と同じくらい塩辛い生活を受けいれなくてはならない。

私たち人間は毎日、海を食べている。ナトリウムはまさにいま、あなたのシナプスのなかで忙しく動きまわり身体中に信号を送っている……それは海から来たのだ。身体が血圧を調節したり細胞の出入り口を制御したりするのを助けるのは塩化物だ……それもまた海から来た。一滴の汗が舌の上に落ち、塩味を感じるとき、あなたは海を味わっている。しかし、それらのイオンは珍しくやってきた逃亡者だ。海水の塩は陸と海のあいだを何百万年にもわたって、非常にゆっくりと、しかし確実に循環する。だが数世紀という尺度で見ると、海の塩の量は、おおかた固定されている。ではなぜNASAは、わざわざそれを衛星で追跡するのだろうか？

34　また、風船のように膨らむのを避けるために、オサガメはすべてを非常にすばやく消化する必要がある。腸内に一度に保持できるのはおそらく体重の二五パーセントだけだ。体内を通過する大量の海水がエネルギーを奪うため、体温を保つには自分自身のエネルギーを消費する必要がある。そのため摂食すると同時に、反対の端からすこぶる液状の便が巨大な水煙となって現れる。きれい好きな生き方とはいえない。

本質的な性格・特性――温度と塩分

私たちの日常生活において、温度と塩分の組み合わせに関する議論は一般的に、スープの品質や、凍結した道路に関連するリスクに焦点を当てている。ここ陸上では、私たちはふつう孤立したシステム（鍋一杯のスープや一本の道路）を相手にしているため、望ましい状態から逸脱しないよう管理することは、どちらかといえば可能だ。塩や熱を持ちこんだり持ち出したりするための外側がある。しかし海は広大で、その端に近いのは海のほんの一部だけだ。また、海が混ぜかえされる動きは信じられないほどゆっくりとしている。海の各部で温度や塩分が大きく違っていることがあるが、必ずしもそれらのあいだになんらかの障壁があるわけではない。そのため、温度と塩分を組み合わせれば、水がどこにあったのか、その水に最近なにが起こったのかについて多くのことがわかる。これらのマーカはゆっくりとしか変化せず、また片手におさまるほどの理由でしか変化しないからだ。熱と塩がただ消えるということはありえないため、海洋学者たちは水塊にラベルづけをするためにそれらのマーカを使用する。私たちにとって、それは誰かの性格について尋ねるようなものだ――話題になっているのが海のどの部分であれ、まっさきに知りたいことだという意味で。そしてそれは、その水がどんなものであるかだけでなく、その水がなにをする可能性があるかということにおいても重要だ。なぜなら水の温度と塩分は、その水そのものがどこへ向かうかに大きな影響を与えるのだから。

密度

さざ波に揺れる赤道太平洋の紺碧の肌は、ときおり呼吸のために浮上するクジラの暗い背中を除いては、途切れることなく太陽の光を受け輝いている。その水は何百マイルにもわたって外へ広がり、ちらりと見るだけだとなにもないように思える。しかしズーム・インすれば、ときどき、滑らかな水面を乱して通りすぎるものがあるとわかる。おそらく、陸地から洗い流された海草や小枝の欠片《かけら》や、予期せぬところでは、二ペンス硬貨ほどの大きさの気泡を含んだ白いあぶくの塊だ。あるひとつの気泡の塊の下側には、水面に浮かび、深さ四キロメートルの広大な深淵の上を粘液と空気だけでたゆたっている、上下逆さまの明るい紫色の巻貝がいる。これがアサガオガイ（*Janthina janthina*）、従来型の軟体動物のライフスタイルを試み、それから自由に浮かぶよう進化した巻貝だ。

生細胞〔生きている細胞〕は見かけによらず、きちんと包まれた水と有機物質のまとまりであり、そのひとつひとつが、生命の営みに必要なすべての指示と仕組み、制御システムを備える小さな生化学工場だ。この包みの内部は水以外ほとんどすべてがひとつの長鎖分子で、これがたまたま、複数の原子を圧縮する非常に効率的な方法となっている。この結果、生細胞は一般に水よりも密度が高く、つまり単位体積あたりの質量が大きい。もしあなたが岩に張りついて生涯を過ごすか、死んだ羊の内臓を貪り食いながら一生を終えるならば、この区別はほとんど意味をなさないだろう。しかし海中で生活するならば、重力はあなたの周囲よりもあなたのほうを強く引っぱるため、どうにか行動しない限り沈む可能性は高くなる。海のカタツムリ＝巻貝はたくさんいて[35]、海底の岩や堆積物の上を這いまわるのが大半だ。それらは海水よりも密度が高いため、周囲の環境との重力的競争に勝ち、底にとどまっている。しかしアサ

35　不思議に思っている方がいるといけないので書いておくが、こうしたカタツムリには肺のかわりに鰓《えら》がある。

ガオガイの先祖のうち一匹が、その慣例を破ったのだ。
現在私たちは、先頭に立ったのは一匹のメスで、おそらく緩やかな水流にぶつかって岩から引きはがされたあと、ガスに満ちた粘液ベースの卵嚢にぶらさがって、静かに旋回しながら太陽の光に向かってゆっくりと上っていったのだと考えている。
密度という概念のすごいところは、ある物体全体の平均密度こそが重要性をもつという点だ。だからこそ、体積が大きく質量が非常に少ないものにくっつけば、控えめな体積に大量の質量を押しこんでも相殺できる。卵嚢は膨らんだ風船のように機能し、そのメスの巻貝を海面にある食べ放題のビュッフェのなかにまで引きあげた。そして何世代にもわたる適応の末に誕生したのがアサガオガイだ——青い海に隠れるよう殻は紫色になり、重さを最小限に抑えるよう薄っぺらくなり、オスとメスの両方が思慮深い泡状の筏をつくるように進化し、この種は海底を去った。[36]
それは真の危険をともなうライフスタイルだ。もし一度でも泡の筏から離されてしまえば、その巻貝は沈み、戻る望みもなく死ぬだろう。だが泡の筏と巻貝が一緒になった密度が水よりも低い限りは、それらは海面に浮かび続けるため、安全だ。その巻貝は泡を膨らませるふいごを内蔵しているわけではなく、そのかわりに足の漏斗状の部分を使って大気中から空気をとらえ、それを粘液でコーティングし、さらにそれを泡の筏に加えて適切な位置に海水で固定している。粘液の出るポケットはそれなりに頑丈だが、泡を切らしてはならないため、継続的なメンテナンスが必要だ。泡をまとうたびに、巻貝の密度は全体として小さくなり、泡の筏は水面から高く突き出る。泡がはじけるたびに密度は増し、わずかに下に沈む。さらに泡がはじけ、その巻貝の密度が水の密度と一致しはじめれば、最後に待つのはインク色をした深海の黒だ。

重力は密度の階層ごとに仕分けをおこなうため、あらゆるものがそれぞれの属する場所に収まる。海底に棲む巻貝はもっとも密度が高いため底に落ちつくし、海水は中ぐらいの密度をもつため、それらの上に居座る。そして、もっとも密度の低いアサガオガイとその泡の筏は頂点に位置する。かといって、重力の法則は巻貝だけに適用されるわけではない。海の物理構造は全体として重力による厳密な階層化に基づいている。だからこそ、海で起こるあらゆることについて密度は大変重要だ。密度がわずかに変化するだけで、膨大な影響が生じる可能性があるわけだ。

これまででもっとも並はずれた極地観測船

灰色と白色の日だ。いくつかの急峻な三角形の建物が水辺に厳かにうずくまり、その鋭い線がやわらかな雪模様の空を裂いている。建物のなかに足を踏み入れると安堵が得られ、ついで、めまぐるしく遠近感が変化する。頭上にそびえ、両側に突き出る、丸みをおびた巨大な塊に私は直面する。それは木造の船で、建物の頂点にまで伸びるマストをもち、床に鎮座してそのねぐらを埋め尽くしている。側面はクリーム色・黒・赤で明るく塗装されているが、独特なのはその形状だ。船体は深く丸い胴をもち、船の長さはその幅の三倍しかない。それはあたかも船のふりをした器のようで、なめらかで、ふっくらとしており、美しい曲線をもつ。

私はいままでこんな形の船を、いや、これほど頼もしく心の安らぐ木製のなにかを、一度として見た

36 ローマ帝国が非常に愛した貝紫色《かいむらさきいろ》のもとになるのはアッキガイ科の巻貝で、アサガオガイはそうではない。それらは化学的に非常に異なる種類の紫色をしているのだが、それでもやはり、どちらも紫色だというのは興味深い。

ことがない。実際にはなにを読んだところで現実に備えることにはならなかったが、この船についてはたくさん読んだ。極地の海で働いた誰しもにとって、ここへ来ることは巡礼だ。この船は、自然のあり方を徹底的に調べることに関する挑戦、科学的仮説の検証への深い取り組み、そして思いやり・謙虚さ・チームワークと結びついた周到な準備の表現として類まれなものだ。極地科学・極地探検の歴史におけるもっとも偉大な航海のいくつかを経て、船体を取り囲んで建てられた博物館のなかで静かに安っているこの船こそ、フラム号だ。それは北極海を横断した最初の船であり、氷を克服する方法は氷に完全に降伏することであるという原則に基づいて建造された唯一の船だった。

一八〇〇年代後半、西洋の極地探検家は当時の宇宙飛行士といえた——どちらも既知の世界を超えて冒険に乗り出し、そのあいだには想像を絶する過酷な環境、多大な身体的困難、重大な死の危険に直面する。写真技術の発達により、大衆は見知らぬ風景や恐ろしい危険の証拠を視覚的に受け取ることができるようになり、それらを求めるようになったし、科学的知識の急速な発展により、科学者たちは世界を理解可能にするための測定や観察にさらに貪欲になった。なにより、いかにも達成できそうな「史上初」の非公式のリストがあった。そのリストに含まれていたのは北極点・南極点への到達、北西航路を通る航海、そしてどんなものであれ、地図で世界の上下にある重要な空白領域を埋めるものを発見することだった。

フリチョフ・ナンセンは、スキーや魚釣りをして屋外で青年期を過ごし、大学では動物学を学び、海洋生物の神経系についての研究で博士号を取得して、そのままこの世界に足を踏み入れた。二〇代前半にはすでに経験豊富な極地冒険家だったナンセンは、北極海を一方の側からもう一方の側に横切る海流が存在する可能性があるという、物議を醸す新しい考えについての記事を読んだ。それには決定的な証拠があった。北極の反対側で難破したことが知られていたにもかかわらず、グリーンランドの海岸で発見されたUSSジャネット号の破片だ。北極点への到達を試みる航海のほとんどはグリーンランド側から出発していたが、ナンセンがおそらく可能だと示唆した解決策はロシア側から出発し、提案されている極地横断海流に逆らうのではなく、それに沿って進むというものだった。しかしその海流が確かに存在したとして、実際に問題となるのはそれではなかった。本当の問題は氷そのものだったのだ。

化学の教科書や教室のホワイトボードで示される水分子は、わかりやすくて複雑なところがないように見える。どっしりと丸い酸素原子には、それより小さな水素原子がふたつ、ディズニーのネズミの両耳のようにくっついており、一〇六度〔一〇四・五度という説明が一般的〕のきれいに整った角度をなしている。しかしこの見かけの単純さは、ほとんどうわべのものにすぎない。酸素と水素は負に荷電した電子の雲を共有しており、水分子はその各部ごとに著しく異なる電荷をもっている――酸素の周りではマイナス、水素の周りではプラスだ。マイナスとプラスのあいだに働く引力によって「両耳」が内側に吸いこまれるため、水分子は他のほとんどすべての分子よりも小さくなる。また、その両耳自体は常に動きまわったり、さまよったり、周囲に合わせたりしているため、一〇六度という角度は経時的な平均値にすぎない。

しかし本当の複雑さは、他の水分子が近くにあり、それぞれの分子上の正と負の電荷が、周囲の他のすべての負と正の引力を感じるときに生じる。その結果、水分子は他の水分子に激しく引きつけられるのだが、これが、このような小さな分子が室温で液体である唯一の理由だ。他の同様のサイズの分子――メタン・亜酸化窒素・二酸化炭素――は楽々と好き勝手に飛び、大気温・大気圧で気体となる。しかし水分子は密集した液体のなかに閉じこめられて互いに踊っており、常に回転し、パートナーを交換するものの、ダンス・フロアから出ることはできない。

水を加熱して追加のエネルギーを与えると、その分子は加速して広がり、そして少数の分子はおそらく十分なエネルギーを得て、逃げ出し、気体となるだろう。しかし冷却してそこからエネルギーを取り除くと、分子の動きは遅くなり、分子同士が近づいて収縮することで、水は液体としてそれ自体に凝結する。

さらに多くのエネルギーを失うと、分子は最終的に、新たに規則的な方法で結合して固体を形成する——この個体こそ、私たちが氷と呼ぶものだ。しかしここで水は、その多くの変化球のうちのひとつを投じる。冷える水からエネルギーが流れ出て、分子同士が規則的なパターンで固まりはじめると、分子は互いを押し離し、より開けた新しい構造をつくり出す。そのため新しい凍結固体は、縮まるのではなく、さらに大きな空間を引き受ける。その結果として氷は、もっとも冷たい液体の水よりも約八パーセント密度が低い[37]。飲み物のなかで氷が浮くのはこのためだ——密度の高いほう、この場合は液体が、重力競争に勝って底へゆき、密度の低いほう、この場合は固体が上部に浮かんだままになる。これがどれほど奇妙かは、いくら強調してもしすぎることはない。他のほとんどすべての物質は凍ると収縮するため、凍った部分が底に沈むのだ。しかし凍った水は、あらゆる状況において、液体の水にたやすく浮かぶ。

この不可思議こそ、この惑星の両極が白い理由だ——凍った水は海の残りの部分よりも密度が低く、その上に浮かぶため、極地の海は必ず凍っているのだ。もし私たちの海が——だいたいどんなものでもいいが——他の物質でできていたとしたら、海面において凍った箇所は沈み（つまり海面は不凍のままだ）、その氷は下にあるそれよりも温かな水と混ざり、海底を冷やすことだろう。その場合、海面を凍らせるには海全体を底まで凍らせるほかない。しかし実際はそうではなく、表面が冷えると水は凍り、その氷は上部にとどまり、海の残りの部分を保温する蓋となる。

北極点に到達したいと望む誰しもにとって問題となるのは、海面が凍るとき一枚のきれいなシートにはならないということだ。海の表面が熱エネルギーを失うと、氷の結晶が生じ、そこに重なるようにしてさらに多くの水が凍って、厚く、幅も広くなり、最終的には大きな氷盤に成長する。それからさらに潮汐・海流・風がその氷を小突きまわすため、氷は自然の力に駆り立てられるままに砕けてバラバラになり、押しあい、回転する。こうしてできあがった開水域を渡るには、不規則な氷盤、危険の潜む先端部や堆積物のあいだを進む必要がある。船で北極点に到達することを望むのならば、ナンセンの船は、この信頼できない移動する氷のモザイク、海の極地の蓋に耐えることができなければならなかった。

北極の氷は夏のあいだは部分的に溶け、冬のあいだは固く凍り、そのあいだずっと海と大気によって押し流され、ミシミシときしむ音を立てるだろう。しかし最大の問題は、氷盤が風や潮汐の押す力、おそらく数マイル離れたところから発生する押す力に反応することで、氷それ自体が収縮して、罠のようにふるまうかもしれないということだった。あなたの船が凍った氷のまんなか、または風に押され寄りあおうとしている氷盤のまんなかに居座っていた場合、その氷は船体を摑む万力の役目を果たし、どんな船も耐えられないほどの破砕力を生成するだろう。しかしナンセンと、彼が選んだ造船技師コリン・

37 物語の詳細は、これよりもさらに奇妙だ。液体の淡水が〇℃に向かって冷えるとき、四℃に達するまでは一貫して密度が高くなる。その温度を超えて冷えると、分子間に小さな空間をもった水分子クラスタが形成されはじめる。これは固体の氷ではないが、残りの水よりも少しだけ多くの空間を占め、冷たくなるたびに密度を減じてゆく。四℃と〇℃の密度の差は〇・二パーセント未満とはいえ、淡水の密度は四℃で最大になるわけだ。しかし海水は違う。塩がクラスタの形成を妨げるため、このような小さな動きはなく、凝固点〔氷点〕まで密度は増大の一途をたどる。

アーチャー[38]には、のちにフラム号に発展する、あるプランがあったのだ。

甲板に足を踏み入れた私の第一印象は、こうして木に囲まれるのはなんと心地が良いのだろう、というものだった。私は木々の命を物語る木目や、丈夫でずっしりとした嵩をもつ、木という素材が大好きだ。フラム号には黒みを帯びた木材でつくられた大きなオープン・デッキがあり、驚くほどの広さを感じさせる。全長三九メートル、幅一一メートル、主甲板から竜骨までの高さは約五メートルと、決して大きな船とはいえない。しかしこの船は、三年から五年の航海を見越してノルウェーを出発した一三人の男たちと何匹かの犬たちの家だったのだ。主甲板の下には各乗組員用のキャビン、ギャレー（台所）、ダイニング・エリア、ラウンジのほか、ミシン、大工作業エリア、コーヒー・グラインダーがある。マストに取りつけられた小さな風車がバッテリを充電するため、極夜の底でさえ、その船には電気の光が灯った。窮屈に感じるだろうと予想していたし、私が見たのはもちろん物資も犬も科学機器も一三人の居住者も除かれた状態だ。しかしそれは家、快適で安心できる木造の家のように感じられた。

フラム号の本当の特徴がわかったのは、船首にある船倉に足を踏み入れたときだった。それぞれの幅が私の手のひらを開いたところよりも広い、暗く厚みのあるオーク材の控え壁《バットレス》が空間を交差し、壁が船の丸くなった鼻先に向かって狭くなるにつれ、一体化するようにますます近づいてゆく。フラム号は浮遊する要塞なのだ。船の側面ですら七〇から八〇センチメートルの厚みがあり、また船首には内部の乗組員たちを外部の砕ける氷から守る一・二五メートルのオーク材がある。これほど強大なフラム号だが、この船の本当の秘密は、なめらかな丸みを帯びた側面とボウル型の腹部にある。フラム号は氷に内側に抑えこむ力を加えられた際、上方に滑り出すことで氷の万力から逃れるよう設計された。親指と人差し指のあいだに挟みこまれた種子のように飛び出すわけだ。その目的は、氷を掻きわけることではなく、氷に運ばれることだった――氷のなかで凍り、押しやる力で持ちあげられ、氷の一部となりつつ、ロシア側から出発する。そして上手くいけば、北極点のすぐそばを通過し北極圏の反対側に現れる極地横断海流によって、北極海を越え、押し流されるのだ。その途中、居住者たちはできる限り多くの科学的観察をおこないながら、最新の技術を使用して水と氷を測定し、地球最後の偉大な未踏の場所である海を理解しはじめることに忙しくしていたはずだ。

一八九三年の出発の前に撮影された一三人のチーム・メンバーの白黒写真は目をひくものだ。彼らが意図と決意をもって睨むように見つめるのは、ナンセンその人にほかならない。当のナンセンの青白い双眸は、捕食者の警戒心を湛えて何十年先を突き刺している。彼は当時の世界において造船可能な最高の船の上で、彼が編成できる最高のチームを背に、ひとつのアイデアを試すために身を賭《と》す覚悟を決めた男だった。彼らは一八九三年の夏に出発し、九月に北緯七七度四四分のロシア側の氷の端に到着し、氷が連れていってくれるところならどこへでも行こうと腰を据えた。

夏が冬に移るにつれて、北極圏は二四時間の昼光の場から二四時間の暗闇の場へと変化する。太陽が消えゆくにつれエネルギーが水から奪われ、熱は海面を離れて大気に到達する。淡水の氷点は〇℃だが、海水中の塩が氷点温度を下げるため、北極圏の表面にある液状水の温度は、その水の塩分によってはマイナス一・八℃を下回ることがある。温度変化は水の密度に必ず影響するが、ナンセンと彼の部下と犬たちがこの木製バブルのなかで最初の冬を迎えたとき、なにか他の要因もまたフラム号の浮かぶ水の密度を変化させていた。船をとり囲む海氷が厚くなり、頑健なオーク材の構造が力強く耐えてその最初の

38 アーチャーの両親はスコットランド人だったが、彼はノルウェーで生まれ育った。フラム号以外では、彼は救助船の設計でもっとも有名で、ある特徴的なボートのデザインは彼にちなんで名づけられた。

試練を通過したときにも、ある繊細なプロセスが進行していたのだ。そのプロセスはフラム号の居住者たちに飲用の淡水を与えるだけでなく、海というエンジンの最深部にある部品に回転の勢いを与えるものだ——塩が動いていた。

海の氷は、地球のもっとも恐るべき特徴のひとつだ。それは重く、気まぐれで、大気と海のヘラクレス的な力によってのみ変化する。しかしその形成過程は脆く繊細で、冷蔵庫の氷よりもはるかに複雑だ。それは晶氷と呼ばれる、ごく小さな針状の氷の結晶からはじまる。晶氷とは、いくつかの水分子が大量のエネルギーを失うことで動きやすさ〔移動度〕も失って、やむをえず他の水分子と連結し、動かず固まったネットワークをつくり出して形成されるものだ。これはひとつの結晶で、他の水分子もだんだんとそこに加わって落ち着き、液体のダンス・フロアはひとつの厳格でシステマティックな配列へと変換される。

ところでこの堅固な配列は、水分子しか収容できない。塩は取り残されるのだ。晶氷の結晶が互いにぶつかり、一緒になって固まりはじめ、より大きな氷の構造を形成する際、それらの構造は塩を含んだ海水が溜まる部分をつくるかもしれないものの、とらえられた海水は部分的にしか凍らない。残った液体はだんだんと含まれる塩を増すわけだが、それは水分子が結晶質の氷に加わる際に塩を放棄するからだ。それらの塩水溜まりは、氷が成長・圧縮してひび割れれば、海に逃げ戻る可能性がある。そうなると、海氷の形成が重要なのは、海の蓋の役割を果たす、浮遊する硬い氷をつくり出すからというだけではない。それが重要なのは、仕分けするプロセスだからなのだ。ほとんど塩を含まない氷は、密度がより低い、すなわち浮力をもつため、海の最上部に浮かぶ。そして成長する海氷の直下には、特に塩を含んだ海水のゆっくりとした流れが生成して下に沈む。なぜなら冷たさと塩が、その海水を残りの海水よりも密度の高いものにするからだ。氷の大きくなる諸地域では、氷の成長期のあいだ、塩のコンベアが急降下するわけだ。

フラム号は北極海の内部に入りこみ、ナンセンと彼のチームは周囲の海を測定した。彼らは水試料検査器を降下させ、深い海の温度と塩分を記録した。彼らは氷に穴を穿ち、測鉛線を送りこんで、北極圏がところどころで四キロメートル前後の深さをもつことを発見した――北極圏は浅いと考えられていたため、このことは驚きをもたらした。そしてそれらの深部において水は、その密度に応じて並ぶ力を、十分に秘めていた。

海水の密度は温度と塩分に依存する。そして密度に影響をおよぼすいくつかのプロセスがある――温度変化、河川や氷解による淡水の流入およびそのことによる塩分の減少、蒸発による水の除去、あるいは氷の形成による塩水の隔離およびそのことによる塩分の増加だ。海水の温度と塩分はただのラベルではない。それらは、水が海のなかでどこに落ち着くかを決定するきわめて重大な要因なのだ。海はすべてが流体であり、動きを妨げる障壁はない――密度こそが問題なのだ。

先ほど述べたプロセスのあいだで温度と塩分が通常もたらす海水の密度変化は一パーセント未満で、一立方メートルあたり一〇二〇から一〇二八キログラムの範囲におさまる。小さな変化のように思えるかもしれないが、この変化こそが重要だ。密度が低いために上に浮かんでくるという氷の特徴を利用して、表面の海氷や雪を溶かすことができたため、フラム号の居住者たちは飲み水の不足に陥らなかった。北極海のほとんどの部分は、その上層に非常に冷たく比較的淡水に近い層をもっており（塩水の形成は一年のうち特定の時期に、特定の場所でしか起こらない）、そのように塩が少ないことは、氷が下にあるものを押しのけて一番上に浮かんでくるにあたって、冷たさよりも重大だ。北極海の中層をもっぱら占めるのは塩を多く含む比較的密度の高い水で[39]、それは表面層の水よりもわずかに温かい（表層がマイナス一・七℃なのに対してここは約一℃）。塩によって付加された密度は温かさによる浮力にまさるため、直観に反して、温かい水を表層ではなく深みにとらえ続ける。その下にあるのは世界の海でもっとも密度の高い水で、上部における季節ごとの氷の形成が、塩分は同じでもさらに冷たい水の流入を毎年つくり出す結果だ。そして、この冷たく塩に富み密度の大きな水が生成するのが北極圏だとしても、それは必ずしもそこにとどまらない。密度それ自体が水に移動を強いることがあるからだ。

スカンディナヴィアには北の海を探検してきた長い歴史があり、オスロのフラム号博物館から少し行くだけで、ヴァイキング博物館がナンセンの祖先の物語を教えてくれる。八世紀から一一世紀にかけて、ヴァイキングたちは危険を承知で海を渡り、異郷の物語と略奪した富、売るためのエグゾティックな品々、海での冒険を携えて故郷に戻った。しかしノルウェーの探検家のうちおそらく一番有名な赤毛のエイリークは、この惑星でもっともドラマティックな地理的特徴のひとつの真上を、そうと気づかぬまま船で通りすぎていた。彼の船の浮力がエイリークを海の上で安全に保っているあいだ、そのたった数百メートル下では、密度が海を大がかりな再構成へと駆り立てていたのだ。

世界最大の滝

ヴァイキングたちは見事な工芸技術と交易ネットワークを備えた洗練された文化をもっていたが、赤毛のエイリークはそれよりも、血に飢えたヴァイキングという現代の文化にまだ浸透しているステレオタイプを生きた。アイスランドのサガ〔この地域で成立した古典的な散文作品群〕によれば、彼は西暦九五〇年にノルウェーに生まれたが、父親が人殺しのかどで追放され、一〇歳のときに出郷を余儀なくされた。一家はアイスランドに移り、エイリークは成長して自前の農地で生活していたが、ご近所との血みどろの報復劇により、こんどは彼が村を追われ罰を受ける番となった。彼は新しい村に移ったが、先祖から伝わった異教の家財をめぐるいざこざが殺人事件にいたったために、すぐにふたたび追い出された。アイスランドは明らかにエイリークを求めていなかったし、ノルウェーも同じだったが、彼は有能な船乗りだった。そうして彼は海の西方はるか彼方に大きな土地があるという噂を確かめるため船をその方角に向けたのだった。

彼は今日私たちがデンマーク海峡と呼ぶ、およそ七〇〇キロメートルの海路を渡り、そこに確かに、明らかに誰も住んでいない大きな土地があることを発見した。しかしそれは氷に覆われており、上陸のために十分接近可能な海岸線を発見するには、南の突端部を迂回して航行しなければならなかった。亡命中の探検に三年を費やしたのち、彼はアイスランドに戻ってこの素晴らしい新たな土地について発信し（彼がその土地を「グリーンランド」と名づけたのは、それがより魅力的に聞こえるようにするためだったとされている）、そこに最初のヨーロッパの入植地を設立するのに十分な人数を説得して仲間に加えた。

現代の科学的記録は西暦一〇〇〇年前後の時期の北ヨーロッパがめったにないほど温かったことを示唆しているものの、アイスランドからグリーンランドへの初の横断は、恐ろしいものだったに違いない。北側つまりエイリークの船の右舷は冷たい北極海に面していた。南側つまり左舷は、猛烈な嵐をともなう温暖な水域である北大西洋に面していた。そして彼の下には岩棚があった。北極海と大西洋の深い箇

39 北極圏で支配的な事態（比較的淡水に近く冷たい水の下に、塩を多く含むわずかに温かな水が位置すること）は、地球上の他の海で支配的な事態とはかなり異なるものだ。他の場所では最上部の層——混合層——がその下にあるすべての層よりも温かい。

所を分断する、浅くなっていてそれなりに平らな水域だ。その岩棚は海面下一〇〇から三〇〇メートルの場所にあり、エイリークからは見えなかったが、それでもこの海域においてそれぞれ二キロから三キロメートルの水深をもつ両側の海を隔てる障壁として機能するには十分な高さがあった。

ところで、岩棚の両側において水は同じではない。北側の海盆は密度が高く塩をたくさん含んだ冷たい北極圏の水で満たされており、この密度の高い水は、浴槽からあふれ出すように岩棚に沿って流れ出て大西洋と出会う。それはそこで、より密度が低く温かな水と合流する。すなわち、あふれ出た巨大で冷たい水流が大西洋の水の下に滑りこみ、岩棚の二・五キロメートル下部にある底にたどりつくまで、海の残りの部分の下を傾斜に沿って下降するのだ。これこそがデンマーク海峡オーバーフロー、すなわち水中の長い山腹を下って海の奥底のプールに落ちる世界最大の滝だ。毎秒三〇〇万立方メートルの水がこの瀑布をあふれ落ちると推定されており、その流量はナイアガラの滝の一〇〇〇倍以上。そしてその奔流はなめらかではない――冷たい水が下に滑りこむとき、それは上部にあるそれより温かな水のいくらかを引きずって巨大な乱流の水煙を生成し、進むにつれてわずかに温度を増すのだ。しかしそれは継続的に、北極圏からの莫大な量の冷たい水を大西洋の底に供給している。深海が冷たいのはこれが理由だ――密度の高い水はどこで生成しても沈み、冷たい水は密度が高いため底に行き着く。フラム号の下の氷の層は、のちに世界中の海へと旅に出る新しい水塊をつくり出していたのだ。まさに密度が重要なのは、それが海の構造を規定するためだ。

エイリークは彼の下で起きているドラマのあらわれを目にすることはなかっただろうし、みずからがふたつの巨大な海盆を分ける断崖の上にいるというしるしを見ることもなかっただろう。彼は冷たい表層流に出会い、次いで目の前にそびえるグリーンランド東部沿岸の氷に覆われた岩に出会ったはずだ。

しかしもし彼が西へ向かうのではなく南に舵を取って大西洋に向かうことを選んでいれば、彼はさらに温かな表層水、緯度がほのめかすよりもはるかに温かな水と出会っていただろう。なぜなら穏やかなメキシコ湾流は北米大陸の東岸に沿って流れてから大西洋を横切ってイギリスに向かって流れる、すなわち大西洋最北端周辺でカーヴを描く〔ことで温かな水を北へ運ぶ〕からだ。メキシコ湾流は北ヨーロッパを、仮にそれがなかった場合と比べてはるかに温かに保っている。メキシコ湾流こそ、コーンウォールでアブラヤシの木が生長できる理由だ。そしてメキシコ湾流がそこを通るのには、海というエンジンに影響をおよぼす別の主要因がある――地球の自転だ。

回転

太陽の周りを転がりながら、何年も何世紀もいくつもの地質年代もぐるぐると宇宙空間で回転している地球を想像すると、眩暈のようなものを覚える。七〇〇〇万年前、地球の一日は二三・五時間しかなかったが、その旋回《ピルエット》のたびに生命は脈打っていた。浅瀬の二枚貝は回転する惑星の日の当たる側にいるときには急速に成長するが、日々の旅路が広大な宇宙の外側に直面し暗闇にいたるときには、その建設を遅らせる。四五〇〇年前、エジプトは日々その暗闇から抜け出し、日の出は平野にそびえつつあるギザの大ピラミッドに新しく加えられた石のブロックを照らした。そして一九四五年のある朝、ニュー・メキシコがおそらく一兆回目の回転で地球の影から出たちょうどそのとき、最初の核兵器が爆発させられ、人間は核時代に突入した。地球の広大な歴史は一日に一度の一回転とともに生じ、その旋回はとまったことがない。

一九一八年のヨーロッパでは、第一次世界大戦がその最終章に入りつつあった。西部戦線に沿って掘られた塹壕《ざんごう》――人のつくり出した泥と悲惨と死の荒野だ――は地軸の周りを四年近く回っていた。その上で展開する人的な大惨事とは関係なく、戦場の土地は毎秒三二〇メートル（毎時七〇〇マイル）で惑星を東向きに回転し続け、何百万もの兵士たちを地球という回転木馬に乗せて暗闇のなかへ運び、次は光のなかへ、そうしてまた闇のなかへと運んだ。大変な横向きの速度にもかかわらず、その動きを感知する方法はなかった。ひとりの人間がその周囲に見ることのできるあらゆるものもまた、同じ速さで回転していたからだ。それでも日の出と日没のサイクルは、天の時計がまだ時を刻んでいるあかし、死と破壊の巨大な波が寄せたとしても時間がとまっていないことのあかしだった。

一九一八年三月、ドイツ軍はパリから七五マイル以内の場所まで進軍していたが、都市での生活は続いており、配給と苦難にもかかわらず教会・劇場・工場はドアを開け放していた。戦闘は比較的近くで起きていたが、前線の戦火は都市におよんでいなかったため、市民はどちらかといえば安全と感じていた。しかし一九一八年三月二三日午前七時一八分、パリが地球の暗闇の側から浮上し、新しい一日のあふれる陽光に直面したちょうどそのとき、事態は変化した。轟音が街中に響きわたり、セーヌ河岸《ケ・ドゥ・ラ・セーヌ》の一部が爆発し、一五分後には次が、そしてまた次の破壊が、残酷な運命のクジとしてパリ全土に無作為にまき散らされた。それらの爆発が飛行機や飛行船《ツェッペリン》から投下された爆弾によってではなく、一門の大砲から発射された砲弾によって起こされたものだということは、すぐに明らかになった。誰もが想像しえたよりもはるか近くにあるか、はるかに大きな大砲かのどちらかだ。

砲弾が何日間、何週間も降り続けるにつれ、パリの相対的平和は住民の士気とともども砕け散り、人々は大挙して街を逃げ出した。そしてついに砲弾の発射元が特定された――パリの北東一二〇キロメートトル、敵陣の背後にある小さな丘だ。これは途方もなく遠い距離で、砲弾がその丘から街に着弾したという考えは唖然とさせるものだった。そこに直立していたのは世界最大の三門の大砲で、それぞれが真新しく、野心をもった巨獣《ベヒモス》だった。それぞれの砲身は三七メートルあり、一〇六キログラムの砲弾を砲口初速一六四〇メートル／秒、音速のほとんど五倍の速さで発射することができた。これは「パリ砲」[40]の最初で唯一の配備であり、結局のところ軍事的な使用は限られていたとはいえ[41]、記録を大きく塗りかえるものだった。その射程と大きさだけで記録の更新には十分だっただろうが、それぞれの発射体がターゲットまで移動する三分間で、砲弾は高さ四〇キロメートル（エヴェレストの高さの五倍だ）にまで打ちあげられたため、これらは成層圏に到達したはじめての人工物となった。

しかし人間というちっぽけな住人がその表面を動きまわり、みずからを死と破壊で蹂躙しているときにも、地球は決して回転をやめなかった。そしてパリ砲の砲弾は発射から着弾までの三分間、一時的にこの惑星を離れていた。パリが地軸の周りに描く円の上に、地面が弾を引きずる摩擦はなかった。発射されたとき、砲弾の速度は東向きに秒速三一〇メートルで動くその都市の横向きの速度に一致した。ただしそれから砲弾はニュートンの法則に従って、成層圏まで上昇してふたたび降下する放物線に沿って飛行した。この三分間のあいだにパリはその下で旋回し、環状の経路に沿って東に計五五キロメートル移動した。砲弾もそれぞれ［発射時の秒速三一〇メートルの速度に従って］五五キロメートル進み、加えてそ

40 同じ戦争でこれより前に使われた長距離砲「大ベルタ」とは違う。
41 これにはいくつか理由があるが、おそらくもっとも決定的なのは、砲身に沿って砲弾を押し進めるプロセスが大変に乱暴だったため、発射のたびに砲身のかなりの部分が削られてしまうということだった。そのため各砲身は六〇発までしか使用できなかったし、砲弾も、直前の弾よりそれぞれ幅が広くなってゆく特別なものを使用する必要があった。これらの大砲はドイツ軍によって終戦前にすべて破壊されたため、詳細についてはあまりわかっていない。

の放物線がおよぶ一二〇キロメートルを進んだ。しかしパリが、すべての都市がそうであるように地球に張りつき円に沿って移動した一方、解放された砲弾は直線の経路を移動した。その結果、完全に静止した平坦な地表での状況と比較して、砲弾は目標に到達する時間までに右に四〇〇メートル逸らされた状態で現れた。技術者たちはこれを修正する方法を知っていた。コリオリ効果という姿で現れる物理現象が砲弾を目標の手前に運ぶことがわかっていたため、着弾の際にパリが向かっている場所の先に大砲の狙いを定めたのだ。四〇〇メートルにおよぶ横向きのズレは巨大だが避けられないものだった――宇宙の法則が、そうあるべきと定めているのだから。

コリオリ効果

回転する惑星上での軌道の計算は独特だ。というのも、しっかりとそこに固定されていないものはどれも、自転による制約を受けずに、より単純な経路をたどるからだ。地面の上に立っている観測者にとって、それは逸らされているように見えるだろう。しかしそれは、私たちが回転しているものの上に立っているというだけのことなのだ。子どものころ、回転木馬でキャッチボールをしたことがあるなら、それを実際に見たはずだ。回転木馬の端に立ってボールをそのまま中央へ投げこむと、それはまっすぐではなく湾曲した道筋をたどり、脇に曲がるように見える。この見かけの逸れはコリオリ効果と呼ばれ、その結果はどこにいるかによって異なる。北半球なら、接地していない移動中の物体は右に逸れ、南半球では左に逸れるのだ。

一九一八年のパリは約七・五キロメートルの直径があったため、逸れが考慮されなかったとしても街が安全を保つことはなかっただろう。しかし砲弾が、逸れが問題になるほど遠くまで移動したという点で、その補正は注目に値する。コリオリ効果は、オリンピックの槍投げやウィンブルドン選手権のテニス・サーヴ、子どものころ私が遊んだスパッド・ガン〔ジャガイモの欠片を飛ばす拳銃型の玩具〕にもあてはまる。しかし槍、テニスボール、ジャガイモの欠片は短い距離・時間だけしか地球を離れることがないため、その変化は非常に小さく測定不能だ。[42] しかし海はなるほど、惑星にしっかりと固定されているわけではなく、長い期間にわたって長い距離を移動するため、海の水がどのように動きまわるかはコリオリ効果に絶大な影響を受ける。その結果として生じる諸パターンはたいていあまりに大きいため、船乗りたちはそれらをその目でとらえることはできないが、特定の状況において明確な手がかりを得ることはある。フリチョフ・ナンセン――一八九〇年代にフラム号で海に浮かび地球の頂点を横切っていたこの男は、まさにうってつけの場所にいた。

ナンセンは懸案であるフラム号の漂流の兆しを見つけた。その船とそれを取り囲む氷は明らかに北へ向かって流されていたが、進行はゆっくりで、船はときどきぐるりと回るか、少しばかり後退したことだろう。どうやら極地を横断する漂流は現実のもののようだったが、おおまかな計算が示すところでは、フラム号がのろのろと大西洋を横切り、反対側の外洋に到達するには七年から八年を要する可能性があった。ダイナミックな意気込みに満ちた探検家たちのチームにとって、日々のゆっくりとしたペースは信じがたいほど消耗をもたらすものだった。

42　赤道のところの渦巻きが北側と南側で明らかに別方向に回転している図を見せてくる人がいれば、その人はあなたの足をひっぱっている。そうした状況においてコリオリ効果は、問題にするにはあまりにも小さすぎる。というより、どちらの半球に立っていたとしても、赤道におけるコリオリ効果は事実上ゼロだ。

一方、科学的な成果はきわめて生産的だった。天気、氷の厚さ、海水といった、見てわかるような事柄を追跡する豊富な計測が、大きな驚きをもたらすいくつかの観察をもたらした。現代的な見地でおそらくもっとも重要だったのは、氷盤が風に吹かれるとき、大方の人が予測するようにはならないという観察だ。おもちゃのアヒルを浴槽に浮かべて横から息を吹きかければ、アヒルは「風」の向きに従ってそのまま動き、遠ざかってゆくだろう。しかしナンセンは、氷盤がそのようには動いていないことに気づいた。彼の観察が示したのは、氷が一貫して風の吹く方向の右へ二〇度から四〇度の方向に流されているということだった。[43] 彼は大西洋全体が世界の頂点でくるくると回っていることをよく知っていたし、地球の回転とコリオリ効果が氷の奇妙な動きの原因のようだと正しく見なしていた。しかし十全な数学的説明がなされるには、それらの観察がスウェーデンの大学院生ヴァン・ヴァルフリート・エクマンのデスクに上陸するまで待たねばならなかった。

エクマンが彼のキャリアのごく初期に明らかにしたことは、海洋物理学のすべてが依拠する柱のひとつとなった。ほとんどの表層海流は風によって押し進められているが、そのことは海流が風と同じ方向に動くということを意味しない。回転する惑星において、物事はそれほど単純ではない。エクマンはナンセンがうすうす感じていたことに数学的な枠組みを与えた――これについて考えるには、風が海の最上部にある薄い層を無理やり連れていき、次にその層が下にある薄い層を連れていき、さらに同じことがずっと下まで続くと想像することだ。

これは、たとえば紙の束があるとして、手で一番上の紙を横から押し出すようなものだ。手が動かすのは一番上の紙だけだが、一番上の紙と次の紙のあいだにある摩擦が下に力をおよぼすことで下の紙もまた動き、さらにその紙が下にある次の紙を押しやる。しかし海では最上層が動きはじめるやいなやコリオリ効果が発動して、ちょうどパリ砲から放たれた砲弾が右に逸らされたように、それを見かけ上（北半球においては）右に押しやる。その動きが加速するにつれ、最上層は風の右に動くよう強いられる。しかし下にある次の層は風には押されない——それは新しい方向に動いている最上層に押されるのだ。だからコリオリによる逸れが加わるとき、その次層は風に対していっそう大きな角度で動く。それぞれの層が下にある層を押すにつれ、ある螺旋が生じる（これはエクマン螺旋と呼ばれる）。層を下るにつれて、風に駆動された海流の動きは遅くなり、右方向に動くようになる。いくらか螺旋を下ると、たとえそれが風によって生じたものだとしても、風と反対方向の海流が実際にゆっくりと動いている。さまざまな方向の流れすべてを足し合わせると、結果は次のようになる——安定した風が、ある海流を駆動するとき、正味の効果として水は風の右九〇度[44]に動く。これはコリオリ効果と地球の回転の直接的な結果だ。考えのおよばない本当に奇妙なことだが、そう思えてしまうのは、地球が非常に大きいために、日の出と日の入りこそすべてのものが回転している直接の証拠だということを完全に忘却できることが原因なのだ。

この直観に反する考えはかなり実践的な結果をもたらす。チリの沿岸から湧昇し、アンチョベータ、海鳥、グアノの山々の源となる肥沃な生態系を生み出す冷たい水が存在する原因は、風だ。その流れを押し出す風は海岸線に沿って北向きに吹いている。エクマンが特定したメカニズムが意味するのは、そ

43　現在の私たちはそれが状況によって、風の右〇度から九〇度のあいだで、どこでも起こりうるものだということを知っている。私はこれを北極点で働いているときに見て、当惑したことがある。というのも、風・氷・水のすべてが独立して動いているように見えるからだ。極地の夏のあいだ、太陽はただ地平線をぐるっと一周して回り、足をつけている氷盤はおそらく回転し、同時に風に流されているため、直観的に固定された方向がないというのは仕方のないことだ。

44　これは北半球においてのことだ。南半球では左九〇度である。

の風が北向きに吹いていたとしても、コリオリ効果が水を西向き、つまり風の方向の左九〇度（これは南半球の出来事であるため）に動かすということだ。温かい表層の水が海岸線から押し出されると、それよりも冷たい水が下層からやってきてその場所に流れこむはずだ。ナンセンが彼の船を運ぶ氷を眺めていたとき、熱帯の海鳥たちは彼の考えからは遠い場所にいた。しかし私たちはみな回転する惑星に生きており、その回転の結果は、見方を知っていれば、地球の海のどこででも一貫して見つかるのだ。

漂流が一八か月を経過したとき、フラム号は北緯八四度四分に到達しており、二か月前にはそれまでの最北記録を這うように越えていた。一八九五年三月一四日、ナンセンとヤルマル・ヨハンセンは極点までの残りの道のりをスキーで行こうと犬のチームとともに出発した。三週間後、彼らは北緯八六度一三・六分に到達したが、それから先の道のりはナンセンが「地平線の限り伸びる氷塊の紛れもない混沌」と記述したものに妨げられていたため、彼らは撤退を選んだ。北極点はもうしばらく人類の手の届かない場所にとどまることになる。

長い徒歩移動の末、ふたり組はフランツ・ヨシフ諸島にたどりついた。海氷の上よりはマシだが、やはり凍っていて人は住んでいなかった。一方そのころフラム号は漂流して進み、その乗組員たちは海・磁場・天候を追跡し、スキーの練習と船のメンテナンスをおこなっていた。フラム号はいまや浮遊する実験室で、その特異な立場のアドヴァンテージを目いっぱい活用していた。一八九五年一一月、フラム号は北緯八五度五五分という船における新記録に達し、そのまま漂流したのち南下、船上は退屈に襲われた。一八九六年の夏、フラム号はついに氷を飛び出し、ノルウェー北部へと進路を取った。そこでは、彼ら自身も文明に戻ってから一週間しか経っていないナンセンとヨハンセンが待ちうけていた。合流した乗組員たちは南へ航行し、フラム号がオスロ（当時はクリスチャニア）のドックに入るまで、あらゆる港で英雄として歓迎を受けた。オスロに到着したのは一八九六年九月九日、彼らが出発してから三年二か月と一六日後のことだった。

ナンセンは極地横断海流が本当にあることを疑う余地なく証明し、数十年のあいだ極地海洋学の基礎を形成することになる膨大なデータの山をその身とともに持ち帰った。フラム号にはさらなる冒険が待ちうけていた。グリーンランド北部周辺の海を探索するための四年にわたる遠征のあとには、ロアール・アムンセンを南極大陸につれていき、冒険の成功をもたらして彼を南極点に到達した最初の人物にした。そして一九三六年、フラム号はオスロの海岸から引きあげられ、特製の博物館のシェルターに収容されたのだ。

その八六年後に博物館を訪れて、私は立ち去りがたさを感じ、しばらくしてからそれはこの船が、海洋科学と上出来の探検の、なんとも力強い表現だからなのだと気がついた。私はナンセンの探検の大胆さと比べればその一〇分の一のことにさえかかわったことはないが、原因というものに対する、そうした〔この船が表現するような〕献身には馴染みを覚える。フラム号の丈夫な木製の構造はその船に鋼鉄製の船がもちえる以上の人間味を与えており、自然を研究対象とするにあたって自然の素材を用いるという組み合わせは、プロジェクト全体の柔軟さとレジリエンスを際立たせている。誰かがこのような船を新たに造ることは、おそらくもうないと思われる。現代の調査船は大きくなり安定するにしたがって、海洋科学者たちをますます海自体から切り離している。フラム号は海の一部になっていた。へだたりではなくつながり。海についての現代の科学は、そうしたことを不要としているのではなく、もっと必要としていると私は思う。

私たちはいまや、海というエンジンがどのように働くかを決める基礎原理のほとんどを眺めることができる——気温は海というエンジンに蓄えられた大量の熱に対応しており、塩は密度に大きな影響をもつがゆえ深いところにある水を駆動して動かす。そして流体である海は地球の回転に強い影響を受けている。もうひとつ、海というエンジンが向きを変えるのに大きな影響をもたらすものがある——風だ。それを追加すれば、私たちは海というエンジン全体の大規模なパターンを説明できるようになる。しかし大気の重要性を見る前に、他のものについて考える必要がある。海は力強いものかもしれないが、それ自体の形状による制約を受けている。この地球という劇場において海のドラマは利用可能な空間を満たしており、熱・塩・回転・風の影響は戯曲の背後にある根本的なモチヴェーションだ。舞台を整える時が来た。

第2章　海水の形

液体は変幻自在だ。液体の定義のひとつは、どんなものに入れてもその容器の形を取るということだ（そのため、猫に液体の資格があるかどうかの調査がときおりおこなわれてきた）[1]。地球の重力は液体の海水を惑星の中心に向けて引っぱるため、海は地球の表面の、地球の中心にもっとも近いところを満たしている[2]。しかし、どれだけこぶやしこりがあろうと、ちっぽけな人間にとって、地球の表面は実際にはとてもなめらかだ。もっとも深い海溝の底からエヴェレストの頂上までの距離は、地球の半径のたった〇・三パーセントしかない。海の深さの平均はその五分の一、つまり三・六八キロメートルで、地球の半径の〇・〇六パーセントにすぎない。このことを視野に入れ、地球を膨らんだ青いパーティー用の風船だと想像すれば、海の深さは伸びたゴムの厚さに相当する。とはいえ、地球の水の殻がとても薄いとして、それがどこかではより薄く、またどこかではやや厚いということこそが重要だ。どうしてだろうか？

1　二〇一七年のイグノーベル物理学賞は、猫が固体か液体かを議論した論文でマーク＝アントワン・ファルダンが受賞した。猫たちがみずからの入るさまざまな容器（瓶やシンク）の形状を取り、なめらかな床に体を注ぐ姿が研究対象になっている。

2　どこかの衒学者たちは、地球は均一で対称的な重力をもつ完璧な球体ではないため、これは厳密には完全な真実というわけではないと口を挟むだろう。惑星の自転によって地球は赤道で膨らんでいるし、岩の密度と分布はさまざまで、したがって重力による引く力も岩石によって変わる。平均的な海面は実際にはジオイドに従う。ジオイドというのは、地球の質量がどのように分布するかによって、ある場所においてごくわずかに強くなっている重力を考慮に入れた概念だ。いずれにせよ肝要なのは、海が「落下」し、その「落下」が局所的な重力場のどこで生じようと、それより落下できないところまでなされるということだ。

その答えは、海というエンジンが水平方向の動きに支配されている、つまり互いの上にスライドするが同じ深さに留まっている水の層に支配されているからだ。水の塊を上か下に押すものはなんでも、南米の海岸を離れて上昇する流れに見たように、エンジンの動きに重要な変化を引き起こしている。そしてもちろん、大陸のように、非常に大きな動かせない障害物が道をふさいでいる場合は、そこに向かって流れる水の向きは完全に変わってしまう。

宇宙空間から地球を意地悪な気持ちで見おろせば、海はいくつかの部分が欠けた球状の浅い水溜まりだと思えるかもしれない。しかし海という容器の奇妙な形状によって、海というエンジンは興味深いものとなっている——それは海の可能な動きを制限し、そのことがエンジンの働きの卓越した多様性を生み出しているのだ。また、海の形状は不動のものではない。その縁は潮汐や季節が行ったり来たりするにつれ常に動いており、その表面は、たとえそれを掻き乱す終わりなき波を考慮に入れないとしても、完璧になめらかというわけではないはずだ。だから、海の内部の解剖学に着手する前に、その諸境界＝形状を調査する必要がある。海《シー》を見《シー》るときに見《シー》えるものからはじめよう——その最上部だ。

最上部

午前三時、そのキャンプは目覚めはじめた。私は浜辺の星々の下で眠っていた。地域のパドリング・クラブのハレ（屋根だけの小屋）の下に置かれたピクニック・テーブルをねぐらにする人や、カヌーの隣の地面でまるまっている人もいた。それぞれのカヌーは前夜に艤装をほどこされ、懐中電灯の灯りで伝統的なロープワークがなされたあと、現代的な防水カヴァーの下に隠されていた。午前三時四五分、キモケオが四〇人の漕ぎ手たち全員をハレの中に呼び寄せる。見知った顔も見知らぬ顔も、四つの電球に薄暗く照らされていた。

航海の前にいつもそうするように、私たちは皆で手をつなぎ、ひとつの大きな輪になった。いつものように、キモケオは年長者たち――クプナ――に感謝し、天と海と大地のあいだにある私たちのいる場所について語る。彼はその前夜、航海の基本方針について語っていた――根本的に重要なのは漕艇に秀でていることや卓越した技術ではなく、乗員たちのつながりなのだと。年長のハワイアンの女性もまたこう語っていた。「海はあなた方を喜んで迎え入れるかもしれないし、散らすかもしれない。明日、海峡に出るときには、アロハとともに行かなければならない」。ハワイの人々にとってアロハは単なる挨拶以上のものだ。それは愛と平和と同情を意味している。つまり人間という存在が協力しあうという、もっとも重要な価値の表現なのだ。私たちが手をつないでつくっている輪は、われわれのグループを、われわれのチームを、そして一艘のカヌーにあるすべての櫂の相互協調を、物理的に思い出させるためのものだった。キモケオが話を終えたあと、一瞬の静けさが訪れた。そして、ぎゅっと握ることで輪をつくっていた手はほどかれ、カヌーを水のなかへと動かし、航海をはじめる手となった。

こうした航海は、古《いにしえ》の伝統を現代に表現したものだ。焦点となるのはカヌー、すなわち技術・協調・つながりを用いて海を越えることを可能にする器だ。大切なのはコンセプトであって、素材のディテールではない。だから、キモケオが桟橋に立って暗闇のなかで巻貝を鳴らし、闇から回答の音色を受けとるとき、彼が明るいオレンジ色の現代的なライフジャケットを着用しているのは、まったくおかしなことではない。なんといっても彼は七二歳で、彼の妻がそれを着るように言うのだ。

私たちはハワイのビッグ・アイランドからマウイまでを渡ろうとしている。目的地までのマウイ沿岸の航路を含めれば九〇キロメートルの旅路で、六人乗りのカヌー三艘が横断をおこなう。それぞれのカヌーには専属のサポート船がついていて、六人一グループの漕ぎ手を乗せる。残りの六人は一時間漕ぎ、一時間ごとの交代を一日中繰り返す。暗闇のなか、私はカヌーをビッグ・アイランドの先端まで曳航するサポート船の後方に座っている。そして私たちは日の出の直前にそこに到着する。目を見張るほど美しい朝で、星々が消えて海がピンク色になると、視界はにわかに変化し、私の首のうしろの髪の毛を逆立たせる。馴染みのある人間的なスケールのカヌーが、いまや水平線を埋め尽くすマウナ・ロアとマウナ・ケアの火山の巨大なシルエットを前にして不意に縮み、小さくて取るに足らない点になる。太陽が昇り、最初の漕ぎ手たちが櫂を取りあげ、航海がはじまる。

ビッグ・アイランドとマウイのあいだの水域はハワイの人々にアレヌイハハ海峡と呼ばれている。「打ち寄せる大波」と訳される名前だ。貿易風が島々のあいだの狭い間隙を通ることで、ハワイの沿岸水域でもっともすばやい風と、西南西に向かって着実に行進する波の軍勢をつくり出す。サポート船から飛び降りてカヌーでの最初の一時間をはじめる直前に私が考えるのは、これが風に駆動される砕波、私の一〇年来の研究課題の驚くべき一例だということだ。一五ノットの風が一・五メートルの波を押しあげ、それらの波が波頭で砕けるというように、すべてが美しく揃っている。いままでにこれほど完璧な波、これほど規則的に間隔をあけ、教科書の図表のようにあつらえられた波を見たことはないと思う。その後しばらくは、なにも考える暇がない。

交替の際には、サポート船の後部から海に飛び降り、一列になって立ち泳ぎをして、カヌーが迎えにくるのを待つ。カヌーにいる漕ぎ手たちは櫂をそこに残したまま飛びこんで、入れ替わりに新しい乗員が水からカヌーへと這いあがる。このプロセスが外洋で優雅に進むことは滅多にない。しかし全員が乗りこむとすぐに、漕ぐ。この渡りの最初の部分において、私たちは波の領域を横切って漕いでいるため、波頭はカヌーとほとんど同じ高さになる。水の長い頂上部が私の右側で継続的に隆起し続けていて、一時的に私の世界の片側を満たしている。カヌーを安定させている第二の船体アマは私の左手に鎮座し、私たちが前方に漕ぐ際にカヌーをまっすぐな状態に保っている。私は前から二番目の席にいる。私の前方の漕ぎ手は、波が下に入りこんでカヌーの鼻を水面から押しあげるせいで、しばしば空を漕いでいる。それから鼻先が水面を打って生じた水しぶきが私たちふたりに降りかかり、私たちは櫂をさらに深く押しこむ。しかしそうしたことは気にならない。私が一番に感じるのは、カヌーに対する深い、直観的な賞賛だ。それは間違いなく、機能する。サポート船は波があっても跳ね返るために安全だ。しかしこのカヌーのほうが、波のおかげで、はるかに安全に感じられる――なぜならそれは海の一部だからであり、それを前方に押しやる六つの櫂と、操舵手（一番うしろ、六番目に座っている）の自然をナヴィゲートする技術によって海にぴったりと密着しているからだ。時間は信じられないほど早く過ぎ、私がサポート船に戻るころには、マウナ・ロアとマウナ・ケアは、すでにはるか遠くに見える。

　しかし私に本当の啓示をもたらすのは、二巡目にカヌーに乗るときだ。いま、カヌーは向きを変えたために、波風とともに走っている。操舵手と先頭はどちらも非常に経験豊富なハワイの漕ぎ手なのだが、ふたりがたったひとつの理由からカヌーに乗っていることが明白になる――人間＝カヌー＝海の組み合わせがそのポテンシャルの頂点に達するときに、丸一時間のアドレナリンの殺到を満喫するのだ。カヌーのなかにいることが果たしてこのようなものでありえるということを、私は知らなかった。波がカヌーを傾けるたび、ハワイアンたちは「押せ《プッシュ》、押せ《プッシュ》、押せ《プッシュ》」と必死に叫び、人間のエンジンは、波が私たちを前に押し出すのに合わせようと激しく動く。純粋な喜びに充ちた熱狂的な叫び声が追随するが、それは次の波と出会って、押すように叫ぶ声へとすぐに戻る。全面的な集中だけがあり、考える時間はなく、ただ次々と波がやってくる。この状態を維持するために必要な過酷な肉体的努力は、海とともに進む喜びのなかで完全に忘れ去られる。私はコーチたちが櫂を水と接続する必要があると話しているのを聞いたことがあるが、私はそれを接続というようには決して感じない。私の櫂と他の五本の櫂はカヌーと海をすでにひとつのものにしており、海のエネルギーが分け与えられるよう、私たちを海面に張りつけているのだ。そうしたつながりをつくり出すことで与えられるのは、あふれだす剝き出しの快活さと、自然と人間がともにおこなうことのできる美しい事柄のなかでの完全な喜びだ。そしてそれが延々と続く……。

私は櫂を通じて海を感じることができる、すなわち科学が私に決して与えなかったつながりを感じることができ、私はそれが好きでたまらない。ハワイの人々が海・天・大地のつながりについて語るとき、それらは空虚な言葉ではない。重要なのはこの経験で、自然に対抗するのではなく、自然の一部となることだ。そのありのままのポテンシャルを一度経験すると、それらの言葉の意味は永遠に豊かになる。飛行するように一時間海で過ごし、サポート船に戻ると、私はマウイの近さと、私たちがどれほど速く移動しているかに驚いた。

この航海には計九時間かかり、終盤には天候が少しばかり悪くなる。しかし風のもとにあったあの区域の記憶のおかげで、私は残りのすべてを乗り越えることができる。[3] 二巡目を終えて降りたとき、私がすかさずコーチにかけた言葉は「カヌーがこんなふうだとは教えてくれませんでしたね」というものだった。彼は笑って言った。「麻薬なんだよ」。私を中毒者に数えてくれて構わない。

波は一時的かつ移動するものであるため、それらを海の形状の重要な部分としてとらえるのは奇妙に思えるかもしれない。北大西洋の中心で巻き起こる、高さ一〇メートルの波をともなう巨大な嵐は、深さ四キロメートルの海の最上部で軽く踊っているにすぎない。もしポセイドンごっこをしたければ、三叉槍《さんさそう》を手に取り、深さ一メートルほどのスイミング・プールのなかに立って、その表面に優しく息を吹きかけ、できる限り小さな波紋を得ればいい。これは、外洋における海面の形状に対する〔ビューフォート風力階級で〕風力一〇の強風による垂直方向の影響とほとんど同じだ。しかし波の形状変化は受動的ではなく能動的で、それは海というエンジンの働きに直接つながっている。波は大気と海を結びつけるものなのだ。波はまた、人間の事情にも多大な影響を与えてきた。あらゆる波はどこかからやってきて、どこか他の場所へ行く。波は風によって引き起こされるが、その連関は必ずしもまっすぐではない。明日や来週の波を予測したいと望むなら、人生は油断ならないものとなる。だからこそ、人類の歴史のほとんどの期間、波が到来するかどうかはただ運に任せられていた。波の予測を本当に真剣に考える者がはじめて現れたのは、第二次世界大戦で連合軍が破局の寸前に陥ったときだった。

波と戦争

一九四三年、若き海洋学者ウォルター・ムンクはワシントンDCで戦時研究をしている際、北アフリカに部隊を上陸させるという連合軍の計画を聞かされた。部隊は小型の上陸用舟艇で浜まで運ばれる

3　漕ぎ手のひとりがGPS機能のついたデヴァイスで私たちの旅路をトラッキングしており、そのデヴァイスは、その日の終わりにおける私たちの獲得標高が五八六メートルだったことを誇らしげに宣言していた。私はそれが正確な数値だとは特に思っていない。しかしその数値は、その日どれほど多くの大波が私たちを上下に運んだのかをはっきりと思い出させてくれるものだった。

ことになっており、海岸に着くと舟艇の船首が下がり、緊急発進できるという手はずになっていた。問題は海面の形状が変化し続けることだった——浜辺に打ち寄せる波が二メートルほどの高さに達すれば、上陸用舟艇はすぐに横倒しにされ、水浸しになってしまうだろう。ウォルターが少し調べると、提案された上陸地点における波の高さは、安全を確保できる限界をほとんど常に超えていることが明らかになった。上陸は数少ない凪の日におこなわれないならば失敗するだろう。成功にはふたつの道筋しかなかった——まぐれを祈るか、将来の波を予測する構想を練るかだ。かつて波を予測しようとした者はいなかったし、アメリカ海軍はその必要を認めていなかった。ムンクはかつての上司でスクリップス海洋研究所の所長ハラルド・スヴェルドラップに相談し、スヴェルドラップは波の予測は可能だと考えた。彼の権威は海軍を説得するのに十分で、試行すべしということになった。予測のための唯一の方法は波の旅路全体を追うことだったため、彼らは波のはじまりからはじめた。

カップに入った紅茶のなめらかで静止した表面に息を吹きかけるとき、空気の流れはその表面を下向きに押し、ひとつの小さな窪みをつくる。表面張力により、液体の表面はしなやかなシートとでもいえるような挙動を示しており、液体を一か所で急速に下に押すことで、表面の残りの部分に擾乱《じょうらん》が波紋として広がっている。海での波のはじまりはこれと似ているが、下向きに押す力は継続的な下向きの風によって生じるわけではない。それは上空の乱気流の絶えず変化する渦から発生する。その力はさらなる速度の風の吹きかけと気圧の変化をもたらし、水面を変形させる。ひとたび波紋ができると、横向きの風の流れがそれを摑んで各波紋の風上側を押す。そうして波紋はより大きくより傾斜のあるものとなり、より長く持続する海の波へと成長するのだ。しばらくすると海面はさまざまな大きさの波のごちゃ混ぜ状態となるが、そのすべてがわずかに異なる速度でわずかに異なる方向に進み、風によって与えられてきたエネルギーを運んでいる。

一九四三年の時点で、ムンクとスヴェルドラップはその詳細についてまったくわかっていなかったが、波の大きさと形状の混淆が、風の速度および風が海上を吹き抜ける長さ（海洋学ではこれを吹送距離〔fetch〕と呼ぶ）に依存することは知っていた。彼らは外洋で風によって生じる波を予測するにあたって、気象予報を利用することができた。しかし、この局地的な風によって生じる波のごちゃまぜ状態（風浪〔wind sea〕と呼ばれる）は上陸用舟艇について問題となっていたものではない。

波に関して重要なのは、それらが、どうしても移動するひとつのカタチであるということだ。風が静まっても波はまだそこにあり、海面を渡ってみずからそのエネルギーを運ぶ。したがって次のステージは、嵐（波の予想される地域から何百マイルと離れていることもある）のなかで創生し、上陸予定の浜辺にやってくるまでのあいだに波に起こることを把握し、それに応じた調整をおこなうことだった。いくらかの波、特に短いものは、かなりすばやくエネルギーを失うことがわかった。しかし長い波は進み続け、小さなでこぼこがえりわけられてなくなってゆくにつれ、よりなめらかなものとなる。それら余り物の長くてなめらかな波は、うねり〔swell〕と呼ばれ、風のほとんどない日に一番目立っていることがよくある。というのも、そういう場合にはそれらの上に風浪がないからだ。そうした波は海岸線にたどり着くまで、たやすく進み続けることができる。

ムンクとスヴェルドラップの分析の最終ステージは、上陸のまさにその場所、勾配のある浜によって波がふたたび傾斜の大きなものとなり、その後すぐに砕ける場所でなにが起きるのかを考えることだった。この最後の計算により、上陸用舟艇が経験する波の高さが明らかになった。波浪予想モデルは、これら三つのステージを個別に考慮することで、おおまかで即時的なものではあったものの、全体像を正しく把握したのだ。[4]

この新しい方法は北アフリカへの上陸に適した凪の日を予測するために上手く使用され、アメリカ海軍はこれが実際に有益な仕事かもしれないと確信したため、ムンクとスヴェルドラップはカリフォルニアのラホヤに海軍・空軍士官のための学校を設立することになった。彼らは教えながら波の予測方法を改良し続けたが、本当の試練はまだこれからだった。

海洋学者たちが計算をしているあいだにも、この惑星は回転し続け、第二次世界大戦はとどまることなく続いていた。しかし、終わりは来つつあった。ドイツは一九四〇年来、西ヨーロッパのほとんどを占領しており、一九四四年の初夏、連合軍はその領土を奪還しようとイギリスの沿岸から向かう大規模な侵攻を開始する準備を整えていた。この侵攻のコードネームは「オーヴァーロード作戦」、イギリス海峡を船で渡って一三万二〇〇〇人の兵士が一日のうちに北フランスに上陸し、さらに二万四〇〇〇人が空から降下するという奇襲に依拠した計画だ。この仕事をこなすのに必要な船についての議論を見て、英国首相ウィンストン・チャーチルは日記にこうぼやいている。「ふたつの大帝国の運命［は］、どうやらＬＳＴという糞ったれとともにあるようだ」（ＬＳＴは戦車揚陸艦、〔Landing Ship, Tank〕の略）。しかし帝国の運命はまた、それらの船が渡るはずの水を制御し、さらに重要なことに、上陸を試みる際に船とともに殺到するはずの波を制御する、海というエンジンとも結びついていた。

北アフリカでのように、あまりに多くのうねりは、兵士たちが地に足をつける前に膨大な死傷者をもたらすだろう。もっとも信憑性のある気象予報がカリフォルニアにいるムンクとスヴェルドラップおよびイギリス気象庁に送られ、海面形状および、前日までの嵐の影響が北フランス沿岸に到達して起こりつつあるはずのことの予測がおこなわれた。また、上陸には満月、適切な潮汐、好ましい天候が必要だったため、好機は少なかった。波の予測によって判明したのは、好ましいとされていた上陸の日、六月五日に上陸を成功させるのは不可能だろうということだった。その翌日だと、状況は「不可能ではないが非常に厳しい」。しかし、さらに延期すれば潮汐と月齢の好機を逃すことになる。ウォルター・ムンクがのちに彼の理解として同僚たちに語ったところによれば、うねりの予測こそ、司令官アイゼンハワーを説得し、上陸を六月六日、すなわち私たちが現在Dーデイとして知る日に延期させたものだった。

六月五日には、連合軍にもっとも甚大な戦争被害のひとつをもたらしたに違いない波浪が殺到し、無人の浜辺に入りこんでいたが、地球がもう一回転したあとでは、海の形状は変わっていた——だからこそ、人類史上もっとも決定的な水陸両用作戦が取り組むべき波は、はるかに穏やかなものだった。初日の進捗は理想とは程遠く、うねりは低くなったとはいえ、上陸用舟艇のなかでかなりの船酔いを引き起こした。それでもこの侵攻が戦争終結のはじまりとなったのだ。海面の形状は一時的だが、人間の活動に現実的・実際的な影響を与える。[5] しかし海面の形状はまた、海というエンジンにも影響を与える。風が海面をかなり広範囲にわたって吹くとき、それは恒常的にエネルギーを波へと付与している。波はそのエネルギーを、長い距離を経ることでだんだんと失うか、砕けることで突如として失う。私たちは波が砕けるといえば海岸を連想するが、ほとんどの波は外洋で砕ける。そのとき、波に変換されていた風

4　これは学問分野がいかに歴史とともにあるかを示す好例でもある。ムンクは、波の標準的な数学的記述が上陸用舟艇の操縦士たちの直観的理解と一致しないことに気づいた。そこで彼は、数学的に計算可能なだけでなく、船に乗って波を経験している人の直観とも一致する量を発明した。これは「有義波高」と呼ばれ、高いほうから三分の一の波の高さの平均として算出される。技術的な定義は若干変更されたが、これは現在でも海上でのあらゆる波浪予想モデルと波浪観測で使用されている量だ。

5　潮汐の予測もまた、軍に六月五・六・七日しか適した潮汐がないと知らせることによって、この場面で決定的な役割を果たした。このことについては、ヒュー・オールダシー＝ウィリアムズの著作『潮汐』〔*Tide*〕で語られている。

のエネルギーは、ごくわずかな海の熱にふたたび変化している。すなわち海面の形状は一時的にエネルギーを貯蔵しているのだ。したがってそれは、エネルギーが地球システムをちょろちょろと流れるにつれ常に満たされたり空になったりしているあまたのエネルギー貯蔵庫のひとつといえる。

ムンクとスヴェルドラップはふたりとも他の研究分野へと流れていったが、彼らの仕事は現在おこなわれている波浪とうねりの予想の基礎を形成したのだった。[6]

海の最上部は平坦ではない

どうにかしてスイッチを切って世界中の風を停止させ、波が発生しないようにしたとしても、海面は依然として非常に特徴的な形状を保つだろう。これらのパターンはとても微妙なため人間の目で直接見ることはできないが、精確な科学機器を用いて表面の形状を測定すれば、私たちは海というエンジンがどのように回転しているかを知るためのまったく新しい方法を得ることができる。そのパターン最大の特徴は、下にあるさまざまな岩石からの重力のヴァリエーションに起因していることだ。よくよく考えると驚かざるをえない。たとえば直径数千キロメートルの北大西洋の海面に、高さ五四メートルのドームがある。インドのすぐ南にも深さ九四メートルの巨大な穴がある。これらの海域を航行する誰もが知らないと思われるが——このような一定の特徴を見つけるには人工衛星が必要なのだ——海はこうしたものに満ちている。重力の強さと海面の高さのマッピングを利用すれば、逆算することで海底の形状を実際に見いだすことができる——水中に大きな山がある場合、水は重力によってその岩塊に引き寄せられるため、そのすぐ上の海面に小さなへこみが存在する可能性が高い。こうした、波・海流・天候に依存しない海面形状はジオイドと呼ばれる。

しかし、ふたたび仮定の状況においてスイッチを入れ、風を呼び戻せば（そして海流も呼び戻せば）、さらにたくさんの、ほとんどが高さ一メートルに満たない、でこぼこや畝が現れるだろう。これらのでこぼこは、波よりもはるかに広い範囲に――何キロメートルにもわたって――存在し、波はそれらの上に乗っている。

そのうちのいくらかは、天候によって直接生じる。北大西洋で回転する巨大な嵐の中心部における大気圧は、嵐の外の大気よりも約四パーセント低いことだろう。この気圧の低下によって、海面は下向きに押される力を大幅に失い、上向きに膨らんで周囲よりも四〇センチメートル高いドームを形成する。そしてそのドームは嵐とともに移動するのだ。これは波浪や津波ではなく、ただの盛りあがった海域だ。この種の膨らみは、沿岸部における波の被害を、特に満潮時、大幅に悪化させる可能性がある。というのも、通常より水位の高い海が、はるか内陸部まで到達するかもしれないからだ。

また、大きな海流が通ると、そこで生じる横向きの力が、積み重なる水でバランスを取るため、海面に隆起が生じる。これは海洋科学者にとって信じがたいほど便利な現象だ。というのも、これが意味するのは、衛星を使って海面形状を非常に詳細に測定すれば[7]、大きな（そしてより小さな）海流がどこを流

6　私がスクリップス海洋研究所で最初のひと月かふた月を過ごしていたとき、スクリップスで働く他のイギリスの研究者から夕食に招かれたことがある。かれらはとても熱心な近所の人もひとり招いていて、海の泡についての私の仕事のことを彼にひとつ残らず話すようにと私をうながした。私はただの初心者だったにもかかわらず、である。その隣人は当時九〇歳近く、私の人生の倍以上の時間、海の波について考え続けてきたウォルター・ムンクその人だと判明した。そして彼は依然として、尊敬と励ましと興味津々な疑問をもって、海に関する私の研究の導入を聞いたのだ。そのあいだ、彼がみずからの広範な知識をほのめかして私を不快にさせるようなことは決してなかった。

れているかを捻り出すことができるということだからだ。衛星に搭載されたアルチメーターと呼ばれる専門機器は、それらの変化をモニタし、私たちに、海というエンジンがきょうあるいは今週おこなっていることについての決定的洞察を与えてくれる。

したがって、表面は重要だ。しかし、海というエンジンの全体的構造は海底の形状によって決定される。だから、海面を背に暗闇のなかを下降しよう。そうすれば私たちは、穏やかなコツンという感覚とともに、海底に着地する。

底

おそらく海を研究することの最大の悲劇は、われわれの想像力に枠組みを与えて理解をくっきりとさせてくれるはずの、海底の素晴らしいパノラマ的視界が、海水の物理的性質によって妨げられていることだ。光は数十か数百メートルのうちに吸収されるか散乱するので、たとえ広い範囲に光を満たすことができたとしても、遠くまで見つめることは決してできないし、自分がどこにいるのかも決してわからない。

宇宙飛行士たちはオーヴァーヴュー効果、すなわち宇宙から地球を見て、自分たち自身を地球軌道上の小さな点として認識することにともなう強烈な感情体験を経験する。かれらの撮影した写真のおかげで、私たちは自分たちがかれらの立場になったところを想像することができるし、前景にある国際宇宙ステーションのソーラー・パネルとともに浮かぶ地球の湾曲を見て視覚的な饗宴に浸ることができる。

何百人もの人間が深海への旅をおこない、かれらもまた驚くべき写真の数々を持ち帰ってきた。しかしそうした深海の画像はどれもクロース・アップなのだ。詳細で魅力的ではあるが、壮大で世界の見え方に変化を迫るようなものではない。したがって、海というエンジンの下限への航海は、私たちの世界の知られざる部分への劇的な旅であるにもかかわらず、私たちの心のなかでは空白なのだ。私たちはなににについて見逃しているのだろうか？

「星々のあいだを落ちるようでした」。デボラ・ケリー教授はワシントン大学にある彼女のオフィスの椅子に座り、潜水艇に封じこめられて深海へ降りてゆく際の様子を語った。「小さな球体のなかは暗くて、どちらかといえば不快なんです。そして超強烈。方向の感覚もなければ、スピードの感覚もぜんぜんありません。私は下降する時間の大部分を、窓に顔を押しつけて、生物発光する生き物たちを見ながら過ごします――私はその生き物たちがなんなのかわかりません。そして海底から約一〇〇メートルのところで、灯りが点けられます。ここ［シアトル近郊の沿岸部］では水のなかにいるということを忘れてしまいますよ。とても透明なんです。まるで飛んでいるようです。でも本当に強烈なので、驚くほどに疲れます」。

デボラは深海潜水艇アルヴィン号で一九九〇年代なかばから五〇回以上の潜水をおこなってきた海洋地質学者だ。彼女の主な専門分野は海洋火山と熱水噴出孔で、彼女は深海底になにがあるのかをみずからの両目で見続けてきた。彼女の語り口は穏やかだが熱心だ。オフィスにはいくつも岩の欠片が置かれているが、そのなかに靴を入れる小箱ほどの大きさの不規則な黒いガラスの塊があり、完全な円形の穴がまっすぐに穿たれている。彼女によれば、これは海底火山の頂上から採取された溶岩流の一部だとい

7　現代の人工衛星は、約一センチメートルの海面の高さの変化を日常的に測定可能だ。

う。私たちが話しているあいだ、それは私の前の机の上に置かれ、太陽の光を受けて輝きながら質問を求めている。

何十年にもわたって海底を研究し、訪れてきたにもかかわらず、デボラはそこにあるものにまだ驚かされているという印象を与える。彼女は、暗闇のなかに広がる信じられないほど平らな巨大平原を動きまわる潜水艇――「床の上を車で横切るようなものです」――について説明し、それから火山のできる沈みこみ帯のはじまりを示す高さ数十メートルの壁に突然サーチライトの光がぶつかったときの衝撃について語る。

構造地質学的《テクトニクス》に活発な地域では、ごちゃ混ぜになった粗い基礎からアーチや柱が突き出ている。溶岩が流れた跡は空《から》になった川のように見える。なかでも一番ドラマティックなのは、海の奥のもっとも暗いところ、深海の噴出孔にある貴重な宝石だ。「それらは驚くほどに色とりどりなのです」とデボラは言う。「明るい紫、青、白、それにチムニー〔煙突状の噴出孔〕は動物たちに覆われて岩肌が見えないほどです」。彼女は、これらの火山地帯の変化のスピード、そして同じ場所にたった数か月後に戻ったときでさえ、そこがどれほど違って見えるかということに何度も言及する。定量的な証拠を使用して理解を進めてゆくのが科学の仕事だが、深海に対する私たちの見方を本当に変えたのは、このような物語――深海の経験だ。

私たちが深海に対して抱く心象が、つい最近までなにもない空っぽのカンヴァスあるいは大きな口を開けた虚無の穴だったことは忘れられがちだ。海の怪物にまつわるスリリングな物語が海の語り部たちの商売を支えてきたことからもわかるように、海そのものは場所というよりもひとつの脅威だった。最初の航海者たちがこの神秘的な領域から帰還してから、まだ一〇〇年も経っていない。かれらの物語は深海を現実の場所にし、その空っぽのカンヴァスには突如として、空想の産物ではなく実体ある特徴と住民と謎が描かれたのだ。

人類初の深海探検家

バミューダ諸島沖、水深四〇〇メートル、海は暗い。感覚が剝奪されたように感じられる完全な光の欠如ではなく、周囲の空間を満たす暗闇を強調するのに十分なぼんやりとした光に汚されたインク色の黒。太陽光は吸いとられてしまった——しかし、この場所はまだ、下にある海底までの道のりのたった一〇分の一にすぎない。音といえば遠く離れた場所にいる一頭のクジラからときおり発せられる鳴き声だけで、現在の時刻を報せてくれるものはなにもない。密度の高い水は、物言わぬ生命の断片や、ときおり色とりどりの閃光を発しながら脈動するゼラチン状の鐘、暗闇のなかを漂い降りている表層で死んだ生物の微小の残骸《デトリタス》を運ぶ。一匹のドラゴン・フィッシュが通りすぎる。歯をもった長く暗く薄いリボンだ。年月が過ぎる。しかし一九三〇年六月三日、大聖堂の天井からぶらさがるクモのように、細いケーブルで吊りさげられた小さな鋼鉄の球体が突然現れた。球体のなかには、上にある太陽の光の照らす場所からやってきた脆《もろ》い詮索者《スヌーパー》たち——ウィリアム・ビービとオーティス・バートンが入っていて、彼らはその金属製の泡がなければ水圧で押しつぶされてしまうのだった。

ビービ自身は自分たちがいかに矮小で脆弱かを正確に理解しており、みずからの感じた完全な孤独を強調して、自分たちは「大海原を転がる船の甲板から四分の一マイル下で、揺れるクモの巣にくっついた空洞のエンドウマメのなかにいてぶらさがっていた」とのちに書いている。フロンティアを開拓する探検家として一般的に思い描かれるのは、力強さと活発さのイメージ、目の前にある障害物を克服するためにあらゆる筋肉と脳細胞をせいいっぱい働かせるアスリート的な姿だ。しかし窮屈な空洞のエンドウのなかでぶらさがっていたビービとバートンこそ、深海生物をその生息地で観察し、深海から物を釣りあげるだけでなく深海そのものを見て、この異質な海水の世界に完全に放り出された陸生哺乳類であることがどのように感じられるかを述べた最初の人類だった。

彼らが明らかに脆弱だったことと、見る以上のことをなにもできなかったことは、おそらく新しい環境に入るうえでの、より誠実なあり方だ。周囲を変更するツールをもった熟達者《マスター》としてではなく、目を見開いてすべてを吸収し、最善を期待する観光客として参入すること。有力な機関の支援を受けて海についての重要な統計を記録・保存していた分析的かつ科学的に正当化された遠征とは対照的に、ビービとバートンは、ただできると思ったから、ただ自分たちの目で見てみたかったからという理由でそこへ行ったのだった。

ビービは自然界に対する彼の熱意に加えて、自然界について学ぶ楽しさと冒険をも共有するナチュラリスト兼作家としてすでによく知られていた。バートンはビービの著書『ハーフ・マイル・ダウン』〔*Half Mile Down*〕の主要キャラクターとして世界的に有名になる鋼鉄の潜水球《バチスフェア》を設計した技術者だった。[8]『ハーフ・マイル・ダウン』は本物の冒険の紆余曲折が刻まれた、驚きに満ちた作品だ。ビービとバートンはともに、潜水艇で潜った深さの世界記録を樹立したのだが（一九三四年に九二三メートル）、同時に彼らは深海への大きな関心をつくり出し、一九五〇年代、六〇年代の多くの海洋生物学者たちから、自分たちの信じられないほど満足のいくキャリアの火つけ役となったと認められた。人々の想像力をとらえたのは、海底山脈の広大さではなかった——そうではなく、人間の目からたった一メートルのところにいて、サーチライトで部分的にだけ照らされては暗闇のなかへと泳ぎ去る、奇妙な動物たちとの束の間の邂逅《かいこう》だった。

『ハーフ・マイル・ダウン』はビービのもつ未来のヴィジョンではじまる。そこでは海岸に住む人々が潜水ヘルメットをさっと被り、陸上の庭の延長にある海中の庭を確かめるため、ちょっとお店に出かけるような気楽さで泳ぎに出かける。この明るい想像のなかの未来では、海への個人的なアクセスは当たり前の生活の一部となっており、イソギンチャクが海中の市民菜園で地域のショーのコンテストに向けて育てられ、アーティストたちは海中絵画にふさわしい海中の光の質について熱弁を振るう。

現代のスクーバ・ダイヴィングのおかげで、幸運な少数の人たちにとってはこの一部が可能となったが、九〇年経ったいまでも、そのためのトレーニング、海へのアクセス、装備は、ほとんどの人にとって法外に高価だ。初期のサイエンス・フィクション作家たちの多くが、われわれの進歩のなさに失望することだろう——私たちはすでに二〇二〇年代に突入しているが、依然として変わらないのは、私たちのほとんどが宇宙と深海のどちらも直接経験することはないという事実だ。しかし私たちはわれわれの惑星について、そうした初期の海洋楽天家たちとは完全に異なる物の見方を確かに手にしている。そしてそれは、ゆっくりと忍耐強くデータを収集・分析することによってなされた。科学的プロセスの大部分は慎重な計測の蓄積であり、だからこそしばしば、その結果は「事実」だと見なされる。事実とはす

8 『ハーフ・マイル・ダウン』は実に読む価値のある本だ。ひとつはその冒険のためだが、ほとんどは潜水球——直径一五〇センチメートルで、三センチメートルの厚さの鋼鉄でできていた——の現実についての、その率直な記述のためだ。窓は三つあり(使用されたのはふたつだけだが)、入るには直径三六センチメートルの円形の穴を通った。これが彼らふたりを数時間にわたって運んだのだが、頻繁に結露が発生し、ときおりわずかに水が漏れてきた。

なわち本当だと考えられている諸々の事柄のことだ[9]。しかしながら、しばしば無視され、良くても過小評価されている科学の本当の影響は、それらの測定結果の解釈によって生じる新たな視点だ。二〇世紀なかごろ、深海の形状は盛んな議論の対象だったが、それが物議を醸したのは、世界の見え方の大きな変化があったからだと思われる[10]。その新しい見え方によって新しい問いが、そして海底の形状についての別の考え方がもたらされたのだ。

海は、岩がたまたま周囲の岩より少し低い位置にある、いくつかのつながった窪みのなかに広がっているだけではない。海底の形状は、それらの岩石がなにをしているのか、なにからできているのかによってつくり出され、海の大部分で起こっていることは陸地の下で進行していることとは根本的に異なる。人類の好奇心は長いあいだ、物を突っついたときなにが起こるかを見てみたいという飽くなき欲求を生み出してきた。そして一九六〇年代には、この欲求が、海底に達するだけでなく海底を完全に貫く穴を開けるという大胆な試みにつながった。NASAが最初のアメリカ人を宇宙に送り出す準備をしている一方で、地質学者たちは惑星のへそを観察する大規模な科学実験――モホール・プロジェクトを計画していたのだ。

世界で一番深い穴

それはウォルター・ムンクのアイデアだった。一九五七年、地質学者たちは大陸移動が実際にあったかどうかをめぐる議論をついに終結させるかもしれない証拠に、かつてないほど近づいていた。広大かつ非常に硬い大陸というものが惑星を漂ってきた歴史をもつかもしれないという考えは一五九六年ごろからあったが、比較的簡単にしりぞけられてきた。というのも、率直に言って、それはいかれた考えに思えたからだ。大陸を動かしうるものとはなんなのだろう？　しかし、大陸移動がおそらく例外的な出来事でさえなく、大陸が通常おこなうことの一部にすぎないという証拠が数十年にわたって蓄積されていた。

地球には層があり、薄い最上層（地殻）とその下にある次の層（マントル）はまったく異なるものでできているという考えはすでに確立されていた。[11]　また、地球の地殻がふたつのまったく異なる特徴によって区別できることもすでに知られていた。現在、そのふたつは平均三五キロメートルの厚さで花崗岩質の岩石でできている大陸地殻と、わずか五キロメートルから一〇キロメートルの厚さで玄武岩質のより密度の高い岩石でできている海洋地殻として知られている。大陸地殻と海洋地殻は両方ともマントルの上に浮かんでいるが、大陸地殻のほうが厚く浮力が大きいため、海洋地殻と比べてはるか上方に突き出ているうえ深くまで沈んでいる。対照的に海洋地殻はマントルの上に繊細にとまっており、大陸よりも

9　もちろん、ポイントとなるのは「事実」ではない。科学的プロセスが与えてくれるのは、その時点でもっとも有用性のあるデータに基づく、もっとも間違いの少ない解釈だ。すなわち、すべては修正の対象なのだ。とはいえ、どんなものであれ与えられた仮説がますます多様な方法で検証されるにつれ、それについて必要な修正の規模は時間とともに縮小する傾向にあるのだが。

10　ナオミ・オレスケスの著作『サイエンス・オン・ア・ミッション』〔*Science on a Mission*〕では、この議論の背景と、それが科学史において比較的遅く起こった理由のいくらかについての優れた説明がなされている。

11　構造プレート〔プレート・テクトニクス理論における「プレート」〕は地球表面の動きまわる硬い部分だ。紛らわしいためよく混同されるのだが、これは「地殻」と同じではない。「地殻」と「マントル」は化学的特徴が違う――つまり異なる種類の岩石でできている。しかし構造プレートは通常、その区域の地殻とその下にあるマントルの固体部分からなる――つまり構造プレートにはすべての固体部分が含まれる。構造プレートの下でゆっくりと流れるのは、延性のあるマントルだ。基本的に、どこに境界線を置くかは、あなたが化学者であるか物理学者であるかによる。モホール計画の目的は、マントルに侵入して異なる種類の岩に到達することだった。

はるかに目立たない。これは海洋地殻が薄くて適度に平らなためでもあるし、その表面がほとんど常に大陸の表面よりも数キロメートル低いためでもある。そして、水は最初にもっとも低い空間を満たす。深海が深いのは、それが海洋地殻の上にあるからで、それら大きな海盆が盆と呼ばれるのは、水を保つ著しく深い海域が、バスルームにあるカウンタートップの流しに本当に似ているからなのだ。

一九五七年、ムンクはアメリカ国立科学財団での会合に出席し、将来の科学事業についてなされた提案を改めて検討していた。テーブルの上に並べられたアイデアはどれも完璧に要求を満たし、よく考え抜かれたものだったが、彼にはそれらが……どうにも冒険心に欠けるように思われた。そうして議題となったのは、さらに大きく大胆な科学的アイデアに資金が提供されうるかどうかということだった。地球科学の歴史を、それ「以前」と「以後」に分けるかもしれないような実験だ。ウォルターが提案したのは、これまでに掘られたどんな穴よりも深い穴を掘ることによって、この惑星の内部を直接調査することだった。地球の地殻をまさに貫通して穿たれ、そこから下にあるマントルのサンプルを回収できる穴だ。当時、地球内部に関するほとんどすべての知識は、物事の核心からかなりの距離のところでおこなわれる論理的推定に基づいていたため、実際に当の岩石にふれることができるという考えは熱狂をもたらすものだった。それは新たな地質学理論を試す素晴らしい機会となるはずで、確かに多くの大衆の興味を惹くことになった。

傑出した地質学者・海洋学者たちがこのアイデアを気に入り、必要資金の提供を求めはじめた[12]。一方で、この技術的挑戦の規模の大きさを否定することは誰にもできなかった。深い穴を掘るのは難しい。その主な理由は、穴をまっすぐに保つことと、ドリル・ビットを掘削面に対して上下に動かすことが困難だからだ。もっとも簡単にマントルに到達するには、もっとも短い穴を通らなければならないが、このことは、厚い大陸地殻ではなく、薄い海洋地殻を掘り進めることを意味した。このためには、これまで掘られたどんな穴よりも深い穴を掘るだけでなく、人類がふれることのできなかった場所からはじめることが必要だった。惑星の深部への入り口は、深い海の底にあるはずなのだ。地殻とマントルの境界の名称はモホであり、[13]だからこそ、避けがたく、その境界を通過する垂直トンネルはモホール〔モホの穴〕と呼ばれることになったのだろう。

プロジェクトの幕開けは非常に有望なものだった。事前準備の掘削は、海底の下三八〇〇メートルまで掘ることができる実験用の船を使って一九六一年に成功した。この第一段階において、大衆は確かに大きな関心を寄せていた——たとえばジョン・スタインベック（この翌年にノーベル文学賞を受賞）は『ライフ』誌に依頼されてこの出来事を追った。[14]それら初期段階の穴を掘るときでさえ、風・海流・波・潮汐が動かそうとしてくるなかで、船を正確に同じ位置に浮かばせ続ける方法を見つけることが必要だった。これをおこなうため、技術者たちは四つのスラスタを設置し、船の位置を微妙に調整するために使用した。今日でも用いられ、自動船位保持《ダイナミック・ポジショニング》と呼ばれるシステムだ。ドリル・ビットは深海の底を覆う

12　ロシアも深部の掘削を議論していたのだが、それはそれで問題なかった。というのも合衆国の政治家たちは、宇宙開発競争と地球の深部への競争の両方に「勝利する」という誘惑に間違いなく抗えなかったからだ。

13　一九〇九年にこれを発見した科学者アンドリア・モホロビチッチにちなんで命名された。彼は地震の観測データから、地殻の底部にかなり鋭い密度の遷移があることに気づいたのだが、それは異なる物質からなるふたつの層が存在することの明確な証拠だった。この遷移領域の正式名称はモホロビチッチ不連続面というが、ひとつの単純な概念を一一音節の名前で呼びたがる人はいないため、モホ面〔the Moho〕と〔略されることに〕なった。

14　掘削船のことを記述する際の彼の記事は手加減を知らず、「ゴミを運ぶスカウの上に簡易便所が載っているかのごときなめらかな曲線」をもっと書いている。しかしそれは、真に歴史的な使命を帯びた船の上での緊張と興奮を伝える美しい記述だ。なお「スカウ」とは平底船のことをいう。

堆積物の厚い層を嚙み砕いて下の岩石に到達し、海洋地殻の新鮮なサンプルをはじめて持ち帰った。研究者たちはジョン・F・ケネディ大統領から「科学と工学の進歩における歴史的な出来事」を称える電報を受け取りさえした。第一フェーズは勝利だったのだ。

しかし、モホールが実現することはなかった。プロジェクトの第二フェーズはすぐさまコストの増大とプロジェクト管理の問題、優先順位と責任所在についての口論にはまりこんだ。人々の興味は嘲笑に変わった。逼迫《ひっぱく》するヴェトナム戦争の費用を勘案し、合衆国議会は一九六六年、ついに撤退を決めた。これを書いている五六年後のいま、いくつかの最新プロジェクトが迫っているとはいえ、モホ面はいまだ人間に穴を穿たれることのないままだ。

表面だけを見れば、モホール計画は高くついた（しかし娯楽性の高い）無駄骨と思えるかもしれない。しかしそれは、グローマー・チャレンジャー号、ジョイデス・レゾリューション号ほかの専門の掘削船による、今日まで続く国際的・協働的な海洋掘削プロジェクトの数々を巻き起こした。そして、これら広大で平らに広がる海底が、地球のもっとも詳細な歴史書の一部だということが判明した。「わずか」二億年前のものとはいえ（なんといっても、この惑星は四五億歳だ）、到達できさえすれば、そこには荒らされないまま保管された宝の山がある。海底掘削はその場所への扉を開き、まったく新しい科学分野を生み出したのだ。また自動船位保持システムの発明は二〇一一年までに総石油生産量の三〇パーセントを占めることになる浅海での海底油田の探査に関して、石油業界に弾みをつけもした。

でこぼこの底

モホールの試みから半世紀が経ついま、私たちは海底全体の形状をはっきりと思い描いている。そのパターンの観察は、プレート・テクトニクスの世界の古代巨獣、すなわち大陸からはじまる。アイルランド西部の海岸に立ち大西洋を見渡すとき、数百メートル沖合の海底を構成する岩石は、あなたが立っている岩とほとんど同じものだ。それは大陸地殻の一部であり、心地のよい上下対称をなしている——地殻が厚くなり、頂上では大きな山脈が空に向かって伸びあがって、一方でその基部が下にあるマントルのなかへと入りこんでいる。両側に膨らむひとつの膨らみを形成しているわけだ。

　大陸は、ほとんどの人間がほとんどの時間を、その上に立って費やす場所だ。大陸の岩は何十億年もの時を経ているかもしれないし、大陸は衝突し、離ればなれになり、みずからを再構成するといえるが、大陸地殻そのものはただ移動しているにすぎない。岸から沖合を眺めるとき目にしているのは、水がいっぱいになり大陸の上に漏れ出している海で、増水した河川が曳舟道《ひきふねみち》にまであふれているようなものだ。海岸近くの海の深さは、そのあふれ出した水の深さにすぎず、通常は数百メートルに満たない。このように大陸がうっすらと水に浸された部分は大陸棚と呼ばれ、海岸線によっては、これらの棚が岸から一〇〇〇キロメートル離れたところまで伸びることもある。これらは重要な沿岸地域で、しばしば多くの生命の生息地だが、実際にはそれほど多くの水を含むわけではない。

　海の大部分を見つけるには大陸の端つまり大陸棚の端までそっと進む必要がある。すると海底は遠のきはじめ、深くなって、やがて海盆の深く平らな底に到達する。そのとき下にあるのは海洋地殻、すなわち大陸どうしが離れるときに残された隙間に滲出する密度の高い火山充填物で、ここの水深は突然三〇〇〇メートルかそれ以上になる。いまや、あなたは地球の全表面の半分以上を覆う深海平原にいる。これは海盆のひとつで、地球上のほとんどすべての水を擁する深くて底の平らな広がりだ。これらの盆地は大陸のあいだに収まるため、大西洋・太平洋・インド洋・南極海・北極海とさまざまな名前がつけられてきたが、あるのはひとつのつながった海だけだ。かつて機内食に使われていたトレイの窪みのごとく分かれているかのように見えるかもしれないが、水は気にしない。太平洋海盆だけで地球上のすべての水の五二パーセントを含んでいるが、たまたまその海盆にある水と他の場所の海とのあいだに境界はない。

プレート・テクトニクスのプロセスによって大陸地殻が動きまわる際、その変化のほとんどに対応しなければならないのは薄く平らに近い海洋地殻だ。大陸のおおよその形状は転がりまわるにつれて落ちつくが、海の輪郭は常に変化している。そう、私たちは深い海の底の本質のところまでやってきた。その形状についてのただの技術的記述ではなく、それがどのようなものなのかというところに。そして、それがどのようなものかというのは、それがなにをしているかということに依拠する。深部にあるその場所、大海盆の底部には、なんとも賑やかな箇所がある。そして二〇一四年以来、海洋科学者たちは、その活動をリアル・タイムで監視できるようになったのだ。

深海のドラマ

パシフィック・シティは北アメリカ西海岸、シアトルの南約二〇〇マイルにある小さな海辺の町だ。一九世紀前半にネイティヴ・アメリカンたちが侵入者・輸入感染症・森林火災によってその地域を追い出されたあと、沖合の豊富な漁業資源が非ネイティヴの開拓者たちを惹きつけた。乱獲のあとは観光業に移行し、今日ではこの地域の不動産の半分以上が別荘になっている。この場所の地面の上の決定的特徴は見事な岩だらけの海岸線で、太平洋から押し寄せる波を眺めながら静かに物思いにふけるにはうってつけだ。しかし、眠たげなビーチの下では話が違う。

埋められた二本のケーブルが、絶え間ない電子活動をめいっぱいおこなっている。八キロボルトの電源供給と、一秒あたり二四〇ギガビットのデータを送信可能な光ファイバー接続だ。これがあれば、二時間あるHD画質の映画を毎分約九〇〇本送信するのに十分といえる。ケーブルは砂浜の下を通って海まで伸びている。一本は、一定して約三〇〇メートルの深さの大陸棚を終わりまで横切って一〇〇キロメートル進み、大陸のでこぼこした端を越えて落ち、海面下二九〇〇メートルの広大で平坦な深海平原に達する。電力をともなったコンピュータ・コマンドはさらに西に向かって進み続け、分厚くて黄色い金属の箱で一時的に中断されるものの、先へ進んで沖合五〇〇キロメートルの水中山脈に到達する。その最終目的地は二か所の集積されたセンサ群で、ひとつは山脈の麓に、ひとつは頂上付近にある。浜から伸びるケーブルの二本目は海岸近くの大陸棚に沿って進み、他三か所のセンサ群を接続している。この一五〇以上のセンサでできた網目は、深海の監視システムであるリージョナル・ケーブルド・アレイ[15]の目と耳の役割を果たしている。なぜそれがここにあるかといえば、この区域が深海底全体のミクロコスモスだからだ。

原則として海洋地殻はかなり平坦だが、すべての構造プレートは動いているため、プレート間の境界部は例外だ。卵の殻のような地殻の欠片を球の周りで動かすには、それらのプレートの形状を変えるしかない。したがって、それらの境界は、巨大な地質学的力が変化を主張する場なのだ。プレートの端が

15　アメリカ国立科学財団の資金援助によるもので、海洋観測所計画〔Ocean Observatories Initiative〕の一環。

互いに擦れあったり、互いを引き離したりすることで、海底火山の山脈がうめき声をあげて溶岩をその隙間に吐き出す。あるいはプレートの端は古い海底を手放し、マントルに引きずり込まれて厚い大陸プレートとの最終対決に敗れる。北米の海岸線から数百キロメートル以内の場所で、リージョナル・ケーブルド・アレイは、これらのプロセスのほぼすべてをリアル・タイムで監視することができる。

古代の海洋地殻の断片が、北米の西側の下で、二億年にわたって東にだんだんと滑りこんでいる。地球のベルトコンベアは、そのリサイクルをほとんど完了しているが、最後のごく一部がまだ引きずりこまれ飲みこまれており、その破片がファアン・デ・フカ構造プレートだ。これは三角形の断片で、片側に活動的な領域が広がっており、大陸の端に沈みこみ帯がある。〔海底の〕山頂にあるリージョナル・ケーブルド・アレイのセンサ群は、北太平洋でもっとも活発な海底火山の場であるアキシアル〔軸〕海山の頂上に位置している。

デボラ・ケリーはリージョナル・ケーブルド・アレイのディレクターで、この科学的な蔓——波の下にいる地質学的巨獣に巻きつき、あらゆる動きを追跡している蔓——の複雑なネットワークを管理するのが仕事だ。水中での地質学的ドラマについて問題となるのは、彼女が私に語るところによれば、それを目撃しようと思っても、ちょうど良いときに適切な場にいることがほとんどないということだ。だからこそ、このネットワークの肝はケーブルを介してリアル・タイムで瞬時に海岸へ送られるデータを通じた二四時間体制のモニタリングと、監視中の科学者たちに向けた警報システムなのだ。人類はまだ中央海嶺の噴火を映像で見たことがない。しかしそれは、海底全体を構築してきた、そして構築し続けているプロセスだ。次にアキシアル海山が噴火するときは、世界の注目が集まるだろう。[16] アーネスト・ヘミングウェイの小説『日はまた昇る』で、ある登場人物が破産への道筋についてこう語る。「だんだん

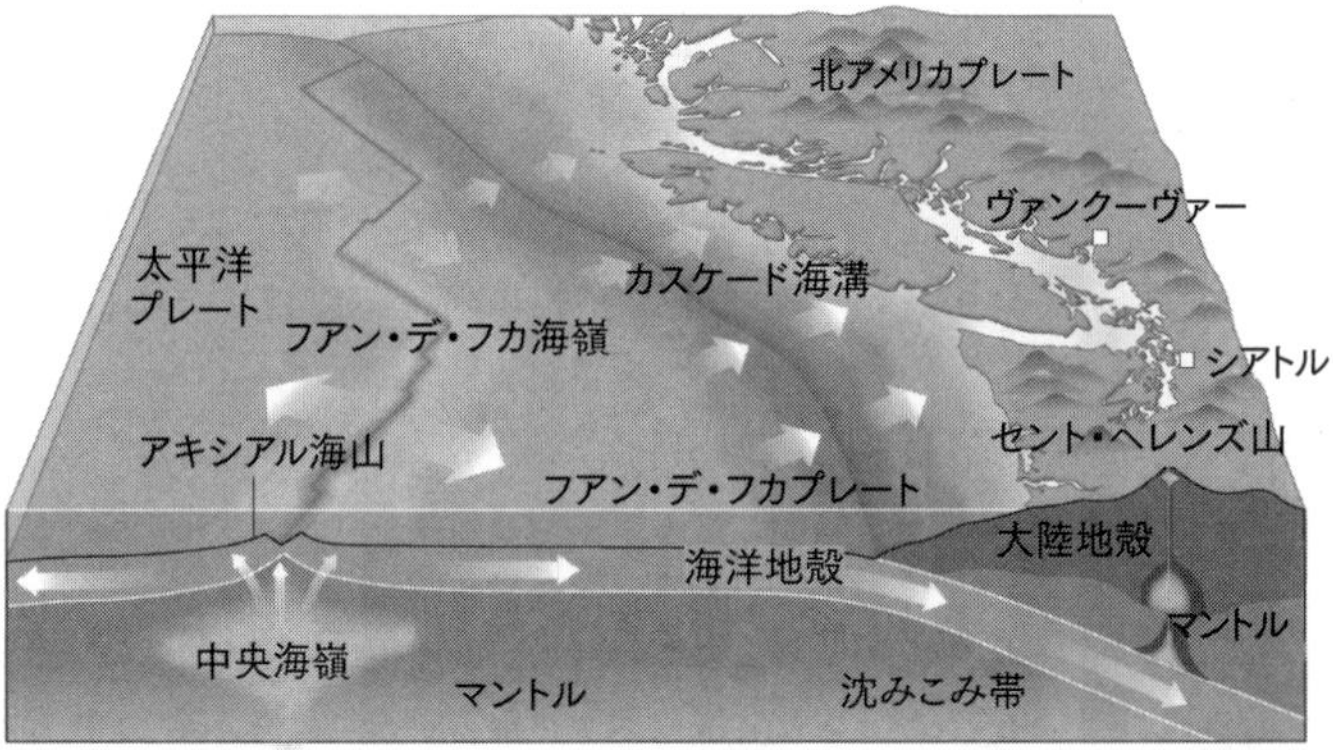

東太平洋の下にあるフアン・デ・フカ構造プレート

と、それから突然に」。深海での絶え間ない再形成についても、同じことがいえるかもしれない。地球上のプレート全体のゆっくりとした押しやりは、年間数センチメートルというスピードでの漸進的変化だ。だとすれば、突然の変化というのはどのような形で目撃されるのだろう？ それは次の通りだ。アキシアル海山はふたつの構造プレートのあいだのまっすぐな縁に位置する。それらのプレートは年間六センチメートルずつ互いに離れているのだが、海山が噴火すると新しい岩石が生産されてその隙間を埋める。

二〇一五年、リージョナル・ケーブルド・アレイが起動し、稼働をはじめたちょうどそのとき、はじめて実際の検証の機会がめぐってきた。機器類は何千回もの細かな地震を受け点灯した。あまりに小さいために海底以外のどこでも検出されない地震だったが、やがてセンサ群の載っていた硬い海底が二・四メートル落下した。これは明らかに噴火だったが、その活動のほとんどがセンサ群に対して反対側の海嶺で生じていた。物事が落ち着いたころ、地質学者たちは観察のため遠隔操作ヴィーク

16 リージョナル・ケーブルド・アレイ（RCA）は地質学を見据えているだけではない。それは海洋化学と生物学も見据えており、そのおかげで科学者たちは、深海の火山活動が、その上部の生態系にどのような影響を与えるかの研究をおこなうことができる。

ル（ROV）を降下させ、一二七メートルの厚みをもつ、新しくできた巨大で黒くガラス質の溶岩流を発見した。デボラのデスクの上に置かれているのは、これの欠片だ。その新しい岩は、新しい状況を利用しようと飛びだしてきた微生物のマットに一か月も経たないうちに覆われており、科学者たちに文句なしの驚きをもたらした。

デボラは、その変化のスピードを強調する――溶岩湖や流路、急峻な岩壁が、地質学的な目を瞬かせるうちに、だんだんと、それから突然に生成され、再造形されるのだ。ROVを降下させ、はじめてのものを眺めるのは、やはり、待ちに待った誕生日プレゼントを開けるようなものだ……毎回、美しい驚きが海の保護カヴァーの下に隠れていることが明らかになる。

こうした変化は、プレートの境界がもつ魅力のほんの一部だ。アキシアル海山の脇腹をさらに下へ行くと、海の配管システムが別種のドラマをつくり出している。構造プレートが動いて離ればなれになる際につくり出された新しい岩は、なめらかで強固な基礎を形成するわけではない。それらは乱雑な配管のように機能する亀裂や割れ目に満ちているのだ。すなわち〔その「配管」は〕できたままの熱い岩石の奥深くに海水を引きこみ、その海水を熱し、そこにミネラルを濾《こ》し出し、それから海中へと吐き戻す。

この信じられないほど熱い水は、鉄や硫黄その他の幅広い元素の化合物を含み、冷たく穏やかな海に流れ出て熱水噴出孔を形成する。これが有名なブラックスモーカーとホワイトスモーカーで、水に運ばれた金属化合物が以前より冷たい環境にさらされるときに、その周りに数十メートルの高さにもなるチムニーをそびえ立たせる現象だ。これらの噴出孔を覆う奇妙な生物たちの大規模な群れは、観察する人々ほとんどすべての関心を奪うが、デボラは私になにか他のものを見せたがっている。

彼女はコンピュータのところへ行き、彼女が潜った噴出孔のひとつを記録した動画を探し出す。「上下さかさまの滝ですね」と彼女は言う。私は最初、彼女の言わんとすることがわからない。デボラが話し続けるあいだに動画の内容を理解するには数秒が必要だ。「こうした垂直チムニーでは、その壁が割れて熱水が漏れ出すことで、なかば、原生林の木から生えるキノコのようになるわけです」。そして突然、私はそれを理解する。これは暗闇からそびえ立つ巨大な熱水チムニーで、熱い水が確かにその側面から漏れ出している。しかし熱水は冷水よりも密度が低いので、この熱水はすぐさま上向きに流れ続ける。それが最初に冷水にぶつかるところでは、ミネラルのいくらかがはっきりと放出され、突き出たでっぱりが生じる――これがデボラの言うところのキノコ形状だ。そのあとからやってくる水は、でっぱりの下を外側に向かって流れてからでないと上に進めない。しかしそのでっぱりは、ボウルをひっくり返したような窪みを下側につくっており、その窪みのなかに、雨傘の内部を満たすようにして熱水を溜めている。熱水と冷水の境界は鏡のように閃く。そうして熱水は、その窪みから漏れ出して暗闇のなかへと上昇を続けている。それは本当に、上下さかさまの滝だ。「美しいと思います」とデボラは言う。「こんなものが見られるなんて誰が思ったでしょう」。

自然の世界は私たちが想像しうるよりもはるかに多くの驚きを隠しているという証拠を持ち帰ること。私が最初に思ったのは、これこそ実験主義者とフィールド科学者が必要な理由だということだ。

これらの長く、ぎざぎざとした巨大な傷跡は世界中の海をジグザグに進み、地球を覆う七つの主要プレートの水中での分断を、残りの隙間を埋める小さなプレートの群れとともに示している。[17] それぞれが独自のドラマと、成長の噴出とともに轟くが、そのほとんどは海に完全に隠されている。しかしながら、

17　七つの主要プレートとはアフリカプレート、南極プレート、ユーラシアプレート、インド・オーストラリアプレート、北アメリカプレート、太平洋プレート、南アメリカプレートのこと。

このぼろぼろの縫い目が海以外の世界に姿を見せている場所もある。

アイスランドは、北アメリカプレートとユーラシアプレートが引き離されるところにある大西洋中央海嶺の一部だ。アイスランドの地震と火山は深層になにが隠れているかのヒントを与えてくれるものの、熱を吸収し慣性を与える厚い水の層があるため、それがない場合の観察結果はまた違ったものになることを考慮する必要がある。いずれにせよ、これらの地質学的な構築と破壊の現場は、生々しく過酷で、気まぐれで移ろいやすい。目を逸らしてから改めて振り返ってみると、また違ったなにかが待ちうけていることだろう。しかし、深海のすべてがそれほどせわしないわけではない。

海のジャガイモ畑

私たち人間は大きさというものに、深く、直観的な敬意を払う。ここでの大きさとは、銀河や大山脈といった壮大な空間的スケールと、太古からある木々や石器時代の遺跡といった巨大な時間的スケールの両方だ。そうしたものには、悠久に包まれた静けさと安心感があり、私たちの慌ただしい日常の複雑で刹那的な雑事から逃避した先の開放的な安堵がある。巨視的に物事を眺めるのはほとんどドラッグ的な体験だが、それは体内に化学物質を投じるかわりに、私たちの身体を宇宙のなかへ精神的に投じ、そうすることで、はるか後方に立って対比に驚くということだ。

古の木々や星や遺跡の状態は、光を通じて目に映るために、私たちはそれらの規模を観察し、それらの経てきた年月を感じることができる。しかし地球上で最大・最古の荒野は何千マイルもの暗闇のなかに隠れている。もしも安定がお望みなら、これぞぴったりの場所だ。深海平原の広大な領域にわたって、その景色の輪郭は何百万年ものあいだほとんど変わっていない。しかし、それはここでなにも起こっていないという意味ではない。

ハワイとメキシコのあいだ、数千マイルにもわたる東太平洋では、深海平原は完全に平坦というわけではなく、浅い海嶺が非常に緩やかに上下している。私は深海平原について「平らに近い」と表現してきたが、それらの多くは海山と呼ばれる何百メートルもの高さの巨大な吹き出物をもつ。アキシアル海山は活火山で、噴火活動がおさまったあとも、溶岩の丘は海洋地殻の上に居座りつづけ、残りの海域に突き出している。それらの海山は深海平原のいたるところに点在しており、驚くほどよく見られる。

海底それ自体はやわらかな泥でぬかるんでいるが、そのもっとも独特な特徴は、群を抜いて場違いに思えるもの、すなわち硬く黒いノジュール〔団塊〕の単層だ。ノジュールそれぞれの大きさはジャガイモほどで、隣接するものとわずか数センチメートルしか離れていない。このノジュール層は、何十・何百・何千マイルも遠くまで広がっている。

泥は上部の海からのわずかな食べ残しの澱《おり》であり、微生物やクラゲやその他の飢えた生命体による捕捉からなんとか逃れて海底までの四キロメートル以上を落ちてきた、表層の生き物の残滓《ざんし》だ。ここクラリオン・クリッパートン海域では、泥がさらに一センチ積もるのに一〇〇〇年以上を要する。しかしノジュールの年齢を考えると、それは瞬きのように思える。これらの金属製のジャガイモはそれぞれ一〇〇万歳をゆうに超えているのだ。そして、この古代の海の風景にしがみついたり、そのなかを這ったりして、生命が存在する。その一部はなるほど、非常に奇怪だ。

「完全にユニークで、いままで誰も見たことのないものを見るというのは、本当に恵まれたことですよ」。エイドリアン・グローヴァー博士はロンドン自然史博物館の深海生物学者で、私たちは博物館の広大な一般展示室の数階上にある彼のオフィスに座っている。明るい冬の日差しがラベルづけされた箱・瓶・バイアルでいっぱいの空間に注ぐ。照らされているのは深海の暗黒で生き抜き、現在は博物館のコレクションとして後世のために保管されている生き物たちだ。バナナほどの大きさのものもあるが、ほとんどはとても小さいため、私は見ているものが合っているかを尋ねて確認しなければならない。それらは白か茶、あるいは両方の色をしていた。私はそれらのエイリアンじみた死骸のうち、ひとつの名前も言い当てることができなかったと思う。生きているときは、海面下四五〇〇メートルの、ノジュールに覆われた平原がその生き物たちの棲み処だった。

エイドリアンはプラスティックの箱を取り出すと慎重に包みをといて、私の拳ほどの大きさの、少し平らな形をした灰色のこぶ状の塊を見せてくれる。上部よりも下部の方がなめらかで、その表面はところどころ、薄茶色の外皮で覆われている。これが多金属ノジュール、深海にあるもっとも奇妙で、もっとも謎に満ちたもののひとつだ。

これらが覆う海底領域は、重要なふたつの条件を満たすことがわかっている。三五〇〇から六五〇〇メートルの深さと、一〇〇年ごとに一センチメートル未満の割合で蓄積する堆積物だ。厳しい制約のように聞こえるが、これらの条件は深海平原のかなりの割合で満たされている。このノジュールは海底に沈着したサメの歯や魚の耳石といった残骸の硬い破片としてはじまった。それから長く静かな永劫に近い年月をかけて、信じられないほどゆっくりとしたコーティングの過程が開始されたのだ。さまざまな化学的プロセスがノジュールの露出した表面と堆積物に埋もれた基部の両方で機能しはじめ、周囲の水から希少金属の原子を回収して原始のノジュールに堆積させ、おそらく毎年わずか一〇〇個の原子からなる厚さの層を追加した。陸上の種が行き来し、大陸が地球上をあてもなくさまようにつれて、暗闇のなかでは、原子がさらに複雑な配合で追加された——ほとんどがマンガンだが、鉄・シリコン・アルミニウム・ニッケル・銅・コバルトも含まれる配合だ。それはゆっくりだったかもしれないが、整然としてはいなかった。ときには泥の層も組み込まれ、ノジュール全体をより脆弱にする。

エイドリアンのデスクの上に載っているノジュールは、その大きさをもとにすれば数百万歳だと思われ、内部はタマネギのように層になっているはずだ。その起源はわれわれの種ホモ・サピエンスの出現（約三〇万年前）のずっと前、おそらくヒト属の最初の種であるホモ・エレクトスの登場よりも前にある。[18]その年月のあいだそれはずっと同じ状態にあったのかと私が尋ねると、エイドリアンは、ほとんどすべてのノジュールがどこかの時点でひっくりかえされたようだが、どうしてそうなったのかははっきりしないと言う。[19]のそのそと動く海キュウリ＝ナマコ（〔英名の sea cucumber は〕正確に名づけられたものだ。というのも、この動物はおおむね陸のキュウリのサイズ・形状なのだから）がそれらの上を這うときに、ときたま押してゆくということはありうるが、確証を得るのは難しい。はっきりしているのは、これらのノジュール畑が非常に特徴的な生態系を支えているということ、そしてエイドリアンの仕事が、そこやその近所に棲む生物の研究だということだ。

18 エイドリアンは博物館のノジュール展示のなかに、メガロドンの歯をコアにするものがひとつあるのだと教えてくれた。メガロドンはすでに絶滅した巨大なサメの一種で、二三〇〇万年から三六〇万年前に生きていた。そのため、そのノジュールは少なくとも三六〇万歳以上だとわかる。

19 残りの未解決の疑問のうちのひとつは、ノジュールがどのようにして海底の表面に留まるのかということだ。堆積物が一〇〇〇年ごとに約一センチメートルの割合で上から落ちてくる一方で、ノジュールの成長が一〇〇万年ごとに数ミリメートルなのであれば、なぜそれらは堆積物で覆われてしまわないのだろうか？ その理由はブラジルナッツ効果（ボウルに入れて振ると上にやってくる、ボウルのなかで一番大きなナッツの種類からこう呼ばれる）のようなものかもしれないし、動植物相の撹拌がそれらを持ちあげ続けるのに十分な動きをもたらすことにあるのかもしれないが、誰にもわからない。

それは簡単な仕事ではない。そうした区域で暮らす動物たちをラボの水槽で飼育管理したことのある者はかつて誰もおらず、そのためそれらがなにを食べ、なにを必要とし、なにを好むのかを見つけ出すのは困難で、しかも前提として動物を海底から上手く連れてくる必要がある。

ここのチームは太平洋での調査遠征から戻ってきたばかりだった。調査の時間をすごすのは外洋に浮かぶ船の上だが、そこは研究対象からは程遠い場所だ。深海生物学者が利用可能な最高の道具は海底を駆けまわることができるＲＯＶで、海上の船にいるエンジニアや科学者たちが操作する。エイドリアンのデスクの上でサンプルや書類のあいだに押しこまれているのは、ＲＯＶが海底の荒野を探索して撮影した何時間ものヴィデオを収めた物理的なデータ・ドライヴだ。そこに映る光景はノジュールに次ぐノジュールで、ときおり見える隙間には小さな泥の隆起があり、それからさらにシー・スター〔ヒトデ〕[20]、海綿、ナマコ、エビ、魚がときおり映る。そのどれかがヴィデオに現れると、ときどき一本のメタル・アームがカメラのうしろから伸び、それをつまみあげて、自然史博物館に持ちかえるためのサンプル容器へと格納する。これこそ深海生物学者たちが、みずからの研究している生物の棲み処での暮らしにたどり着くための最短経路だ。すなわち五キロメートル上の船に座り、ＲＯＶのオペレータを指揮して、のちに精査するためにサンプルを引き抜くのだ。

基本事項を確実にするのにさえ何年もの辛抱強い研究が必要だった。それで、なにがわかったのだろうか？　エイドリアンはデスクの上の片づいた部分、一辺が約五〇センチメートルのスペースを身ぶりで示す。

「こうした区域では、おそらく二〇から三〇の動物が得られますが、それは南極海や北海の海底の個体数と比べて本当に少ないです。そしてそれらの動物の五パーセントは比較的一般的で、どこでも見られるものです。残りの九五パーセントについては、私たちはほとんど一個体ずつしか捕獲していません。つまりそこにあるのは、非常に多くのユニークな単集合《シングルトン》をもつシステムなのです。私たちを錯乱に陥れる要素のひとつとしてあるのは、個体数は非常に少ないのに多様性は非常に大きいということです――これは重大な問題です」。

海底に、生物学者たちを不満にさせると同時に魅了するものがたくさんあるのは明らかだ。ノジュールの内側には微生物もいるものの、それらがどのようにして外側にある水から食べ物を得ているのかを知る者はいない。ノジュールの上で育つ動物は、おそらくノジュールを踏み台として使用しながら、海底にある死肉を食料にしている。それらの動物がどのくらいの年齢で、どのくらい生きているのかについては誰も知らないが、それらはすべて、空間はめっぽうあるが食べ物の量は悲惨な、非常にゆっくりとしたシステムのなかで生きている。

そこは完全な闇に思えるが、エイドリアンは私に一枚の写真を見せてくれる。そこに写るのは回収されたばかりのノジュールと、隙間に入った一匹の小さなワームだ。そのワームは、世界をじっと見ている（あるいは見ていた）――それには両目があり、ということは、その仲間たちには、見るべきなにかがあるに違いないのだ。しかしなにを？

私たちはヴィデオに戻るが、そうすると視野には、それらすべてのうちでもっとも奇妙なものがやっ

20　この生物の名前はスターフィッシュだと教わったことだろう。しかしこの名前は生物学者たちを本当にぎょっとさせるものだ。というのも大きな理由として、それらは魚ではない。魚に近い関係があるわけでさえない。そのため「シー・スター」が適切な名称なのだ。ジェリーフィッシュ〔クラゲ〕、クレイフィッシュ〔ザリガニ〕、カトルフィッシュ〔コウイカ〕、シルヴァーフィッシュ〔セイヨウシミ〕も魚ではないが、それらの名前が変更されるべきだと主張している者は誰もいない。いまのところは。

てくる――クセノフィオフォラだ。それは海底から突き出る手のようで、どちらかといえば硬いもののように見える。しかしこのどちらかといえば大きな生命体は単細胞なのだ。これは有孔虫の一種で、周囲からミネラルを吸い取り、みずからを収容する外骨格をつくりあげるのに使用する。下降した先にあるこの場所、深海平原でしか見つかっておらず、そこに棲む他の生物すべてと同じく、回答よりもはるかに多く出現する問いの源だ。

海底のこうした場所の形状――かなり平らで、非常に深く、残骸《デトリタス》としてこの場所を覆っているかもしれない攪拌的な生態系からほどよく遠い――は、ここに存在するような生命にとって決定的に重要だ[21]。海というエンジンの水の大部分は海洋地殻の上にあるため、こうした深い場所にある海盆は、エンジンの働きを理解するのに不可欠な要素なのだ。

なぜ深海と月を比較すべきではないのか

深海底の形状についての話題から移動する前のいまこそおそらく、私たちが深海について一貫して耳にするフレーズのひとつに対しての私の心からの不満を述べたてるのに良い機会だろう。それは断固として誤りであるとともに、本当に危険なミスリードをもたらすフレーズでもある。

それがこちら、「私たちは月あるいは火星に関して、私たちが深海について知っているよりも多くのことを知っている」というものだ。私にとって、この発言を聞くのは黒板を爪でひっかく音を聞くようなものだ。こうした所感による説明は少なくとも一九四八年から転がっており[22]、現在起きている混乱のいくらかは海底のマッピングに関する議論から来ている。私たちは月の表面全体を一〇〇メートルの分解能（マッピングされた点と点のあいだの距離）でマッピングしているが、[23]深海の多くの部分は、約一キロメートルの分解能でしかマッピングされていない（それよりもはるかに詳しく知られている領域もたくさんあるが）。私は地図が大好きだが、地図だけが重要というわけではない。月と海についての私たちの知識をこのように比較することに対する私の不満の根本には、ある非常に単純な理由から、それが完全に間違っているということがある――月と深海は比較しえない。

海は常に変化を続ける複雑で動的なシステムだ。海は水で満ちていて、水もまた動きまわって何事かをおこなっている。そして海は生命に満ちている。月は重要だが、何十億年にもわたってほとんど変化していない死んだ岩だ。深海には知ることのできる事柄がより多くあり、それゆえ私たちは完全に、深海について月より多くを知っている。何百人もの科学者たちがエイドリアンやデボラのように深海をサンプリングし、そこを訪れ、何十年もかけて深海についての知識を構築してきたのであって、半世紀前の全三年の期間で一二人が計八五時間に満たないあいだ訪問しただけ（執筆時）の死んだ岩についてのほうが多くのことが知られていると示唆するのは、そうした科学者たちと海の両方に対して失礼というものだ。

私たちは皆、アポロ計画で撮影された写真を見たことがあるが、月が……かなり空っぽだというのは

21　深海の生物学についてさらに知るには、アレックス・ロジャースの *The Deep* とヘレン・スケールズの *The Brilliant Abyss*〔邦訳は『深海学――深海底希少金属と死んだクジラの教え』（林裕美子訳、築地書館、二〇二二年）〕を勧める。

22　「未知に対する人間の果てることなき好奇心は多くのフロンティアを開拓してきた。そのなかで科学的調査の発展に最後まで屈しなかったもののひとつが海底だ。近年まで、われわれの惑星の表面の下四分の三を占める広大な領域についてよりも、月の表面についてのほうが、はるかに多くのことが知られていた」F・P・シェパード『海底地質学』〔*Submarine Geology*〕（一九四八年）

23　月はある程度離れていても比較的容易にマッピングできる。というのも、光を反射させることができるからだ。

まったく明らかなので、その比較は危険なのだ。それらの写真のフレーミングは通常、人類の達成を示すことで人間を強調するか、背景にある青い地球を強調して私たちの故郷の惑星が広大な宇宙のなかでいかに特別なのかということをただ目立たせるために選びとられたものだ。月それ自体はずっと背景にすぎず、決して焦点ではない。月と深海を比較し続けることは、深海が月のようなもの——空っぽで代わり映えせず、死んでおり、地球の背景にあるただの壁紙——だと考えることをともなう。そうではないのだ。

それでも私たちがこの比較を続けるなら、私たちは私たちの心が深海と結ぶことができた関係を損なうことになる——それが広大で変化を続ける魅力的なウィルダネスで、この惑星の特別な領域であるという知識を。だからかわりに、私たちは次のように言うべきなのだと私は思う。「私たちの深海はとても豊かで動的なので、私たちはそこにある知るべきことの表面をかすめただけなのだ」と。もちろん、月の探査も同様に必要だ。[24] だが私たちの世界におけるこの魅力的で特別な部分について見つけ出すべきものはもっとたくさんあり、私たちは深海のさらなる探査を喫緊の必要としている。だから深海にふさわしい敬意が払われ、深海についての私たちの知識と月について私たちが知っていることとの比較が永久になされなくなることが私の願いだ。

ここまで述べてきたような、深部の盆になったところにある海の特徴は、私たちがより馴染んでいる海岸地域よりも海の正体としてはるかに典型的だ。だからといって浅瀬の沿岸地域が重要でないといっているわけではない——沿岸地域は実際、重要なのだ。沿岸部それ自体には、さらに明確で決定的な役割がある。それは沿岸部が、海の上部と底部の出会う場所というだけではなく、海と陸のつながる場所だからだ。これからなにがその境界を越えるのか、なぜ越えるのかを考察するが、その前に、この縁の性質とはなにか、そしてなぜそれは海に非常に強い影響を与えるのかを考えてみる必要がある。

縁

知られているなかで最初に地球儀を所有したのは、マロスのクラテスという紀元前二世紀のギリシアの教師・哲学者だった。彼はすべての細部を地球儀に詰め込むには、(二〇〇〇年前に知られていた限りの詳細だとしても)地球儀は少なくとも三メートルの直径をもつべきだと推奨した——そして私たちが現在知っている細部をすべて追加すれば、今日の地球儀は当時のものよりも真実に近いとはいえるかもしれない。そしてもっとも重要な細部——つまり地球儀のもっとも重要な機能——とは、縁をマッピングして、世界がどのように陸と海で分けられているかを示すことだ。

文明が発展し地球が探索されるにつれて、王や提督たちは莫大な金額を支払い、これまで以上に複雑かつ正確な球体の地図を求めた。その理由のひとつは、それらが明確に美しかったからで、もうひとつは知とは力だからだ。今日、大邸宅や博物館に行けば地球儀を目にすることになる。それは一九世紀から二〇世紀初頭にかけて学校の教室と応接間によくあったもので、それらのくねくねとした海岸線は、時間をかけて私たちが今日認識するものに近づいた。しかし一九四六年までは、どの海岸線も知識に基づいて推測されたものにすぎなかった。すべての海岸線の状況は、時間と太陽の位置に関する何千もの

24　私は月を研究する科学者たちに文句を言っているわけではない。私たちにとって唯一の自然衛星について理解するのは、純粋な興味からいっても、それが私たち自身と私たちの惑星について教えてくれることからいっても本当に重要なことだ。ただ、海についてはもっと知るべきことがあるというだけだ。はるかに、もっとたくさん。

測定からの推論によって演繹されたもので、そこから正確で有用な地図が作成・共有されていた。アメリカ合衆国ニュー・メキシコから、破損着陸を切り抜けるのに十分な外装で包まれた映画用カメラを搭載したV2ロケットが打ちあげられたのは一九四六年のことにすぎない。

戻ってきた写真は、地球を海岸線全体の形状が確認できるほどの遠くから見る最初の機会を人々に提供した。既存の地球儀はすでに非常によく受け入れられていたため、誰もその科学的手法について深く考えていなかったのだが、結果としてそれまでの地球儀は大きな裏書きを得ることになった。最初期の人工衛星が見た海岸線は、人間の航海者たちが何世代にもわたって集合的に描いてきた海岸線と一致し、それらが何世紀にもわたる骨の折れる作業の産物だったことを瞬時に証明したのだ。

そうして立証された曲がりくねる海岸線の形状は、いまやどこにでも掲示されている。たとえば壁の地図、ランチョンマット、マグカップ、ビーチボール、ティータオル、そして私のデスクの引き出しに入った大きな大理石にも。それはとても馴染みのあるものとなったので、私たちのほとんどはそれをさらに真剣に眺めることはない。だが私たちが完全に当たり前だと思っている事柄が、海というエンジンの今日のふるまいにとって重要な意味をもつことがある。そんな事柄の筆頭に挙げられるのが、ほとんどの陸地——全体の三分の二——は北半球にあるということだ。これは南半球の八〇パーセントが水で二〇パーセントが陸だということを意味する。

地球をさかさまにすると、南極海（南極大陸を囲む水の輪だ）が世界の海のジャンクション・ボックス〔配線類をまとめた箱〕であり、太平洋・インド洋・大西洋をつなぐ途切れることのない接続なのだとわかる。このことは私たちに太平洋への注目を促す。現代のほとんどの長方形の地図で半分に分割されているために（太平洋の人々はこのことに甚大な不満を抱いている）、西洋世界の大部分で過小評価されている海だ

〔たとえばヨーロッパを中心とした世界地図では、太平洋は地図の両端に位置する〕。

太平洋は巨大だ。赤道が太平洋を通っている部分は地球の円周のそっくり三分の一だ。地球儀で太平洋のまんなかのところを上から見れば、陸地が目に入ることは、ほとんどない。そしてもういちどその地球儀を傾けて北半球を見おろせば、北極海のほとんど全体が陸地に囲まれており、小さな出口がそれぞれ太平洋（ベーリング海峡）と大西洋（カナダとノルウェーのあいだ）にあるだけだということがわかるだろう。

一般的なパターンはわかりやすい。大陸は大きな塊で、それらのあいだに、海が埋めることになる広大な空間が残されているというわけだ。そうした広大な空間の底面はほとんどが海洋地殻で、それが深海の海盆を深くそして広くしている。しかし海にはボトルネックもある。特に南米の南の部分、アジアとオーストラリアのあいだの島々、大西洋への入り口のところだ。こうした大海盆およびそれらをつなげている諸部分が、世界中を巡る水のなしうる動きを規定し、海というエンジンに動くことを強いている。しかし、縁自体はどうだろう？　われわれの文化はいまだにそれらを地図上のくっきりとした線だと考えているが、現実はそれよりもはるかに乱雑でありうる。陸と海の境界はしばしば不明瞭で、それ自体の複雑で独特な特徴を備えているのだ。

あわいの場所

草の繁った丘の中腹で曲がりくねる狭い道を海に向かって進んでゆくと、まるで扉《ポータル》を通って別の世界へ足を踏み入れたかのように感じられる。コーンウォールの反対側では、巨大な強風が海岸線を殴りつけており、ニュースは倒木や宙を舞う破片への警告でいっぱいだ。しかしこちら側では、風は静かで空は青く、海にはわずかな波が打ち寄せるだけだ。

最後の垣根を過ぎると、灰色の帯が現れる――膝の高さの岩が集まった幅五〇メートルの帯が、緑豊かな土地と魅力的なターコイズの海を分けている。寛容な様子はない。峻厳かつ空虚で、望まれていないと感じる。土地にも海にももてなす暇はないとでもいうかのように。しかしここは、湿潤と乾燥のあわいにあるトワイライト・ゾーン、独自のルールにしたがって機能する、たくましく美しい生態系が育つ場所なのだ。

陸地が海にふれる場所は、陸と海を分けるきちんとした線を地図上に引こうという試みとは裏腹に、乱雑で曖昧な場合がある。[25] また、そうした場所はうつろいやすくもある。二〇一五年、コーンウォールのポースレーヴェンの砂浜は大きな冬の嵐によって砂を完全に失い、一夜にして事実上消滅した。砂はすぐにふたたび堆積したが、地元住民たちはそれが当たり前のものではないことを思い出した。

縁にはあらゆるものが投げつけられる――海からの重い波が、そしてときには陸にある崖から落ちてくる岩や土がたたきつけられる。干潮時には夏の熱い太陽に浸され、ダメージを与える紫外線でカラカラに焦がされるかもしれないし、満潮時には水面の数メートル下にあって、頭上の高波に押されて出入りする重い小石が底の部分を転げまわっているかもしれない。海と雨が交互にやってくると、塩水に直面し淡水に直面し、さらにまた塩水に直面する。ここで生き残るには極端な回復力を必要とするのだ。そして、この環境の絶対的なマスターとして傑出する生物群がひとつある――海藻だ。ティム・ヴァン・バーケルが信じているのは、この境目の区域で海藻の生存を支えているのと同じ特徴が、陸上で私たちがみずからつくり出している問題の多くを解決するのにも役立つかもしれないということだ。

乾いた巨礫をよじのぼり高潮線を通過すると、まだ湿った岩々を飾る海藻の黒い塊が私の眺めに入りはじめる。この時間は潮がもっとも引いているときで、六時間前これらの岩々は数メートルの水に覆われていた。ティムが岩々を飛びこえて海藻を指し示しはじめると、それぞれの暗い塊は色と質感のメドレーへと変化する。大きくてなめらかなマホガニー色のコンブの葉があり、それぞれが私の肘から手首までの大きさだ。絡まりあった深紅の繊細な糸が、輝く紫色の帯の隣で窪みにぺたりとくっついている。つやつやと輝く緑色のひだが下から飛び出して、平らなオリーヴ色の裂片が空間を争っている。そして、このすべてが岩肌に直接ひっついており、その岩々はときに、粗いピンクがかった斑点を浮かべている。[26]さらに海に近づくと、私たちの前に海水の溜まっている箇所が現れる。海藻が水に浮かぶにつれ、その色は深みを増し、水中庭園のまったき栄えを示す。「ここはまさにウィルダネスですよ」とティムは言う。「頭上には鳥たちが見え、これらの大きな岩のすぐうしろにはアザラシたちがいるんです。この場所にいる時間は素晴らしいものですよ」。

25 この曖昧さのもっともわかりやすい例は、数学者ブノワ・マンデルブロによって（新しいアイデアというわけではなかったが）有名になった。一九六七年、彼は「英国沿岸の長さは?」〔"How Long Is the Coast of Britain?"〕というタイトルの論文を発表し、イギリスの海岸線の例を用いて、のちにフラクタルと呼ばれることになるものについての彼の考えを発展させた。問題となるのは、彼が指摘したように、イギリスの海岸には（あるいは他のどこでも）決定的な長さというものが実際には存在しないということだった。というのも、その測定結果は測定の際に使用される物差しの長さに依存するからだ。大きな物差しを使えば、それはくねくねした部分をすべて大雑把に横切っておおまかな画だけをつくり出し、比較的短い全長を与える。しかしそれよりも小さな物差しを使えば、くねくねした部分をすべて通って遠回りしなければならず、それは避けがたく長い道のりとなる。物差しが小さくなればなるほど、道のりは長くなる。そのためひとつの答えはないのだ。

26 明るい緑色のひだはアオサ、平らなオリーヴ色の裂片はヒバマタ〔serrated wrack〕、繊細な糸は通称「ウサギの耳」〔*Lomentaria articulata*〕、輝く紫色の帯はダルス、ピンクがかった斑点はありふれたサンゴモ〔coral weed〕だった。

彼は屈み、幅の広いコンブの葉を拾いあげる。端の部分が奇妙に真っ直ぐに途切れている一枚だ。「これは最近収穫されたもので、すでにふたたび生長をはじめています」と彼は言う。これこそ過去一〇年間ずっと彼の頭のなかを占めてきたものだ。

二〇一二年、ティムは持続可能な海藻の収穫を目的とした企業コーニッシュ・シーウィード社を共同設立した。海藻の目立つ特徴のひとつは、その生長のすばやさにある――カラフトコンブ〔sugar kelp〕は適切な条件下において一日に三センチメートル生長可能だ。ティムたちはこの場所で、海岸線の短い部分に沿って行きつ戻りつしながら数年にわたって収穫をおこなっているが、海藻の個体数や健康状態に衰退は見られない。しかも肥料も農薬も必要ない。というのも、海が海藻の面倒を見てくれるからだ。収穫はハサミを使った手作業でおこなわれ、海藻の一部だけを切り取り、残りはふたたび繁るように残しておく。それから海藻は乾燥させられ、フレーク状にされて食品として販売される。しかし海藻の利用はそれで終わりではない。過酷な環境に応じた進化は海藻に、私たちにとって非常に有用な、さまざまな性質を与えてきたのだ。

海藻は「大型藻類」、すなわち私たちが目で見て拾いあげるのに十分な大きさをもつ藻類だ。顕花植物は海水の塩分に対応できないので、そのほとんどすべてが陸上に制限される。海岸沿いにおいて、それらの生態ニッチは海藻に奪われるわけだが、海藻というのも実際には三つのかろうじて関連するグループ――紅藻・緑藻・褐藻――に分けられる。それらのすべてが太陽光のエネルギーを使って光合成をおこない、水中の原材料からみずからをつくりあげ、多くの海洋生物にとっての食料と生息地を提供する。海藻は必要なものを周囲の水から直接とりいれるため、根を必要としない。だがまつわりつくための岩々は必要なため、この巨礫が覆う浜辺は完璧だ――砂では上手くいかない。

潮が満ちるとき、海藻は打ち寄せる海に耐えなければならないし、潮が引くときには塩をまぶされた乾燥に耐えなければならない。つまりすべてが一日に四回変わるのだ。ティムは私たちが水に近づくにつれて海藻の種類がだんだんと変化することを指摘する――高潮線の近くにはブラダーラック、さらに行けばダルスや海苔に混じってヒバマタがあり、もう少し沖のほう、常に完全に潮に覆われている場所にはシー・スパゲティがある。この狭い潮間帯（海岸で満潮時と干潮時に海水が来る部分のあいだの帯）に棲む生き物たちが実際に生息しているのは、海藻が耐えることのできる空気と紫外線の量に応じて決定される、さらに狭い帯なのだ。

私は大きなコンブの葉の両端に手をやり、慎重にひっぱる。それは伸びる。さらに強く引く。さらに伸びる。それは丈夫で弾性があり、増した水に上部がグイっと引っ張られているあいだも、みずからをまとめておくことができる。海藻の健康な伸縮性が多くの海洋生物にとって重要なのは、ただ食べ物としてではなく、伸縮する丈夫な葉が波のエネルギーを吸収し、海藻の下と背後の領域を保護するからだ。コンブの細胞にその頑丈さを与えている内部構造にはアルギン酸が含まれており、私たちはこの物質を抽出し食べ物の増粘剤として利用している。寒天やカラギーナンは紅藻に見つかった似た物質で[27]、現代におけるあらゆる種類の食品生産物中に見つけることができるものだ。増粘剤という形で、私たちのほとんど全員が毎日海藻を食べているわけだ。

しかしイギリスにおいては海藻をまるごと食べる習慣がなく（いまでもウェールズではラーヴァブレッド〔海苔を使ったパンケーキ風の食べ物〕が人気とはいえ）、コーニッシュ・シーウィード社はそれを変えたいと考

27　この寒天は研究室のペトリ皿の上で微生物学者たちが増殖培地として使うものと同じだ。

えている。ティムは私に、枝分かれした小さな赤い葉を手渡す。ペッパー・ダルスの小片だ。それはぴりっとするレタスといった味わいで、まったく「海藻っぽく」はなく、サラダに入っていればとても私の好みだろうと思う。多くの文化で海藻は常食されており、世界中で栽培されている。

海藻は波の引く力に常に抵抗できるわけではないため、驚くほど急速に再生長できるのは生存に欠かせない能力だ。そしてこれは収穫を続けるのが容易な理由でもある――収穫の際、海藻の一部だけを取って残りをそのままにしておけば、切断面から生長がふたたびはじまるのだ。生長が速いということは、海藻は非常にすばやく栄養と炭素をとりいれ、周囲の栄養とミネラルを濃縮するということだ。

海藻はヨウ素――海には豊富にあるが陸では珍しい――の非常に優れた供給源として特に知られている。[28]ティムも認めるように、私たち皆が海藻をより多く食べることの唯一の欠点は、大量摂取によりヨウ素が過剰になると問題が生じるということだ。しかしほとんどの人にとって、少しだけ追加されたヨウ素は、ただただ有用なサプリメントとして機能するだろう――ヨウ素は私たちが健康でいるために必要で、私たちの日々の食事からもたらされるべきものなのだ。コーニッシュ・シーウィード社が販売する海藻は、スープやサラダ、キッシュやカレーに加えられ、私たちにとってより身近な材料と上手く混ざりあっている。海藻は天然の肥料としても使用されてきたし、食べられるパッケージやスキンケア用品、家畜の餌その他の多くの用途で使われてきた。[29]

一緒に潮溜まりを歩きまわって、別種の海藻やそれらを食べる海洋生物をさらに見つけながら、ティムは食料・原材料・栄養を供給し、海洋生態系を支えるという海藻のポテンシャルについて熱心に語る。海藻がほとんどの人にとって、少しばかり茶色でぬるぬるしただけのものと映っているのは、おそらくかえって幸いだという考えに私たちは同意する。というのもそれは、私たち人類が、まだ海藻を台無しにしていないということだからだ。もしこれから私たちが、海藻が陸と海の両方とどのようにつながっているかを十分に理解すれば、周囲の自然環境（にもかかわらず、ではなく）とともに機能するような海藻の収穫・耕作のあり方を拡大する方法を見つけることができるかもしれない。陸と海のあいだにある峻厳な縁は非常に特徴的な生息地で、私たちが海藻というこの並外れた生き残りたちに下している不当な評価は、この移行帯全体への私たちの評価を反映している。

陸と海のあいだの不明瞭な領域は、たくさんの外観を呈しうる。イギリスでは私たちは崖や海藻の覆う岩に保護された砂浜のことを主に考えがちだが、世界は塩性湿地、マングローブの沼、海草藻場といった他のさまざまな形式で、沿岸の膨大な豊かさを提示している。これらすべてが、部分的には陸で部分的には海、という広範な境界を形成し、片方の世界ともう片方の世界のどちらにも完全には属さない頑健な生命体の棲み処となっている。これらのすべてが野生生物へ重要な生息地を提供し、そしてこうした場所はますます、気候へのさらなるダメージを阻止する取り組みにおける膨大な資産と見なされるようになっている。海は常にどこか他の場所だと私たちは思っているかもしれないが、それは陸に紛れこみ、美しく多様で、それ自体の権利において価値あるユニークな生態系をつくり出しているのだ。

そしてそれらはまた、私たちと、外洋という本物の自然とのあいだにある緩衝材としてもふるまう。海岸は海ではないが、私たちと海とを結ぶ、もっとも強いつながりだ。私たちはそれを、入り口と見なすべきだと思う――向こう側にある別世界へ開かれてはいるが、私たちを怖がらせ追い払ってしまわない程度には馴染みのある入り口なのだと。

28　ほとんどの人々はヨウ素を乳製品と魚介類から得ているため、このことはヴィーガンにとって特に重要だ。

29　海藻の餌は家畜がつくり出すメタンの量を減らすことが報告されており、大気中の温室効果ガスを減らす取り組みに役立つだろう。

海藻を追う

当然ながら、海藻を食べるのは現代の一時的な流行というわけではない。一九七七年、アメリカの人類学者トム・ディルヘイはモンテ・ベルデと呼ばれるチリ南部の遺跡の発掘作業を開始した。彼が発見したのは驚くべきもので、かつ驚くほど保存状態の良いものだった――大きな石の炉床、木でできた小屋の遺構、植物、肉の塊、木製の道具、衣類、果物、ベリー、動物の皮だ。そこは人々が住んだ小さな村落で、もとの住民たちは足跡という痕跡までも残していた。珍しい石や骨の破片から情報の貴重な欠片を寄せ集めることにこれまで何年もの時間を費やしてきた考古学者たちにとって、それらは想像しがたいほどに豊かなものだった。そうした破片は、すべてが何世紀もの破壊を経ていることも珍しくない。しかしこの場所は近くの小川の増水によって、温かく酸性で酸素の欠乏した泥炭地に覆われた。何千年ものあいだ微生物を寄せつけなかった強力な防腐剤だ。日常生活の名残の脆い有機物は、深い過去への具体的な架け橋で、ディルヘイに掘り起こされるまで守られていた。

その興奮に唯一わずかに水をさしたのは、当時多くの人たちが無視することを選択したひとつの奇妙な点だった。放射性炭素年代測定によると、その場所は一万四八〇〇年前のもので、これが問題含みだったのだ。当時の共通認識では少なくともその一〇〇〇年後まで、人類は南北アメリカ大陸に到達していなかった。だとすれば、その木の小屋を建てた人々は誰なのだろう？　調査が進むにつれ、その人々の家庭生活における特定の要素が目立つようになった――九種の海藻だ。しかし海藻の重要性は、歴史のさらに奥に埋もれている。

約二万六〇〇〇年前、地球の大部分は今日の基準から考えるときわめて荒れ果てた場所だった。地上の四分の一が不変の氷に覆われ、地球の平均気温は今日よりも六℃低かった。氷は大西洋から太平洋にかけて白く厚いバリケードを築いており、現在のカナダ全土と現在のアメリカ合衆国のほとんどの部分がそれに覆われていた。それは海からやってきたもので、太陽のエネルギーによって蒸発し、それから雨や雪となって降り、地上で固く凍った水だった。とても多くの水が海からなくなって大陸に積みあげられたため、海面は今日よりも約一二〇メートル低かった。太平洋はロシアとアラスカのあいだに〔海面の下降により〕現れた新しい土地によって、完全に大西洋と隔てられていた。地球上のすべての人類は、カナダにある広大な氷のバリアの西側にいた。[30] 巨大なナマケモノ、剣歯虎《けんしこ》、ケナガマンモスのいる南北アメリカは、すべてその反対側に横たわっていた。しかしそれから世界は暖かくなりはじめ、氷は溶けはじめた。

　硬い氷が液体となり、借りものの水が流れて海に戻るにつれ、北太平洋の海岸線はロシアとアラスカのあいだにかかる陸橋を侵食しながら北側に這い戻った。氷河期の厳しい寒さで南に追いやられていた海の生物たちは、海の巨大な回転木馬である北太平洋環流によって東から西へと時計回りに運ばれて、新しくできた浅い沿岸水域に漂いながら戻った。冷たく、浅く、栄養に富んだ水域が岩がちな海底を覆って新たに広がったことは、ある特定の生物にとって完璧な出来事だった――コンブだ。そしてコンブは適切な原材料を与えられれば、海でもっとも豊かでもっともダイナミックな生態系のいくつかの基礎

30　伝統的区分に従うなら、このバリアはおおよそ、東側の最大部分を覆っていたローレンタイド氷床だ。大陸分水嶺の西にかけての部分、太平洋に達する氷床はコルディエラ氷床と呼ばれていた。大陸分水嶺は河川にしるしづけられており、その西側に降るすべての雨は太平洋に、東側に降るすべての雨は大西洋に流出する。

を構築する。

明るく緑がかった青い水のなか、凪の海面のたった数メートル下を漂っているところを想像してみてほしい。その水は見たところわずかにぼやけていて、はるか遠くまで見通すことはできないが、そのことは問題にならない。あなたは、たった一メートルかそこらの間隔で見える厚い垂直のロープに囲まれているからだ。それぞれのロープは親指から小指ほどの幅の黄色がかった茶色の葉がついたガーランドで、中央の茎に取りつけられている。それらのロープはふれるとやわらかくしなやかだが、手を離すやいなや直立姿勢に戻る。これこそオオウキモ〔ジャイアント・ケルプ〕という世界最大の藻類で、それがつくり出す環境に飛びこめば、地上の森を思い出さずにいることは不可能だ。

見あげると、明るい太陽光線が林冠の隙間を通って森に入りこみ、光の当たるすべてのコンブを金色に変えている。下を見れば、眩暈が打ち寄せる。梨杖のようにまっすぐなガーランドが暗闇のなかに消えるまでひたすら進み続け、終わりがないように見えるためだ。水がわずかにぼやけているのは、生と死の微細な欠片によるものだということが判明する――幼生、砕けたコンブ、有機粒子だ。小さな魚たちの群れが葉のあいだをすばやく動き、豊富に与えられる浮遊物を貪って、その森を棲み処とする、より大きな魚・カニ・軟体動物たちと張り合う。シーバス〔スズキの仲間〕のような比較的大きな魚が、ゆっくりと進んできてときおり視界に入るが、あなたの存在に気づくと尾ヒレをふって消えてしまう。たまにアザラシがやってきてコンブのあいだを縫うように泳ぎ、あらゆるものに興味を示しながら、夕食のための狩りをする。

オオウキモはもっとも印象的な自然の建築業者のひとつで、一日に三〇センチメートル生長することができる。[31] それは岩がちな海底にしっかりと錨をおろし、水柱の全体を満たしながら、押しのけて通るすべての水を吸いこんで波と海流を弱めるため、静けさと食物と、何百もの種に対する何千もの隠れ家を提供する。オオウキモの恩恵を受ける種には、林床に相当するものをつくり出す他の海藻も含まれるため、海底に棲む生物もまた非常に多様なものとなる。健康なコンブの森は見るからに、自然の豊かさの際限ない展示場だ。

コンブと樹木には、大きな特徴の違いがひとつある。しっかりと定着した陸上の森は一〇〇〇年にわたるコミットメントであり、個々の木は苗木が古い切り株になるまで、ひとつの固定された場所を守っている。しかしコンブは存在に対してより柔軟なアプローチをとる。ひとつの個体はたった一〇年しか続かないかもしれないし、コンブの森はそれぞれ、おそらく特に激しい嵐によって破壊されることで、比較的短期間で現れては消えるということがありうるのだが、その近くで一からはじまる新しい世代を遺す。そのため、ある地域にコンブの森が安定してあったとしても、正確な場所は毎年異なるだろう。コンブとコンブの支える種の両方が、場所から場所へ、比較的容易に移動することができるわけだ。そのため氷河期が盛りを過ぎ、海が北太平洋沿岸にふたたび進出するにつれ、コンブとそれが支える豊かさは移住した。

となると、以前よりも温暖なポスト氷河期の世界が、北太平洋を横切ってアーチを描くコンブの森という、日本からアラスカを経て南はカリフォルニアまで九〇〇〇キロメートルにおよぶ巨大な王冠を戴いて到来したということはありそうだ。[32] 今日、カリフォルニアで見られる海藻の多くが日本でも見られ、弧の全体に沿った生態系は比較的一貫していたと考えられる。

31　これは条件が整っている場合の平均だ。なお一日で六〇センチまで生長した記録もある。

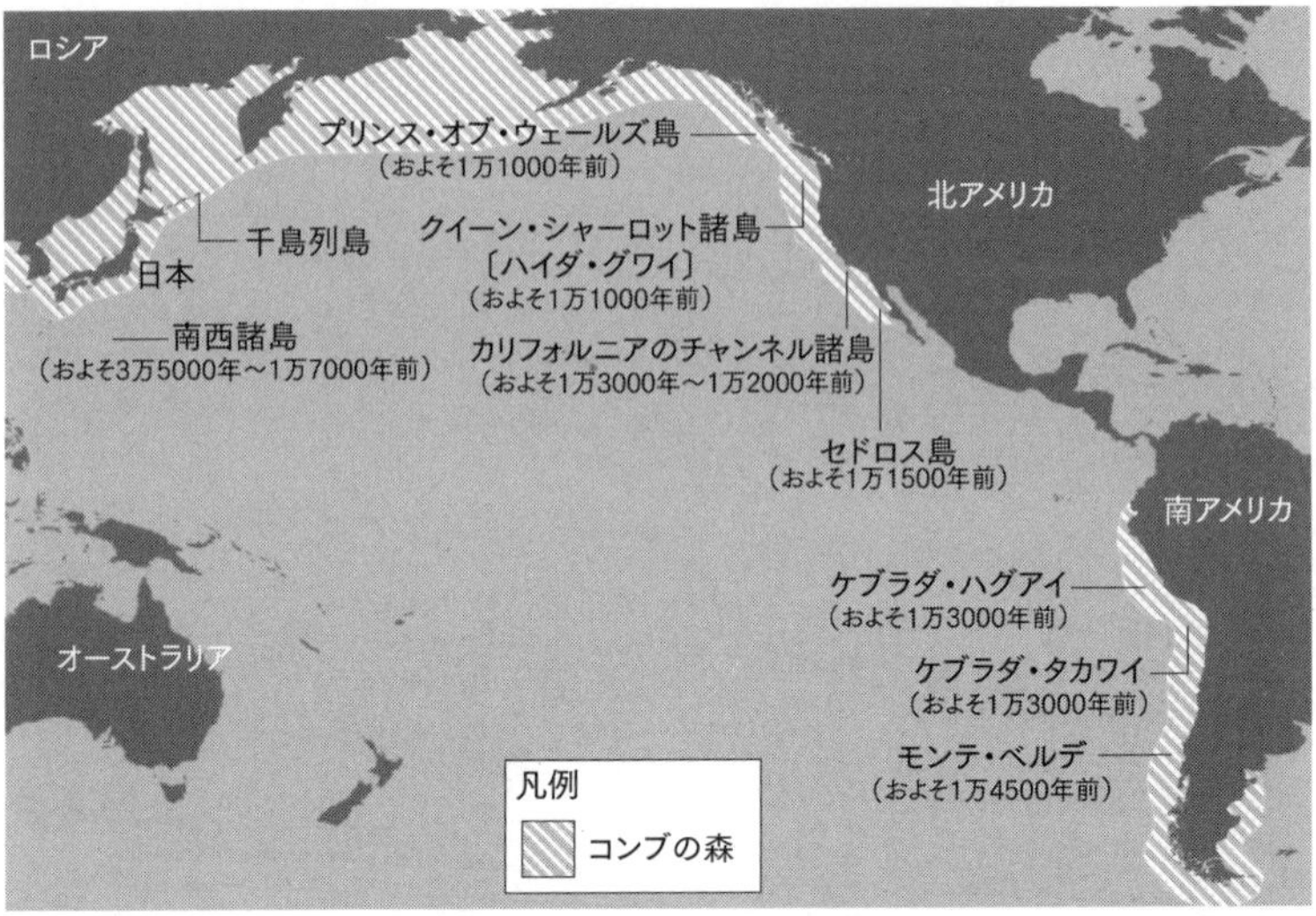

今日における太平洋周辺のコンブの森の範囲と最古の沿岸古代遺跡の位置

そしてコンブの森に頼って沿岸で生活する方法を知る人々が、海藻を集め、魚やアザラシをとらえ、巻貝・アワビ・カニをあさって食べながら、長い海岸線に沿ってすばやく移動したということはありえる。現在のカナダを覆っていた大きな氷のバリアが、海岸に沿って薄い帯状になった氷のない土地を解放すると、もう中央の氷の回廊が溶けるのを待つ必要はなかった。現在では、最初にアメリカ大陸に住んだ人々は少なくとも一万六〇〇〇年前に、おそらくコンブの森を追いながら、馴染みのある生態系に沿った海岸の経路で、その氷を越えたようだと考えられている。[33]その人々は陸の民だったかもしれないが、海の隣にいることが生き残りへの道だった。

ところが、モンテ・ベルデの村落は最後の居住者たちがそこを発ったとき、海岸から九〇キロメートルのところにあった。かれらは沿岸の採集者たちと取引をしていたに違いなく、そのことは資源を集め、共有する洗練されたネットワークの存在を示唆している。かれらは食料と医療の両方で海藻の使用に長けていたようで、床で踏みつけられていたり、炉床の近くで散らばっていたり、石器にくっついていたりと、海藻はその場所のいたるところで見つかった。陸上の植物も同様にたくさん見つかったが、人々の食料採集における陸と海のバランスを確かめる十分な証拠はない。しかしかれらが海に非常によく通じていたことは確かで、かれらが保持していた海藻は現在でも地元のネイティヴたちが薬効のために使用している。私たちは海洋生物ではないかもしれないが、沿岸部の海は私たちを、何百世代にもわたって養ってきたのだ。

二〇世紀のほとんどのあいだ受け入れられていたのが、南北アメリカ大陸に到達した最初の人類は、巨大なロッキー山脈によって海から隔てられた氷のない回廊を通って到達したクローヴィスの人々だという説だった。氷のあいだをたどったかれらの移動は約一万三〇〇〇年前にさかのぼり、DNAの証拠が示すところでは、クローヴィスの人々は南北アメリカにいるネイティヴ・アメリカンの人々のうち八〇パーセントの直接の祖先だ。しかしモンテ・ベルデや他の場所から得られた証拠が現在示すところでは、かれらは南北アメリカ大陸に到達したはじめての人間ではなかった。少なくとも一〇〇〇年早く氷を越える道を発見した人々もおり、かれらは海に依拠しながら沿岸ルートをとったのだと考えられる。

海面はモンテ・ベルデのコミュニティが生活していた時代から上昇を続け、あったかもしれない考古学的証拠を海の下に隠してしまった。そのため、このパズルを解くのは困難だろう。海の縁は海面が上

32 直接的な証拠を見つけるのは難しい。なぜなら当時コンブの森で覆われていた区域は現在、何十メートルよりさらに深い水の底に沈んでいるし、海というのはリサイクルが非常に得意なため、埋まっているコンブの残骸を発見することなど期待できないからだ。しかしいくつかの間接的な証拠はあるし、さらにそれらの区域には今日、コンブの森が豊富にあって、条件が適したものであることを示している。

33 コンブの森とのつながりがどれほど強かったのかを確かめる十分な証拠はないが、このアイデアには非常にキャッチーな名前がついている。昆布ハイウェイ仮説というのがそれだ。

昇したり下降したりするたびに変化するため、境界は時を経るごとに移動する。そして陸と海の両方の恩恵と危険が、絶えずその境界に打ち寄せるのだ。しかしそれらふたつの世界のあいだには、より直接的なつながりさえもある。潤った場所と乾いた場所を分ける不明瞭な縁は、同じように重要なもうひとつの分断を渡る通路によって頻繁に穴を空けられている——その分断は、塩を含む水と含まない水のあいだにある。

入り口と出口

海は塩水の領域で、塩水は地球上のすべての水の九七・五パーセントを占める。残りの二・五パーセントは淡水で、陸はほとんどすべての淡水の仮住まいだ。淡水という逃亡者は常に旅の途上にあり、海から蒸留され、空を通って運ばれ、雨として草木や岩に打ちつける。塩水が淡水になる過程は驚くほど迅速だ——分子はただ、そのためのエネルギーを海面で一瞬だけ必要とするのみで、すべての塩を残して大気中へと逃げ出すだろう。しかし帰りの旅路は複雑な場合がある。もし淡水が、地中深くに染み入って地理的な力や生命が残した細かな穴を埋めたり、凍ったまま堆積してふたたび動けるようになるのに十分なエネルギーもなく固形としてとらわれたりした場合、その旅は数十年さらには数世紀のあいだ停止するかもしれない。しかしエネルギーと重力が割りこんでくることは避けられないため、浸透・蒸発・凝縮・流動によって、やがてすべての水分子が海にふたたび参入する。地球上の淡水はすべて海からの借りものだ——あらゆる紅茶も、すべての滝も、あなたや私の六〇パーセントも、もっとも高価なシャンパンも、あなたの飼い犬が縄張りをマーキングする液体も、エヴェレストの頂上を覆う雪も。そしてこの淡水か塩水かという区別は、涙ぐむカメのところで見たように、些細なものではない。他のなににもまさって、陸上の生き物と海の生き物を分ける特徴は、塩があまりに多くあることと、十分にはないことのあいだにある境界だ。しかしこの境界もまた、複雑で乱雑な遷移領域だ。塩に満ちた青い海という機械と私たちにお馴染みの淡水という存在とを隔てる謎めいた奥地へと私たちを導いてくれるのは、ふたつの世界を案内可能な、たくさんの装いをもつ奇妙な生き物だ。

分断を渡る偉大な航海

北大西洋の西側で、ロイヤル・ブルーのなめらかな水面が、金色の斑点に乱されている——オレンジ色の海藻サルガッサム〔ホンダワラの仲間〕の一団が浮かんでいるのだ。この特徴的な色合いは、東から西にかけて幅三〇〇〇キロメートル、北から南にかけて一一〇〇キロメートルの楕円形になって広がっている。ここはサルガッソ海と呼ばれ[34]、陸との境界をもたない地球上で唯一の海だ。この場所には塩以外のものがほとんどないため、太陽光はいともたやすく生ぬるい水を貫通する。そのため隠れることのできる場所は浮かぶサルガッサムのなかか水面のはるか下にある暗闇のなかだけだ。

約一〇〇メートル下ると、リンゴの種ほどの大きさの透明なゼリー状のひらひらが食べ物を探して収縮している。これは偉大なる航海者であり、熟練の探検家であり、いろいろな変装の名人であり、何世紀にもわたって陸と海の両方でもっとも謎めいた生き物のひとつであり続けている[35]。しかしさしあたっ

34 海藻のサルガッサムにちなんで名づけられた。初期の航海者たちはこの海の斑点に不満をもっていた。風がないと、しばしばそこで身動きが取れなくなるからだ。

て、それは穏やかなここサルガッソ海で、ほとんど完全に見えないという特徴に頼ることで餌食になるのを避けながら、夜には海面に向かっておそらく五〇メートル上昇し、太陽が昇るとふたたび沈む。成長すると、それは北寄りに進路を見いだし、ついにはサルガッソ海を出て、そこよりわずかに温かな水域に入る。

幼生は大いなるメキシコ湾流に相乗りして、浮かんでいるだけで摂食・成長する——温かな海水の力強い流れは北アメリカ〔東部〕沿岸から大きく曲がって大西洋を蛇行して進むため、その幼生は毎時約六キロメートルという上等な速さで深さ五キロメートルの大海盆を五〇〇〇キロメートルにわたって運ばれ、大西洋中央海嶺のぎざぎざとした山脈を越えてヨーロッパへと向かう。メキシコ湾流は進むにつれ、そばを流れる水と混ざりあい冷やされる。やがてその下の海底がとつぜん盛りあがり、海というエンジンを、深さ三キロメートルのところから、水深わずか数百メートルのところまで押しやる。これが大陸棚で、幼生はこの地理的境界を漂って越えるとすぐに最初の変態を完了し、全長約五センチメートルの薄い透明なリボンから、軟骨のかわりに骨を備え、電場・磁場・光・温度・味に鋭く気づくことのできるコンパクトな円柱となる。

ついにシラスウナギ[36]——ヨーロッパウナギの稚魚期のひとつ——と認識可能になったそれは、いまや外洋という穏やかで静かな世界を発って進み、淡水魚としての安全な青年期への境界を越える態勢を整えている。この時点で、それはノルウェーから北アフリカにかけてのどこにいてもおかしくない。

最初の課題は淡水を見つけることだ。地球の磁場と月の位相を航海に利用して、シラスウナギは濁った水を通って大陸棚を横断し、たった二万年前まで乾いた土地だった海底の道と丘を越えて奥に進む。いまこそ、その素晴らしい嗅覚に導かれる時だ。この場所の水にはすべて、陸上の化学的サインがうっすらと混じっており、ウナギが家を選ぶ際の悩ましい店先展示となっている。ウナギはその両側にある大きな土地の塊の上の牧草地・森・農地・湿地を見ることはできない。しかしその土地は定期的に天候にすすがれ、雨水《ランオフ》——そういってよければ、陸上でのにわか雨の汚れた水だ——は最終的に小川と河川によって形成された、開けた配管システムに注ぐだろう。土地の匂い——花々・植物・腐敗・土——は海へと運ばれ、ウナギがその源に向かって泳ぐにつれますますはっきりとする小さなヒントを提示する。

縁に近づくと、ウナギは海が希釈されたこと、すなわち陸から注ぐ淡水によって塩分が減ったことを知覚する。そこには同じ旅の途上の他のシラスウナギたちの気配もあるかもしれない。そして海底が浅くなるにつれ、水はさらに濁り、土の匂いも強くなる。ウナギがいるのは新しい環境だ——淡水を排出する実質的な排水路といえるものが海と出会う、じょうごの広い開口部。そしてその開口部と海の乱闘によって形成と再形成を常に繰り返している場所だ。日に二回の潮汐が海を内陸に押し、反対からやってくる淡水を凌駕するものの、潮が引くと、その水路は半ば空っぽで残され、陸地は自由かつ迅速に排水する。この極端から極端へと一日ごと一時間ごとに切り替わり常にうつろう遷移領域こそが、河口だ。これは塩の世界と淡水の世界の大きな境界で、動的かつ複雑にして常に変化を続ける環境だ。安全な淡

35 その生活環《ライフサイクル》の詳細の大部分、特にそれぞれのステージがどのくらいの長さなのかはいまだに判明していない。それが海のなかにすぐに隠れてしまうのは、単純にそれが小さくてタグづけしづらいためだということはわかっている。

36 何世紀ものあいだ、赤ちゃんウナギが見つからないことは皆を当惑させていた。ついに西大西洋が産卵場ではないかと見当がつけられたが、その後デンマークの我慢強い生物学者ヨハネス・シュミットによって一九〇〇年代初頭に全体像が描き出されるのには一〇年を要した。彼は北大西洋中の多くの船から一年のうちのさまざまな時期にさまざまな深さで使用されたトロール網を収集して分析することで、ウナギの幼生で最小のものは西におり、それらはその年の終わりにかけて東へ移動するにつれ大きくなると示すことができた。彼の一九二二年の論文は、結論を見いだす並外れた物語と、発見の技術への深いコミットメントを語っている。

水にたどり着くために、ウナギはこの一〇〇キロメートルの障害物ゾーンを航行しなければならない。[37]
その渡りのために必要なことがある――ウナギの細胞の内部構造の根本的な変形だ。あらゆる生細胞はそのなかで塩と水のきわどい均衡――海よりは塩分が小さいが淡水よりは塩分が大きいという塩梅――を維持しなければならない。そのためシラスウナギが淡水に向かって泳ぐにつれ、そのエラ・腎臓・腸は機能を切り替える。それまでは、余分な塩分を取り除き、水を保存するのが優先だった。しかし淡水では、余分な水分を取り除き塩を保ち続けなければならない。[38]また、ウナギが身をよじって上流へ向かうあいだ、細胞の働きはいつも周囲に適合していなければならない。どんな計算ミスも脱水や水中毒による死をもたらすからだ。
ここまででシラスウナギは体長約六センチメートルになっており、一日五〇〇万トン近くにもなる淡水の激流に向かって泳ぎつづけている。この激流はイングランド全土の約一二パーセントにあたる一万六〇〇〇平方キロメートルの土地からの雨水だ。なぜなら、このとあるウナギが選んだ生息地は、力強いテムズ川なのだから。はるか上流から砕けた土地の細かい欠片が洗い流されてくるため、その水は不透明で、生命の匂いがし、自然の砂や澱でいっぱいだ。そしてここから、塩水と淡水の大きな分断の向こう側への旅がはじまる。
ウナギは満ち潮に乗ったあと、底まで泳いでみずからを錨のように沈め、潮が切り替わって引いているあいだは待機して、一回の潮汐につき一度、上流へ前進するだろう。それからウナギが塩分勾配と匂いを追って河口を通り、海を置き去りにできる有望な支流へと到達するのには、おそらく一〇日間を要する。[39]それからウナギは茶色がかった色に適応＝変化したのち、そのまま何マイルも上流へ淡水の成魚としての静かな暮らしに向かって進む。広大な海洋から海岸を経て河口を渡るその驚異的な旅のあと、ウナギは夜行性で秘密主義のゆっくりとした生活に落ち着き、二〇年にいたるまで石や根の下に隠れてすごす。昆虫・甲殻類・小魚といった小さな生き物を食べるときにも、選んだ棲み処から数百メートル以上離れるという危険を冒すことはめったにない。

われらがウナギが航行してきた遷移領域は、陸と海のあいだの重要なつながりだ。平穏な河口は広く浅い扇形の水路で、堆積物が積もったりふたたび洗い流されたりすることで、常に変形を繰り返している。広大な浅い泥はワームや貝類その他の這ったりくねったりする小さな命の欠片にとって完璧な棲み処で、そうした小さな生き物たちによって渉禽類《しょうきんるい》の重要な採食場となっている。こうした網状《もうじょう》流路を囲むのは、定期的に冠水する塩性湿地、すなわち耐塩性の植物が生息し、何百もの種の苗床として機能する巨大で平らなハーフ・アンド・ハーフの領域だ。そこは陸でもないし海でもないが、そのことこそが重要なのだ。しかもそれはウナギにとってだけではない。

西暦四三年にローマの人々がテムズ川を遡上したときに発見したのは、湿地帯と深い森だった。のちにロンドンとなる場所にテムズ川を渡る最初の橋を竣工したとき、かれらは河口の両側をつなげただけなのではなかった。[40] やがて世界最大の港のひとつに成長する交易場所を確立することで、かれらは陸と海のあいだの人間のつながりをもつくったのだ。

---

37 ウナギに関しての謎はまだまだ多い。そのひとつは、こうした淡水への境界を横断することを選ばないウナギもいるということだ。

38 このことで生じる結果のひとつとして、ウナギは淡水において、海においてよりもはるかに多くの排尿をおこなうということがある。

39 今日のテムズ川は、ロンドン中心部をはるかに超えてテディントンまで潮汐がおよぶ。そのため厳密には、バタシーやパトニー、リッチモンドに住んでいれば、イギリスの沿岸部に住んでいるといえる。英国陸地測量部は海岸を潮汐で定義しており、ロンドン中心部から六キロメートルも上流のパトニーでさえ、満潮と干潮の差は七メートルにおよぶ。

40 その橋は今日のロンドン橋の場所の近くにあった。

世紀が進み続く世代のウナギたちが潮に乗って通りすぎるにしたがって、人間の村落が発展した――同じく潮とともにやってきたヴァイキングとノルマンの人々の攻勢があったとしても。当初、これらの移住者たちにとってはヨーロッパ近海と港湾都市への交通で十分だった。しかし海が呼んでいた。淡水＝陸上の生き物と海を行く冒険者のあいだの変身が、河口において、ウナギたちと同じように人間にも生じたのだ。そのとき、テムズの造船工たちは、外洋で人間を包む何百もの木製の外骨格を構築した。匂いと月によって航行するかわりに、そこの人間たちは正確な時計をつくり（ジョン・ハリソンによるこれまでにない時計H4は一七六一年に完成した）、クック船長のような探検者を送り出し、六分儀と羅針盤を用いながら未曽有の詳細さで世界の大陸と島々の地図を作製した。

一八世紀までに、イングランドの船はロンドンを出航し、植民地を主張して、新しく大英帝国の版図となった場所で貿易をおこなっていた――オラウダ・イクイアーノのような奴隷制廃止論者がこの事業の通貨が人命であることに対して抗議していたにもかかわらず。ロンドンの港は、その他の世界との連結部であり、やってきては出てゆく資源・競争・生命の動的で乱雑な坩堝《るつぼ》であり、可能性をつくり出し、富を再分配し、食物連鎖の最下層を打ち砕くジャンクション・ボックスだった――ちょうど河口のように。[41]

すべての喧騒からはるか上流で、その土地のものを食べて一〇年かもっと暮らしたあと、雨水と雪どけ水と陸のスープに優しくすすがれながら、ウナギ（いまや体長一メートルだ）はまたしても変化をはじめるだろう。[42] その長くほっそりとした体は銀色になり、最後の目的を果たす準備をする――繁殖だ。しかしその前に、ウナギは世界の境界をもういちど渡らなければならない。

秋、ウナギはその保護された空洞から滑り出し、下流に向かって縫うように進む。小さな流れに、別の小さな流れが次々と加わる。そしてその流動は水路が深まるにつれ速度を増し、小枝・砂・骨といった陸上の残骸《デトリタス》をまるごと集めて引きこむ。ふたたびロンドンの街に近づくにつれ、ウナギは二〇年ぶりに塩を味わう。ウナギと一緒にやってくるのは、森林の残骸や岩石の堆積物といった川が運ぶ自然の積み荷以上の、はるかに多くのものだ。河川は海に栄養・淡水（これは海から蒸発する水とつりあう）・堆積物を流入させる重要な役割をもつ。その縁には浸透性があり、私たちの陸上での生活が海へと流れ出しているのだ。

濁った淡水とともに流れ出て、ふたたび海に加わり、細胞の働きが塩水と協調するようにリセットされると、ウナギは最後の旅をはじめる。ウナギは戻って大陸棚を越え大西洋まで泳ぎ、これまでよりも深い暗闇のなかへ沈む――日中には冷たく黒い水のなかへと海面から一〇〇〇メートル下にまで沈み、夜には海面下二〇〇メートルに上がってくる。西寄りの経路をとりながら、ウナギは闇のなかを泳ぐのに何か月も費やし、もういちどサルガッソ海を見つけるまではなにも食べることがないだろう。ウナギはついに性成熟を迎え、少なくとも一万キロメートルの回遊の終わりに産卵して死ぬだろう。しばらくすると小さなゼラチン質のひとひらが孵化して身をよじり、そのプロセスがもういちど最初からはじまるのだろう。

西洋世界の伝統では、人々は河口の大ファンというわけではなく、それらを不便で気まぐれで散らかっていて、濡れているにしては水が少なすぎるし、乾いているにしては水が多すぎる場所と見なしてき

41 私は今日のロンドン市民の多くがテムズ川を、疑う余地のない素晴らしい自然の存在としてではなく、（道・店・交通の）不在と見ていることをとても苦痛に思っている。テムズ川の周りにロンドンがつくられたのであり、したがって私たちはそれを祝福すべきなのだ。

42 ウナギがどのくらい長く生きることができるのかについては、明確な共通認識がないように思われる。飼育下・半飼育下において、五五年、さらにはおそらく一五五年でさえも生きている個体の報告がある。しかし、ウナギが五年から二〇年を淡水ですごしたあとサルガッソ海へ戻る旅をはじめるということは一般的に了解されている。

た。しかし他の文明では、これらの遷移地帯はもっと価値を認められ、祝われ、強化されてきた――浚渫《しゅんせつ》・封鎖・再形成の試みのかわりに。

独自のイメージで縁の形を変える

日の出の海は美しい。午前五時にカヌーのところに集合だとキモケオがアナウンスするたび、私の一部はいつも、もう何時間かの貴重な眠りの損失を嘆く。しかし午前五時四五分、穏やかな海の上の空がピンク色に変わるころ、皆でカヌーを水に転がして、鏡のような表面を静かに動く、大きくてなめらかなうねりに出会うときには、そこがいるべき唯一の場所となる。

この朝、キモケオは大きな六人乗りのカヌーに乗って沿岸を少し進み、打ち寄せる波のなかで遊ぼうと決めた――カヌーと海と時間があって、どうしてはしゃがないでいられるだろうか？　私たちは浜辺と平行に三〇分のあいだ漕ぎ、コンドミニアム区画や家々を通過して、サーフ・ブレイク〔海中の地形等が波に変化をもたらす場所〕のほうへ向かう。目的地は、沖合約三〇〇メートルの浅瀬のなかにある砂洲だ。水面近くにあるこの突起は、外洋からやってくるなだらかで起伏のある大きなうねりの勾配を急峻にして、二メートルから三メートルの高さをもつ鋭い水の尾根に変える。そうしたうねりは海岸に突進するようになり、ついには巻いて砕け、浜辺に激突する。

キモケオがブレイクの海側に向けてカヌーを操舵し、それから私たちが波を背にして並ぶと、穏やかな朝は真剣な遊びモードにギアを変える。「イムア、イムア、イムア！」という緊急コマンドで、私たちの櫂は水とつながり、カヌーを前方へと加速させて、背後に迫る水の尾根の速度に応じて高速で動く。

波がカヌーのうしろを押しあげ、舳先が下に傾くと、私たちはそれに合わせて、自然の速さに追いつくために、さらに激しく漕ぐ。そのとき私たちは飛んでおり、キモケオが「ラヴァ！」——とまれ——と叫ぶと櫂を休ませるのだが、カヌーは驚くべき速さで波の手前に舞い降りて、浜辺へのほとんどすべての道のりを波に乗ってゆく。さらに波が追いかけてくると、私たちはカヌーの向きを変えるためにまた漕ぎ、転覆することなくなんとかそこから逃れ、そしてすぐ元に戻って、それを最初から繰り返す。遊び場の滑り台を見つけたばかりの子どもが、スリル満点のシューッという音が終わるとすぐに、くるりと背を向けはしごへ走る。これはその大人ヴァージョンだ。しかしこの大人たちのカヌーには技術・経験・強さがあり、波とたわむれる最良の方法を何年も訓練することで得られる恩恵がある。だからそれは、なおさら良いものなのだ。

三〇分の波乗りののち、私たちはこのあたりの浜辺のもっとも独特な特徴、波の白い泡よりも目立ちさえするものに向きあっている。そこには、海岸から直径およそ二〇〇メートルの楕円形に広がる、溶岩石を積みあげてできた壁がある。その両脇は広々と傾斜しており、現在の水位からは約一メートル突き出ている。私たちは壁にある唯一の隙間を通って内部まで漕ぎ、カヌーを浜に引きあげる。キモケオはコッイエッイエ・フィッシュポンド〔養魚池〕についてのレッスンをすべき時だと決めた。なぜなら、それこそ私たちがいままさに漕いで入った場所だからだ。ハワイ流の物語と同じように、そのレッスンが私たちのいまいる場所についての話からはじまることはない。それは、そのすべてがどこからやってきたかの話ではじまるのだ。

最初に、彼はみずからの櫂を使って砂浜に羅針盤を描き、この地域の風について話す。マウイで支配的な風は貿易風で、それは北東から吹く。それから彼は、私たちのすぐうしろにある火山を表す円をひとつ描き、それを分割する。山の貿易風がぶつかる側は、たくさんの降雨を得るため、青々として肥沃な土地だ。農民たちはこの場所で生活している。私たちのいる側は貿易風から見て外側を向いており、貧弱な土地であるため、ここに住む人々は漁業で生活している。キモケオは円を区域ごとに分割し、ハワイでは伝統的な助け合いの生活がいかに機能していたかを説明する。農民と漁師は互いを頼みの綱にして交換を求めた。どちらもそれぞれのコミュニティが必要とするすべてをもっていたからだ。

ここで私たちは、浜の少しばかり先のところから聞こえてくる詠唱に中断された。マウイにやってきた小さなグループを引き連れた別のハワイアンがそこにいて、彼の深く、メロディアスな声が海に話しかけると、キモケオは動きをとめて返事をする。数分続く歌の交換のあと、ふたり目のハワイアンは跳ねるように私たちのところへやってきて、私たちがフィッシュポンドへ来たこと、私たちがそれに対する彼の深い認識を共有していることを熱心に感謝する。彼は石の壁を身ぶりで示し、山から運びおろされるときにはすべての石が一万の手にふれられたこと、このフィッシュポンドがかれらのコミュニティのもっとも誇らしいシンボルであることを私たちに嬉しそうに語る。そうして私たちは、コッイエッイエが実際にどんなものなのかということに踏み入る。

クック船長が一七七八年にこれらの島々にやってきたとき、彼は海岸に沿って広がる、何百ものこうしたフィッシュポンド[43]を見つけた。それらはハワイ文化のいきいきとした部分を形成していた洗練された漁業システムの基盤で、岸に近い便利な場所で膨大な漁獲を生み出すよう設計されていた。とはいえハワイの人々は、自然と養魚場のあいだに障壁を建造するかわりに、自然がすでに配備していたものをただ拡大するという方法をとっていた——美しくエレガントで、効果的かつ賢明なアレンジメントだ。

そこで重要になる観察は、かれらにとってもっとも重大な魚種のいくらか——「アママア」（ボラ）や

「アワ」（サバヒー）や「アホレホレ」（ハワイアンフラッグテール）――が、稚魚として河口での生活にかなりの時間を費やす、すなわち、河川あるいは小川が海に加わる動的な場所である汽水で大きく育つということだった。これらの魚は海で放卵され、河口内部にやってきて、成長するにしたがい藻類や小さなエビのような生き物を常食とし、それから繁殖のため外洋に戻る。ハワイの人々は小川の口の周辺に壁をつくることによって河口を事実上拡大でき、魚を内部に、捕食者を外部に保つことができると発見した。小川の水が運ぶ栄養が肥料の役目を果たすため、囲まれて保護された水は藻類――魚の完璧な食料だ――の農場となり、そのなかで泳ぐことを選んだ稚魚はすべて気楽な生活を送った。

それぞれのフィッシュポンドには少なくともひとつの水門があり、「キアロコ」すなわち管理人は、水温と塩分を操作するため、そして池に酸素を入れるためにそれを開閉できた。しかしその洗練はフィッシュポンドそのものにとどまらなかった。上流でタロイモ[44]を栽培することで、ハワイの人々は沈殿物が小川に流れこむのを防ぎ、さらに多くの栄養を池に運ぶことができた。キアロコには変化する多くのものを上手く管理するための豊かな専門知識が必要だったが、魚が十分に大きくなり、外洋へ抜ける経路を探して水門に集まりはじめると、そのぶん莫大な漁獲が得られた。控えめに見積もっても、このシステムの最盛期には、これらの池全体で少なくとも年間一〇〇〇トンの漁獲高があったと見られる。

これらのフィッシュポンドをつくるのは巨大事業で、かつ見事な技術的達成だった。最大のもののう

43　ハワイ語では「ロコイア」だ。
44　タロイモは熱帯の根菜で、ポリネシアの主要な郷土作物だ。その植物はすべての部分が食され、食用として驚くほど多用途に適している。ロールパンをちぎって、その中身が明るい紫色である理由を尋ねることになるとは思いもしなかった。タロイモは紫で、そのパンはタロイモでつくられていたのだ。

ちいくつかは幅四メートル全長二・五キロメートルの壁をもっていたが、絶えず海の波に打ち砕かれるため、メンテナンスが終わることは決してなかった。その岩の唯一の供給源は山のさらに高いところで、そのため何千もの人間が集まり連なって海側へ岩をおろしたはずだ。これは正しい意味でコミュニティというものの取り組みだった――ハワイの歴史の多くの部分において、こうした自然の拡張によって利益を得るのは主にハワイの王族だったとはいえ。

一九世紀後半、ハワイの君主制と伝統的な生存＝生活のシステムが消えるにしたがって、フィッシュポンドは荒れ放題となった。しかしこの三〇年で、それらに対する関心が戻ったため、ハワイの複数のコミュニティがそれらを再建している。キモケオは活性化《リヴァイタリゼーション》（人の手だけによる）と改修《リノヴェーション》（機械の使用を含む）の区別を明確にすることを提唱している。私たちが漕いで入ったフィッシュポンドのコッイエッイエは五〇〇年以上そこにあり、一八六〇年あたりまでは絶えずメンテナンスがおこなわれていた。それから、波・潮汐・嵐・うねりがそれらに大きな打撃を与えたが、コッイエッイエが完全に消失することはなかった。いま、それは手作業のみの有志たちによってゆっくりと再建されつつある。重要なのはフィッシュポンドそれ自体を再構築するのと同時にコミュニティも再建するということだ。そうした努力の共有の象徴、そして自然環境への感謝を自分たちで分かちあうことの象徴として、それは屹立している。この池にはまだ管理のためのもっとも重要な装置である水門が備えつけられていないとはいえ、いまや人々はここで食べるための魚を釣っている。そして地元の人々は、この古来の地物《ちぶつ》を心から誇りに思っている。

ここには明確な教えがある――まずは観察せよ、しかるのち自然から学べ、そしてもしコミュニティが資源を必要とするならば、すでにある自然のメカニズムを拡張することで得よ、そのとき人々と自然のつながりを強めると同時にコミュニティ内での人々のつながりを強めよ、そして常に自然それ自体の内的な諸接続を維持せよ。

陸と海のあいだにあるうつろいやすく柔軟で浸透性のある境界は、絶え間なく動く陸と海の均衡の舵取りをするのに理想的な場所だ。海岸はわれわれ人間と海とのつながりがもっともくっきりしている場所で、私たちはそこを、地球の海全体との関係のなかに踏み入るのに際して、文字通り水につま先をつけることのできる練習場として見ることができるのかもしれない。

世界地図の海は硬い縁をもつきちんとした充填物のように見える。しかし真実はまったくの逆だということを、ここまで私たちは見てきた。プレート・テクトニクスのゆっくりとした変化によってかたちづくられ、私たちの惑星のあちこちにかたどられた大海盆は、山脈や海溝であばた状になった広大な平底の容器の形をしているが、それらは海をとどめておくことができない。地球の海水は大陸の上へとあふれ出し、大きな陸の塊たちの周りにある沿岸の海に、浅く浸された棚をつくり出す。陸が海と出会うその縁は、成長・収縮・変化する境界、地図上のくっきりとした明確な線では表象されない広大な移行領域をもつ、気まぐれでぼんやりとした境界だ。

海の形が重要なのは、ブルー・マシンが大きな大陸に遮られ、狭い海峡に流しこまれながら、それらの制約のなかで作動しているに違いないからだ。これらのイレギュラー性は海のプロセスがみずからを表現する豊かでさまざまなあり方の原因となっており、場所ごとにはっきりとした特徴をもつひとつの海を地球に与えている。そのため制約のメカニズムを追うことが、海の美しい内部構造すなわち解剖学《アナトミー》的構造を理解するための方法となる。

第3章　海の解剖学的構造《アナトミー》

人類にとって海の普遍的なシンボルといえば錨だ。それが表象しているのは、決して休むことのない気まぐれなボディに乗りながら、動かないままで制御を保とうとする私たちの最良の（そしてしばしば無駄な）試みなのだといえる。私たちは海の水が動くことを知っており、しばしばそれを、あまりに力強いためとまることなく常に移行・変化する事物のアナロジーとして用いる。一見すると、この動きすべてによって、海の水が非常にすばやく混ざりあうことが約束されているかのように思える。浴槽の水を急速にかき混ぜると均一な温度の水溜まりができるのと同じようにだ。しかしこれは断固として、私たちが実際に見ているものではない——私たちが発見しつつあるように、私たちの海は流動するさまざまな特徴の入り組んだモザイクなのだ。そうした特徴は差異によって定義され、織り合わさってブルー・マシンをつくり出している。巨大な海盆には独自の特徴があり、極地の水はまた違った獣だが、それらは一緒になって全地球を取り囲むひとつの相互に接続されたエンジンをつくる。それらの接続を眺め、そのエンジンがどのように回転するのかを調べる時が来た。しかし私たちは、そもそもどうして海には解剖学的構造があるのかを問うことからはじめる必要がある——一匹のカメとともに。

違うといってもどのくらい？

星の光に照らされた一匹のアカウミガメが産卵のために温かな海から砂浜の上へとみずからを引きずり出す様子は、特別で本質的な光景だ。カメたちは少なくとも一億年のあいだ、これをおこない続けてきた。しかもカメたちは、みずからの孵化した砂浜へ泳いで確実に戻ることができる。となると、その砂浜は彼女らの母親も、そのまた母親も孵化した場所なのだ。

産卵のためのたまさかの上陸を別にすれば、そのカメの長い一生はいまだ多くが謎に包まれている。アカウミガメはおおよそ五〇歳から六〇歳まで生きることができる。語るべき物語を蓄えるには十分な時間だ。星の光はこのカメの甲羅を照らし、いまここにおける彼女の存在を確かめるが、彼女の物語の残りは可能性に満ちた空白だ。彼女は広大な海のここではないどこかで数年を過ごしてきたようだが、私たちには決してなにもわからない。彼女の物語が語られることはないだろう。しかし彼女は、あるヒッチハイカーを運んでいる。そしてこの乗客は、甲羅の左端の近くに快適に収まり、記録をとり続けてきたのだ。

フジツボの生活は、少なくとも成体になってしまえば平和だ。漂流し、脱皮し、他の生き物のランチになるのを避け、落ち着く先の硬い表面を選ぶという初期のドラマは終わった。ひとつの円のなかに六枚の炭酸塩プレートを配置して円錐形の保護テントを張り、上部の狭い隙間から蔓脚を伸ばして水中に進出し、海が運んできてくれるものならなんでも食べる。成長するにしたがい、それぞれのプレートの下端もまた大きくなり、基盤から上部を押しあげて、円錐をより大きく、より幅の広いものにする。どこも解体＝再構築する必要はない。

それは下にある表面にセメントで固定されて過ごす固着性の生活のため、フジツボはみずからの場所を注意して選ばなくてはならない。一度あるところに固定されれば、そこに永遠に固定されるからだ。

しかし自然は輝かしい例外を奨励しており、カメフジツボ〔*Chelonibia testudinaria*〕はこの世でもっとも大胆な肱掛椅子の航海者《アームチェア・ヴォイジャー》のひとつに位置づけられるに違いない。このフジツボはアカウミガメの記録係で、彼女の甲羅にくっついている限りは肥えて幸せでいられる。というのも、海の宝くじが当たって食べられる賞品が不動の岩へやってくるのを待つかわりに、そのフジツボはカメが泳ぎ抜ける場所にあるあらゆるものを摘まむことができるからだ。

　アカウミガメは摂食の場から繁殖地まで渡る際、何千キロメートルも移動することがありえ、そこにフジツボのヒッチハイカーが同行する。記録がとられるのは、フジツボが成長するあり方の結果だ——各プレートの基盤に継続的に追加される新しい炭酸塩が、それが成長した水域を表す化学的な特徴＝サインを運んでいるのだ。カメ自身は継続的にその体を再構築しているため、時間の経過とともに彼女の原子は混ざりあい、それらが運ぶかもしれないどんなメッセージも曇らせてしまう。しかしフジツボがその周囲から取り入れる炭素と酸素は、構築の瞬間に所定の場所へ定着し[1]、フジツボのプレートの先端からその基盤にかけて流れる連続的な歴史を示すようになる。

　これらのフジツボの寿命は約二年で、酸素と炭素はカメが通過してきた水の温度と塩分についての情報をもっている。二〇一九年からのオーストラリアの研究が示すところによると、これらのサインを利用することで、一匹のカメが食料を探してその時間のほとんどを過ごす場所を特定できる。ただし、その結果の正確さは異なる場所ごとの水にどのくらいのヴァリエーションがあるかということに大いに依存する。[2]しかし実際、フジツボが受動的に記録しているその水には十分なヴァリエーションがあるため、そのサインは非常に特徴的でありうる。そこからわかるのは、このカメがこの二年間で、食料を探して流れ出る川に近い沿岸部で過ごし、それから外洋に出て、産卵のためここへやってきたということだ。

カメたちはそれほどすばやく泳がないが（おそらく時速二、三キロメートルだ）、そんなスピードでも、巨大な海の特徴、すなわち弁別可能なひとつの水塊から次の水塊のあいだをたやすく通過することができる。カメは海水が場所によって違うことを明らかに知っている。海水それ自体が特徴に満ちており、そのため一匹のフジツボでさえ、それらの特徴の違いを十分に記録した弁別可能なサインを保持し、カメがどこにいたのかを追跡可能にしてくれる。しかし海のすべては全地球的につながったひとつの水溜りのなかにあり、どんな物理的障壁もない。ならばどうして海はそれほどまでに多様なのだろうか？深鍋のなかのすべてが一緒くたに混ざりあって、ほとんど同じにならないのはどうしてなのだろう？

この難問を考察するためのひとつの方法は、地球全体でエネルギーが絶えずブルー・マシンに出入りしてシステムを不安定にしており、その結果として海はただただ、それ自体に追いつくのに十分な速さで順応できないのだと認識することだ。しかしより実践的な見方は、二セットの海のプロセスを考慮することだ——ひとつは分離と差異を引き起こすプロセス、もうひとつはあらゆるものを一緒くたに混ぜあわせ、すべてを平準化しようとするプロセスだ。そのふたつのあいだのバランスが、なにがどこで生じるかを規定し、海の大規模あるいは小規模な解剖学的構造を造形する。

分離を生じさせているメカニズムと、それらが古代のもっとも重要な戦いのひとつに与えたかもしれない影響から話をはじめよう。ときにローマの共和制から帝政への移行をしるしづけたとされることも

1 酸素と炭素の両方に、同位体と呼ばれるさまざまな種別がある。炭素13は炭素12と同じ種類の原子だが、原子核のなかに一つ多く中性子をもっている。酸素18と酸素16はどちらも酸素だが、中性子の数が違う。これら二種の炭素、あるいは二種の酸素の比率は、水の温度と塩分に影響を受ける。

2 もしAの場所とBの場所が同じ温度と塩分なら、この方法ではそれらを別のものとして語ることができないだろう。しかしふつうは、非常に多くの細かな知見を引き出すのに十分なヴァリエーションがある。

ある、あの戦いだ。

ネプトゥーヌスの見えざる手

二〇〇〇年前、地中海の温かく塩分の高い水は生命に満ちていた――沿岸で遊ぶイルカ、産卵期のあいだ外洋から逃れられる場所を探している巨大なマグロ、海底の岩から離れて軟体動物をガリガリと貪っている灰色のまだらのドッグフィッシュ〔小型のサメ〕。地中海はわずかしか大西洋に接しておらず、狭いジブラルタル海峡だけで世界の海の残りの部分とつながっている。水はこの囲まれた海の晴れた水面から蒸発を続けており、その速度は海岸線の周辺にある河川からの流入よりもすばやいため、海水の塩分はますます大きくなる。[3] そして地球の海にあるこの温かくて守られた待避所は、西洋史上最大のドラマのいくつかがその舞台としてきた場所であり、フェニキア・ギリシア・ローマの諸文明はこの海岸線の周辺で興隆・衰亡した。[4] これらの社会はヤム、ポセイドーン、ネプトゥーヌスといった海の神々の手を日常の出来事として目にし、水の役割をそれほど違えずに評価していた。しかし人間がどれだけ崇拝しても海の根本的なルールを変えることはできない。人間たちがみずからを運ぶ水の内部の動きに気づかないまま、その表面で取るに足らない喊声《かんせい》をあげているときにも、ブルー・マシンはただ回転し続けていた。

その重大な日は、制定直後のユリウス暦で紀元前三一年の九月二日だった。その日、太陽が昇るにつれ、アンヴラキコス湾への入り口の海面は障害物でいっぱいになった。魚たちは何百もの暗い色をした木製の楕円形――全長五〇から七〇メートルで、水面下二メートルから三メートルの膨らみをもつ――

の周囲を泳ぎ回っている。それぞれの船の前部では、カーヴを描いた鋭利で巨大な青銅の塊が威嚇を示しながら水に向かって突き出している。偉大なローマの政治家であり将軍のマルクス・アントニウスとエジプトのプトレマイオス朝の女王クレオパトラの軍艦だ。船はアンヴラキコス湾に対面して弧を描いて整列しており、進路にあるどんな船をも破壊するよう設計された巨大な青銅製の破城槌をそれぞれが支えている。数キロメートル先には敵が待ち構えている――暗殺されたユリウス・カエサルの後継者に指名されたオクタウィアヌスと、より軽量でより多くの船を擁する彼の艦隊だ。これは一〇年以上続いた権力闘争の山場で、最終的に共和制ローマの命運を決するものだった。

アントニウスとクレオパトラにとって、その年のはじまりは良いものではなかった。アントニウスはこの数か月、アクティウムの近くに司令部を置き、病気と脱走で人員を削がれるなか支援が到着するのを待っていた。一方、オクタウィアヌスはただ待ち続けていた。アントニウスはついに彼の艦隊をアレクサンドリアに戻すという決断をしたが、そのときオクタウィアヌスには、戦闘なしで彼を行かせるという心づもりはなかった。艦隊が整列し準備が整うと、これが開戦の日だということは明らかだった。

戦闘は通常、夜明けにはじまる。しかし太陽が昇り影が短くなっても、アントニウスの艦隊は動かなかった。船はまるで海底に根を張ったかのようにじっとしたままだった。そして艦隊がついに動いたとき、それらの船は活力ある漕ぎ手を配置して大きな破城槌で水をかきわけ敵の艦隊に突っこむのではなく、近づいて投射物を放つことで交戦した。緩慢とした戦いの午後が続いたあと、クレオパトラの艦隊

3　地中海が完全に干あがってしまわない理由は、水位をジブラルタル海峡の向こう側と同じに保つために、水が大西洋から流入するからだ。

4　他のたくさんの文明とともに。

は後方から逃げ出し、最終的にアントニウスも追いかけることができたが、彼の船のほとんどは放棄されていた。オクタウィアヌスは勝ち誇って、打ち負かされた船たちの青銅の破城槌を、近くにある新しい町を見下ろす壮大な記念碑に組みこむよう注文し、地中海全域に対する彼の支配を喧伝した。その後の数年でアントニウスとクレオパトラはどちらもみずから命を断ち、名前をアウグストゥスと変えたオクタウィアヌスが率いるのは、いまやローマ帝国だった。民主的な共和制ローマの尊い理想は最終的に、新しい独裁者の踵《かかと》の下で打ち砕かれたのだ。

公式の歴史記述はそれぞれ詳細が異なり、二〇〇〇年後のいま、新しい決定的証拠が出てきて実際に起きたことを解明する見込みはほとんどない。しかしアントニウスの船がアンヴラキコス湾から現れたときに静止したのは、なにかが彼のもっとも有利な戦略の達成を妨害した結果のように思える。歴史家で将軍でもあった大プリニウスはレモラ[5]という長細い魚が吸盤でみずからを取りつけて船のブレーキとしてふるまったことに原因があると示唆したが、現代の研究はこの説を除外している。そのかわり近年の諸調査を通じて、その日の結果には別の要因があったかもしれないという提案がなされてきた——もっぱら海自体の解剖学的構造から生じている「死水」という現象が。

いかにして水は一艘の船を静止させられるか

一八九三年、極地探検家フリチョフ・ナンセンは彼の船フラム号が北極圏のフィヨルドで体験した、ある奇妙な制動効果についての最初の科学的記述を提出した。

死水にとらえられたとき、フラム号は引きとめられたようになり、それはまるでなんらかの謎めいた力がそうしているかのようだった。そして船は必ずしも舵に応えないようになった。穏やかな気候条件で積荷が軽ければ、フラム号は六ノットから七ノットで進むことができた。しかし死水では、船は一・五ノットを実現できなかった。

ナンセンが記述している状況はすなわち、エンジンは通常と同じように船を押し、船に動くためのエネルギーを与えていたのに、そのエネルギーが漏れ出ていたため、船はほとんど這い進むことができなかった、というものだ。死水は船乗りたちの神話だと考えられていたが、ここには彼の時代における最高の海洋観察者のひとりがいて、それを彼自身で経験していた。

最初の手がかりはすぐさま特定された——水中にある層だ。北極圏のフィヨルドはしばしば雪に覆われた山々に囲まれていて、雪が溶けると、二、三メートルだけの厚みの淡水の層がひとつ海水の上に形成される。それは下にある水よりも密度が低いため、一番上に浮かんでいる。海洋学者たちは、密度ごとの層に分かれた海の部分の状態を言い表すフレーズをもっている。それは成層化されているといわれ、層の形成が顕著になればなるほど、成層化が強いといえる。

成層化の原理は世界中のカクテル愛好家たちに馴染みのあるものだ——スプーンを使って、ある飲み物の上へ注ぐクリーミーなリキュールの流れをコントロールし、その液体がゆっくりと横向きに、下向きの運動量なしにそこへ到達するようにするなら、分離した層が上にとどまる。しかし乱雑に注いだり、

5 レモラはラテン語の単語で、直訳すれば「遅延」を意味し、これにかわるギリシア語の名称エケネイスは「船を摑むもの」を意味する。とはいえ、その起源が、船にしがみつく魚と船を引きとめる魚のどちらのことをいわんとしていたのかは明らかではない。

飲み物をかき混ぜたり振ったりすれば、すべてはただ混ざりあい、原理上は層が混ざりえない理由などないことを示すだろう。しかし層は混ざらない。なぜなら混合には余分なエネルギーが必要だからで、もしエネルギー源がなければ、層は分離したままなのだ。したがって適切な条件下では、異なる特徴をもった海水の塊は層を形成するだろう。そしてもし最上層がきわめて浅ければ――二、三メートルだけなら――それは船を進路上で静止させることができる。

水面を進むボートやアヒルを観察すれば、そのうしろに航跡が見える――V字型で外側に広がる波のパターンだ。私たちが見てきたように波は動いているエネルギーの現前なので、そのアヒルは通過の見返りとして、それらの波にエネルギーを贈与しているはずだ。このような波は異なる流体層のあいだの境界に生成する――アヒルの場合、液体の海と気体の大気のあいだの境界だ。

ナンセンの協力者エクマンは、死水問題の鍵となるのは表面の波だけではないとすぐさま気づいた。波は水の内側の層のあいだでも生じることがある。それらは表面の航跡よりもはるかにゆっくりと移動し、はるかに高くなることもある。層があれば生じうるそれらを、海洋科学者たちは内部波と呼んでいる。瓶のなかに成層化した海をつくり出せば、これのようななにかを目にすることができる――いくらかの水と、同じ量の油を注ぎ、そこにできた層をバシャバシャと丸く動かすのだ。油が空気と接する表面は、あなたが期待したのと同じ程度に渦を巻くのがわかるだろう。しかし水と油の境界に目を向けると、その境界の上で渦を巻き、表面のものとは異なるふるまいを見せる、一連の別の波をも目にすることになる。それらが内部波だ。

死水という現象は、最上層の深さと船の速度・大きさが決定的な組み合わせを引き当てたときに発生する。すべてがちょうど適切なとき（あるいはどこかへ行こうとしているのならば、ちょうど不適切なとき）、船

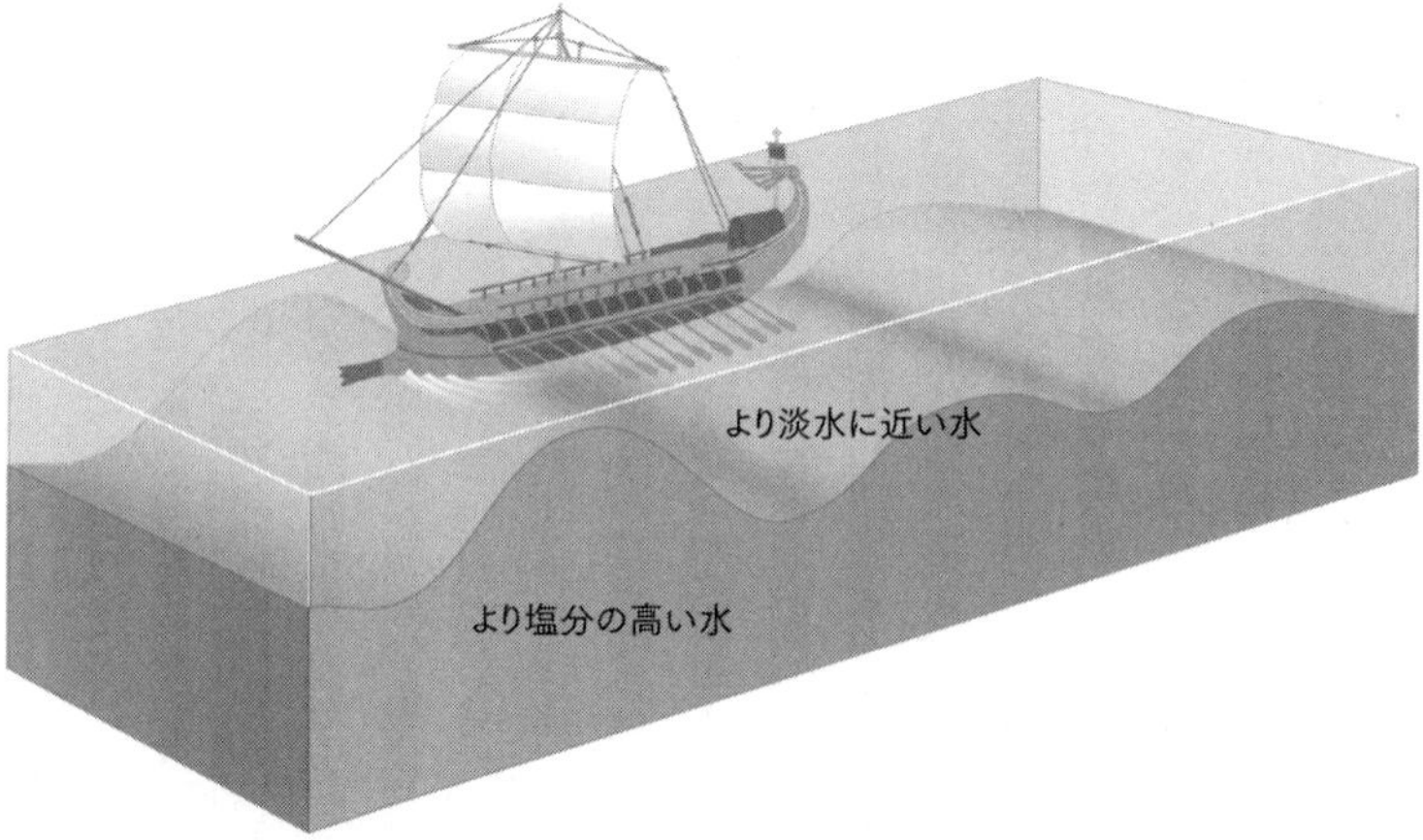

「死水」——船の動きを遅くすることがある、水の層のあいだの内部波

の下にある水の層のなかで生成した水中の航跡——内部波——は船の真下に位置する確固たる窪みとなり、船はその波を無理に連れていこうとしてエネルギーを投入し続けなければならない。表面に見えるものはあまりないが、内部波を維持するには大量のエネルギーを必要とする。船は内部波を歓迎されない余分な錨のように運ばなければならないのだ。それは船と層の深さと速度のしかるべき組み合わせが到来したときにのみ顕著になるもので、ほとんどの場合、フィヨルドにあるこれらの表層はたいした問題にはならない。しかしながら、もしあなたが不運なら船はゆっくりとしか進まなくなり、それに関してあなたができることはなにもない。これがフィヨルドでナンセンに起きたことだった。

　しかしこれが、地中海で起きた古代の海戦とどのように関係してくるのだろうか？　アンヴラキコス湾はギリシアの西側にあり、その入り口では陸からの淡水が海と出会う。この湾は地中海にわずかに接する形で陸地に囲まれた全長四〇キロメートルのボウルで、装飾的な噴水についた一番小さなボウルのように、より大きなボウル〔地中海〕に注ぎ、それがさらに大きなボウル〔大西洋〕に注ぐ。それはふたつの川によって満たされており、陸からの温かな淡水が、塩を含んだより冷たい水の上にあふれて下にある水を覆っている。それらが混ざりあう理由はない――より密度の低い淡水の層が、より密度の高い塩水の上に浮かんでいるわけで、なんらかの寄与によりエネルギーが淡水の層を下向きに押さない限り、それがとどまるのは最上部だ。したがってアンヴラキコス湾の内側、海の最上部には、入り口からこぼれてきている、厚さ数メートルの、より淡水に近くより温かな層があるのだ。魚とイルカたちはその内外でダンスし、摂食・移動・繁殖しながら生きている。水面の人間たちがその層を目にすることはない。しかし適当な大きさの船は、その影響を感じることになる。

外からアンヴラキコス湾へやってきたときにマルクス・アントニウスの船に起きたことは、それらの層で説明できるのだろうか？ 船は、砕氷の速度に達している船を完璧にとめてしまうような死水の部分に行き当たったのだろうか？ オクタウィアヌスの船は同じ問題に脅かされなかったと考えるのが妥当だ――それらはすべて、より小型で水中のより高い位置にあったため、余分な抵抗を引き起こす決定的組み合わせを回避したのだろう。この水域は、まさに死水を生じさせる可能性のある種類の層をもつことで知られており、もっとも鋭い観察眼をもつ将軍たちにさえ見ることの叶わない内部波の層ひとつが、この戦いの局面を変えたのかもしれない。その場所においてそれがどのくらい起こりうるかを探究する歴史学的・流体力学的調査が進行中だが、確かなことは決してわからないだろう。しかしそれは、人間たちが水面を動きまわっているとき、みずからの動きを自分たちで制御していると考えていても、海の内部がその動きに影響を与えているということの、ひとつの明らかな例なのだ。

海全体がある程度まで成層化されているが、死水が形成される条件を満たすほど極端に成層化されることはめったにない。もっとも明瞭な層は混合層――温かな表層で、しばしば五〇から五〇〇メートルの厚みをもち、海の蓋としてふるまう層だ。海水の密度が決定的に重要なのは、ひとかたまりの水がその場所にとどまるか、あるいは、もっとも密度の高い水は常に底にあるという原理にしたがって水柱の上下に移動するかを、それが決定するからだ。そして海がさまざまな構成要素をもつ第一の理由は、異なる密度の水が分離する傾向にあり、そのため層がちょうどカクテルのように安定するからだ――もっとも密度が高いものは底へ、もっとも低いものは頂点へ。海がこの均衡に達すると、すべては安定し、あらゆるものは動く理由を失くす。成層化によって海の異なる諸部分が互いに分かれた状態に保たれるため、それらは乱れることなくそれぞれの特徴を維持できるというわけだ。しかし当然ながら、波は複数の方向に移動する可能性がある。そして層が底から頂点にかけてかなり正しい秩序を保つ一方で、それほどの制約を受けないのが横向きの動きだ。

横向き

海の上層の下に行ってしまえば、横向きの動きはとてもゆっくりとしていることが多い――つまり海というエンジンの深部は急《せ》いていない――が、その動きは確実に生じている。私たちがそうだと知っているのは、それを追跡する方法をうっかり発明してしまったからだ。このトラッキング法は、発明家トマス・ミジリーの遺産を構成する巨大な暗雲から覗く細い一筋の光だ。彼の時代、彼はかなり上手く仕事をこなして同僚や雇用主から賞賛され激励される、どこにでもいるひとりの男だった。しかしいまとなっては、彼個人の科学的業績は間違いなく歴史上もっとも破滅的な部類のものとしてランクづけされなければならない。彼は決して世界を破壊しようとしていたわけではなく、ただ世界をより良い場所にしようとしていた。そして彼のために公正を期して言うなら、問題は彼の発明を使って他の人々がおこなったことだった。トマス・ミジリーは原材料を提供しただけであり、それから皆に声高に、もっともらしく、それが安全だと伝えただけなのだから。

発明家の息子、そして孫として一八八九年に生まれたミジリーは、幼少期から家族の伝統を継ぐ準備ができていたし、そうしたいと思っていた。彼はアメリカ合衆国のコーネル大学で機械工学の学位を取得し、二七歳までにゼネラル・モーターズで仕事を見つけた。この時期、内燃機関は熱狂とともに、うなりをあげて世界を進んでいた。しかしこのうなりには数を増すばかりの奇妙な金属音がつきまとっており、技術者たちはシリンダ内のこの「ノッキング」を解消する手立てを探していた。

判明した原因は、制御が失われた場合に深刻な損傷を引き起こす可能性のある小さな周期的爆発だった。テトラエチル鉛をガソリンに添加すればノッキングが減ることを発見したのはトマス・ミジリーで、ゼネラル・モーターズは大喜びした。この「有鉛ガソリン」が安全なのかについての疑問はあったが、ミジリーは尋ねてくる誰しもに対して、大丈夫だと自信満々に繰り返し断言した。彼が記者会見にテトラエチル鉛の容器を持ち出し、そのなかでみずからの手を洗ったうえその蒸気を吸いこんで主張を通したという記事がある。[6] 鉛には既知の危険があるにもかかわらず、[7] 彼と彼の雇用主たちは安全性についての自分たちの宣言が説得力のあるものと見えるようにすることを忘れなかったため、有鉛ガソリンはうなりをあげて車と一緒に世界中を走ることとなった。しかし排気管から噴出する鉛は破滅的なほど大気中に加えられ、人々の肺、そして血流に直接の経路をもつようになった。その結果、広範囲にわたる神経系の問題と何百万もの早すぎる死がもたらされた。その問題が真剣に扱われはじめたのは一九七〇年代、一九八〇年代になってからであり、有鉛ガソリンは徐々に（ほとんど）廃止された。商業汚染、規制当局に対する企業の圧力、健康へのおぞましい影響と、この物語は最初から十分すぎるほどに悪辣だが、トマス・ミジリーはまだ終わらなかった。

同じ時期、車のほかに冷蔵庫が現代世界の機械的基盤のひとつとして普及しようとしていた（当時の家庭用冷蔵庫は車一台とほとんど同じ値段がしたとはいえ）。もし食品を確実に冷たく保つことができれば、それをより長く蓄えることができるし、より幅広い生鮮食品の入手が可能になるうえ、食品の無駄を減らすことができる。そしてそれらすべての過程でコストを削減し、一般的な栄養状態を改善できるのだ。それはとてつもなく有益な技術だ――もしもそれが入手可能かつ手の届く価格で、そして安全ならば。しかし一九二〇年代の冷蔵庫のほとんどがアンモニアか二酸化硫黄に依存して作動していた。その両方が、漏れ出すとかなりの危険をもたらす有害物質だ。代替物探しは続いていた。そしてなんとまあうってつけの頃合いに、車からは離れたものの依然としてゼネラル・モーターズに雇用されていたトマス・ミジリーがやってきた。

一九二八年、アルバート・レオン・ヘンネと協力して、誰もが探していた解決策をクロロフルオロカーボン（CFC）だと特定した彼は、最初の近代的な商用冷媒――フレオンとして販売されたCFC－12――の合成法を開発した〔クロロフルオロカーボンの日本での慣用名は「フロン」だが、ここでは原著に合わせ、以後「CFC」という表記を用いる〕。フレオンはすぐさまヒットした。それは無毒かつ不燃性で反応性が非

6　絶対に家でやらないこと。
7　しかもGMの工場や研究所で深刻な鉛中毒が多数発生しているにもかかわらず、だ。ミジリーはすべての事案について鉛との関連を否定し、そのかわり労働者たち自身を非難した。しかし彼自身も鉛中毒から回復するために仕事を数か月休んだのだ。

常に低く、冷蔵庫の作動に必要なこと以外の余計なことをほとんどしないように思えた。既存の冷蔵庫に入っていた物質のよく知られた危険性と比べると、それは確実な勝利のように思えたのだ。安全に関する議論の場において人前で記憶に残るスタント行為をすることの価値を学んでいたミジリーは、新たな記者会見の場でドラマティックにそのガスを深く吸いこみ、ロウソクの火を吹き消した。彼が明らかな悪影響に苦しむことはなかったし、ガスがロウソクの炎で爆発することもなかったため、家庭用冷蔵庫はレースに向けてスタートを切った。

「CFC」という言葉には非常によく似た分子の仲間が含まれ、その後数年をかけて、それらのうちほとんどすべてが試験され、商業化された。明らかになったのは、その化学的構造のために、CFCがあらゆる種類の用途にとって有用だということだった――冷蔵庫だけでなく、髭剃り用フォームやデオドラント剤を押し出すエアゾール〔スプレー〕缶、消火器に使用され、工業用溶剤としても使われ、その他の非常に多岐にわたる、より専門的な用途に用いられたのだ。CFCがあらゆるところに普及するのに長い時間はかからなかった。トマス・ミジリーは社会の承認に浴し、可能な限りほとんどすべての勲章や賞を受け取った。四〇歳になる前に、彼は二〇世紀のもっとも重要な化学物質のうちふたつを発明していた。彼はアメリカ化学会の会長・議長に選任され、彼の知る限り、歴史における彼の地位は確約されていた。

世界の化学道具箱へ追加された道具としてのCFCの主要な利点のひとつは、その安定性だった。それは他のどんなものとも反応せず、崩壊することもなかった――長持ちするから頼りになるというわけだ。しかしこの当座の利点が、長期的には最大の欠点だということが判明した。CFCが短い期間でその仕事をこなしたあとは、そのすべてが避けがたく大気中へと漏出した。いちど大気中に出れば、他にはほとんどどこへも行きようがなく、それらを排除する仕組みもない。だからそれらは蓄積したのだ。長いあいだ誰も気づいていなかったが、一九六〇年代、一九七〇年代と進むにつれ、大気中のCFCの濃度は急激に上昇していた。[8] 次に生じたことはよく知られている——南極の上でオゾン層に空いた穴が発見され、CFCに原因があると判明したのだ。CFCの放出は非常に長く続いていたため、それらは上空に道を見つけて成層圏まで到達し、紫外線に対して地球がもつ盾の一部を破壊することに成功した。そのことへの意識が高まり、影響の深刻さが逃れ難いものとなると、市民社会は産業界の異議を蹴り倒した。一九八七年、CFCの完全な段階的廃止を世界に促すモントリオール議定書が署名されたのだ。大気中のCFCの量はようやく減少傾向となっており、オゾン層の穴はゆっくりとだが回復してきていると考えられる。危険な化学物質の規制に対するこの世界的合意の規模と成功は、国際的な協力がなしえることの輝かしい例として取りあげられている。しかしCFCはどこかへ行ったわけではない。それらのほとんどはまだ大気中にある。そしてかなりの量が現在、海にもあるのだ。

私たちが見てきたように、海にはふたつの主要な層がある——最上部にあり、常に大気と接している薄く温かな層と、その下にあって空気から切り離された、より冷たくより厚い諸層だ。大気中のどんな気体も海の最上層のなかを通過できるため、CFCももちろんそれをおこなった。水中に入ってしまえば、それらは通常、ただ最上層にとどまり、海の他の部分よりも上にある。[9] しかし私たちはすでに、水

8 実際にそれらに気づくことができるようになったのは、のちにガイア理論を提唱するジェームズ・ラブロックが一九五七年に電子捕獲ガスクロマトグラフィーと呼ばれる技術を開発してからだった。これはCFCや他の似た分子を、それらが非常に少ない量でしか存在しないときでさえ検出可能な見事に高精度の手法だ。ラブロックはガイア理論の発明と普及でもっとも有名だが、科学者たちはこの検出装置が、大きな差をつけて彼のもっとも重要な業績だと考えている。

9 気体の移動は双方向のプロセスのため、CFCは実際には表面を境に上下両方の方向に移動し、海面と大気とで均衡を保つ。

が表層の下部を貫通し、その下にある深海の盆地まで下降する、珍しい場所のひとつを訪れた――デンマーク海峡オーバーフロー、世界最大の滝だ。それ以外にも、近くにはより小さな「沈む場所」があり、深海への排水口のようにふるまって、表層の水をゆっくりと深みへ流している。水が下へ流れるときに運んでいるものがなんであれ、それらの排水口は水が運ぶものを流さざるをえない。だから沈んでいる水にはうしろへ置いてきた大気の、CFCを含む指紋がつくのだ。水がその滝を滑り落ち、大西洋の深部を南に向かうとき、それは大気の最新の指紋を連れてゆく。そして大気中のCFC濃度は年を経るにつれて増していたため、それぞれの水のひとかたまりが表面を去った年が、水のCFCマーカに刻印されている。

このすべてによって科学者たちは、北大西洋の排水口を流れ出した水の年代の地図を作成することができた。より若い水はより古い水のたどった経路をただ追いかけているので、私たちはその進行を追跡し、そこにたどり着くまでにどのくらいかかったかを確認できるのだ。

北太平洋北部のデンマーク海峡オーバーフローを流れ落ちたあと、CFCを多く含んだ水の舌が南に向かってこそこそと動いている。CFCに天然の供給源はないため、それはすべて人間から出たもの――私たちの冷蔵庫、エアゾール缶、消火器から出たものだ。CFCは不活性なので、それらは非常に低い濃度で水中に居座る以外のことはなにもしない。CFCのラベルのついた水は大西洋の西側でもっともすばやく動き、メキシコ湾流が北向きに流れている下のかなりの深さのところで南向きにスライドしている。この南へ向かう流れは毎秒約一センチメートルで移動しており、一日でおおよそ一キロメートル進む。それほど速い動きではない――ブルー・マシンは深い場所ではゆっくりと回転するのだ。

四〇年前グリーンランド近くの水面を出発した水は現在、出発地点から一万キロメートル南、ブラジル沿岸のすぐ沖のどこかにある。そしてそれはまだ続いており、水が運ぶCFCは地球を巡る旅の道すがら、水の横向きの運動を追跡し続けているのだ。

このCFCマーカの存在は一時的なものだ。私たち人間がついにみずからのおこないのあと片付けをはじめたからで、現在、大気中のCFC濃度は下降し続けており、そのマーカは沈下する水を追跡する方法としての有用性を失いつつある。しかし人類が引き起こしたこれらの特徴的な分子の大爆発が、海という大いなるエンジンの内部に現在とらえられている海水の塊を数十年にわたって汚染したのは事実で、私たちはそのことによって惑星を巡る水の横向きの旅路を追うことができるのだ。

より深い海の内部は表層とは異なるテンポでワルツを踊っており、この水がふたたび大気にふれるまでには、何百年もの時間がかかるかもしれない。北大西洋の排水口を流れ落ちた水は現在、風と密度によって駆動される巨大な逆転循環の一部となっている。その深海の水のなかに入ったあらゆるものは、上に戻ってくるまで、表面から、そして私たちから断絶される。この深層流のシステム――熱塩循環と呼ばれる――は、表層においては温かい水を熱帯から両極に絶えず移動させ、深層においては冷たい水を両極から遠ざけている。[10]

これこそ、ブルー・マシンのもっともゆっくりとした、もっとも優美な基盤だ――何百年というタイムスケールで惑星の深い場所を巡る、ゆっくりとした横向きの水の移動。北大西洋からやってきた深海の冷たい水が南極海に到達すると、それは南極大陸をまわってインド洋や太平洋の水と混ざり、それらの海盆のなかで旋回し、ついには表面に戻ることができる。世界中の海をひとつにつなげるのは、この

10 「熱《サーモ》塩《ハライン》」という名称には議論の余地がある。というのも、その名前だとシステムが熱と塩――「サーモ」と「ハライン」――のみによって駆動しているかのようだが、このすべてを作動させるにあたって決定的に重要なのは海面に吹いている風だからだ。

深く、ゆっくりとした循環なのだ。[11]

表面を離れると、それらの水は大気および人間の世界から切り離されて深海をゆっくりと進んで巡り、数百年後にふたたび表面に到達して、もういちど私たちと私たちが創造してきた世界にさらされる。この遅いベルトコンベアは地球のあちこちに熱を押しやっていて、その速度とその動作の機微は、私たちの気候に重大な影響をおよぼしている。CFCが見せるグラフのギザギザのおかげで、私たちはこの深海の循環を追跡し理解することができるわけで、[12]それはトマス・ミジリーが人類の文明にもたらしたおぞましい貢献の裏にある、ほんの小さな救いといえる。

ミジリーは彼の化学的発明のおそろしい結果たちに直面する必要はなかった。一九四〇年、彼はポリオに罹患し、[13]これが彼に厳しい移動の制限を残した。彼は自分でベッドから動けるようにと、ロープと滑車からなる複雑なシステムを考案した。一九四四年、彼は彼自身の発明に絞殺された状態で発見された。未検証の技術の悪影響が少なくともひとつ、最後に彼に追いついたのだった。

重力の圧政

ここまで私たちは、海の解剖学的構造の全体像をつくりあげてきた。その教えとは、海は単純にとても大きいため、簡単には混ざりあわない――あるいは、もっと正確にいうなら、海全体をすべて均一にするほどにそれをすばやくかき混ぜることのできるメカニズムはないということだ。これこそ、海水が異なる場所で異なる特徴をもち、それらを温度と塩分でラベルづけできる理由だ。海水にとって最大の変化は表面で起こり、ひとかたまりの水が表面を背に出発するとき、それはとてもゆっくりとしか変化しえないサインを運ぶ。しかし深海の、海のはらわたに隠れた場所ですら変化は起こりうる。水自体が変化することはありえないが、一時的な訪問者が出入りし、ときに滞在することはあるのだ。しかし重力は、それらが通過するのはたったひとつの方向に向けてだと定めている――下だ。

沈みゆく船はおそらく、海面から深海へと落下するもののなかでもっとも大きく、かつもっとも重い単独の物体だ。その鋼鉄の設計物はどんな自然物よりもはるかにすばやく海水のなかを転落することができる。それは周囲の影響をあまり受けずにすばやく沈んでゆくだろう。しかしそのときでさえ、密度の高い海水がそれを垂直な直線に沿って落下させることはめったにないだろう。沈む物体が通過することでその水はバラバラになるかもしれないが、それでも水は実質的な力を行使して、物体の下向きの進行を遅らせたり逸らしたりできる。物体が小さいほど、その経路と速度に海が与える影響は大きくなる。そのため、密度の高い海水と重力の組み合わせは、沈みゆく船やそれに類する大きさのものさえも対象とする仕分けのプロセスをもたらす。これは沈没した船と同じくらい大きな災害の物語においては些細で取るに足らないことのように聞こえるが、ロバート・バラードにとっては、これがまさに重要なことだった。なぜなら、それこそが彼にRMSタイタニック号の残骸の発見を可能にしたからだ。

一九一二年、完成したばかりのRMSタイタニック号は世界最大の船で[14]、ホワイト・スター・ライ

11　世界の海を巡る道のりの全体は単純なものではない――それは枝分かれして混ざりあっているし、その構成要素がそれぞれの深さで互いに重なりあっているからだ。

12　これは人間が導入した偶発的なマーカの唯一の例ではない。一九五〇年代の核兵器の実験が激しかった時代、「ボム・カーボン（核実験起源放射性炭素）」（炭素14）とトリチウムもまた海に混入し、それはグラフ上で巨大な山を示す。原子力をめぐるわれわれの狂乱の証拠は、これから何年も何年も深海を漂い続けるだろう。

13　これはポリオに有効なワクチンが開発される数年前の出来事で、ポリオは一般的かつきわめて深刻な病気だった。

ン社が誇るイギリスの豪華客船だった。その船がサウサンプトンからニューヨークへの処女航海に二二二四人の乗客とともに出航したとき、とりわけそのエンジニアリングにおいて、船は自信に満ちあふれていた——その船は近代という時代の優美な象徴だったのだ。

夢から悪夢への移行は突然かつ残酷だった。出航から四日後の真夜中、船は氷山に衝突し、三時間のうちに沈んで、乗客の三分の二におよぶ犠牲を出した。この衝撃は世界中に響きわたり、海上の安全手順の全面的な見直しと実際になにが間違っていたのかについての終わりなき憶測、そしてその夜のドラマを伝える書籍・記事・映画の絶え間ない奔出をもたらした。しかし証拠となる重要なピースがひとつ失われていた——船自体だ。それはニューファンドランド島沖約七〇〇キロメートルの大西洋北西部、水深およそ四キロメートルの海の波の下に消えていた。残骸がもう決して見つからないかもしれないという考えは多くの人にとってほとんど耐えがたいもので、その後数十年にわたって、たくさんの捜索と引きあげの提案がおこなわれては消えていった。技術的な確実さの度合いはそれぞれに異なっていたが、どの提案も涙が出るほどに高額だという同じ特徴を共有していた。

一九八〇年代、タイタニック号が安らかに横たわって七〇年が過ぎたころ、ウッズホール海洋研究所のロバート・バラード博士はついに絶好の機会を摑んだのだが、それはアメリカ海軍のおかげだった。海軍は民間の歴史的難破船を見つけることに一切の興味をもっていなかったが、二艘の原子力潜水艦の残骸を調査することには、かなりの関心を抱いていた。一九六〇年代にタイタニック号が沈没した場所の近くで消息を絶ったUSSスレッシャー号とUSSスコーピオン号だ。海軍は潜水艦に電源を供給していた原子炉になにが起きたのかを知りたがっていた。そこで海軍はボブ〔ロバート〕・バラードがアルゴとよばれるカメラ搭載ロボットを設計・作成できるよう資金援助した。船のうしろで曳航されてリアル・タイムのヴィデオを船上の操作盤に送信できる機器だ。彼が言われたのは、潜水艦を発見してその位置を特定できれば、残りの時間は船の上で好きなことをなんでもしていてよいということだった。それは誰にとっても好都合だった——海軍はタイタニック号の探索を隠れ蓑にして冷戦時代の沈没船を調査できたし、バラードは他の仕事が終わりさえすれば海底探査にうってつけの船を使用できた。

　アルゴは深海探査における技術革命の象徴だった。それ以前のカメラ・システムは投下・曳航してデータを集めたあと、情報を取得するため船上へ引き戻す必要があったのだが、それは広い範囲を調査するにあたって混乱を引き起こし時間を食う方法だった。一方、アルゴは海底で動くことのできるロボットの目のようにふるまった——それは深海に何日間もとどまることができ、曳航されて芝刈り機のようなパターンで前後に動いた。そのあいだ人間は交替しながら快適な船でライヴ映像を見て、リアル・タイムで曳航のパターンを誘導した。しかしアルゴはまだ、比較的小さなエリアしか走査できなかった。アルゴのシステムとボブ・バラードを運ぶR／Vクノール号がタイタニック号の探査エリアに到着したとき、船上での時間はあと一一日しか残されていなかった。[15] ソナーによる調査では船体らしき大きな特徴は特定できず、調査対象の広大な領域が約一〇〇マイル四方にわたってまだそこに残っていた。タイタニック号を発見するという任務は不可能に思えた。

　しかしボブ・バラードはUSSスレッシャー号の残骸からある教訓を得ていた——沈みゆく一艘の船は単一の物体ではない、すなわち異なる形状と大きさの複数の物体が密度の高い海水のなかをさまざまに落下するのだと。

14　もし気になった方がいてはいけないので書いておくと、全長二六九メートルだった。

15　フランスの船R／Vル・シュロワ号も加わり、同じ探索活動の一環として、ソナーの一種を用いてその場所をマッピングした。

スレッシャー号は水深数百メートルの場所で爆縮し、それからデブリ〔建造物の破片〕はそれぞれ独立した経路に沿って、さらに二キロメートル下の海底に漂着した。重力は沈みつつあるあらゆる物体を下に引っ張るが、その物体は実際に動くにあたって、その下の水を押して道をひらかなければならない。よりすばやくそれをおこなうことができれば、物体はより速く海を落下するだろう。そしていくつかの要因が、最終結果に影響を与える。

沈みつつある物体がその体積に押しこんでいる質量がより大きい場合、すなわちより密度が高い場合――たとえばそれが磁器ではなく硬い鋼鉄の場合――重力がそれを下向きに引く力はより大きくなる。もしその物体がコンパクトなら――テニス・ラケットではなくクリケット・ボールなら――それが下向きに動くにあたって道をひらくために押す水は、より少なくて済み、やはり降下は速くなるだろう。もしそれが紙飛行機のように滑空する形状なら、その形状によってもまた降下は影響を受けて、物体は遅くなったり横に逸れたりするかもしれない。なにより、より小さな物体にとって、抗力はその物体のサイズに比べてはるかに大きいため、小さなものは、はるかにゆっくりと沈むだろう。そしてあらゆる物体は、それがどんな深さにあったとしても水流によって横向きに運ばれるため、その落下がゆっくりであればあるほど、横向きの動きはより大きくなる可能性がある。

USSスレッシャー号の船体の周りにはデブリのフィールドが数百メートルにわたって広がっており、物体がさまざまな沈み方をして広範囲の漂流経路をたどったことを示していた。タイタニック号の生存者のなかには、船が半分に割れるのを見たと語る者もおり、もしこれが本当なら、海底のあちこちに大量のデブリが散らばっていることになる。そして広大なエリアをたった一一日間で捜索するにあたって、ボブ・バラードは新しいアプローチをとることを決意した。タイタニック号そのものを探すかわりに、その周りで外側に広がっているに違いないデブリのフィールドを、アルゴを使って探すことにしたのだ。デブリは非常に小さいため、特にそれがゴツゴツとした海底に散らばっていた場合、どんなソナー画像にも表示されない可能性があるが[16]、おそらくロボットのカメラならチャンスはある。

アルゴは降下させられ、人間たちはクノール号が芝刈り機のような動きで勢いよく行き来するあいだ、四時間交替で仕事に臨み海底を観察した。数日が経ち、船上のストレス・レヴェルは時計の針が進むにつれ上昇した。そして一週間の観察ののち、金属製の物体が現れはじめた――そしてついに、間違いようのない手がかりが登場した――タイタニック号の特徴的なボイラのひとつを撮った写真に正確に一致する大きな円盤だ。さらに多くのデブリが出現するにつれ、その悲劇の人間的側面が見えるようになった――ティーカップ、ワイン・ボトル、給仕用トレイなどだ。バラードと彼のチームはデブリの跡を追いかけ、船体にたどりついた――それは海底にそびえる錆びた鉄でできた巨大な山で、海における人間の生命の脆さの静謐で朽ち果てたモニュメントだった。

一九八五年以降、多くの調査隊がタイタニック号に戻り、現在ではデブリのフィールド全体の調査がおこなわれている。その船は海面で半分に割れ、単一の場所に沈んだが、デブリはおおよそ縦五キロメートル・横八キロメートルのエリアのいたるところに広がっていた。おそらく船の前半分は沈んだ際、その形状によって前方に滑り出し、船尾から遠ざかったと考えられる。船尾の部分は沈む際に回転し、

16　見てきたように、深海の底部がゴツゴツしていることはあまりない。しかしこの海域には氷河が定期的に漂流し（タイタニック号が氷河にぶつかったのはこのためだ）、海水がそれらの温度を上げるにつれ、内部に閉じこめられていたあらゆる岩が海底に落ちる。そのため、このあたりの海底はめったにないほどゴツゴツとしており、そのことで人間によるデブリと自然のデブリのソナー・システムによる区別がさらに困難になっていたのだ。

空気の閉じこめられた空間に向かって側面が爆縮したため、さらなる損傷を被った。船首と船尾は現在、六三〇メートル離れて横たわっており、くしゃくしゃになった船尾の周辺にはデブリの区画が特に密集している。

タイタニック号が波の下に滑り落ちた地点は、船首や船尾がある真上ではなかったと考えられている。なぜならその両者の中間には、まっすぐ下に落ちたと考えられる密度が高くコンパクトな物体が密集した区画があり、そうした物体が沈没地点の目印と見られているためだ。小さな物体と、滑空しやすい形状をもつ物体は、かなり遠くで発見された。そのすべてが何時間、もしかすると何日もかけて海底に到達したのだ。この巨大な悲劇のそれぞれの欠片が、最終的な安らぎの地への水中の道を見つけていた。

近くにいた船は沈没の夜に南向きの海流を記録していた。そのためもっともゆっくりと沈んだデブリは下降と重力と海の物理現象があらゆるものを大きさと形状で仕分けしているあいだに、その海流によって運ばれたのかもしれない。

難破の現場から回収された遺物のほとんどは、船の主要部ではなくデブリのフィールドからのものだった。ボブ・バラード自身は、遺物の回収は墓荒らしに等しいと考え、この最初の踏査でもその後の踏査でも、なにも回収しなかった。彼はこの場所をそっとしておき、死者への追悼として残骸を朽ちるに任せておくことを提案する、もっとも歯に衣着せぬ主張者のひとりであり続けている。[17] 一般に私たちの社会は物事をなすがままにしておかないことが多いが、おそらく海自体が、そのゆっくりとした、しかし着実なあり方で、私たちのために決断をくだしているのかもしれない。

大きな物体であっても、深海に沈むにあたっては大きさと形状で仕分けされる。しかし海の生き物はほとんどが、その大きさの対極にあるスケールで活動しており、それはもっともゆっくりと下降するもっとも小さな欠片だ。それはみずからを抱く水塊のなかで、その水が表面からかなり離れたあとでも、長い時間を費やして性質を変ずる。そうしたスケールでは、仕分けの結果はさらに劇的だ。

沈むことは、海におけるもっとも重要なプロセスのひとつだ——実際それはおそらく、海の生き物がいまあるように分配されている、もっとも根本的な理由だ。しかし沈むことが生き物にとって重要とはいえ、沈んでいるのが実際には生き物それ自体でないということはよくある。しばしばそれは、生き物が投棄したものなのだ。

漏れやすい表面

初夏の夕暮れが涼やかな北大西洋をゆっくりと覆うころ、透明な生命の粒が、その関節のある脚を漕ぎはじめ、暗くなりつつある空に向かって上昇している。これはカラヌス・フィンマルキクス〔*Calanus finmarchicus*〕、体長二ミリメートルの小さな甲殻類で、丸い楕円形の体と、頭の両側から突き出た二本の長い触角をもっている。これはカイアシ類と呼ばれるグループの一種で、〔英語の"copepod"は〕コープポッドと発音し、「櫂の脚」を意味する。絶え間なく漕ぐことで、この個体は波の下一〇〇メートルの暗闇からだんだんと上昇し、より温かな水面の近くへとやってくる。食事をはじめることのできる場所だ。この周辺にはさらに小さな生命体がおり、そのほとんどが〔多細胞生物のカラヌス・フィンマルキクスと

17　船が位置する場所の水深と水の冷たさから、その船ははるかに良好な保存状態にあることが期待されていた。しかしその水深にはたくさんの生物がいるため、ほとんどすべての有機物がすでになくなっている。鋼鉄の船体自体もまたゆっくりと錆びつつあり、それがどのくらい持続するのかを知る者は誰もいない。

は違って」単細胞生物で、太陽のエネルギーを使って、周囲の水に溶けている原材料――硝酸塩・リン塩酸・鉄化合物――から糖とタンパク質をつくることで一日をすごしている。カイアシ類は水に溶けた原材料を利用できないが、太陽を収穫する者《サン・ハーヴェスター》そのものを大いに食べることはできる。だからそのカイアシ類は、見つけうるあらゆる小さな単細胞生物をつめこんで夜をすごす。

一般に生き物は海水よりも密度が高いため、デフォルトの結果ではすべての生命が沈むことになる。そして重力はすべてを下向きに引いているため、仕分けのプロセスが生じる。単細胞生物はとても小さいため、重力の影響をほとんど受けない。それらは小さな体積に対して膨大な表面積をもっているため、惑星全体の重力はその周囲の、高密度で粘りけのある水の抵抗にほとんど打ち克つことができないのだ。それらの生き物がその短い生涯を通じて浮遊状態を保つには、通常、海の上部の層が穏やかにひっくりかえるだけで十分だ。しかしそれらがカラヌス・フィンマルキクスに食べられると、そのだらしない食べ方のせいで食べかけの細胞の塊は水柱に残されて漂い、蛇行しながら非常にゆっくりと落ちてゆく。また、より大きな捕食者はカイアシ類をむしゃむしゃと食べ、脚や触角の破片を水と重力の気まぐれに向けて放出するだろう。また、死んだ生命はどんなものでも、何時間あるいは何日もかけてゆっくりとした下降をはじめるだろう。しかし自然が良質な食料源を手つかずのままにすることはめったにない。バクテリアは残骸《デトリタス》をもぐもぐと食べて原材料――主に硝酸塩・リン酸塩・鉄などの栄養――を放出して水柱に戻し、再利用を促すだろう。

曙光が差しはじめると、そのカイアシ類は深海に撤退する。それを捕食する生物の多くは視覚で獲物をとらえるハンターで、夜明けがハンターたちに、小さくて孤独な漕ぎ手に対する莫大なアドヴァンテージを与えるからだ。だからカラヌス・フィンマルキクスは沈んで暗闇のなかへと戻り、夜のご馳走粒《ペレット》を平和に消化する。しかし入ったものは出なければならない。深海の奥で、そのカイアシ類は糞の粒《ペレット》を放出する。ゆっくりと回転しながら、その小さなうんちは奈落へと蛇行し、上部の層からやってきた食べ残しに加わる。海面付近のバクテリアに見逃され、太陽の光から遠く離れて沈んでいる残骸《デトリタス》だ。かといって、バクテリアによる摂食はまだ終わっていない。生命の食べ残しが暗闇のなかでゆっくりと螺旋を描くにつれ、微生物は活動を開始し、その貴重な食料源をあっというまに貪って、その栄養成分を水へと戻す。この時点で、その重力的な綱引きから手が離される。水中に放たれた原材料はいまやただの小さな分子で、何十億という水分子のなかでひしめきあっている。それらはもはや沈むことができず、周囲の水の一部となり、より多くの生命を構築する潜在力に満ちているものの、暗闇に閉じこめられ、水が連れていくところならどこへでも行かなければならない。

カイアシ類は毎日の上昇と下降を繰り返しながら、海のシステムの、ある重要な特徴のなかでその役割を果たしている――その特徴とは、巨大でゆっくりとした漏出だ。海の表層は、細胞が生きて死ぬにともなってリサイクルされる栄養のほとんどを手放さない。しかし生物ポンプと呼ばれる、継続的でゆっくりとした下向きの漏出が存在する。いちど生体物質が温かな表層から落ちて深海で消化されれば、それらの栄養は深海の水に加わり、もとに戻ることはできない。このことは深海の水の性質を変え、それを栄養で満たす。同時に、表層は徐々に空になってゆく。

仕分けのプロセスは、なにがどこに落ち着くのかが決定されるにあたってとても重要だ――もし物体が非常にゆっくりと落ちれば、その途中で他の生物に摂食される可能性が高まり、栄養を周囲の水塊のなかに押し出すことになる。しかし、もし物体がより大きく、より高い密度をもっていれば、それらはすばやく海底に達し、深海の水になにもつけ加えることのないまま、そこを通りすぎるだろう。どちらの場合も、海の表層から漏出するものはすべて、太陽の光から十分遠くに輸送される。そのため、深海の水の栄養の性質は、重力による仕分けのプロセスが決定する——そしてその漏出は、下向きのものでしかありえないのだ。

海の生命の逆説

そしていま、生命維持システムとしての海の根本的問題があらわになっている。エネルギーとは生細胞の構築に不可欠なもので、そのエネルギーは上部に、すなわち太陽光が潜在力をもって光り輝きながら海へ到達する水面にある。しかし重力は、生命そのものと手を取りあって、温かな表層の水からその栄養をだんだんと剝ぎ取り、深海へと送り出している。その栄養——生命の重要な原材料——は深海の水の層に属しており、そこでは太陽の光が栄養にふれることは決してないだろう。この栄養豊富な水は上にある水よりも密度が高いため、底にとどまる。層をなす海の大いなる逆説は、海というエンジン自体が、それを構成するふたつの重要な要素の分離を強制するということだ——エネルギーと物質の分離を。これでは生命は破滅だ。

これは机上の空論ではない。北太平洋の中心近くの水は驚くほど明るいロイヤル・ブルーで、陽気な青色のクレヨンか、もっとも純粋なラピス・ラズリを思わせる。もし船が接する水面の下にカメラを浸せば、乗っている船の船体すべてを、ほとんどそこに水がないかのように調べることができるだろう。視界は完璧な青のなかで数百メートル先まで広がるかもしれないが——見えるものはなにもない。表面の水は明るい陽光に浴しているものの、栄養を含まないため、ほとんど完全に空っぽだ。見えるのは生命や有機的な残骸《デトリタス》に汚されていない水そのものだけだ。大きな海盆の中心は一般に砂漠に等しい海で、そこに貧しい条件で最小限の生命がしがみついている。たった数百メートル下には豊富な栄養があるものの、下部の水は表面の水よりも密度が高く、そのため陽光のもとへ上がってくることができない。もしも海の層が完全な状態で、栄養がすべて下に閉じこめられていれば、栄養の潜在的な力が現実化することはありえない。そしてもしも植物プランクトンが、太陽のエネルギーをきちんとパッケージ化された分子のエネルギーに変換するというその仕事をこなすすべをもたなければ、他のすべてにとっての食料源もなくなるのだ。

しかし私たちが見てきたように、すべてが失われたわけではない。太平洋の上部の層が熱帯の風によってチリ沿岸から押し出されるところでは、冷たく栄養豊富な水が下部から上へ逃げ出して太陽からやってきた満ちあふれるエネルギーのなかへと進むことができる。その結果は生命のスモーガスボード〔さまざまな料理が並ぶスカンディナヴィアの食事形式のひとつ〕だ。

私たちは海の異なる部分を強制的に分離するプロセスについて考えてきた。しかし私たちはいまや、海における生命の分布は例外によって規定されているに違いないと見なすことができる。その例外とはすなわち、栄養が太陽光に接続できる場所だ。だからいまこそ、海においてもっとも重要で、しかし目に見えないプロセスのひとつについて考えるときだ——混合というプロセスについて。

重要な構成要素をふたたび組み合わせる

分離という大きな逆説は、生命の要件だけにあてはまるわけではない。仮に冷たく塩分の大きな水がすべて底にあり、より温かく淡水に近い水がその上に浮かんでいるとすれば、海というエンジン自体が動かないだろう。私たちにとって幸運なことに、海というエンジンは実際に動いている。というのも、それは定期的に小突かれ、静止状態を免れているからだ。しかし私たちはそれらの小突き《ナッジ》を当然と思うべきではない。それらは非常に貴重なのだ。

いままでに重い物を持ちあげたり、階段をのぼったりしたことのある方ならご存じの通り、物を持ちあげるのにはエネルギーが要る。その物体が大きく、また高い密度をもつほど、持ちあげるのには多くのエネルギーを要する。[18] したがって密度によって分離された水の層を混合するのは、単にちょっとかき混ぜるだけというわけにはいかない。冷たく密度の高い水が上に持ちあげられ、上にある温かな水と混合するにあたっては、なにかが十分なエネルギーを供給しているはずなのだ。

紅茶をかき混ぜるときには、あなたが気づかないうちにスプーンから伝わる、ごくわずかな量のエネルギーが要るだけだ。しかし海は一杯の紅茶よりもはるかに大きい。たとえそのほんの一部であっても、掻き混ぜるには莫大な量のエネルギーを要する。[19] 莫大な量の冷たく密度の高い水を上に持ちあげる必要があるからだ。したがって海が静止状態に陥らないためには、次のふたつが必要だ――すなわち、巨大で継続的なエネルギーの流動が物を混ぜあわせることと、そのエネルギーを海に取りこむメカニズムだ。私たちは、海が層状になった単なる動かない池ではないということを知っているのだから、この仕事をおこなうためには、いくらかでもエネルギーを供給するなにかが存在するはずだ。

いま私たちは、大きくて深刻な疑問を抱えている。この混合のすべてをおこなうエネルギーの源はなんなのだろうか？　海というエンジンはなにもしないのではなく、なにかをしているのだから、この巨大なエネルギーの源は存在しているに違いない。いくつかの供給源があることが判明しているが、そのための最大の導管のひとつは、もっとも意外なもののひとつでもある。ハワイのハナウマ湾の底にあるサンゴたちは、その影響を日々感じている。

時間《タイム》と潮汐《タイド》

オアフ島の東側、ホノルルの繁華街から約一五キロメートルの場所に、この島を形成した最後の火山活動の痕跡が残っている。ハワイにある火山のほとんどは海に向かってなだらかに傾斜している。何百万年もかけて溶岩がゆっくりと流れ出た結果だ。しかし三万二〇〇〇年前のこの場所での火山噴火は爆発的かつ早急なものだった。それらの噴火によってギザギザとしたクレーターがひとつ残り、冷えるにしたがって下に沈んで、最終的に片側が海に突き破られることで、急峻な丘に囲まれた美しい円形の湾を形成した。今日、ハナウマ湾は直径が数百メートルあり、深さ最大三〇メートルの水を湛える、毎日何百人もの観光客が訪れる大変美しい保護された入り江だ。

波の下では、パステルカラーのサンゴが砂がちな海底の大部分を覆い、アオウミガメやパロットフィ

18　持ちあげた塊＝質量をまた落とすと、そのエネルギーは戻ってくる。物体が空中にあるとき、それは重力による位置エネルギーをもっているため、一時的なエネルギー貯蔵所となっている。それを下に戻すと、そのエネルギーは別の形式に変換される。これが水力発電の仕組みだ。持ちあげられた状態の水はエネルギーを蓄えており、ダムの底にあるタービンがそのエネルギーのほとんどを取り出して電力に変換する。あるいは塊＝質量を足の上に落とした場合、そのエネルギーのほとんどすべてが熱に変わる。失われたわけではないが、こうなると有用な形式とはいえない。

19　海洋学者たちは、私たちの知っている海を生成すると仮定して、撹き混ぜるためだけに海に投入する必要のあるエネルギーの量を推定したが、その量は巨大だった——約二兆ワットだ。

ッシュがにぎやかな礁《しょう》の周りを泳いでいる。水は温かく、春が進むにつれ太陽に熱せられてさらに温かくなり、二六℃という快適な温度にまでなる。しかしある日、太陽がその頂点に達したちょうどそのとき、水深約一五メートルにいる魚がある変化に気づく。温度の急な低下だ。数時間のあいだ、わずかに冷たい水がその周囲にあふれることで、サンゴは暑さからの一時的な休息を得る。六時間後にそれは去り、サンゴと魚たちはふたたび温かな水に浴する。さらに六時間が経つと、冷たい水が戻ってくる。晩春と初夏を通じて、ハナウマ湾の深部ではこのように、水面と同じく温かな水と、この不調和に訪れる……どこか他の場所からやってきた水が交互に存在する。その水はどこかさらに深く、より冷たい場所からやってきたのだ。犯人はちょうど沖合にいて、陸にいる観光客からはまったく見えないが、海のこの部分で重要な役割を果たしている。

ハワイの島々はおおよそ、南東から北西に伸びる線に沿って並んでいる。活火山はビッグ・アイランド（OTECがある島）にあるが、その北西の島々は進むごとに古くなり、ほとんどが火山活動の時期を過ぎて、冷えるにつれ沈下・縮小している。しかしこれらの島々は水面の上に突き出た山頂にすぎない。その山脈は水面下で二〇〇〇キロメートルにわたって外側に広がり続け、水没したかつての島々による巨大なヤセ尾根を形成している。これがハワイ海嶺《かいれい》、主に深さ約四五〇〇メートルの海底から突き出ている地理的ナイフ・エッジだ。そしてハワイ海嶺が重要なのは、それが邪魔になるからだ。そしてそれがなにを邪魔しているのかといえば、潮汐だ。

地球と月のシステムは、ほとんどの場所で一日二回の潮汐を生成する。[20] 海が重力の引く力と、自転による物理現象に反応するためだ。私たちは潮汐の主な影響のことを、それらが海岸線の近くで水位を上げたり下げたりすることだと考えがちで、そのため、海の広い範囲にわたって水位が数時間のあいだ一

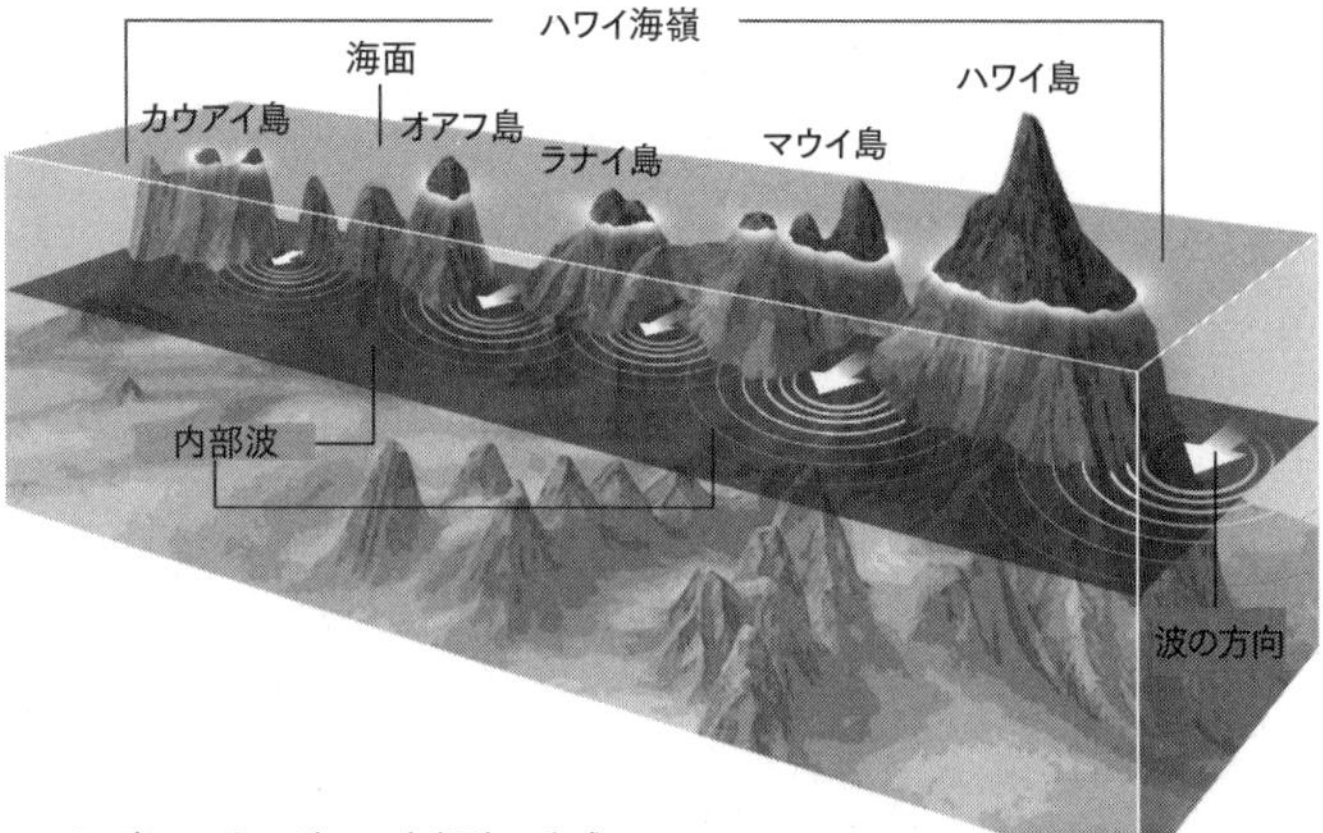

ハワイの島々のあいだでの内部波の生成

メートルかそこら上昇することで、膨大な量の水がどこかからどこかへ移動しているという事実を簡単に見落としてしまう。そして六時間後に、それはもういちど動いて反対の方向に戻っているはずなのだ。海は深くて広いため、深度全体におよぶ〔潮汐による〕ほんの少しの動きが海のかなりの部分を動かすことになる。しかしハワイ海嶺のように、海の深さの半分にもなる山脈が潮汐の通り道のまんなかにドスンと落ちていると、かなりしっかり邪魔になる。

もし完全に水に浸かった小石の上を流れる小川の水面に、小石が水中にあるにもかかわらず、波紋ができているのを見たことがあるなら、動いている水がそうした障害物にどう反応するかに気づいたことだろう。水中のハワイ海嶺とその上では、狭くなった隙間から水が押し出されるところに内部波が生じる。アクティウムの海戦で私たちが出会った内部波は、ふたつの分かれた層のあいだのかなりはっきりとした境界にあった。しかし海のなかほどの深さの場所では、密度はよりグラデーション的に変化し、そのためその波は単一の境界に

20 潮汐の全容は複雑だ。というのも、太陽と海盆・海岸線の形状がすべて、水が引き寄せられる場所やその動きのタイムスケールに大きな違いをもたらすからだ。より完全な物語については、ヒュー・オールダシー＝ウィリアムズの『潮汐』を参照のこと。

沿っては広がらない。かわりに波は一度にたくさんの深さに存在し、ゆっくりと外側に動くにつれて上下に漂う。それらの波は巨大なものでありえ、ひとつの波の動きを完了するのに数十分あるいは数時間をかけて、一日におそらく数キロメートルを水平移動しながら、海の諸層を場所によっては数百メートル押しあげたり押しさげたりする。

　これがハナウマ湾のすぐ外側で起きていることだ。ハワイ海嶺の一部が潮汐による流れに対しての障害物として機能するため、それは潮汐の向きに応じて向きを変える巨大な内部波をつくり出すのだ。そしてこれがハナウマ湾への周期的な冷水の流入を引き起こしている。これらの波は動くにつれて海の諸層を引きあげたり押しさげたりしており、ハナウマ湾の底にあふれている冷たい水は水柱のさらに七〇メートル下のところから引きあげられてきたと推定されている。その波は一年中生じているが、この比較的狭い湾でその影響が明瞭になるのは、表面の水が十分に温かくなる春と夏だけだ。

　こうした巨大な内部波は整然としたものではない。それらは海嶺を越えて砕け落ち、乱流の水の束を掻き混ぜ、熱を下に、塩を上に動かす可能性がある。あるいはそれらはエネルギーを携えて、深海へ何百キロメートルも移動を続けるかもしれない。そのエネルギーの経路をたどると驚くべきことがわかる。それはほとんど完全に、私たちが地球について一般に考えているエネルギーの流れの外側にあるのだ。

　そのエネルギーは地球と月の軌道でスタートし、両者の回転するダンスのなかに蓄えられたものだ。潮汐が動いて地球上をのろのろと進むと、軌道システムからエネルギーを濾《こ》し取るため、地球の自転は毎年約一七ミリ秒遅くなり、月は毎年約四センチメートル離れていっている。このことは地球＝月システム内のエネルギーの総量を減らし、潮汐を動かすエネルギー源を提供する。そして潮汐による流れはハワイ海嶺でそのエネルギーのいくらかを放棄し、内部波を形成する。その内部波が尾根の部分で砕ければ、そのエネルギーは海嶺の上で海をかき混ぜることになる。もし内部波が動き続ければ、そのエネルギーは外側の海へと運ばれ、遠く離れた大陸棚で波が砕けるときに、混合のプロセスへ、そして最終的には熱へと供与される。これらの波はとても大きく、海の内部を非常にゆっくりと移動するため、波が砕けるところを視覚化するのは難しいが、その砕け方は海岸線の波の砕け方と似ている。のろのろと動いているように思えるかもしれないが、海というエンジンの壮大なスケールで考えると、これはエネルギーのすばやい移動手段なのだ。

こうした内部波は世界中の海で見られ、海流が山脈、海嶺、あるいは大陸棚の端に出会う場所で頻繁に形成される。それらは海の深部を滑空するように進み、ほとんどの場合は見えないが、ときどき隠しきれない確かな信号を海面に残し、人工衛星に検出されることさえある。ハワイ海嶺は内部波を特に生成しやすく、そのためハワイの島々をとりまく水中の傾斜は、内部波の頂点がそこをさっとかすめる際に、冷たい水の躍動を受けとることがある。そしてその水はまた、周囲より塩分が大きく、わずかに酸性が強く、栄養豊富な可能性が高い。

内部波は海を掻き混ぜるすべてのエネルギーの大部分を輸送する媒体で、残りの混合は、表面の水を掻き混ぜ動かす風や嵐、水面近くにあり深いところの水を上にやる障害物（島々など）、そして海底で乱流を生じさせている海流の摩擦によって主に生じる。しかし、海の混合は不均等だ——ある場所では他の場所よりも多くの混合が起こる。そしてこのこともまた、海の特徴を形づくっている。もっとも重要なのは、潮汐から得られるエネルギーの総量は、海全体を混ぜあわせて完全に均一にするのに十分な量に遠くおよばないということだ。そのため、私たちがいま目にする海は、はっきりとした特徴のパターンをもつほど分離されているが、物事が興味深くあり続けるくらいには混合されてもいるという形で、混合と分離のバランスを反映している。海の大部分はしっかりとした層をもっており、栄養と陽光を分離し続けているため、海の多くの部分は砂漠に近い状態となっている。内部波の混合が表層に対して変化を生じさせるほどの影響をおよぼすことはあまりない。それらは海岸線や島々の近くでは違いを生み出すが、その混合による影響のほとんどは、より深い海の層で生じ、成層化があまりに極端になることを防いでいる。

こんど衛星からの映像や飛行機の窓辺で遠大な海を眺めるときは、ほとんど見えないまま深海を移動し、ゆっくりかつ堂々と海を行進し、最終的にはエネルギーを放出する巨大な波について考えてみてほしい。それは月と、地球そのものの両方からやってきたものだ。

海の成層化とその層はブルー・マシンの構造の重要な一部だ——しかし地球の赤道の円周が四万キロメートル強あるのに対し、海の水深は平均で四キロメートルしかない。私たちは深海にはゆっくりとした横向きの動きがあるということを見てきたが、海というエンジンのもっとも動的な部分はその上の海面近くにある。そこでは横向きの動きがはるかに速く、そして海が地球の他の部分と直接つながっている。大陸のあいだにある巨大で深い海盆を満たす水の表面——外洋の性質に目を向ける時が来た。

外洋

私たちは天気図を見て大気中でなにが起きているかを知ることに慣れており、ふわふわの雲が風に押されたり、雷雨が近づいたり、野外カフェのテーブルからナプキンが吹き飛ばされたりするのを目にするときには、そのすべてが意味するところを直接経験している。空気の流れはどんなときも私たちの周りで渦巻いている。海水は空気よりもはるかに密度が高い――空気は一立方メートルにたった一・二キログラムの質量しかもっていないが、一立方メートルの海水は約一〇二八キログラムの質量をもっている。そのため、水を動かすには空気を動かすよりもはるかに大きな力が必要で、水がすでに動いている場合、それをとめるのは非常に難しい[21]。

しかしやはり力は力で、海の大きな広がりの上を何マイルも風が吹くとき、その風は海面の水を移動させるのに十分なものだ。私たちは風が表面を押すことでどのように波を生成させるかをすでに見てきたが、それぞれの風はまた、細かな前向きの押し出しを提供し、小さな押し出しが何日も続くと表層流がつくり出される。押し出しのゆっくりとした蓄積は長期にわたる平均化の運動なので、海流は一般に大気の流れと比べてはるかに変化しづらい。表層海流の世界地図も美しいが、天気図とはかなり違っている。海流はブルー・マシンの回転にしたがい何週間、何か月もかけて満ち引きする堂々としたパターンに関連しているからだ。そして、それらのパターンはランダムなものではない――同じメカニズムが根底で働いているときでさえ、その結果は海盆の違いに応じてかなり違ったものになる場合がある。

ぐるぐると

ナラガンセット湾は大西洋の西側にある小さな海の袋小路だ。それはロードアイランド州の奥深くまで入りこんでおり、その区域のかなりの割合を占めることから「オーシャン・ステイト」という州のニッ

21　また、水は空気より粘性がはるかに大きいため、海では乱流がより遅く、より大規模になる傾向がある。

クネームの由来となっている。この地域は水域が保護されているため、船乗りたちのお気に入りの行き先だ。そしてロードアイランド州の町や市の地理は、陸よりも水から見たほうがはるかにわかりやすい。

スクリップスをあとにしてからの二年間、私は水のすぐそばに自己完結型の小さなキャンパスをもっているロードアイランド大学海洋学大学院を職業的拠点にしていた。そこでは生物学者たちは沿岸海域の言葉――漁業、貝床、栄養流出など――を話していたが、海洋物理学者たちは私が訓練を受けた泡の成り立ちよりも一〇億倍長く大きな時間・サイズのスケールで考えていた。そこでは知的な没頭をともなって肉体的に頭を水に浸す必要があった――毎年決められた回数のダイヴィングをすることで科学的なスクーバの資格を維持しなければならなかったのだ。私はそのすべてをナラガンセット湾でおこなった。

それにしても、海のこの部分の性質は衝撃的だった。水の上に見えるしわくちゃの海岸線と可愛らしい家々の美しい佇まいは、その下の景観にそぐわない。その水は渦巻く堆積物によって暗くなっており、痛いほどに冷たいことがある――冬場は冷たい大西洋にふさわしくわずか五℃だが、太陽がその浅い水域を温めるにつれて、真夏には二〇℃まで上昇する。

私はカリフォルニア沿岸の冷たく見通しの良い水とブルケルプ〔海藻の一種〕の大きな森、太平洋の広大さに慣れていた。しかしここでは、岩がちな海岸は隙間や巨礫だらけの濁った浅瀬に続いており、間違いなくコーホッグ[22]やロブスターの素晴らしい棲み処ではあるのだが、人間にとっての視覚的な楽しみはほとんどない。私が最初のダイヴィングで、岩に押しつけられるのを避けながら、なぜ人はここへ潜ることを選ぶのだろうなどとは考えないようにして視界の悪いなかを進んでいたとき、明るい黄色の閃光が暗闇のなかから現れ、消えていった。私は水を蹴って先へ進み、大きな岩のうしろで忙しく動いている一匹のチョウチョウウオを見つけた。その尖った鼻先とまばゆい色とドラマティックな模様は、この陽気な生き物がまさに熱帯サンゴ礁の魚だと激しく主張していた。夏のこの時点でナラガンセット湾の水はそれほど冷たくなかったが、峻厳な茶と黒の環境と上から降る味気ない光のせいで、この魚はどうも水から出た魚〔“a fish out of water”で「場違い」を意味する慣用表現〕というのではなく、明らかに間違った水にいる魚となっていた。少しだけ先へ行ったところで私は、見たところ明らかにここに属していない別の一匹を見つけた。他に私が見た生物は、この温帯の水によく適応している二匹のカニと少しの巻貝だけだった。水面に戻るまでのあいだ、私は寒さに震えていただけでなく、目にしたものに完全に困惑していた。

海面での動きのパターンは深部でのパターンと大きく異なっており、海面のパターンはかなり困惑するほどに入り組んで重なりあっていることがある。一日のタイムスケールで見たときに見えてくるパターンと、数年のタイムスケールで見たときに見えてくるパターンがあり、それらは必ずしも同じではないということだ。海というエンジンの美しさは、それがそれらのパターンすべてを受け入れるところにあり、だからこそ見えるものは、見る者が焦点を合わせる大きさと時間のスケールに依拠している。表面のパターンはもっとも大きくもっとも遅いものでも数か月や数年という規模で作動しており、深海における数世紀という規模ではない。そして疑うことを知らないチョウチョウウオをナラガンセット湾に運んだのは、そうしたパターンのひとつだった。海というエンジンのこの構成要素は巨大な円形の流れ

22　コーホッグ（〔原文の“quahog”は〕“co-hog”と発音する）は海底に生息する二枚貝の軟体動物で、ホンビノスガイ〔hard clam〕の仲間だ。コーホッグは何百年も生きることができ、ロードアイランドにおける州の貝となっている。ロードアイランドの人々はコーホッグを大変誇りに思っており、その誇りはコーホッグを大量に食べることで愛情をこめて表現されることもある。

で形成されており、海＝エンジンの歯車というにもっともふさわしいもので、海の環流〔gyre〕と呼ばれている〔"gyre"は「循環」と訳されることも多いが、ここでは「環流」で統一した〕。

環流の物語は陸の形状と、その形状が切り取った、海がそのなかで作動する空間からはじまる。北大西洋を例にしてみよう。北大西洋は東側をヨーロッパとアフリカに、西側を南北アメリカ大陸に区切られている。南側を横切っているのは赤道で、海流や風が赤道を越えることはめったにないため、これはもうひとつの境界としてふるまう。つまり、硬い陸地を東側と西側にもつ立派な深い海盆があるわけだ。

貿易風は赤道に向けて南に急降下して、地球が自転しているために、それから右に曲がる。そのためアフリカからの水は西向きに押され、南アメリカ大陸という障害物と出会い、右に曲がる。その後それは海岸のすぐ沖を北向きに流れるが、地球の回転はそれをまた右に向かって曲げ、大西洋を横切って送りかえすことになる。いま見ているのはかなり北の地域だが、ここで卓越する風〔卓越風〕は偏西風だ。そしてそれはアメリカからヨーロッパまでを横切って吹いており、それに沿って水を押し続けている。そしてそのまま水はふたたび右に回転して流れ、赤道に向かって戻るというわけだ。

これは複雑な図をかなり単純化したものだが、重要なのは風が水面を押し、最終的に流れをつくることができるという点だ。この流動は陸の形状と地球の回転によって、時計回りに北大西洋を循環するひとつの巨大な回転木馬となる。しかしこれは物語の半分にすぎない。

ナンセンが北半球で風の方向の右に漂流する氷を見ていたちょうどそのとき、そこを流れる表層流はコリオリ効果によって逸らされていた。それらは回転する惑星の上で動いており、そのためゴロゴロと動く際、北半球においてはわずかに右に向きを変えられている。ならば、とあなたは言うかもしれない。回転木馬のなかのすべての水はコリオリ効果によって右に向きを変え、中心に向かって内側へ進み、まんなかに積みあがるのではないか？　それは不合理な考えではない――そして実際、これは本当に起きていることだ。

大西洋のまんなかには、水でできたひとつの丘がある。高さは一メートルに満たない（人工衛星で測定できる）。しかしそれは無限に成長し続けるわけではない。機会さえあれば水は丘を下るからだ。それらすべての力がバランスをとるため、丘の外側を巡って進んでいる水が、中心へ右向きに押すコリオリ効果の力を経験しているとしても、その力は、その水を丘の下に引き戻す重力によって正確に打ち消される。[23] 風はその平均的な方向に吹き続けるわけではないが、水は大きな運動量をもっているので、それを上手くなめらかにして、巨大な回転木馬は嵐がやってきては去るたびに浮かびながら回る――そうして環流は回転し続け、水を海盆の周囲に継続的に運んでいるのだ。

このお話には最後にもうひとつひねりがあり、これがチョウチョウウオの存在を説明してくれる。コリオリ効果は緯度に応じて変化し、赤道ではなく極に近いほど地球の回転の影響が強くなる。そのため、環流は完璧な対象をなして回転するわけではない。西を流れている海流は、押しつぶされて流れの速い狭い帯となり、赤道の水を急速に北へ押しあげてから、曲がって海を渡る。[24] 北大西洋では、この特徴的な暖流はメキシコ湾流と呼ばれる。同様のことは北太平洋環流でも起こる。中国と日本を通りすぎる形で沿岸部を北へ流れる激しい西岸境界流で、黒潮と呼ばれるものだ。

しかしそれぞれの環流の東側では、かなり違うことが起きている。北から南へ向かう反対の海流（反

23　この状態、すなわちコリオリの力が、水を下向きに引いている重力（あるいは海洋物理学の言葉で表現するなら、水の丘によってつくられた圧力勾配）とバランスをとっている状態〔流れ〕を海洋学者は「地衡流」と呼んでいる。

24　この現象は「西岸強化」と呼ばれる。

流〕は、ゆっくりでとても幅が広く、そのためほとんど目立たないのだ。この〔北大西洋における〕反対の流れにはカナリア海流という名前がついているが、それを耳にすることはあまりない。メキシコ湾流より、はるかにドラマティックさに欠けるからだ。それは北大西洋の東側をだらだらと回って赤道付近で向きを変え、ふたたび横断することでメキシコ湾流のはじまりに合流する。これでコリオリ効果が規定するサーキットは完成だ――西側を回る南から北へのすばやい流れ（メキシコ湾流）に、東側を回る北から南へのゆったりとした流れ（カナリア海流）が続き、その後すべてをもういちどはじめるのだ。

環流のこうした非対称性について考えるもうひとつの方法は、あの水の丘の形状を想像することだ。その頂は西に向かって押されるため、西側の傾斜は急峻な一方、東側の傾斜は非常に緩やかになる。西側の急な傾斜を越えるとき、水はそれに沿って勢いよく流れずにはいられないが、東側の穏やかな傾斜を通って戻ってくる際にはゆっくりと時間をかけることができるのだ。

そのチョウチョウウオはフロリダの温かなサンゴ礁の環境で生命をはじめたのだろう。しかし力強くすばやいメキシコ湾流に拾われてしまい、温かな水の大きな激流に乗って北へ運ばれたのだ。

実のところ、メキシコ湾流が大西洋を横切ろうと曲がるのはロードアイランドの約五五〇キロメートル南で、だからこそナラガンセット湾は通常、北の冷たい水とだけ通じている。しかし先述の大きな激流が激しく進むとき「暖水渦〔warm-core ring〕」と呼ばれる、温かな水でできた小さな回転する島々を派生させることがある。回転する水でできたこれらの小さな島々は、北に向かって移動し、数週間、数か月も持続できる。暖水渦はまるでメキシコ湾流の外れをさまようミニチュアの熱帯オアシスのようなものので、熱帯の生き物たちはそのなかで生きていくことができる。

そのチョウチョウウオは海流に拾われたときほんの仔魚だったに違いなく、食べ物を得るための礁をまだ必要としていなかったために流浪の身となり、熱帯からの道のりのほとんどをメキシコ湾流に連れられたあと、暖水渦のなかに移送され旅の終局を進んでいたのだった。それから渦はロードアイランドに到着し、積み荷をナラガンセット湾の濁った水のなかにおろした。その湾内で長く生存することは叶わないものの、海の亡命者となることを強いられた少数の熱帯魚たちは夏になると定期的に現れ、できる限り温かな水を探すことに最善を尽くしている。

海の主要な環流は五つあり、すべてが同じように形成される。そのうちのふたつは北大西洋環流と北太平洋環流で、ふたつの海盆の北部を時計の向きに回っている。一方、赤道の南には三つの環流がそれぞれ南太平洋・南大西洋・インド洋南部にあり、そのすべてが反時計回りに回転している。最終氷期のあと日本からカリフォルニアにやってきたコンブは北太平洋環流に運ばれたし、ヨーロッパウナギの稚魚はメキシコ湾流に乗ってサルガッソ海からヨーロッパに運ばれていた。[25]

これらの環流は回転に数年を要し、その流れは一般に数百メートルの深さしかないが、海の表面における堂々とした歯車ということができ、熱を赤道から極へ移動させ、海盆同士を結ぶ輸送ネットワークを提供している。

こうした大環流は主にふたつの理由で生じる。まず地球が回転していること、そして海が周囲の陸地によって制約されていることだ。しかし海の近くの土地は流れの障壁としてふるまう以上のことができる。多くの表層流は風に駆動されており、風そのものが陸に形づくられている場合があるからだ。その結果、巨大な外洋の流れが生じることがあるわけだが、人間たちはそれらの海流がどこか有用な場所に

25　ちなみに、サルガッソ海を孤立させているのは環流だ——このことについては、サルガッソ海を例の海の丘の頂点と考えるのもひとつだ。そこは外側を環流が巡るあいだに海藻などが蓄積する安息地なのだ。

向かう場合には、しばしばタダ乗りを決める。しかし歴史をさらにさかのぼると、その逆の場合がある——人間は流れによって行きついた場所で「有用性」を生み出したのだ。そして一五世紀のはじめ、中国の明王朝は海の影響をまるごと受けた帝国を築いた。その帝国の形状を規定したほとんどすべては、どこへ行きたいかということではなく、海によってどの場所のそばへ導かれるかということだった。

モンスーンのなかの宝船

一四一五年、謎めいたエグゾティックな生き物の一団が中国明王朝の強力な指導者だった永楽帝朱棣の宮廷に到着した。皇帝は徳をもって否定したが、彼の廷臣たちは、それら優美なエイリアンの出現はひとえに彼の素晴らしい統治の帰結で、彼の賢明なリーダーシップに対する異国からの敬意のあらわれなのだと主張した。実際的な観点から見れば、動物たちがいくらか丁寧に世話されたことと、ばかばかしいものにかかずらいたくないという姿勢がその出現に関係していたのは間違いない。しかしなにより、その動物たちの到着は海のたまものだった。海は動物たちを、九〇〇〇キロメートル離れた現在のケニアのマリンディからはるばる運んできたのだ。

動物たちは宝船という名で歴史に残る、二万七〇〇〇の船員を乗せた二五〇艘の中国船からなる巨大艦隊の乗客だった。二八年間にわたって、この大艦隊は国境をはるかに越えて広がる力を中国にもたらしたのだが、同時に艦隊の行き先は船を運ぶ海流の行き先に規定されていた。その幻想的な生物たちは記憶に残るボーナスにすぎない。中国の人々はそれらをチーリン、すなわち蹄をもつ伝説上の摩訶不思議な生き物と同一視したが、もとの場所においてそれらはズラーファと呼ばれていた。そして今日、私たちはその動物をジラフ〔キリン〕と呼んでいる。[26] キリンたちの故郷と中国をつなげた海流は環流の一部ではないものの、同じくらいの規模で広がっている。この地域において海というエンジンはアジアの広大な土地に制約されているため、ここでブルー・マシンは異なる回転を見せる。このことがもたらす影響は、人々がはじめてその海岸で帆を揚げて以来、インド洋における人類の探検と交易を支配してきた。

インドがまんなかに見えるように地球儀を回すと、その南に広大な水域があることがわかる――これがインド洋だ。左側の境界はアフリカ東岸、右側は今日ほとんどの部分がインドネシア・マレーシア・フィリピンに含まれる半島および大きな島々のばらばらの集まりで、それらはほとんどオーストラリアに接するまで、南東に伸びている。赤道においてインド洋は約六〇〇〇キロメートルの全長をもち、インドの南端は赤道の上たった七度のところにあるため、この海のほとんどは南半球にある。

一四一五年に中国に到着したキリンたちは、インド洋全域を横切って西から東へ進み、本土と大きな島々のあいだの海峡を通る曲がりくねった経路を航行し、最終的に北向きに舵を切って中国の南京港へと沿岸をゆく船の上で数か月を生き抜いた。世界のこの部分の海＝エンジンにとって重要なのは、その北側にしゃがみこんでいる巨大な大陸だ――インドの丘陵地帯、ヒマラヤという巨大な山脈、そしてその北側には、北極圏とロシア北岸にいたるまで陸地、さらに陸地だ。そして、永楽帝の影響力をはるか海をわたってまで伸張させることを可能にしたのは、この陸地なのだ。

宝船を建造するにいたった正確な理由は時間の霧のなかに消えているが、その結果として生まれたの

26 キリンビールという名前はチーリンに相当する日本語からつけられており（日本語のキリンは中国の人々が本物を見る前に発明したどこかキリンに似た神話上の生き物と、キリンそのものの両方を意味する）、そのロゴの生き物は現代のキリンよりも神話上の獣に近い。

はヴェルヴェットの手袋をはめた鉄の拳〔優雅な外見に力強さが隠れている様を表す慣用的表現〕の海洋ヴァージョンだった――きわめて寛容にふるまいながら、かなりの脅威を滲み出させる印象的な艦隊だ。

皇帝は中国が一目置かれるべき力をもつことを世界に知らしめることを欲し、彼のもっとも献身的かつ有能な廷臣のひとりだった宦官の鄭和に対し、帝国のメッセージを世界に確実に響かせるよう命じた。鄭和はモンゴルの統治下でイスラム教徒の家庭に育ち、幼いころに捕らえられ、宮廷の献身的な召使いにするという具体的な目的のために去勢された。彼はぎらつく目と大きな声、そして堂々とした肉体をもつ兵士に成長したが、一緒に海へ連れていった乗組員たちの安全と福祉にも気を配った。

宝船の七回の長期航海は彼の人生を決定づけた。しかしこれは訪れた場所を打倒し直接の支配を得るという任務を負った戦闘部隊ではなかったし、発見できたもっとも貴重な品々を盗むことさえしなかった。その後何世紀にもわたって渡海したヨーロッパの冒険家や傭兵たちとはまったく対照的に、その宝船がそう名づけられた理由は、それが発見しうる限りの財宝を集めたからではなかった。反対に、それらは貴重な財宝――金襴、柄入りの絹物、色つきの絹の紗、そして東洋からの品々でもっとも珍重された磁器――を他所に贈っていたのだ。

品々は船が寄港したあらゆる場所の指導者たちに授けられ、中国の富と度量を示すものとして労働者と王たちを驚愕させた。地元の支配者たちが中国の影響を受け入れ、皇帝への敬意を表すために大使を艦隊とともに送り返し（国内の観衆にとって、それは皇帝への印象を増させる出来事だった）、概して往復を続ける限り、鉄の拳は目に見えず危害を加えないままだったことだろう。しかし鄭和が軍事的な主張を望むとき、彼にはそれをおこなうあらゆる資源があった。この大規模で豊富な資金が費やされた艦隊によって、彼は海が導いてくれる場所ならどこへでも、中国の影響力を拡大することができたのだ。それで結局、それはどこまでだったのだろう？
　艦隊が訪れた国のいくつかは近隣諸国だった――マレーシアとインドネシアの半島と島々だが、そのすべてが陸を見失わずに到達できる場所だった。しかし本当の目的は、はるか西にあり、そこへたどり着くには外洋に直面する必要があった。広大なインド洋は環流が発生するのに絶好の場所のように思えるが、環流は赤道をまたぐことができない。というのも、赤道を渡ると地球の自転の影響が方向を変えるからだ。そのため、北インド洋は北太平洋や北大西洋とは異なっている――赤道と陸地のあいだに、環流の回転する空間がないのだ。それでも風は波を押して表層流を生成できるが、海というエンジンは異なる方法で応答することになる。その主な要因は、風が通常とは異なる挙動をする――向きを変える――ことだ。

　夏の盛りのあいだ、壮大なアジアの陸塊には、巨大な気象の帯が赤道上の標準的な位置から引きこまれる。その帯は、はるか北へ移動するため、六月から九月にかけてインド中に広がる。北インド洋とそこに浮かぶすべての船乗りたちは、夏にはこの風のシステムの半分、冬には残りの半分の下にいることになる。そのサイクルがはじまるのは、これらの緯度における「通常の」パターンが見られる冬で、風はヒマラヤ高原からインドを越え、インド洋へと南西に向かって吹く。しかし地球が回転して北半球が夏に向かい、真上からの熱く明るい陽光が降り注ぐようになると、エネルギーが海や陸を経由して空気中に流入する。これは「熱帯収束帯」と呼ばれる赤道付近の雨の帯を北へ引きこみ、帯は北インド洋全域を横切って、インドそのものの上を覆って居座る。この雨の帯の反対側では、風は逆方向、すなわち南西から北東にかけて流れる。これが南アジアのモンスーンで、その風の名を有名にしている陸上での季節的な豪雨は毎年、インドの乾いた埃っぽい丘の頂上を緑豊かな生命の宝庫に変える。[27] いずれ反転する風は、思い切って故郷から遠くへ離れたいが、とはいえ帰り道を簡単に見つけたいという航海者たちにとってとても便利で、鄭和もその航海者の例に漏れなかった。

インドネシアのサムドラの港のことを、三度の航海で通訳として艦隊に参加した馬歓は「西の海でもっとも重要な集合場所」と書いた。サムドラは秋に船が集まって外洋を渡る時宜を待つ場所だった。風が変われば、出航の時だ。しかし風に乗ることで向かうのがサムドラの南西方向だったとすれば、その旅は鄭和にとって悲惨だったことだろう。その方角で最初に見つかる土地は、外洋を渡って一万六〇〇〇キロメートル離れた場所にある、南米の先端だ。もしそれしか選択肢がなければ、一五世紀の世界における中国の影響は、現在のインドネシア・マレーシア・タイの港にとどまり、それに加わるとしてもインド洋沿岸部への進出に限られていたことだろう。

しかし鄭和にとっては幸運なことに、彼は回転する惑星の上で航海していた。吹きつける風が波打つ海面を南西に押していたとしても、コリオリ効果によって、その水は実際には押し出しの四五度右に動いていた――フリチョフ・ナンセンが北極圏で観察した氷とちょうど同じように。南西に吹く冬のモンスーンの風は、真西に進む幅広の海流を生み出した。同じようにして、北東に吹いている夏のモンスーンの風は、真東に流れる表層流を生み出した。[28] その風は東へ西へ反転する水の高速道路をつくり出す。艦隊がしなければならなかったのは、自然のベルトコンベアに乗ることだけだった。

サムドラから西への航海は鄭和の艦隊をほとんど直接、現代のスリランカへと連れていった。一七〇〇キロメートル離れた、インドへの玄関口だ。[29] モンスーン海流の速度はそれほど際立ったものとは思えず、夏は毎時約一キロメートル（〇・六ノット）、冬は毎時一・八キロメートル（一ノット）でピークに達する。一方、外洋での航路において、その艦隊の平均速度はわずか約一・五ノットつまり一日約六八キロメートルにすぎなかった。海流がその航行の大きな部分を担っていたのだ。鄭和の艦隊はかろうじて遅くはないという程度で動くのがやっとだったが、その威容はたやすくその点を補っていた。艦隊の中心には、重々しい巨人たちがいた——それは六二艘の宝船そのもので、現在では全長一一七から一三四メートル、幅四八から五四メートルだったと考えられている。[30] 木造船の世界において、これらはいつの時代でも巨人《タイタン》だったはずだ。

それらの形状は、ほとんどのヨーロッパ船とはかなり異なっていた——平底で幅が広く、非対称の帆をもち、外洋よりも浅い沿岸海域に最適だった。二五〇艘の力強い艦隊の残りは、さまざまな小型船で構成されており、こんな大群が到着すれば、どの港でも地元の支配者たちは、否定的・攻撃的になるのではなく、歓迎する気になったことだろう。

鄭和はスリランカをインド沿岸の港、特にインド南端部の西側にある大きな貿易港カリカット〔コーリコード〕への入り口として利用した。四回目とその後の航海で、彼は今日のイランにあるホルムズに

27　多くの地理の教科書で繰り返されているモンスーンについての標準的な説明は、夏期に海よりもすばやく温かくなる土地が、海から陸へ向かう風と陸から海へ向かう風のシステムを駆動することでモンスーンの風が生じるというものだ。今日このトピックについて研究している科学者たちは、温度差のタイミングが風のパターンと一致しないこともあり、これが最良の説明だとは決して考えていない。アップデートされた見解は、モンスーンが地球規模のパターンの局所的な部分だというものだ。とはいえ、それらすべて（モンスーンもたくさんある）が地域的な条件に応じた特徴をもっている。

28　これらの海流の深さはおよそ一〇〇メートルで、海の深さと比べると非常に浅いものの、船を運ぶにはまったく十分な深さだ。

29　鄭和はこれらの航路を発見しているわけでも探検しているわけでもなかった。それらは数十年あるいは数世紀にわたって交易ルートとして十分に確立されていたからだ。彼は新しいやり方でそれらを利用していたのだ。

30　残っている記述は限られており、相互に一致しているわけでもないため、その艦隊の正確な性質、特に船の大きさには依然として不明瞭な部分がある。これらの数字は、異なる記述を調整しようと試みて現時点で最善が尽くされた結果だ。しかしながら、宝船がそれぞれきわめて大きく、全体としての艦隊も、むろん威圧感を与えるほど巨大だったことは疑いようがない。

まで進んだ。そこは外国商人でいっぱいのさらに大きな貿易港で、商人たちは貴重な品々を前へうしろへ流してそこからの取り分で富を得ていた。忠誠の見返りに中国の富を各地域の人々に授けながら、さらにはるか西へ行くにしたがい、五回目の航海からはアラビアとアフリカが鄭和の範疇となった。

多くの支配者たちは返礼として（不幸なキリンたちも含め）贈り物を贈り返し、それらは反転したモンスーン海流に乗ってゆっくりと中国へ戻ったのだが、その海流はそれぞれの航海の出航・到着のスケジュールを予測可能なものとしていた。宝船はこれまでつくられたなかでもっとも航海に適した船とはとうていいえないにもかかわらず、海というエンジンのスケジュールに張りついている限り、遠大な距離を頼もしい海流に乗って進むことができたのだ。

環流のかわりに、モンスーンの風はインド洋全域およびインドの両側のふたつの大きな湾の内部で、力強いが反転する表層流をつくり出す。これらはこの広大な海岸線にずっと沿って人間のコミュニティをひとつにつなげ、海のシルクロードと呼ばれるようになった巨大ネットワークを形成した。それはヨーロッパの大航海時代以前に何世紀も、東南アジアと中国、エジプトと地中海を結んでいた。これらの海流は風に駆動されているが、その風を制約しているのは陸と海の共同作業だ。

宝船による最初の六回の航海は一四〇五年から一四二二年の期間におこなわれ、その後、鄭和は一四三一年から一四三三年にかけて最後の航海を率いた。中国は貿易そのものを明示的に推奨したり管理したりすることなしに、インド洋の交易ルート上にその名を刻むことに成功した。しかし七回目の航海のすぐあと、中国の指導部はより広大な海洋世界への関心と、それ以上に、長距離船舶の巨大艦隊を維持・使用することにかかるとんでもない費用への関心を失った。[31] ほとんどすべての造船が停止され、宮廷に流れてくる外国からの朝貢は急速に縮小した。モンスーン海流は毎年、年に二回反転し続けていたし、他国の船は海が設定する経路にしたがって交易を続けていた。しかしこの宝船に比する規模と野心を備えたものが見られることは二度となかった。

海とピラミッド

モンスーンの反転する風とそれがもつ海とのつながりが、その場所を旅する人間と近隣の風や海流に影響を与えるというのは、ある意味わかりやすい。しかし相当に離れた場所で生じる影響もあった……遠く離れたところで生活する人々、たとえば王《ファラオ》ツタンカーメンでさえ、その影響を受けていたのだ。彼は外洋の広がりを眺めたことなど一度もなかった。それにもかかわらず、彼の豪勢な生活様式と彼の王国の富は、かなたのインド洋とそこに吹くモンスーンの風があるからこそ可能だったのだ。

古代エジプトの偉大な文明は並外れて長く続き、紀元前三一〇〇年頃に成立してから紀元前三一年にアントニウスとクレオパトラがアクティウムの海戦で敗北するまで、何世紀にもわたって前進していた。それは私たちに、もっとも魅力的で記憶に残る古代世界の遺物のいくつかを遺した――ピラミッド、スフィンクス、豊かな言語と文化、数学、医学、材料科学だ。しかしそのような繁栄を生み出すには、基本的な生存に必要な量をはるかに超える過剰な時間と資源が必要だった。そしてこの追加の恩恵をもたらしたのは水だった――毎年起こるナイル川流域の洪水〔flooding〕――つまり氾濫〔inundation〕――は豊かで肥沃な土壌をみずから運び、食料生産を容易にした。しかしそうした水のすべてが古代世界にお

31 これらの遠征にかかる天文学的コストについての国内の議論は航海がおこなわれているあいだずっと続いていたが、皇帝は彼の、経済にうるさいほうの顧問たちに勝利し続けていた。

いては珍品だった。ナイル川流域は暑く乾燥した気候にあり、雨はほとんど降らない。しかし大激流は飛び跳ねながら毎年確実に下ってきて、砂漠に住む人々を養ったのだ。

ナイル川の終端は地中海だが、はじまりは約二〇〇〇キロメートル南のエチオピア高原だ[32]。この地域はアフリカの屋根と呼ばれており、一五〇〇メートルから四五〇〇メートルの標高をもつ尾根や峰がギザギザと広がっている。比較的近い距離にアフリカの沿岸部があり、そこでは夏のモンスーンの風が海を離れて陸を吹き抜け、海面から蒸発した水をいっぱいに含んだ温かな空気を運んでいる。この湿った空気がエチオピアの山脈の上に押しあげられると、水は凝縮して重力に屈し、山に降る季節的な豪雨として放出される。これが高地の土壌や小川を通ってぽたぽたと落ちることでナイル川に加わり、栄養に富む堆積物を運ぶ、水の脈動といってよいものをつくり出す。

古代世界では氾濫の起源が海だということなど知られていなかったが、人々は毎年八月と九月にナイル川流域にやってくるこの水に頼ることができた。流域に暮らす人々は、この定期的な氾濫を利用するべく創意工夫に満ちた農法を発展させたわけだが、仮に自然が提供する原材料がなければ、その進歩はほとんどなされなかったことだろう。毎年の洪水は何千年にもわたって続いたが、一九六〇年代にアスワン・〔ハイ・〕ダムが建設され、水の放出が人間の管理下に置かれると、毎年の洪水という自然のサイクルは終焉を迎えた。しかし古代エジプト世界の繁栄が可能だったのは、ひとえに、海というエンジンの一部が砂漠に確実に水を供給し、広大な海を一度も目にすることのなかった人々に水を与えたからなのだった。海は豊饒な土地を人々に与えることで、つまりは文化・富・インフラを発展させる力を人々に与えることで、人々の生活を可能にしていたのだ。

私たちは大きな海盆の解剖学的構造と、エンジンの周囲に水を分流して熱を赤道から極地に移動させる浅い海流と深い海流を見てきた。しかし極圏は違う曲《チューン》に合わせて踊る。水は十分に冷たくなると氷を形成し、そのメカニズムの働きはかなり大きく変わる。極圏は遠く離れていて比較的小さいものの、ブルー・マシンのそれ以外の部分に特大の影響をもっており、それはこの地域の海の解剖学的構造が地球上でもっとも重要な通貨――エネルギー――の巨大な流れをコントロールしているからだ。しかし、たとえその動きのちょうどまんなかに立っていたとしても、そのエネルギーを直接知覚することはほとんど不可能だ。それらの詳細を研究することは挑戦的な課題で、成功するためには大きなスケールのチームワークを必要とする。海洋科学の世界によく見られる強い友情は、こうした仕事にともに取り組み、海を探究し、同時に私たち自身の海との関係をも探究することを通じて築かれる。このような経験はしばしば、みずからの仕事とその重要性に対する、科学者たちの態度に強く影響する。さあ、寒さに向きあい、北極への航海に出かけよう。

極寒の北

私たちは北緯八八度三〇分の場所にいて、だんだんと北極点に近づいているが、接近するにつれ進みはさらに遅くなっている。ブリッジの上からだと、オーデン号の短い船首が氷の上を滑っているように見えるが、私たちのうしろにある破砕された氷の軌跡は、船の重量と数メートルの厚さをもつ海の外殻のあいだの不均等な競争を物語っている。

32　水のほとんどはここからやってくるが、二番目に寄与する支流はさらに南のウガンダにはじまる。

ときどき、その堂々とした前進は突起と出会うことでとまる。船は二〇メートルほどだろうか、後退してからふたたび前方に進み、氷の屈服を待つ。灰色がかった白の空は白がかった灰色の氷と混ざっており、私たちはそのすべてのまんなかにあるひとつの点として、世界の頂上にポツンと存在している。私たちが北緯八六度で発見した硬い氷は明確な境界なしに、よりやわらかな覆いに続いており、進む船に抵抗するにはまだ十分ではあるものの、氷が溶けてできた水溜まり〔melt pond〕やぬかるんだような箇所も見られるようになる。霧雨も降っている。船にとって、これは人間の歴史がはじまってからの北極の状況のなかでもっともアクセスが良い状態だ。徒歩だと、この溶けつつある夏の表面は完全に通行不可だろう。

氷でできた白い殻の下には広く暗い海が横たわっている。船のセンサは三・五キロメートルから五・五キロメートルのあいだの水深でジグザグを描く想像上のシルエットをトレースし、私たちが大山脈の上を航行していることを示している。しかし陽光がそれらの山頂をかすめたことはかつてなく、この山脈は地球上でもっとも研究が進んでいない場所のひとつだ。船が氷を砕いて道をひらくとき、私たちは海と大気のあいだにある窓をこじ開けて、明るい光を暗い水のなか数十メートルのところに挿しこませている——氷の殻が私たちのうしろでふたたび閉じるまで。

＊

地球という惑星には、驚くほど豊かな生息地の数々がある——高温多湿の熱帯雨林の深緑、地衣に覆われた急峻な尾根、平らな草原、穏やかにせせらぐ小川と、さらにたくさんの生息地が。しかし極圏の荒涼は一線を画している——水で造形されているのにギザギザと硬く、平静だがこちらを裏切る信用できない部分があり、存在の乱雑さが絵の具箱にあらゆる色を要求するこの世界のなかにあって、ショッキングなほどに白い。

こうした隔たりを感じるのはもっともなことに思える。というのも、ブルー・マシンの営みにおける極地の海の役割は独特だからだ――それは氷をもち去るのだが、そのことによってエンジン全体の動作が変わるのだ。

しかし北極と南極はかなり異なる特徴をもっている。地質学的偶然とイオンの宝くじとしかいえないものを通じて、地球の北極と南極は極地の海がどのようなものでありうるかについての、ふたつの完璧に対照的な例を見せる。

南極大陸は南極を硬い地面で覆っており、南極海はその周辺を東向きの輪を描いて巡り続け〔南極周極流〕、太平洋・大西洋・インド洋の全体の下端となることで世界の海をつなげている。南極点からもっとも近い海にたどり着くには、一三〇〇キロメートルのトレッキングが必要であり、南極点のところの地面はただ海面の少し上にあるだけなのに、それ自体は深さ二七〇〇メートルの氷に覆われている。南極点の正式な標識は赤と白の縞模様の柱に載った金属製の球体なのだが[33]、それは大陸の三キロメートル近く上にあるわけだ。

対照的に、北極点は海のまんなかにあるだけでなく、深海の海盆にある――ここの海底は水面下四二六一メートルだ。北極海は比較的小さく、周囲に寄り集まるグリーンランド・カナダ・アメリカ合衆国・ロシア・アイスランド・ノルウェーにほとんど全体を囲まれている。そのため、地球全体の海の

33　この地点において、氷は年間約一〇メートルの速さで非常にゆっくりと海を動いているため、毎年元日に式典が執りおこなわれ、極点を示す標識がもっとも正確な新しい位置に移動させられる。

他の部分とのつながりは限られている。北極点にもっとも近い陸地はそこからたった七〇〇キロメートルの場所にあるのだが、しかしそれだけ陸と近く、そうしたことを優先する動機と資源を十分に有する国々もまた近くにあるにもかかわらず、北極点に到達するという誰もが認める主張をもった探検隊がそれを達成したのは、アムンゼンが南極点に最初の旗を立ててから一五年後のことだった[34]。絶えず移動している北極圏の氷は、南極の寒く風の強い岩だらけの高原よりも、はるかに困難な障害物コースをもたらすのだ。また、設置のための硬い土地がないため、北極点には目に見える常設の標識はない[35]。

私たちは極地の海の重要さについて絶えず耳にしているが、北極海と南極海は、地球の大洋のうちもっとも小さいふたつだ。北極海はすべての海水のたった一・三パーセントを含むのみで、海面の合計のうち三パーセントを覆うにすぎない。これは小さい。ならばどうしてそれは、これほどまでに大きな注目を集めるのだろう？　みんな（遠くから眺めるぶんには）ホッキョクグマが大好きだが、世界の氷の頂点と氷の底が地球という惑星にとって重要なものとなっている理由はクマたちではない。その理由は、極地の海が、海というエンジン全体のギアボックスで、この惑星のエネルギー収支を常に微調整している重要なレバーでもあるからだ。だからこそ、オーデン号は舳先を北極点に向けて氷のなかを進んでいた。私たちはブルー・マシンの中心部に向かっていたので、それが周囲で回転する様子を内側から観察できた。

「憶えておくべきもっとも重要なことは」とミケル・シェルンストレム教授は効果的に立ちどまり、オーデン号のダイニング・エリアの奥に押しこまれた科学者と乗組員を見渡した。「長波こそ王だということです」。これは非公式のイヴニング・セミナーの初回で、オーデン号がポッポと北へ進むあいだ、私たち皆が同乗者それぞれのもつ多くの科学的な観点を理解する手助けをすることを目的としていた。

ミケルが言及していたのは私たちのほとんどが赤外線と呼んでいる長波放射のことで、彼は北極がどのように地球の全般的なエネルギー収支に影響を与えるのかを説明していた。

私たちの目に映ることはないものの、地球は常に赤外線で輝いており、北極は地球のエネルギー貯蔵庫にとって最大の排水口、あるいは流し台だ。エネルギーが地球上でなにをするにしても――植物に光合成で吸収されたり、河川や小川を流し続けたり、あなたがジムでウエイト・リフティングをする手助けをしたり――そのほとんどすべてが最終的には、赤外線という、目に見えないまま宇宙空間に滲出する低品位熱エネルギーとして終わることになる。

もし地球の全般的エネルギー収支を理解したいと望むなら、その収入――太陽からやってくるエネルギー――は比較的単純だ。しかし出費――あらゆるところから消え去ってゆく目に見えない赤外線のエネルギー――こそ、すべての微妙さが潜むところだ。北極と南極は、この排水口から流れ出すエネルギーに大きな影響をもたらし、そのことによって、この惑星の生命維持システムにおける重要な弁となっている。ここでは、長波は間違いなく王様なのだ。

八月一三日、海で二週間近くが過ぎたとき、オーデン号の乗組員は私たちの科学的キャンプにうってつけの氷盤を見つけた。それは北極点に非常に近い場所にあった――直径二キロメートルの不規則な楕円形で、他の多くの氷塊に挟まれており、その平らな表面には明るいターコイズ色の水溜まりが点在し

34 この場合でさえ、それは飛行船のなかでおこなわれた。そのため旗は投下されたものの、氷に足をつけた人間はいなかった。アムンゼンは飛行船の乗客のひとりだったのだ。

35 二〇〇七年にはロシアの潜水艇が北極点の海底に到達し、そこにロシア国旗を設置した。これは金属の球体が一九五九年の南極条約の最初の加盟国だった国々すべての国旗の輪に囲まれている南極点の標識とは著しく対照的だ。

ていた。オーデン号は続く三二日間、二四時間の弱い昼光に浴しながら、この氷盤に係留されることになった。それが硬い陸地ではなく氷塊だということは、感覚では決してわからなかった――空以外のすべてが氷で、それが世界の頂上を蛇行して進み、私たちもそれとともに蛇行するにつれて、太陽と船の向きが予測不可能な形で変化するのを目にするまで、それは他の凍えるような風景と同じように感じられた。他の大小の氷盤は穏やかに漂流しながら付近で回転し、海の上の蓋を形成した。その蓋は氷のジグソーパズルのピースがはまらないところにある不規則な隙間の水以外、ほとんど続いていた。空はほとんどすべてが灰色で、風景全体が静かだった――鳥のさえずりはなく、怠惰な風がほんの少し立てるノイズと、雪を踏みしだくブーツの音、船のマルチビーム・ソナーが海の下を調べるときに発するくぐもったときおりの「喚声《フープ》」だけが聞こえた。

もし私にひとりになる瞬間があったなら、心のスイッチをほとんど切るようにして職務上の忙しくリスト的な一日のタスクの束を遠ざけ、惑星の展望に没頭していたかもしれない。私は精神的にズーム・アウトして、たった二メートルの厚さしかない脆い氷の殻に乗って、地球の頂点の海の上に立っている私自身を見ることができた。私の周囲を回転する地球は、[36]太陽の貧弱な光線に対して傾きながら、しかし赤外線エネルギーの見えない流動に囲まれており、そのエネルギー収支のバランスをとっていた。それは私がいままで体験したなかで最高の眩暈だった。

見てきたように、地球へのエネルギーの到達と地球からのエネルギーの出発には重要なパターンがある。赤道に近い地域はエネルギーが純増する場所であり、惑星の頂点と底はエネルギーの純減の場所だ。[37]この結果として、海というエンジン全体が大気の力を借りて熱エネルギーを赤道から極に向かって絶えず移動させ、その余剰分は赤外線として宇宙へ流出する。しかしそうした外部への赤外線の奔流を遅くすることのできる障害物がひとつある――雲だ。

最新の砕氷船を使っても北極の中心へたどり着くことは容易ではないため、そこにある雲についてはあまりわかっていない。[38] しかしエネルギーの喪失と雲の形成に関しては、大気と海、そして海を覆う氷製の気まぐれな蓋のすべてが問題となる。この相互作用の迷路の研究は、誰かひとりの個人が相手にする課題ではない。それにはチームが必要だ。そしてオーデン号ですごした時間は私に、チームワークとは太平洋を横断するハワイのカヌーを安全に保つだけでなく、科学を前進させ続けもするものなのだということを力強く思い出させてくれた。

そしてそこには確かにひとつのチームがあった。オーデン号は七四人を運んでいたからで、その内訳は四二人の科学者と、三二人のエキスパート――海運・操舵・調理・安全・天候の専門家に加えて、世界の他の部分から完全に孤立して二か月のあいだ海に浮かぶ鋼鉄の村を運営するのに必要なその他すべての実務を分担するエキスパートたち――だった。

乗員たちの科学的な専門分野は非常に幅広く、気象学、生態学、エアロゾルと呼ばれる大気中の微粒子、海氷そのもの、海洋物理学、海洋化学を含んでいた。私たちすべてが個別の研究プロジェクトをもっていたが、私たちをとりまく環境は非常に複雑だったため、協力が不可欠だった。氷は海に影響を受

36 世界が文字通りあなたを中心に回るのはこのときだが、もしあなたが北極にいなくても世界が問題なく回転するのはいうまでもない。

37 これはすべて時間・空間上の平均についての言説であって、局所的な例外はある。

38 それを聞いて極圏の衛星データに思いをめぐらせた方もおられるかもしれない。しかし、極の真上を通過する人工衛星はほとんどない――一般に人工衛星の軌道はわずかに傾けられているため、その最北端と最南端は極からいくらか離れているのだ。そうすることで衛星を「太陽同期軌道」に保つといった利点が得られるため、ほとんどの衛星運用者は極の周りの小さな円の範囲が埋まらないことを小さな代償だと考えている。

け、海は大気に影響を受け、大気は海の生態系に影響を受け、海の生態系は氷に影響を受ける。他の人の専門知識や努力を借りずに成功した者は誰もいなかった。そして私たちに食事を与え、船を安全に保ち、ホッキョクグマに目を光らせてくれる人たちがいなければ、科学はなにも成し遂げられなかったのだ。

　私たちはいまだに、孤高の天才についての過去の科学物語に焦点をあてている――予防接種の先駆者としてのエドワード・ジェンナーやアインシュタインの「奇跡の年《アナス・ミラビリス》」の論文、放射能研究におけるマリー・キュリーの粘り強さなどのことだ。過去の偉大な科学者たちが「天才」の称号を得たのはもっともなことかもしれないが、その仕事が完全な孤立のなかでおこなわれたということはありそうもない。「偉人《グレート・マインド》」たちがみずからの考えごとをしているあいだに誰が洗濯をしていたのかを尋ねるのは、いつだってグッド・アイデアだ。[39]

　今日においてすべての科学的努力は協力のもとにおこなわれており、その努力が研究室の作業台でおこなわれていようと、アイデアの堅牢性を試すべく公に挑戦・探究をおこなうものであろうと、それは同じだ。そしてこのことは、海洋科学・極地科学に特にあてはまる。

　私はストックホルム大学のマット・ソルター博士から同乗を打診されたのだが、そんな彼が打診を受けたのは、彼が雲の形成にかなり大きな影響をおよぼす、大気中の微粒子の専門家だからだ。マットはまさに、厳しい屋外環境で一緒に働きたいと思うような人物だ――優秀な科学者で、常に楽観的かつ陽気。北極での驚くほど複雑な一連の実験のために最後のすべてのネジをなんとかしてスパナで締めたのだが、帽子を持ってくるのは忘れていた。だから彼は博士課程の学生から、黒い毛糸玉のついた白いニット帽を借りなければならなかったのだった。

私たちの共同プロジェクトは、氷盤の隙間の水のなかにある細かな泡が弾けることが、海水中の細かな粒子の大気への放出の原因となっているのではないかという仮説を検証するためのものだった。マットは木でできた浮かぶ台をもっていた。それは海面の一平方メートルを覆い、大きな粒子捕集装置を備えている。私は水中の泡を探すための特殊な潜水カメラと、水がなにをしているのかを測定するための、その他のセンサのコレクションを携えていた。私たちの作業現場は氷盤を挟んで船の反対側にあったため、その場所で働いているチームは毎朝、寒さと静けさのなかで美しい散歩をして氷盤を横切り、私たちの働く開放水域の一区画へと赴いていた。その氷の端は鋭く、平坦な上部に対してほとんど完璧な直角を描いていたため、氷盤の端に立つと、下にある暗闇をまっすぐに覗きこむことができた。

現代科学は、もっとも先進的でピカピカの電子機器類をいつも強調したがっていて、それらはしばしば、おかしなほどにシミひとつない白衣をまとう科学者たちに随行され、完璧なガラス製品から正確にサンプルを抽出する小さなロボットたちを従えている。フィールドワークをしていると、有名なダンサーのフレッド・アステアと、彼と同じように才能があるのに同じくらいに有名とはいえない彼のパートナーのジンジャー・ロジャースについてのあの格言をときどき思い出す——すなわち、ロジャースはアステアがしたすべてをしたうえ、うしろ向きだったしハイヒールを履いていた。フィールドワークをしているあいだ（これまで誰も海に野原《フィールド》を発見していないにもかかわらず、海洋科学のコミュニティはまだこの名称を主張している）、私たちは研究室でできるすべてのことを完全におこなうことはできないが、それでもあらゆる天候で、非常に動きやすい液体の上に乗って、冷たい手と最小限の装置とを用い、持ってこなかっ

39 誤解を避けるために書いておくと、オーデン号では（すべての調査船と同じように）、洗濯についての責任はすべて私たち自身にあった。そしてお察しの通り、船にはもちろん洗濯機が完備されていた。

たものはなにも使えないまま屋外でそれをおこなわなければならない。[40]　しかしこれこそが醍醐味で、あとずさるのではなく協力してくれる人々からなるチームとともに、肉体的に大変な仕事と組み合わさった観察や問題解決をおこなうのが楽しいのだ。

ある朝マットと私は、彼の浮遊エアロゾル捕集器を、その周囲の空間を埋めていた深さ五〇センチメートルのぬかるんだ氷の層からひっぱり出すのにほとんど二時間を費やした。捕集器のついた台を取りはずそうと、スコップやふるいを使ったり、何度も押したり引いたりしたのだ。私たちは世界の頂点にいたため、その台を解放する唯一の方法は自分たちで作業することであり、だから私たちはただそうしたわけだ。これは無菌室の科学ではない——そこにあるのは現実世界で、堅牢なデータを持って帰ためには、掘削することと採掘すること、コツコツと進めることと苦しみにあえぐこと、そしてなにより、観察することが必要だ。自然環境が実際になにをおこなっているか、そしてそれが私たちに思いもよらないことをもたらしつつあるのかどうかを知るための、とても多くの観察が。

海で働く私たちの多くにとって、この観察こそ私たちが海と結ぶ関係の基礎だ。そしてそこにはふたつの視界がある。一方の視界には、なにが生じているかをもっともよく理解するための精神的モデルがあり、それは整った水の層と風の方向、ひとつの形から別の形へと変化する概念的原子からなっている——私たちが教科書で読んだり講義で教えたりするような観測だ。もう一方の視界にあるのは観測される物理的現実、すなわち乱雑かつ不規則で、私たちに絶えず概念的なアイデアを問い直させる風・氷・波だ。

海へ行かずに海洋科学者になることもまったくもって可能だ——みずからその環境に身を置かない専門のモデラーやエンジニアはたくさんいる。しかし私は、誰かがそこにいる必要があると感じる。現実

第1部　ブルー・マシンとは何か　　232

の乱雑さと美しさのなかで、コンピュータ・モデルがコンピュータ・ゲームの世界へ迷いこんでいないことを確かめる誰かが。

　自然は、特に海では、常に私たちを驚かせており、そうした驚きを見つけるもっともすばやい方法はたいてい、問題をその文脈で眺めることのできる位置に経験豊富な目を置くことだ。現在、海洋学のコミュニティで活発に議論されているのは、船を基盤にした科学の未来についてと、カーボン・フットプリントの削減の必要が、すなわち人間のかわりにロボットを送るべきということを意味するのかどうかについてだ。私はロボットが大きな助けになると確信しているものの、私たち科学者に必要なのは依然として海と人間のつながりだと思っている。これは単に数字や予測の問題ではなく、私たちが住みたいと望む世界がどんなものかという問題だ。私たちは科学によって可能な限り効率的になり、私たちの仮定や筋肉を問題にせずに済む不毛で整然とした精神的要塞のなかで生きたいと思っているのだろうか？それとも私たちは現実世界にそのまま直面し、私たちが自然の一部として存在することを理解して、その視点を私たちの科学を形成するために使うことに時間をかけたいと思っているのだろうか？　私はどちらの未来のことを、地球と私たちの両方にとって、より健康的でより良いものだと自分自身が考えているかをわかっている。

　私たちの氷盤が旋回《ピルエット》して輪を描きながら西へ東へ進み、方向を鋭く変えて北緯八九度線の上にある小

40　しかもそれからセイウチが現れる。その個体は、この種が通常時にムール貝や他の海洋軟体動物を嗅ぎつけながら生活している浅い沿岸水域から遠い場所にいるにもかかわらず、どういうわけか太っていて幸せそうで、小さな黒い橇《そり》の匂いを嗅ぐためにみずからを氷の上へ引きあげた。それからセイウチはどさどさと水中に戻り、氷の角の周辺を泳ぎながら大きなブイを観察して、それをキバで突き刺そうとした。そして科学が食べ物でも敵でもないと判断すると、背中を丸めてふたたび深みへと消えていったのだった。

さな円から吐き出され、スヴァールバル諸島へ真南に向かうときには、穏やかで灰色の環境を当たり前のものととらえるのは簡単だった。しかしこの環境は地球の海の残りの部分の標準からすれば非常に奇妙なものだ。そしてその氷の蓋が重要なのは、それがあることを防ぐと同時に、あることを可能にするからだ。その蓋は光が海面を貫通するのを防ぎ、そのかわりに白い反射板としてふるまって、現在そこにあるわずかな可視光エネルギーを宇宙空間へ送り返す。またそれは風が水を直接押し出すことを防ぐため、氷盤の隙間にできたどんな波も別の氷片に遮られて、波紋以上に成長することはめったにない。こうして海面は穏やかに保たれ、空気と水のあいだの気体の移動は遅くなる。もちろんナンセンが観察したように、風は間違いなく氷を周囲へ押すのだが、世界の他の部分と同じくらい効率的に表層流に沿って押すことはできないのだ。風が表面を直接押さないため、表面の水は簡単には混ざらず、密度に規定された薄い層が邪魔されないまま生じる。

私は温度と塩分を測定するセンサ一式を持っていた——それらをロープにつけ頻繁に降下させたところ、センサは厚さたった三〇メートルの明瞭な表層を示し、その層は下にある水よりもかなり淡水に近かった（塩分は地球の海の平均が三五なのに対し、約三二だった）。この比較的淡水に近い層は、夏が進むにつれ溶け出して、まさに表面のところに塩を含まない水を供給する海氷からのものだ。私たちが見てきたように、ここでの成層化は温度にではなく塩分に支配されている。もしそうでなければ、海氷が形成されることはないだろう。なぜならその場合、より冷たい表層は沈み、より温かな水がその場所を占め、海が凍るほどに冷たくなることを防ぎ続けるはずだからだ。[41]

さらに下、氷のはるか下部には、大西洋と太平洋から少しずつ入ってきた水があり、北極海盆の周りを循環してから大西洋に逆流している。この一部は地球の海のなかでもっとも密度の高い水で、氷が塩を絞り出すことで形成され、私たちが見てきたように、それからグリーンランドとアイスランドのあいだの巨大な水中の滝をあふれ出して、地球の海の大規模循環を駆動する。

八月から九月へと時が進むにつれて、これまではその上に浮かんでいるだけだった太陽は船の周囲を日々回転しながら水平線にふれるようになり、気温が劇的に下がりはじめた。開放水域が凍結しはじめると、私たちは装置の荷造りをした。そして私は九月一一日にすべてのキットを船に持ち帰った。マットの木製の台と気象マストは翌日に回収されるはずだったが、悪天候が私たち皆を船に閉じこめた。一三日の朝、午前六時の安全確認に出た乗組員のメンバーが戻ってきて、マストとエアロゾル補集器がなくなっていたと報告した。マットともうひとりの同僚ジョンは確認のために出かけて帰還したのち、私たちがこの五週間、毎日作業していた場所は、別の氷盤が一晩かけて衝突したことによってすりつぶされており、いまや認識できない状態だったと報告した。彼らは浮遊する氷の瓦礫の集まりのなかにいくつかの木片を見つけたが、回収できたものはなにもなかった。その科学機器、保管箱、そして較正《こうせい》してデータを得るというわずかな望みは、すべて氷のなかに失われたのだ。

この出来事は、私たちがいかに幸運だったかをはっきりと思い出させてくれた――こうしたことは調査旅行を通じてどの日でも起こりえるもので、私たちの科学計画のすべてを即座に終わらせたかもしれなかった。北極が魅力的にふるまっているとき、それは美しく、そこにいたくなるような畏敬の念を抱かせる場所だ。しかしその性格は気づくと一瞬にして変転している可能性がある。私たちが幸運だった

41　ちなみに北極海の深層には、すべての海氷を溶かすのに十分すぎるほどの温かさが存在する。その溶解が起こらないのは、すべてを混ぜあわせるのに十分なエネルギーがないからだ。そのため、その温かさは下部で安全に閉じこめられたままになっている。塩分のヴァリエーションがいかに重要か、そしてまた混合がいかに重要かを示す本当に良い例だ。

のは、災害が襲ったときにそこにいなかったからだ。

比較的小さな北極海は、ふたつの主な要因から地球の海というエンジンに規格外の影響を与えている。ひとつ目は、海氷の形成が、冷たく塩分の大きな水を生成して地球全体の海に吐き出す機械《マシン》として機能しているということだ。これは地球のすべての深海の性質を設定し、海というエンジン全体の動作方法の基礎となっている。

ふたつ目の要因は、白い氷が太陽光を反射して宇宙に戻すということだ。そのおかげで、北極の弱い日照が海面を温めて氷を溶かし、エネルギーを吸収しやすい、より暗い海面をつくり出し、転じてさらなる温暖化をもたらすという事態は防がれている。その氷は北極に出入りするエネルギーの流れを管理していて、いわば地球全体のエネルギー収支の重要な制御装置として働いているのだ。雲はエネルギーが海を離れて大気中を通過する際、その流れを制限しているのだが、氷はシステムを通る熱の流れの方法と場所を変えるため、雲もまた氷に影響を受けている。氷がおこなうそうしたエネルギーの流れの制御は、システムの設定に対して正確かつ非常に敏感に反応する。そこで氷の量は宇宙へのエネルギーの流れ全体を指示するひとつの蛇口のように機能する——氷のレバーを上げれば、地球は少し涼しい状態に保たれる。氷のレバーを下げれば、地球はもう少し暑くなる。北極をめぐるこうしたエネルギーの流れはまた、さらに南の大気の仕組みにも影響し、北極点からとても、はるかに離れた全地球的な気象を微調整している。

これらが主要な影響だが、北極は非常に複雑なひとつの海盆のため、多様かつ微妙なやり方で地球の残りの海と大気をちぎったりひねったりしている。私たちがオーデン号の上で研究した極圏の多くの様相は、他の多くの側面とともにすべてつながっており、この地域を理解する営みには、それらの影響およびその連関のすべてをばらばらにすることが必要だ。北極にたどり着くことはとても難しいため、なされるべき仕事はまだたくさんある。しかし私たちが確かに知っているのは、海というエンジンのこの特徴的な部品が、エンジンの残りの部分に並外れて不均衡な影響をもつということだ。

南極の水——南極海も、ちょうど同じように影響を与えるが、ここでは同様の原理が異なる表現をとる。この海で支配的な特徴は二万一〇〇〇キロメートルの南極周極流で、南極大陸の周囲を継続的に流れて大西洋・太平洋・インド洋を接続しているが、それにもかかわらず南極海の水は独自の特徴を維持している。南極大陸は海氷工場の働きをする水域に囲まれており、その水域はしたがって、深海へと下ってゆく大量の冷たく密度の高い水を生み出しもする。しかし南極大陸周辺を循環する水は湧昇の場所でもあり、そこでは深海からの栄養に富む水が表層まで上がってくることができ、みなぎる生命の原材料を提供する。そしてこの場所の海は氷の南極大陸の周りに心地よく身を横たえ、その温かさ、あるいは温かさの欠落を通じて氷河から世界の海へ向かう淡水の流れに直接影響を与えている。

氷——その存在と形成と喪失——は海の水を独自の方法で変える。氷は比較的短い時間で水塊の特徴に大きな変化を生じさせることができ、その結果として氷がなければ存在しないはずのさまざまなタイプの水をつくり出す。このことはブルー・マシンの残りの部分に形状と構造を提供し、地球の海の残りの部分での物理プロセスに、連携するなにかを与える。これが、地球上でもっとも小さなふたつの大洋——北極海と南極海——の氷が、地球におけるそれ以外の部分にとって非常に重要である理由だ。

オーデン号に乗り北極点に近づいて、私たちは自分たちの下にあるプロセスの表面を文字通りひっかいていただけだったが、だとしても、私たちに見ることができたものは、信じられないほどに繊細で、常に驚くべきものだった。厳しい環境での仕事だが、科学にとっては必要なことでもあるのだ。

ブルー・マシンには、ここではカヴァーしきれなかったニュアンスがたくさん含まれており、それらが本書の前半で描き出された絵に豊かさとさらなる複雑さを加えている。しかし私たちは、地球の海の構造全体および、それが海というエンジンの回転方法を規定するあり方を理解するのに十分な内容を見てきた。海というエンジンは美しく巨大で、決して静止することがない。いまや私たちはエンジンの形状を確認したので、そのなかでなにが起こるかに目を向けることができる――エンジンのなかを移動する使者《メッセンジャー》たち、エンジンに運ばれる乗客《パッセンジャー》たち、エンジンのある部品からもうひとつの部品へと航行する自由をもつ航海者《ヴォイジャー》たちに目を向けることにしよう。かれらは私たちに、どうしてブルー・マシンが重要なのかを示してくれるだろうし、私たち自身のブルー・マシンとの関係を現在・未来ともに考えるための基礎を築いてくれることだろう。

第2部

ブルー・マシンを旅する

第4章 使者《メッセンジャー》たち

澄んだ暗い夜に空を見あげると、荘厳な銀河が広がっている。それは馴染みのものだが圧倒的で、この惑星がさらに大きなものの一部だということを常に思い出させてくれる——宇宙だ。夜空を当たり前のものと考えるのは簡単だが、そうすべきではない。宇宙の残りの部分は非常に遠く離れている。にもかかわらずそれが存在するとわかる唯一の理由は、光がその場所から私たちのいるこの場所まで移動するから、つまり光が広大な宇宙を何年もかけて進み、地球の大気を通って地面の上にいる私たちと出会うからだ。もしこれらのメッセージがそう簡単に私たちのもとへ到達しなかったならば、私たち自身についての、そして地球という惑星に住まうことがなにを意味するかについての私たちの個人的な考え方は、完全に異なるものとなっていただろう。[1] 私たちは驚くほどそうしたメッセンジャーたちに依存している。というのも、そうでなければ、私たちは自分たちが到達できるよりもっと遠くになにがあるのかを知るすべもないまま、私たちがふれることのできる世界だけで生きるしかなくなるからだ。私たちの生活において、主なメッセンジャーは光と音で、それらが私たちの世界に対する私たちの考え方をつくり出している。

メッセンジャーはメッセージを決める——音は絵が何色かを教えることができないし、光はギターがどんな音で鳴るかを教えることができない。だからこそ、海とはいかなるものであるか、それはどのように機能するか、それに対する私たちの認識はどのように偏っているかもしれないか、ということを私たちが問うとき、私たちに必要なのは海のメッセンジャーたちの仕組みを理解することだ。メッセンジャーたちは海の物理的構造のなかを流れ、通り道にある環境に影響をおよぼす。そしてすべてのメッセンジャーはエネルギーを運び、それは時にかなりの量になることもあれば時にそうでないこともある。そのため、メッセンジャーたちを追うことによって、私たちはどのようにエネルギーが動くかについても、なにかを知ることができる。海における主なメッセンジャーは陸上と同じく光と音だが、それらの動作方法と相対的な重要性は大きく異なる。私たち人間は視覚的な生き物なので、光からはじめるとしよう。

光

水中世界の代表的なイメージといえばサンゴ礁のそれだ。私たちは皆、その多くのヴァージョンを見たことがある――エグゾティックな模様の魚が、より繊細な影を落とすサンゴのあいだを泳ぐ明るい情景や、壮大なロイヤル・ブルーの背景によって強調される美しさだ。しかし水中カメラは嘘をつかないとはいえ、それはどうにも節操なく現実との関係を結ぶ。[2] 大気中の光は通例、すべてを平等に照らし、何キロメートルも離れた場所から情報を確実に伝え、変化することなく移動し、見えるものすべてを正

1 光は地球以外の宇宙がそこにあるとわかる一番目の、そして主要な理由だ。ニュートリノは二番、重力波は三番目にすぎない。私たちは自分たち以外の存在とのつながりの希薄さを、たやすく忘れてしまう。

2 この場合ほとんどいつも、明るい写真用の照明に補助・幇助《ほうじょ》され、自然光では見えない可能性のある色が強調されている。このことについてはあとで確認しよう。

確に私たちに示してくれるものとして信頼できる。一方、水中の光はもっときまぐれな友人で、簡単に逸れたり消えたりする。そのふるまいは海の性質にとって決定的なものだが、結果が目の前に現れるまでは理解するのが難しいかもしれない。しかも目の前に現れる結果というのも、大変な当惑を誘うものかもしれないのだ。

数年前、私はキュラソーで研究プロジェクトをおこなっている友人の手伝いで、研究ダイヴァーとして働いて一か月をすごした。彼女は地元の漁師たちが使う罠を改良する方法を研究しており、人間が捕獲を意図していない種への罠の影響を減らそうとしていた。この研究には毎日二時間か三時間の潜水が含まれ、驚くほどに健全なキュラソーのサンゴ礁をまわりながら、地元の天然素材でつくられたさまざまな罠を開けたり閉めたりする必要があった。そしてそのあいだ、彼女は罠のなかにいるものを数えては逃がしていた。そこにはときどきピンクと青のパロットフィッシュや緑色の長いウナギがいて、とても愉快な縞模様のチョウチョウウオがいることもあった。それらはこの新しい物体の周りをとても忙しくバタバタと動いており、狭い入り口を通って罠を実際に出入りしていると気づいているようにはまったく思えなかった。罠はまるで礁にあるもうひとつの隠れ穴にすぎないかのようだった。

科学的実用性のためにひとつ譲歩して使ったのは結束バンドで、罠を開いてふたたび設置するたびに締めたり切ったりしなければならなかったのだが、それらの端は不必要に鋭かったようだ。私はそのことを現場に入って数日後、大変な思いをして学んだ。プラスティックでできた小さな短刀のひとつが、私の手の甲を切ったのだ。水中で出血したことには困惑しなかったが、血そのものにはぎょっとした——暗い緑色の水煙が私の肌から流れ出し、その痕跡がねじれたり回転したりしながら周囲の水に混ざりあっていったのだ。一時的に〔『オズの魔法使い』に登場する〕西の悪い魔女になってしまったのかと思った。しかし海面下一〇メートルでは、私たち皆が緑色の血を流すことになるのだ。

海水のなかに入った太陽光が出会うのは絶えず押しあっている水分子でできた液体で、そのひとつひとつの分子は適切に小突かれると、曲がったりねじれたりして振動する特性をもつ。このおしくらまんじゅうは光エネルギーを空気よりもかなりすばやく吸収でき、光が入ってくることのできる距離はその色によって変わる。光とは波であり、虹にあるそれぞれの色は紫の端での三八〇ナノメートルから反対側、赤の端での七五〇ナノメートルまで異なる波長をもっている。[3] 私たちの目がとらえることのできるすべてのディテールは、マルディグラのパレードの万華鏡のような色彩でも、夏の牧草地の明るい色彩でも、夕暮れのグランドキャニオンの鮮やかな縞模様でも、その狭い範囲内の波長のほんの小さな変化がもたらすものだ。これらの細かな違いはまた、光線に運ばれたエネルギーを水が摑みとる度合いを決定する。赤い光は非常にすばやく吸収され、たった数メートル以内で、そのほとんど三分の二が失われる。しかし青と紫はさらに遠くまで行くことができて、同じ割合のエネルギーを失うまでに一〇〇メートル以上進む。[4] 私たちのいる地表の世界の明るく美しい色合いのすべてが端から消えはじめるのを目にするには、海のなかをそれほど遠くまで行く必要はないのだ。

魚の罠のある海の下で、私はあらゆる色の素晴らしく多様な生き物たちが暮らす繁栄した礁に囲まれていた。しかし上からの照明が限られているということは、その光景がモノクロになりがちだということだ。その場所まで届いた陽光は、虹の片側のほとんど全部を剝ぎとられており、赤とオレンジは消え

3　一ナノメートルは一〇億分の一メートル。
4　これは完璧な純水でのことだが、もちろん水中にあるものはなんでも——生物、粒子、汚染などのことだ——吸収される光の量を増やす。また、ここでは吸収のみを考慮しており、散乱は考慮していない。

てしまって、青と緑、そしてかすかな茶色だけを残していた。手から流れ出る暗い緑色の血を見たとき、私はその暗さが本来なら赤色だったはずの色素から来ているのだと気づいた。赤いものは赤以外を吸収し、赤を反射して目に戻す。ここでは、青は完全に吸収されていたが、返送可能な赤もなかった。しかしながら、血は緑色の光をわずかに反射する。普段は豊富な赤に圧倒されているために私たちはそれを目にできないが、競争相手のいないその場所においては、緑だけが目に見える色だったのだ。

もちろん、もし私が白い光を照らすことのできる懐中電灯を手に持っていれば、その赤色はふたたび見えるようになったことだろう。電球の光線のほとんどは、懐中電灯から私の手、そして私の目への短い旅路を生き残るはずだからだ。その水深に行けば物が色を失う、というわけではなく、ただ自然光が部分的なものになるというだけで、だから目に見える色彩もまた部分的なものになるというだけのことだ。明らかに水面から数メートルよりも下にあるサンゴ礁の写真に赤やオレンジが写っているのを見たときは、写真家が自然光を補足するため被写体に明るい光を当てたと思って間違いない。

しかし私たちの視覚的な損失は温度計の利益だ。人生と同様に物理現象においても、無料のランチなどというものは存在しない。光のもっていたエネルギーは光が吸収されても消えない。エネルギーは常に保存されているため、陽光に運ばれたエネルギーは別の形態にただ変換されて、この惑星のシステムの旅を続けるだけだ。この場合、可視光が水に吸収されるときはいつでも、そのエネルギーは熱に変換されている。このことで熱帯の海は熱せられ、表面の水は心地よく温かに保たれている。もしも水の物理学が異なる動きをして、すべての色が海の広大な深部を大気の場合と同じようにそのまま流れたなら、海面はもっと、はるかに冷たかったことだろう。

非常に視覚的な種である私たちにとって、水中では光が偉大なメッセンジャーではないということを真剣に受け入れるのは難しい。とはいえ「光」は単なる虹の色以上のものであるため、電磁スペクトルの残りの部分には希望があるかもしれない。光は電磁波、すなわち電気の振動と磁気の振動が織り交ぜられたひとつの鎖で、逸らされない限りは直線を移動する。真空ではすべての光が同じ速度で移動する――有名かつ印象的な「光速」だ――が、波の頂点は互いに非常に近かったり、非常に離れていたり、その中間だったりすることがある。人間が見ることのできる光はこの巨大なスペクトラムの小さな欠片にすぎず、そのスペクトラムは高エネルギーかつ有害なガンマ線からX線、紫外線、可視光線の虹を経て、赤外線・マイクロ波・電波にまで広がっている。それらはすべて同じもので、ある方法で押しつぶされたり引きのばされたりしているだけなのだが、ということは多かれ少なかれエネルギーを運んでいる。では、そうした他のタイプの光のいずれかが海水の表面に当たったとき、なにが起こるのだろうか？

その答えは可視性を応援するようなものではない。水は基本的に、ほとんどすべての光に対して不透明だ。虹の色と一部の紫外線はその規則の例外だが、見てきたように、水はそれらを非常にすばやく吸い取ってしまう。そしてこの狭いスペクトラムの窓の外では、光は貪られてまったくどこへも行くことができないのだ。このことが理由で、水中では電話も無線信号も受信できないし、潜水艦は水面にいない限りＧＰＳ（これが利用している人工衛星からの信号は有用な深度まで届かない）を使って航行できないし、海底の形状を調べるのにレーザー距離計を使うことができないのだ。

しかし筋金入りの光学的楽天主義者《オプティカル・オプティミスト》たちには、一縷の望みがある。なぜなら、光のスペクトラムのとても遠い端では事態が好転するからだ。なるほど本当に熱心ならば、光を使って海の奥深くに長距離メッセージを送る方法がある。欠点は、それを機能させるには、ほとんど地球そのものと同じ大きさの波長の光をつくり出す必要があるということだ。それは強引なアプローチで、気弱な人や経済的に余裕のない人向けのものではない。だからもちろん、それを試みようと名乗り出た人々は軍関係者だった。

惑星サイズのアンテナ

非常に簡単な水中電磁信号の実験的送信はラジオの発明に何十年も先んじていたが、とても早くに立ち消えになってしまった。一八三〇年代、電信の開発が大西洋の両側で並行して進んでいた。ウィリアム・クックとチャールズ・ホイートストンはイングランドで一八三七年に実用的な「針式電信機」を製造し、アメリカ合衆国ではサミュエル・モールスとアルフレッド・ヴェイルが一八三八年に彼らのシステムの実用性を実証した。一八四四年五月二四日、ボルティモアからワシントンDCへの四四マイルの実験的な電信線が開通すると、それはほとんどすぐにニュース・ジャンキーたちへの中毒作用を証明した。いまや選挙速報は電車を待たずに都市から都市へひとっ飛びというわけだ。

コンセプトは証明されたもののシステムを拡大するための資金提供が約束されず、モールスはどのように川を越えるかといった、より小さな疑問へと関心を寄せていった。川を渡る電線を張ることは理想からほど遠かったため、モールスと彼の共同研究者たちは幅二五メートルのサスケハナ運河の両岸に沿って二本の長い電線を伸ばして、それらの電線を沈めた銅板にとりつけた。そうして発見されたのは、一方の側にバッテリを接続すれば、もう片方の側で電流を検出できるということだった。その電気信号は運河の淡水によって伝えられており、そのことからモールスは電柱に電線を張ることに係る面倒ごとのすべてを回避して、あらゆる沿岸の町を水だけを通じて接続する可能性について手短に考えた。結果として物理法則はその考えを棄却し、電線が支配的なままとなったため、一五〇年近くのあいだ水中世界は電気的に平和だった。しかし、その平和がいつまでも続くことはなかった。

　第二次世界大戦のあと、地球における軍事的関心は間違いなく、海が単に水面に浮かぶ船による海戦のための二次元の戦場というだけではなく、潜在的に世界でもっとも大きな隠れ場所でもあるということにあった。原子力潜水艦の開発と水中での生命維持システムの改善により、潜水艦は地球を巡航するあいだ何か月も水中にいることのできるポテンシャルを獲得した。しかも都合の良いことに海ではほとんどすべての光が根絶されるため、潜水艦を純粋なステルス・モードで運用可能だった。潜水艦が水深一〇〇メートル以下にとどまっている限り、それらは完全に見えないだろう。もちろん、このことには落とし穴があった。世界的に見て、軍の上層部は部下たちになにをすべきかを伝えることのできる状況が大好きだ。光の詮索から盾で守られることの代償は、外界からのすべての光学的コミュニケーションに対する、同じく効果的な盾の下に潜んでいたのだ。要請されたのは必要なときに潜水艦を召還するためのバットシグナル〔バットマンを呼ぶサーチライトによる信号〕で、空高くにではなく海の最深部に投影可能なものだった。そこでアメリカ海軍は一九六八年にプロジェクト・サングイン、世界で一番大きな「ラジオ」の計画を発案した。[5]

　もとのプロジェクトの豪胆さには、息をのむと同時に目を見張るものがあった。技術者たちが直面し

5　純粋主義者たちは、それは電波〔radio wave〕を使って動いていたわけではなかったので、おそらくラジオと呼ばれるべきではないと指摘するだろう。しかし「ラジオ」とは人間が電磁スペクトラムの任意の部分につけた名前にすぎず、私がここで話題にしている波は、はるかに長い波長をもつとはいえ、物理的には同じものだ。いずれにせよ「電波」は馴染みのある用語なので、私はラジオという言葉を使うことにする。

た最初の問題は、ことをなすのに必要な波長の規模だった。そこには明確かつ避けがたいトレードオフがあった——波長は長いほど生成が難しいが、長ければ長いほど、それはより深く海水のなかへ入りこむことができるのだ。[6]もっとも長い無線信号の波長は約一〇キロメートルで、[7]それは数メートルしか海水を貫通しない。超長波（VLF）と呼ばれる波長の範囲は最大で約一〇〇キロメートルで、それは四〇メートル貫通する可能性がある。しかし水深一〇〇メートルよりも下に届くためには、波は約一万キロメートルの波長をもつ極超長波（ELF）の範囲に入らなければならない。この文脈で考えてみると、地球の赤道の長さはわずか四万七五キロメートルにすぎない。ということは、ELF波はたった四つで地球全体を囲む帯をつくるほどの波長というわけだ。

二番目の問題は、電磁波を効率的につくるには、生成したい波長と似た大きさのアンテナが必要になるということだった。[8]プロジェクト・サングインはこれに対処するために非常に明快な提案をおこなった——ウィスコンシン州の五分の二を覆う長方形の格子に一万キロメートルの電線を埋めてアンテナを作成するというものだ。その電子機器は一〇〇基の発電所から電力を供給され、地球そのものがアンテナの一部を形成する。この機器は、かれらが計算したところによれば、ELF信号を世界中に送ることが可能で、それらの信号は海の深い場所に隠れているアメリカ海軍の潜水艦まで到達できるはずだった。

この提案に対する政治家・環境保護論者・平和運動家たちの反応は「失せろ」という迅速かつ曖昧さを残さないものだった。計画にかかる天文学的な費用と、未知の環境的・健康的影響への懸念から、軍の技術者たちは何度も見直しを余儀なくされ、そのたびに規模は縮小されていった。

最終的に一九八一年、プロジェクトELFが委託され、一九八九年にその運用が開始された。この計画に必要だったのはウィスコンシンとミシガンというふたつの場所の頭上を結んで架けられた「たった」一三五キロメートルの電線だけで、そのことで消費電力は減ったものの、効率もまた低下した。生成できたのは世界の半分を股にかける、四〇〇〇キロメートルの波長だった。[9]

どうしてこのシステムが機能したかといえば、地球が地面と電離圏（地球表面の上空約六〇キロメートルからはじまる）とのあいだに天然の殻をもっていて、電波はその内部を簡単に移動できるからだ。この空洞の内部では、落雷が継続的に電気の刺激を提供して、それが惑星中に反響するため、非常に長い波がゴロゴロと鳴る自然の音が常に響いている。いまや人間はこの自然の轟音に独自のバットシグナルを追加することができた。すべてのラジオ局のなかでもっともいかれたこの局はついに世界へ向けた放送を開始し、その信号の一部は海水面を通って隠れた潜水艦まで流れ出したのだった。

次の問題は、ラジオ局として、それがゴミだったということだ。きわめて長い波長の狭い範囲を使用するということは、その信号がとても、とてもゆっくりとしか送信されえないということを意味した。声の送信は間違いなく論外で、望みうるベストは、のんびりとしたゼロとイチの羅列だった。三文字のコードをたったひとつ送信するのにも数分かかったといわれている。また、潜水艦には返信する方法がなかった。返信のためには、それぞれの潜水艦のうしろに何十キロメートルもあるアンテナを付属させる必要があったからだ。だからそれは実際には、注目をうながすための信号としてだけ有用だった。定

6　塩はこのすべてをさらに困難にする。というのも、塩によって水は本当によく電気を通すようになるからだ。つまり件《くだん》の任務は淡水でのほうがほんのわずかに遂行しやすいわけだが、潜水艦が淡水に隠れるような場合はかなり少ない。
7　可視光の波長は数百ナノメートルだということを忘れないでほしい。
8　この場合の「似た」というのは波長の二分の一でも四分の一でも構わないのだが、ともかく同じスケールのものである必要がある。
9　この信号の周波数——波があちらへこちらへとくねる一秒ごとの回数——は七六Hzだった。あとで関係してくるので、このことを覚えておいてほしい。

期的に基本コードが配信されていたため、範囲内にいるときには、潜水艦側でそれを確認できた。そして陸上の作業員は、潜水艦を浮上させてさらに詳しい内容を受けとらせたい場合、船を上部に召還するためのコードを新たに送信して、他の手段で新しい任務の詳細を伝えた。

これらのＥＬＦ信号は光をメッセンジャーとして利用して海におけるあらゆる距離を越えようとする場合に人間がもつ最良のもので、海洋物理学が許容する限界だ。そのシステムは控えめにいって優美さに欠け、同時に高価で可能性が限られており、二〇〇四年にシャット・ダウンされた。アメリカ海軍は、他の通信手段が改良され、それがもはや必要ではなくなったと報告した。[10] アンテナの規模を考えると、そもそも建設されたことが驚きなのだろう。しかしそれに要された努力は、どんな距離であれ、海のなかへ光を移動させるのが信じられないほど難しいということを間違いなく強調したのだった。

夜空を見あげるとき私たちは、私たちに届くまでに何百年あるいは何千年も宇宙を旅してきたかもしれない光を目にしている。それは遠く離れたひとつの星を出発し、宇宙の真空をさっと通りすぎ、地球の大気と天候システムを突き抜けて、ほとんどそのまま地表に降り立った光だ。私たち人間は幸運にも、利用可能な光のうちもっとも豊かな部分を知覚できるため、光をほとんど無限のメッセージング能力と結びつけている。しかし実際には、そこにあるすべてを見ているという私たちの自信に満ちた仮定は例外に基づいている――霧が晴れたように遠くまで見渡せるような眺めは、宇宙の光と物質について典型的なものではないのだ。もしその同じ星の光がブルー・マシンに当たっても、海の根本的な性質により、光はそれ以上まったく進まないだろう。

しかし、たとえ海中の可視光が効率的に消されてしまうとしても、それはただちに起こるわけではない。海というエンジンと、そのなかにある生命のウェブにとって重要なのはそのことだ。部分的に利用できるという状態は、全部か無かという両極よりも常におもしろい。なぜならそのおかげで、テクスチャ・特徴・予測不可能性がもたらされるからだ。だからこそ、光は依然として海の重要なメッセンジャーだ。それがあなたにすべてを見せてくれるから、ではなく。

水の色

私たちの社会は水は青いという暗黙の慣例を了解してきたが、ほとんどの場合そんなことはない。カラー・クレヨン一式を子どもに（あるいは大人にでも）与えて水を描くようにいうと、描かれたカートゥーン調の蛇口から出てきたり、カートゥーン調の水槽を満たしたり、カートゥーン調の空から落ちてきたりするものは、たとえ誰もいままでそんなものを見たことがなくとも、青色をしていることだろう。しかしそうした状況のすべてで水を観察したとき、それには色がない（もしあったら、あなたはもちろんその水を飲まないだろうし、ペットの魚をそのなかに入れることもしないだろう）。

少量の水が青色ではないのは、光がそのなかで小旅行しかしないとき、それが受ける影響がほとんどないからだ。つまり、入ったものが出てくるわけだ。しかし、クレヨンで描かれた水の色が完全な嘘というわけではない。青は実際に、水の本当の色だ――しかしそれが明らかになるのは、目の前に非常に大量の水があるときだけなのだ。

巨大な太平洋の広大で開けた範囲は確かに青く、赤色の光の吸収だけではこのことを説明できない。

10　とはいえ、それは世界で唯一のシステムというわけではなかった。ロシア・インド・中国はすべて、まだそれぞれのシステムを運用しているようだ。

もしも太陽光が海に当たったあと吸収されるまでのあいだ、単純に下向きに移動するなら、そこから戻ってきてあなたの両目に到達する光が存在しないため、海は黒く見えることだろう。追加の段階、すなわち水の色を私たちに実際に示しているステップは、光線が水分子の群集のなか、わずかに密度が高かったり低かったりする部分を通る際に、水分子が光線の通り道を小突くことで起きている衝突だ。これは物理学者たちが「散乱」と呼ぶもののひとつの例で、それはまさにその言葉を聞いて思い浮かべるような現象だ――光は移動を続けるが、それは水の内部で実際に跳ねまわるため、ジグザグの経路をとる。

よって私たちに外洋が青く映るのは、主に次の二段階のプロセスが原因だ[11]――第一に、青色以外の光はすばやく吸収され、第二に、残った青色の光は、変更不可の直線経路に固執するのではなく、海の内部で跳ねまわる。このすべてによって、青色の光の一部が、私たちの目に戻ってくる可能性をもつということだ。これらふたつのプロセスが、クジラの視覚世界のための舞台を設定する。

ザトウクジラは忍耐強い海の旅行者で、こぶ状の鼻先に向けて細くなるずんぐりとした葉巻型の体躯とふたつの長いヒレをもち、このヒレがラテン語の名前メガプテラ〔Megaptera〕の由来となっている――「巨大な翼」という意味だ。ザトウクジラは頻繁に海面で休んだり遊んだりして、熱心に尻尾やヒレを叩きつけたり、ときには水面に飛び出してみずからの体を宙に打ちあげ、どしんと戻ってきて力強い飛沫を上げたりするため、人間のホエール・ウォッチャーたちに人気だ。太平洋の東側に沿って暮らす個体はメキシコ沿岸を北上してベーリング海まで泳ぎ、戻ってくることで日々をすごす。冷たい北極圏の水の豊富な栄養の恩恵を受けながら、子育てのため熱帯に戻ってくるのだ。どこにいたとしても、ザトウクジラが水面を去って潜ってゆくときには、肺がいっぱいになるまで空気を吸いこみ、色彩豊かな陽光から水の青い薄暗がりのなかへと泳いでゆく。

外洋では、体の長さのぶんでも水面下にいると、赤と緑の光はすべて消えてしまい、クジラは霞んだ青いプールのなかを泳いでいる。上部には太陽の方向からのぼんやりとした光があるものの、水面の上はなにも見えない。上にある明るさは、途中のあらゆる色合いの青を通過するなかで、下にある完全な黒さとなって消えてゆき、もはやおぼろげな周囲のどこまでを見通すことができるかさえ定かではない。

クジラの周りの広大な空間には、巨大な海のすべてのドラマがある——小さな魚の群れ、シャチといった大型の捕食動物、力強く回遊するマグロ、脈動するクラゲの大群だ。しかしそのすべてが目に見えず、虚無の背後に隠されている。これは海中における散乱の効果だ——水自体が光の方向を変え、ごちゃごちゃにして、互いに遠くにいるクジラや魚やクラゲたちのあいだに光線が直接届かないようにすることで、海の住民たちを互いから隠してしまうのだ。

上にある明るい青から下にあるもっとも暗い黒までのグラデーションをいつも描いている優しい霧のなかをそれぞれのクジラは泳ぐ。その暗がりの先はたとえ世界最高の目であっても見通すことができない。もっとも透明な海水のなかでは、クジラの霧がかかったような視界が見通す距離は二〇〇メートルまで伸び、同じ社会集団の他の構成員を判別可能にするかもしれない。しかし海岸に近づくと、そこの水は光をさらに急速に散乱させる生命や粒子でいっぱいのため、視覚的な霧が押し寄せて、そのなかからぬっと現れる大きな姿が敵か味方かは最後の瞬間になるまでわからない。

しかしこれは、クジラが泳ぐために発達させた視覚環境なのだ。進化は意図も感情ももたずに、それによる微調整が動物の繁殖の見通しを悪化させないという唯一の条件のもとで、各世代の生理機能を変

11　海が空を反射すると、そのときもまた青く見えるが、それは表面からの反射であって、下にある水の色とはなんら関係がない。そしてもちろん、海中のものによって海水が緑がかって見えたり茶色がかって見えたりする場合もたくさんある。

化させ、剪定する。視覚において優先されるのは、薄明りのなかでもやっていけるということだ。

クジラの祖先の陸上哺乳類は人間のものと似た目をもっており、微弱な光を感知する豊富な桿体細胞と色を識別する錐体細胞二種（人間には三種ある）をもっていた。この五〇〇〇万年をかけて水棲環境に適応するあいだに、クジラとイルカたちのすべてが錐体細胞のうち一種の機能を失い、多くが両方を失った。ザトウクジラと他のヒゲクジラ類（とりわけシロナガスクジラ・ナガスクジラ・イワシクジラ）と一部のハクジラ類（マッコウクジラなど）は現在、その視覚を桿体細胞のみに頼っている。このことが意味するのは、薄明りのなかでも見ることはできるが[12]、複数の錐体細胞がなく、色がわからないということだ。クジラたちを取り囲んでいるすべては青い光なので、厳密にいえばクジラたちは青い光を見ることができるとはいえ、それが青いと知る方法はない。海が明るいピンク色に変わったとしても、クジラたちにはそれがわからないだろう。したがって、すべてのクジラとイルカは完全に認識不可能な青色のプールのなかを泳いでいるのだ。また、クジラたちの視覚は比較的、鋭敏さに欠ける。というのも、鋭い観察眼をもつ意味がないからだ——小さすぎて見えないという以前におそらく、事物は霧のなかに消えていってしまう[13]。

摂食の際にザトウクジラがいるのは通常、上部二〇〇メートルの場所だ。そうなるとついには青い光さえも完全に吸収され、食事をするもっとも深い場所に到達するときまでに、太陽の光はほんのわずかな輝きを残して消えてしまう。この場所の深度は海の平均のたった五パーセントだが、その下にあるすべては、もっとも明るい夏の日々においても暗い。これこそ、海の上層は温かく太陽に照らされているのに、その下の海は冷たく暗いままである理由だ——表層の水は太陽のエネルギーをすべて奪い、それを分子という生命の組み立てブロックか熱エネルギーへと変換するのだ。より深い場所にある水は、クジラたちをお互いから隠すのと同じプロセスによって、太陽光から遠く隠されていて、そのためにまた、熱源からも隔てられている。

こうしたことすべての結果として、海水と光は、ある奇妙な関係を結ぶ。光は海というエンジンの回転に必要なほとんどすべてのエネルギーを提供するため、エンジンにとって決定的に重要だ。しかしそのエネルギーは、光それ自体が消えたときにだけ、海に注入される。海の深くにある偉大な景観を調査するのは素晴らしいことのはずだが、調査が可能な海はどこも、見る者にとって貧弱な景色を提示するだろう。なぜなら、その海は光エネルギーを吸収して興味深い特徴をもたらすことができていないだろ

12　クジラたちに役立つ適応は他にもある。特に青反射性の輝板〔tapetum lucidum〕は、目の奥にある生物学的な鏡で、光学センサを通じて光を反射することによって、光を検出する二度目のチャンスをもたらす。ネコもまたこの層をもっており、ネコの目が薄暗がりのなかで明るく輝くのはこのためだ。そして予期された方もいるかもしれないが、クジラの場合この層はスペクトラムのうち青い部分でもっとも強く反射する。

13　海が物を隠してしまうということに関する私自身のもっとも記憶に残る体験は、二〇〇八年、カリフォルニアにある沈没船HMCSユーコン号のところでスクーバ・ダイヴィングをしているときに起きた。このカナダの巨大駆逐艦は、ダイヴァーたちの目を楽しませるためにサン・ディエゴの沖合一八五メートルの場所に意図的に沈められたもので、私たちのボートは、その船のある海底に水面からずっと伸びる直線に結びつけられていた。カリフォルニアの海水は生命に満ちており、その結果としてかなり濁った緑色だ。私たちはその線を下って、海底から少し離れた目印のところでツアー・ガイドを待つように言われていた。私は暗闇のなかへ降りていったが、周囲のミルキーな青緑色と下にある暗闇以外にはなにも見えなかった。私は目印にたどり着き、待った。目に映るものはなにもなかった。私はその線の周りをゆっくりと回転していたが、次の瞬間には、一瞬前に見ていたちょうどその場所、おそらくたった二〇メートル先のところに、巨大な船と、私の向こうに狙いを定める大砲の荒々しい鋼鉄の輪郭が現れた。その静かな巨人は、ずっとそこにいたのだ。その船をかすめる海流の濁りは局所的なもので、そのときたまたま水が澄んだに違いない。私はホラー映画の「ばぁ」という瞬間が大嫌いで、私が周囲の状況に抱いていた信頼は引き裂かれた。まったくそこになかったビルほどの大きさのものが、そんなに派手に現れることなどありえるだろうか？　残りの潜水は楽しかったものの、私はまだ、私をあんなに怖がらせたあの船を許していない。

うからだ。これは海のキャッチ22〔ジレンマ〕だ——海というエンジンの美しさと豊かさを本当に見るためには、光の吸収スイッチをオフにする必要がある。しかしそのスイッチをオフにすれば、光はブルー・マシンのなかを自由に流れるため、システムに入ってエンジンの美しさと豊かさをもたらすエネルギーはなくなってしまうだろう。美の代償は、それを目にできなくなることなのだ。

よって海のほとんどの部分においてデフォルトの状態は暗闇だ。しかし決意の固い海洋学者たちは光の不在でさえもいくつかのカテゴリに分けた。海のもっとも深い谷、太平洋のマリアナ海溝の上の海に、ひと粒の大きな砂を落とすところを想像してみてほしい。適切な大きさの砂粒を準備して、毎秒一メートル、陸上で一枚の羽根を落とすのとおおよそ同じ速度で海水のなかを落ちるようにしてみよう。その砂粒は水に入ったときには明るい日の光に囲まれているが、その陽光は最初の数秒で消えてしまう。その砂粒はいま、外洋の青い霧のなかを沈んでいて、周囲の光は急速に弱まり、ぼやけたものとなっている。落下をはじめてちょうど三分を超えたころ、その砂粒は二〇〇メートルの場所にある。水面から遠くこの場所まで到達した光は約一パーセントにすぎず、人間にとって、この環境はすでに夜と見まがうほどに黒いはずだ。これは「無光」層〔aphotic zone〕と呼ばれるものへの移行を示しており[14]、もっとも小さな光にだけ、この深さまで生き残る可能性が残されている。砂粒は次の一三分で約一〇〇〇メートルの深さにある中深層〔twilight zone〕の底にたどり着くが、そこは真の暗闇だ。しかしその砂は漂い回転しながら暗闇のなかを落ち続け、次の五〇分をかけて海底の平均深度に到達する。大部分の海では、砂の旅はここで終わる——しかし私たちはチャレンジャー海淵の真上にいるため、砂粒は深海帯〔abyssal zone〕と超深海帯〔hadal zone〕のなかを落ち続け[15]、旅のはじまりから丸三時間かけて、ついに海底の最深部に落ち着く。海のほとんどすべては、ほとんどいつも暗いのだ。

海のビルボード

陸上で私たちが当然のことと思っている役割において光が実際に際立つのは皮肉にも暗闇のなかでのことだ。そこでは光がエネルギー源との二役を務めるかわりに、単に信号伝達の道具となる。そして、暗闇は散乱が役に立つ場所だ。なぜなら、〔散乱のおかげで光が遠くまで届かないために〕それぞれの動物は自分たちの局所的で曖昧な範囲だけを監視できるため、光信号のポテンシャルに関して、混乱を招く背景を心配する必要がないからだ。長距離を照らす光信号は海では使いものにならないが、短い距離を照らす灯りは驚くほどに便利な道具だ。海の生き物たちがみずからの意図を送信することを暗闇がとめてしまうことなどありはしない。外洋にいる種の七六パーセントがみずから光を生成できると推定されており（これは生物発光と呼ばれる）、私たちはまだ、波の下で毎秒送受信されている何十億もの閃光・明滅・パルス・パターン・動揺を解明しはじめたばかりだ。

生物発光渦鞭毛藻〔bioluminescent dinoflagellate〕と呼ばれる小さな生物は掻き乱されたとき閃光を発して輝くため、それらのいる水が動くたびに光の水煙をつくり出す。クモヒトデは海底を這うとき緑色に瞬き、光る粘液を噴出することもある。南極海にたくさん生息するオキアミは体の下側で光を生成し、上にある明るい空に紛れやすいようにする。クラゲは光とともに脈動して捕食者を制止し、同時に

14 文字通り「光が無い」ことを意味するため、この用語は、この深さの下のすべてにあてはまる。

15 超深海帯《ヘイダル・ゾーン》は水深六〇〇〇メートルから一万一〇〇〇メートルの場所で、深い海溝にだけ存在する。ギリシア神話に登場する冥府の神ハーデースにちなんで名づけられた。

獲物をおびき寄せる。カイムシの仲間は捕食されると明るいイルミネーションをひと吹きして捕食者を内側から照らし出す。このことで飲みこんだ側は危険物を吐き出して急いで避難し、飲みこまれた側はそのあいだに、その夜をやりすごすため泳ぎ去る。そしてさらに印象的なのはアメリカオオアカイカ〔Humboldt squid〕で、このイカは複雑な信号伝達を、明るい表面の水だけでなく、そんな繊細さが意味をなさないと思われるかもしれないような暗い深部でもまた効果的に利用する方法を発見したのだ。

ペルー・メキシコ・カリフォルニア沿岸の漁業コミュニティにとって、アメリカオオアカイカはせいぜい有用でありふれた商業漁獲だが、個人にとっては最悪の脅威になることがある。この筋肉質の軟体動物は体長一メートル以上にも成長する攻撃的な捕食者で、しばしば大きな集団で狩りをし、不機嫌や好機が訪れれば多少の共喰いも辞さない。八本の腕に加えて、歯のついた吸盤に覆われた、獲物を摑むための二本の触腕をもっており、攻撃されたり邪魔されたりしたときには、それらを使って人間に痛む傷跡を残す場合がある。しかしこのイカたちは生涯のほとんどを水深二〇〇メートルから八〇〇メートルのあいだの永久に近い暗闇のなかで過ごし、人間から遠く離れて暮らしている。夜、月光を避けることができれば、イカたちは摂食のために水面近くまでやってきて、日の出の最初のきざしとともに深くへと消えて戻ってゆくだろう。このイカたちは主に小魚や甲殻類を獲物としていて、しばしば獲物の豊かな場所に集まってはおのおのの腕を前方に伸ばしてそれぞれに泳ぎまわり、注意深く摂食のヒエラルキーを考慮して衝突を避けている。自分よりもはるかに大きなイカと同じ魚を狙うと、厚かましい楽天主義のイカは、いとも簡単に強いイカの昼食に選ばれてしまうのだ。

謎めいているのは、こうした活動すべてが、太陽光の不在のなかでどのようにおこなわれているのかということだ。他の種のイカは複雑な信号伝達の達人だが、その信号は熟練のパフォーマンスを照らし出す外部の光に依存している。そのイカたちは肌のすぐ下に何千もの色素の袋をもっており、それを急速に拡張・圧縮して含まれる色を表示したり隠したりすることで、肌のあらゆる部分の見た目を独立して瞬く間に変化させることができる。また、そうしたイカたちは反射率と玉虫調を変化させることもでき、なかには見事なテクニカラー表示を実現させる種もいる。

もし幸運にも岩礁でイカを見つけることができたなら、立ちどまって注意深く観察してみてほしい。それは絶えずみずからの色を変化させ、世界に（特に他のイカたちに）見えるよう全身に複雑な模様をちりばめているか、あるいは丸見えの状態から逃れるために注意深く背景に溶けこんでいるはずだ。イカたちはあけすけな二面性をもっている場合さえあり、オスは体の片側でメスに対してうっとりさせるような交尾アプローチを示しながら、もう片方の側からやってきた他のオスに対して非常に攻撃的な「近づくな」という信号を発していることがある。

しかし肌の色を変えることが役に立つのは、その変化が目に見える場合だけだ。典型的なイカの信号伝達手段は印象的だが、それは反射した太陽光に頼ってメッセージを運んでいる。アメリカオオアカイカの両目は直径八センチメートル以上になることもある巨大な球体《オーブ》だが、最高の探知器でさえ探知するものがあってはじめて役に立つ。水深六〇〇メートルにいるアメリカオオアカイカがその大きな両目で太陽の光の存在しない暗闇をじっと見つめるとき、そこにはなにが見えているのだろうか？

そのイカが触腕を前方に伸ばして海中を進むときには、暗闇のなかの小さな点たちがイカの体の周囲を常に照らしている――小さな生物発光性の生き物たちが瞬きと閃きを発して、警告したり、引きつけたり、気を逸らさせたりするために、みずから信号を送っているのだ。それらのメッセージはイカに対するものではなく、深海生態系の日常の背景で交わされる光学的なおしゃべりにすぎない。そしてそのなかのとてもぼんやりした光が、近くにいる魚の存在を密告するかもしれない。掻き乱されると自動的に発光する単細胞生物の渦鞭毛藻が、水のなかを進む魚たちに刺激され、それぞれの魚に幽霊のような輪郭を与えるのだ。

しかしいま、そのイカは少し脇に寄って、わずか数メートル先で起きつつあるドラマを回避する。別のイカが肌の色を暗くしたあと、急速に体の片側全体から色を抜き、そして暗い斑点を両目の周りに増加させたのだ。このことで明確な意図が示された——魚を攻撃すると。この二番目のイカはぶつかるときには暗い色になり、それからふたたび青白くなって触腕にとらえられた不幸な獲物をかじりはじめる。この活劇を通じて、ヒレの先端は蒼白から暗色のあいだで変化し、その大きさを示している。このすべてがたった数秒のうちに起こり、最初のイカはそのあいだ十分遠くにいることを心得ている。暗闇のなかにもかかわらず、その肌の信号は明確だった。その活劇を通して照明は完全だったが、それは太陽の光によるものではなかった。

アメリカオオアカイカのそれぞれのゼラチン質の筋肉の内部には、それぞれがおおよそ米ひと粒の大きさ・形状をした何百もの細かい小球が入っている。それぞれの小球には二種の化学物質が備蓄・含有されており、ひとつはルシフェリンでひとつはルシフェラーゼと呼ばれる。このふたつの化学物質が小球それぞれの内部の分子の働きによって出会うと、明るく青い光が炸裂するのだ。そうして生成された照明はイカの内部にあって外には向かわないため、筋組織の内部で跳ねまわる。その結果、アメリカオオアカイカの体にある筋肉質の部分（ほとんどすべてだ）は明るい青色に輝き、その部分にできる特に強烈な斑点が特徴的な肌信号を生み出せるようになる。この輝きはイカの皮膚上にある模様のバックライトとして機能し、さらに、暗い色素の袋が膨らむと、それらは光っている筋肉に対してシルエットを形成する。そうすることでアメリカオオアカイカは暗闇のなかでもメッセージをはっきりと送信できる。それによって、イカのグループ全体がみずからのふるまいと続く動きを調整できるのだ。

研究者たちは特定の肌パターンと特定の行動のあいだに関連があることを確認しており、信号の順番がメッセージを解釈するうえで重要だという可能性さえ考慮している。これは困難を伴う研究で、答えよりも問いのほうがたくさんある。しかし海に隠れた生き物たちが同じ視覚の霧を泳ぐ見知らぬ観衆の双眸に向かってメッセージを送信するとき、その洗練された水中の光信号が驚くべきものであることは確かだ。

海における光の物理学は、局所的な出来事と目下の問題だけが知覚される、切り離された水中世界を示している。しかしその世界はかならずしも不便というわけではない。もしもあなたの一マイル以内にいる全員の会話がクリアに聞こえてきたら、世界がどれほど複雑になるかを考えてみてほしい——信じられないほど混乱するはずだ。この地上で音は遠くまで届かず、届いたとしても長い距離を経て生じた個々のノイズによってわずかにゆがめられるため、利用可能なのはもっとも一般的な情報だけだ。これは海での光の状況と同じだ——局所的なコミュニケーションだけで十分なのだ。人間にとって一番のメッセンジャーである光が、深い海では二次的な役割に降格されているため、私たちは波の下の世界を理解するのに苦労する。しかし長距離の接続がないというわけではない。というのも、その役割を担うことのできるかわりのメッセンジャーがあるからだ。海面の下に行くことは、音の領域に入ることなのだ。

海の世界では、音が偉大な物語を伝え、仲間たちや生息地のあいだに長距離接続を提供する。音は海を一体にするメッセンジャーなのだ。それでは音響海洋学の世界に足を踏み入れて、海の長距離コミュニケーション・システムに聞き耳を立てるとしよう。

西洋世界ではジャック＝イヴ・クストーが海の物語制作《ストーリーテリング》の巨人だと広くみなされており[16]、現在では何世代にもわたるドキュメンタリー制作者たちが彼の大きな双肩の上に立っている。一九五〇年代以降、彼の映画・本・TVドキュメンタリーは、なにかまったく新しいものを世界中の家庭にもちこんだ――内側からの海の眺めだ。彼は一九四〇年代にエミール・ガニアンと「アクアラング」――初の近代的なスクーバ・ダイヴィング装置だ――を共同開発し[17]、より個人的な海洋探検への扉を開いた。一九三〇年代にウィリアム・ビーブは彼の潜水球《バチスフェア》に乗って海中見物を大いに楽しんだが〔第2章参照〕、クストーと彼のチームはそのような生きている宝物を単に観察するにとどまらなかった――クストーたちはそれらをつついたり、からかったり、追いかけたり、つまみあげたり、科学者たちの研究のために持ち帰ったりすることができたのだ。

さらに、もっとも重要なのは、クストーたちが新しく開発された水中カメラを用いてそれらを撮影し、世界をその冒険に参加させることができた点だ。それらの映像が私たちの海に対する見方をリセットし、海を、戦争の恐るべき劇場から喜ばしい自然のワンダーランドに変換したことは否定のしようがない。クストーの最初の映画は彼の最初の本に基づいたもので、一九五六年に突如として世に問われ、カンヌ国際映画祭でパルム・ドールを、アカデミー賞でも長編ドキュメンタリー映画賞を受賞した。これは世界の舞台への海の華々しいデビューで、観劇したのは王・女王・政治家・アーティスト・商人・会社員、そして目を丸くした子どもたちだ。だからこそ、この偉大かつ重要な芸術作品が『沈黙の世界』という非常に誤解を招く題名だったことは、海を研究する誰をも当惑させ続けることになる。海はまったくもって沈黙していないからだ[18]。

沈黙というドラマティックかつ不気味で異質な特徴を海に与えるという誘惑に抗う映画制作者はほとんどいなかったことだろう。しかしこのタイトルが特に異論なく通過したかもしれない他の理由は、それよりさらに興味深い。なぜならその原因は、水中の音そのものの性質に織りこまれているからだ。水、そして私たち自身の解剖学的構造と私たちの探検方法は、自然における水中の音楽を私たちから隠すのに非常に効果的なのだ。

それは水面にはじまる。海の音で馴染みのあるものといえばビーチで砕ける波だ。波は彼方からやってきては転がり跳ねて轟きを発し、波のつくり出す何十億もの泡は破裂する際に優しくしゅわしゅわと音を立てる。しかしそれらは表面での出来事であって、海の内部の音ではない。完全に穏やかな日、私たちの耳に海から届く音はないが、それは海面自体が二重の鏡のようにふるまうからだ。下からやってきた音は下に反射され、上からやってきた音は上に反射される。上と下の世界は音響的にはほとんど完

---

16 しかし先駆者ではない。それはウィリアム・ビービだ。

17 「スクーバ」〔scuba〕という言葉は、他の誰かが一九五二年に自給気式水中呼吸装置〔self-contained underwater breathing apparatus〕の頭字語《アクロニム》〔単語の頭文字をとってつくられた語〕として発明するまで使われていなかった。クストーは彼の装置を常に商標名でアクアラングと呼んでいたが、アクアラングは自給気式水中呼吸装置の一種だ。

18 今日的な見地からすれば、題名に対する不満は映画の内容への不満と比べれば些細なものだ。この映画は教育的といえるが、その理由は主に、この作品が、時間の経過とともに「許容」の範囲がいかに変化するかを示す目を見張るような例だからだ。のちの作品においてクストーは自然界へのはるかに大きな配慮を見せるものの、この最初の映画では、出会った動物たちと環境に対する彼のチームのカジュアルな扱いは、今日的基準からすれば、かなりショッキングなものだ。プラスの側面として、それは態度というものが劇的に変わりうるということを示している。だから、まだまだ先は長いと感じている私たちには希望があるわけだ。

全に分離されているのだ。

圧力を加えて水を押しつぶし、多少なりとも小さくするには、かなりの努力が必要だ。[19] 私たちが水を押すと、その分子は小さな空間に圧縮されるのではなく前方にある分子を押し、押された分子はその前方にある分子を押すことですばやく順応し、それに押された分子は前方にある分子を押す。したがって最初の一突きは、分子自体はどこへも行かないまま、水を伝って前方に進むわけだ。〔同じ要領で、〕水中での通常の音波は、水分子が音の方向で前後にぐらつく際の、とてもわずかな絞りまたは伸びによる移動パターンで構成されている。しかし音波が水面に到達するとき、そこにある空気は水と比較すると非常に薄いため、その押し出しは行き場をなくしてしまう。密度の高い水分子の一団が押すことのできるものが本当になにもないのだ。だからその音波は海面に反射して下へ戻ってゆく。

水面の上からやってくる音はというと、音は明らかに空気のなかを移動できるものの、大気からの音が海にぶつかるというのは、空気中を進むのと比べたとき、コンクリートの壁にぶつかるようなものだ。そのため音波はただ跳ね返って上に戻ってゆく。水と空気は互いにかなり異なるため、一方を移動している音は他方に入ることがほとんどできない。反対側になにがあるかの手がかりを得るためにはどうしても、その境目を物理的に横断する必要がある。とはいえ人間はそれをかなり簡単におこなうことができる。息をとめて飛びこめばいいのだ。

ジャック・クストーはアクアラングの試作実験をはじめる以前から、経験豊富なフリー・ダイヴァーだった。フリー・ダイヴァーたちは数分のあいだ息をとめられるようにみずからを訓練するため、水面を出発してから酸素がなくなってふたたび水面に戻らなければならなくなるまで、魚のように泳ぎまわることができる。クストーは水中の音の世界に何年も文字通り浸っていたわけだが、彼がそれに対して特に興味をもたなかったことは明らかだ。しかしながら、私たちはおそらくそのことを大目に見ることができる。というのも人間の耳は、水中では正確にその仕事を果たすことができないからだ。

人間の耳には三つのパーツがあり、それらが（かなりおおまかにいって）三つの機能を果たす。私たちのほとんどが耳だと思っている部分、すなわち頭蓋骨から突き出たカーヴした円錐は、実際には「外耳」にすぎない。その主な仕事は、漏斗として音を内側に注ぎ、頭のなかに運ぶことだ。こうして音は中耳に伝達される。中耳は空気に満たされた空洞で、精巧なメカニズムによって空気中の音を水中の音へ変換する。そうして音は液体で満たされた内耳へと進むことができる。ここが聴覚プロセスが実際に起きている場所だ。つまりあなたが聞くとき、あなたは実際には、あなたの内耳の液体のなかの音を聞いているわけだ。しかしその音は、空気に満たされたシステムで作動する外耳と中耳を通過しなければ、そこに到達できない。

いまや私たちはなにが問題かがわかる。空気／水のあらゆる境界が、音にとって二方向の鏡としてふるまうことだ。人間が水に潜るとき、周囲の水のなかの音は、主要な入り口が空気で満たされた、空気中でしか機能しないシステムと出会う。音が水からその境界に至っても、境界はただ跳ね返すのみだ。あなたが文字通り水中の交響曲に囲まれていたとしても、それはまったく入ってこないかもしれない。ただし例外はあり……私たちは水中で聞くことができる。ほんの少しなら。迂回路《バイパス》はあるのだ。水は密度が高くほとんど圧縮されないわけだが、そうした特徴をもつ似たような物体へなら、音は水から移動することができるだろう。骨はその条件に完全に適合するわけではないものの、かなり近く、そして

19　上にある海一〇キロメートルぶんの重さをもってしても、チャレンジャー海淵の底の水は約五パーセントしか押しつぶされていない。だがそれは途方もない圧力で、海面近くで私たちが目にしたり生成したりできる圧力すべてを優に上回っている。

あなたが水中にいるとき、あなたの頭蓋と顎の骨は水のすぐ隣にある。そのため、このことは音に、中耳にある空気のバリアにブロックされた内部への経路を提供する。あなたの身体に到達した音は、水から顎あるいは頭蓋に直接移動し、それから空気で満たされた外耳と中耳を迂回して、骨に沿って内耳に向かうことができるのだ。

　こんど少しばかり泳ごうとして水にすっぽりおさまるように屈むときには、あなたの頭と水のあいだにある新しい物理的関係について考え、そこを通って移動するものに注意を払ってみてほしい。それは聞くための特に効果的な方法というわけではなく、高音よりもはるかに低音に対して上手く機能する。低い音が内耳に伝わることで、あなたは突然、近くの道路交通やプールのコンクリートの床の下に隠されたポンプ（都市のスイミング・プールにいる場合）、ボートのエンジン（海にいる場合）などが立てるどよめきに気づくようになるかもしれない。その音のすべては常に水中にあったのだが、どれも二重鏡の表面を通って空気のなかへ入ることはなかった。そのためあなたは聞き逃しているものを知るすべをもたなかったのだ。しかし高音——水面の飛沫の音や誰かがプールの反対側で壁を叩いている音——は簡単には聞こえてこないだろう。それらはそれほど上手く骨を通過しないからだ。頭を通して聞こえる音は、ごちゃまぜで唸るような性質を帯び、はっきりとしない。しかしそれはそこにある。フリー・ダイヴァーたちは通りすぎてゆくそうした音のいくらかを確かに聞くことができるため、クストーは水中に少しは音があることを知っていたに違いない。

　しかしおそらく、ジャック・クストーがみずからのドキュメンタリー作品で海の音を避けたもっとも大きな理由は、彼の撮影方法が、海でもっとも騒音を発するもののひとつを大量につくり出さざるをえなかった点にあった——質素《ハンブル》な泡《バブル》のことだ。

見てきたように、水を押しつぶすのは非常に難しいため、音は水を通じて長い道のりを移動できる。なぜなら、水分子をわずかにでも押すと、それらはすぐに周囲にある他の水分子を押して、その一押しを伝えるからだ。しかし気泡はなるほど、非常にぐにゃぐにゃとしている。アクアラングはダイヴァーが息を吸いこむと、その肺を満たすのに正確に見合う割合で、弁がタンクから気体を放出するよう設計されていた。ダイヴァーが息を吐き出すと、その気体はそのまま水のなかへ逃げてゆき、分裂して、震えながらきらめく空気の球の集まりとなって、水面と陽光に向かって揺れながらのぼってゆく。それぞれのエア・ポケットが残りの呼気から離れる瞬間、そのほとんど泡といえるものは歪んで伸びるが、空気の短い首を通じてまだ残りの部分とつながっている。その空気の首が切れるとき、泡はきっぱりと球形に戻り、すぐに内部の空気を押しつぶしはじめる。押しつぶされた空気はそれから、外向きに周囲の水を押し返し、もとの大きさを超えるまで膨張する。それからふたたび、周囲の水は空気を内側に押しこむ——そしてその泡は、気体が落ち着くまで膨張と収縮を繰り返す。[20] この「呼吸モード」〔breathing mode〕と呼ばれる状態の振動で水が定期的に押されることで、音波が生じるのだ。

グラスに水を注いだときに聞こえるキラキラという音や、空の瓶を池の水面の下にもっていって、それが水で満たされて空気の泡を出すときに聞こえる、グルグルという音——ここで聞こえているのは、それぞれの泡の生成の瞬間に鳴る音だ。大きな泡は低い音で轟き、それよりも小さな泡はより高いピッチで歌い、それぞれがその音楽に独自の調子を加える。新しい泡はどれもうるさいし、クストーと彼の仲間のダイヴァーたちはスクーバで息をするたびに多くの泡を放出していた。ダイヴァーたちの頭の真

20 この膨張と収縮は、泡の体積全体のうちごくわずかな割合で生じるにすぎない。つまりこのプロセスはあまりに繊細なため、悲しいことに、人間の目で直接観察することができない。

横で生じる創造の不協和音だ。このことによって、海における自然の音楽へのダイヴァーたちの評価が減衰したのは疑いようがない。

クストーと彼の船R／Vカリプソ号の乗組員による冒険は、海洋探検家というものの人生をドラマティックに描いた。揺れる毛糸の赤い帽子、無造作に咥《くわ》えられた煙草、船の後甲板での技術的な作業、水中への進出に向けた準備作業での明るい黄色の空気タンクへの寡黙な集中——これこそ、人間から魚へ変身してふたたび戻ってくることのできる者たちの人生だったのだ。

しかし、海そのものについての描写においては、それはほとんど無声映画だった。カメラにはマイクがついていた——多くのショットのうしろでスクーバの泡の音を聞くことができるが、そこに自然の海の音はない。それらのドキュメンタリーは人間のナレーションとオーケストラの音楽で覆われており、人間の作曲家によるドラマの解釈を伝える——フルートのトリル、心に残るオーボエのソロ、勝利の雰囲気に満ちた金管楽器、そしてクライマックスのピアノの調べ。しかし海そのものに発言権はなかった。この大型新人はミュート状態だったため、海は沈黙しているという誤解が覆されることはなかった。そのヴィジュアルは各賞を獲得し、一般的な称賛を得るのに十分すぎるほどだったが、物語の半分しか語っていなかったのだ。

ならば人間のサウンドトラックを削除して海のミュートを解除するとき、なにが聞こえてくるのだろうか？　こうした初期のオーシャン・ストーリーは、どんなメッセージを逃していたのだろう？

ハドックのどんちゃん騒ぎ

ノルウェー海の冷たい水のなかで、一匹のハドック〔モンツキダラ〕が暗い海底の岩場を守っている。ハドックは体長およそ五〇センチメートルの中型の魚で、暗い色の背中と銀色のおなかをもっており、両の胸ビレのちょうど上のところに特徴的な黒い斑点がひとつある。水面下一五〇メートルのこの場所は光が乏しく、ハドックたちを見るのは難しい。ノルウェーの長くてとても入り組んだ海岸線は北海から北へ一六〇〇キロメートルにわたって曲がりくねり、北極線をはるかに超えて、北極海の白く凍った広がりに向けて伸びている。極北のこの地で、このハドックは世界における居場所を守っている。その縄張りは浅い大陸棚にあって、そこでは水底から上部まで栄養が容易に混ざりあっており、弱い春の陽光が差してこの季節の新しい命を刺激しはじめたところだ。ここの海底はご近所のいざこざで分断されていて、それぞれの魚たちが自分たちの区域の境目を油断せず守っている。ハドックは食べ物を得るために海底の堆積物を掘り返してまわり、巻貝・二枚貝・ワーム、そしてときにはより小さな魚を見つけて貪ることに一年の大半を費やす。そして春が訪れると、ハドックたちは特定の産卵場へ移動し、オスは好きな場所に縄張りを定めて、メスが交尾相手を選抜するためのスーパーマーケットをつくり出す。

イチャイチャは、オスのハドックがその縄張りの区画をしっかりと囲むようにして八の字を描いて繰り返し泳ぐことではじまる。そしてそのとき、長いひと続きの音が鳴りはじめる。魚が暗闇に向かってみずからを喧伝するような、鈍いドンドンという音だ。近くにいる彼の競争相手からさらなるノックがやってくるが[21]、それぞれがわずかに異なるピッチ・パターン・繰り返し率をもっており、その大騒ぎは何百メートルも先から聞こえるまでになる。

21　「ノック」〔knock〕というのはその音を表す専門用語だ。このトピックについての科学論文では、あけすけな「売春宿《ノッキング・ショップ》」のジョークについて見事に抑制されている。

これは希望に満ちた者たちのナイトクラブで、メスたちは上から近づいてきて、もし特定のドラマーがアピールすれば、より詳しく観察するためにとどまるだろう。その音声広告には成功の合図が混ざっており、求愛が進むにつれドラミングは速くなり、やがて連続するブーンという音に溶けてゆく。音はパーティー全体をコーディネートするために使用されていて、音響メッセージは水を介してすべての方向にさざめき、交配して次世代の受精卵を残す喫緊の要請を組織する。それは印象的な大騒ぎで、それぞれの魚が自前の体内ドラム・キットをもっているからこそ可能なものだ。

見てきたように、水は密度の些細な不釣り合いのこととなると非常に不寛容だ。もしあなたの密度が周囲の水の密度よりも高ければ、あなたは沈む。もしあなたのほうが密度が低ければ、浮かぶ。もしあなたがそのどちらも望まないならば、あなたにはふたつの選択肢しかない――その場にあなたを保つために泳ぎ続けるか、あなたの密度を調整して周囲の水に完璧に一致できるようにするかだ。

硬骨魚類――サメとエイをのぞくほとんどすべての魚――は、二番目を選択する。それぞれの魚の頭のちょうどうしろには、ふたつのつながった袋があり、銀色をしたグアニン結晶[22]の層がそれらを補強して気密性を保っている。魚たちはその袋を小さな風船のように膨らませることができ、袋のなかの空気の量を持続的に調整することで、沈みも浮かびもせず、常に中性浮力をもち続ける。この装置こそ鰾《ひょう》〔浮き袋〕で、そのもっとも大きな利点は、魚が一切エネルギーを消費することなく、ひとつの場所にとどまることができるようになるということだ。しかも空気で満たされた袋をいちど手に入れてしまいさえすれば、浮力補助器具としての重要な機能に影響を与えることなく、それを楽器として使うことができる。鰾はハドックの発声器でもあるのだ。

ハドックたちは鰾の外側に一対の「ドラミング・マッスル」をもっており、それらは鰾を高速で弾いてノッキング音をつくり出す。弾かれた鰾は周囲を押したり引いたりして、外部に音のパルスを送る。スクーバの気泡が効率的に音をつくり出すのとちょうど同じように、この体内の気泡もまた効率的で、つまりはうるさい。鰾をもつすべての魚種がそれを楽器として使用するわけではないが、ハドックはオス・メスともに、この付加的な技術に優れているのだ。メスはわずかに異なるノック音を出し、ほとんどの場合、採食の際に警告して他の魚を遠ざけるために使う。それは他の方法では伝えることのできない重要なメッセージであり、この種はその忙しい社会生活を調整するため音に依存している。

ハドックは例外的な存在というわけではない。他の魚種が発する音のリストにはキャッキャ、ゲロゲロ、ピヨピヨ、モーモー、プップ、ブツブツ、ミシミシ、ギシギシ、ウンウン、ワーワーといったものがあり、これらは全体のごく一部にすぎない。また、すべてが鰾を使っておこなわれるわけではない――魚は体の一部（ヒレや骨）を擦り合わせて、ポンという音やクワックワッという音などの幅広い音をつくり出すこともある。

私たちは魚の口笛・警笛・遠吠えが、鳥の鳴き声に比する洗練や美をもつとは考えないかもしれないが、それは完全にとらえ方の問題だ。ナイチンゲールはロンドンのバークレー・スクエアで歌うかもしれないが〔イギリスのポピュラー・ソング“A Nightingale Sang in Berkeley Square”をふまえている〕、トードフィッシュは西アフリカ沿岸の岩の下から歌いかけていて、周囲にいる皆にその歌声を聞かせてやろうとやる気満々かのようだ。

22　これはDNAの文字〔塩基〕A、T、C、GのGと同じグアニンだ。グアニン結晶はその玉虫色が主な理由で、非常に便利な生物学的建材となっている。魚の鱗を銀色にしている原因でもあり、マニキュア液・シャンプー・メタリック塗料に自然な輝きを加えるために何年も前から抽出されてきた。とても多用途な原料だ。

魚は鳥がもっているような形の音楽的な幅を完全にもっているわけではないものの、鳥とまったく同じ理由から、音を使ってメッセージを送っている。しかしもちろん、何者もそれを聞くことができなければ、この歌のすべては意味をなさない。だから私たちは、魚がどこに耳を保持しているかを問う必要がある。

メスのハドックが水中でオスの縄張りのパッチワークの上を泳ぐとき、周囲の水は音波で満ちていて、そのそれぞれが水分子の集団を通じて波紋を広げ、移動するひと突きだ。その音波がハドックに届くとき、その波はほとんど変化する必要がない――水は魚の肌を押すが、魚は主に水なので、その波は魚のなかへただ進み続けるのみだ。音はまっすぐに彼女を通過するので、ハドックは外側に耳をもつ必要がない。しかし頭のすぐうしろで、音はなにか異なるものを押す。しなやかな魚の肉のかわりに、音はそこで水の三倍の密度をもつ、炭酸カルシウムの硬い塊に出会うのだ。音のプッシュはこの塊を動かすことができるが、肉よりゆっくりとだ。魚の肉の分子は音波が魚を通過するたびに震えているが、密度の高いその塊――耳石《じせき》と呼ばれる――は同じように震えるわけではない。これこそが魚の耳[23]で、体の奥深くに隠れているが、それにもかかわらず音の届きやすい部位だ。

耳石は繊細な感覚をもつ毛でできたカーペットの上にあり、その毛は耳石の動きと耳石が安らっている寝室のあいだの不調和を検出する。その毛こそが、音の検出メカニズムを形成している――もし耳石が魚の内部でガタガタと揺れていたら、それは魚自体が音で震えており、耳石が後れをとって震えているために違いない。毛は魚の脳に信号を送り、その音がどのくらいの動きを生成したのか、その震えがどのくらい速かったのかを伝える。そうしてメスは、もっとも近くにいるオスからのドンドンという音に誘われ、向きを変えて下へゆくのだ。

この感知メカニズムの賢い点は、センサの毛の集合が魚に対する耳石の振動方向を特定できるため、音の来た方向が正確にわかるということだ。手のひらにピンポン玉をのせることを想像してみてほしい。その手を左右に振ると、次の瞬間にはピンポン玉もまた左右に動いていることだろう。しかしそのかわりに手を前後に振れば、ピンポン玉は前後に揺れることだろう。耳石も似たようにふるまう。[24] そのため彼女は周囲の志望者たちの喧騒《クラマ》のなかでも、みずからの選ぶ情夫《パラマ》を問題なく見つけることができるのだ。

ひとたび乱痴気騒ぎが終わり、ハドックたちが通常ルーティンに戻って海底の真上を泳ぎまわり昼食に目を光らせる段になると、音は局所的な環境に通じるひとつの手段となる。魚は周囲に関する音のメッセージの洪水のなかを泳ぐ。いくらかは役立つが、いくらかは単なる背景の一部だ。

魚のはるか上、大気中で風が起こると、水面で砕ける波によって何十億もの泡が発生し、風が増すごとにそれらもますます数を増やす。そして泡が新しくできるたびに発せられる細かな音が合わさって、背景で絶えず鳴り続ける低いざわめきを生み出す。雨もまた騒がしい泡をつくり出すことができるが、その音響的性格は、発生源が大きな雷雨なのか落ち着いた小雨なのかに応じて変わる。海の内部では、天気は感じられるのではなく聞かれる。北大西洋から吹きこむ嵐にさらされているノルウェーの沿岸のこの場所では、水の上の天候が絶えずその存在を水中で感じさせる。次に他の魚種が戦い、食べ、狩る際に鳴るブーブー、プープー、ゼーゼーという音がある。イルカの群れは頭上を通過し、甲高い鳴き声

23 ハドックは三対の耳石をもっているが、その数と配置は種によって異なる。

24 これは比較的探究されていない科学分野なのだが、耳石の形成方法とそれが耳石の振動の仕方に与える影響は、魚の聴覚能力に途方もない機微を与えている可能性があるようだ。耳石はあらゆる魚種でそれぞれ異なる形状をしていて、異なる場所に位置する——つまりそれらは非常に特徴的で、そのためときには魚の他の部位を差し置いて、種の特定のために使用することさえ可能だ。

や口笛で互いにおしゃべりをしながら反響定位《エコーロケーション》に使うスタッカート音で周囲を探っていることだろう。そして遠く暗闇からあふれ出てくるのは、ザトウクジラやミンククジラたちの深い唸り《グロウン》、唸り《グラウル》、唸り《グラント》だ。[25]ほぼすべての種は選択的に、これらの音の一部が聞こえないことだろう——魚の聴覚はきわめて気まぐれなため、その交響曲の一部だけしか聞かないのだ。しかし大部分の魚が、音を聞くことはできる。それは暗闇のどこかでなにが起きているのかを見つけ出す唯一の手段だ。陸上での夜明けの鳥たちの鳴き声と比べればとらえがたい音かもしれないが、この北の極寒の地でも、海はまったく沈黙していない。

私たち人間の耳は私たちを水中の音世界のネイティヴにはしてくれないが、過去一〇〇年かそこらをかけて、私たちは盗み聞きのための技術を発展させてきた。多くの科学分野と同じように、人間はそれに取り組む際、自分たちは発見しようとしているものについてかなり知っていて、機器を改良すれば従来の単純な画がより明確になるばかりだろうと想定していた。そしていつものように、人間は間違っていた。

音に戸惑う

一九四二年六月、カリフォルニア州サン・ディエゴ沖で、小さな生き物の集団が海面下深くの暗闇を泳ぎまわっていた。ほんの一瞬、その生き物たちはざわつきを感じ、つかのまの厳戒態勢をとった。しかし近くに捕食者の気配はなかった。生き物たちは食料探しに戻ったが、自分たちがたったいま、二〇世紀の海洋学でもっとも手に負えない探偵小説《フーダニット》のひとつを始動させたことには気づいていなかった。

その三〇年前、人類は水中世界を偵察することの利便性にはじめて気がついた。一九一二年に起きたタイタニック号の沈没、そして第一次世界大戦での戦闘に潜水艦が与えた影響によって、世界についての人間の知識の重大な盲点が明るみに出たのだ。海を詳しく調べる方法がまったくないという状況は、非常に不満を募らせるものとなっていた。こうすればよいという解決策はあったが、それは実行できるほど単純ではなかった。

水中の音は水と異なる密度をもつあらゆるものに反射し、潜水艦は明らかにその範疇に入っている。そのため、海中に音を送ることができれば、それが音響上の障害物に反射した際に反響を聞くことができる。信号を送ってから反響が戻ってくるまでのあいだの時間が計測可能な限り、それらの反響によって障害物への距離さえわかるようになるだろう。これをおこなうのは光よりも音のほうがはるかに簡単だ。というのも、音は水中を比較的ゆっくりと移動するからだ——空気中よりは速いが、それでも簡単に計測できる程度にはゆっくりだ。[26] 第二次世界大戦の開始までに、科学者と技術者たちはこの仕事をおこなえる初歩的な装置（のちにソナーと呼ばれることになる）を手にしていたが、それには困ったことがあった。かれらは海の広大な未知の領域のなかへ音を送り、戻ってきたものを解釈しようとしていた。しかし潜水艦だけが反響をつくり出すわけではなかったのだ。

一九四二年、三人の科学者たち——カール・アイリング、ラルフ・クリステンセン、ラッセル・レイ

25 これらの音を自分で聞いてみたい場合は、https://dosits.org/galleries/audio-gallery/ で自然・人工の水中の音の録音をたくさん見つけることができる。

26 一八二六年、ジャン＝ダニエル・コラドンとシャルル＝フランソワ・スツルムはレマン湖の水面下に鐘をひとつ浸し、火薬を爆発させると同時に鳴らした。そして一〇マイル離れたところで、火薬の閃光が見えてから水中の音が到着するまでにかかった時間を調べることによって、水中での音の速度がはじめて計測された。その結果、湖の冷たい淡水において、音は毎秒一四三五メートルで移動することがわかった。それは空気中の音の三倍の速度だったが、計測できる程度には遅かった。

ット——がUSSジャスパー号に乗ってサン・ディエゴ沖で作業していた。ジャスパー号はクルージング船として生命を得たが、戦時科学に役立てようと米海軍に引き抜かれた船だった。彼らの仕事は、船の下で起きていることのうち、ソナーが伝えることのできるものを解明することだった。一番の問題は、ソナーをもってしても海底がどこにあるのかさえどうも実際にはわからないように思えることだった。海底は彼らの下一三〇〇メートルの場所にあったにもかかわらず、約三〇〇メートル下のところから曖昧な反響が返ってきていた。本当の海底は、この奇妙な層、毎回の測定に登場するしつこい影の下にたびたび検出できた。

他の初期のソナー使用者たちからも、同じものを確認しているという報告が入りはじめた。そこにあるなにかが音を反射していたのだが、それは個体ではなかった。なんであれそれは、あらゆる海のあらゆる場所にあるように思われ、水深三〇〇メートルから一五〇〇メートルのあいだの、海底からは遠いところにあった。それが問題だったのは、その種の霧がかかったような不確実性によって、その下にあるすべての潜水艦が隠されてしまう可能性があるからだった。ソナーはそれでも便利だったが、謎は残った。温度、あるいは海というエンジンがもつ他のなんらかの物理的特徴がそのようなことを起こせる理由を誰も思いつかなかった。それから誰かが、その層が動いていることに気づいた——世界のどこであっても、それは日が暮れるにつれて海面に近づいてきて、日の出の直前に戻っていったのだ。それは音を散乱させていたため深海散乱層と呼ばれるようになったが、理由は誰にもわからなかった。そこに投じられた網は、ほとんどなにもさらってこなかった——奇妙なエビや数匹のクラゲ、一匹か二匹の小魚だけで、強い音声信号を遮断したり逸らしたりできるものはなにもなかったのだ。

その犯人について議論することは、海洋音響学者たち、そのなかでも特に生物学者たちの職業病となった。というのも、それは非常に規則的かつすばやく動いていたため、海水の層ではなく、間違いなく生命のはずだったからだ。クダクラゲ目と呼ばれる小さな捕食動物がつくる、相互にリンクしてできた大きなコロニーは、その組織の上に気泡をもつことがあるが、音はそこに反射しているのだろうか？ハダカイワシは鰾をもっていて、それは音響に対するちょうど良い障害物だが、それが原因だろうか？しかし降下した網は答えを持ち帰らず、探索した潜水艇も手ぶらで戻ってきた。いつ誰がその層を調べても、それは上下の水と区別できないように思えた。その層は上昇の際ときどきふたつに分裂したが、そうならないときもあった。探査の際に使用する音の種類によっては、はじめからふたつまたは三つの層があることもあった。そして世界中で、その音はなにかが上がったり下がったりしていることを示していた。

結局、犯人の正体はとある魚だと判明した。

ハダカイワシ科の魚は五〇〇〇万年以上にわたって地球の海のいたるところを泳ぎ続けてきた。この科には世界中に分布する約二五〇の種が含まれる。その銀色の体はティースプーンくらいの大きさで、大きな両目と繊細なヒレをもち、捕食者を避けるため、密集して層になる。ハダカイワシは多くのより大きな種にとって手軽で豊富なランチだ。そのためこの魚は用心深く、深海で起こるどんな騒ぎからもすばやく遠ざかる。またその名の通り〔ハダカイワシの英名は"lanternfish"すなわちランタン魚〕、光を生み出す斑点の列を腹側と頭にもっており、青や緑あるいは黄色の光を発することで、海面からの弱い光に溶けこんでカモフラージュすることができる。ハダカイワシはとらえどころがなく、人間の世界に邪魔されることがない。それらは生き続けるという仕事をただ前向きにこなしている海の生命の広大なウェブの一部なのだ。

小さな魚は弱く、海の暗がりのなかでは隠れることこそ一番重要なサヴァイヴァル技術だ。海面に近づくほど、食べ物は多くなるが、より見つかりやすくもなる。そのためハダカイワシは、光が差している危険な時間は深いところに隠れている。そして闇に紛れられる時間になると、上まで泳いできて動物プランクトンを見つけて食べるのだ。

ハダカイワシには鰾があり、それは音が通りすぎるときに振動して音波からエネルギーを奪う。それから袋の振動が続いて周囲にその音を再放出する際、エネルギーはふたたび取り除かれる。ハダカイワシは音から逃げ切ることはできないものの、他の刺激には信じられないほど敏感で、二〇メートル以内になにかがやってくると逃げ出す。これこそ、深海散乱層でのハダカイワシたちの役割を発見するのにとても長い時間を要した理由だ——その層になにがあるのかを見つけようと科学者たちが網を使ってトロールしたときには、ハダカイワシたちはとっくの昔にいなくなっていたのだ。第一の任務は見つからないことで、ハダカイワシはそれがとても得意なのだが、音から隠れることはできないというわけだ。

科学者たちはそれを「見る」ことができたが、目にしているものの詳細はわからなかった。物理学者と生物学者は観察・議論を続け、多くの論文とさらなる反論を書いた。その後一九六〇年代なかばになって、より明確な像が現れはじめた。現在ではハダカイワシが深海散乱層の大部分を占めることが知られている。しかしその魚たちの用心深い性質のために、この秘密は長いあいだ科学者たちの知らぬところとなっていたのだ。何百万もの小さな鰾は、魚の緻密な層を通じて音のための障害物コースをつくり出す。生物学の対象が海洋物理学の対象の邪魔をするわけだ[27]。しかし他の生物が原因のこともあり、ふたつかそれ以上の分離した層が観察されるときには、ふつうそれらは互いに独立してふるまう異なる種によって引き起こされている。そして、一〇〇〇メートルの深さから太陽の光に向かって泳ぐあらゆる生物は、表層の生態系と深海の生態系をつなぐ栄養輸送エレヴェータとして機能している。

世界中で毎日、この生きている音響散乱層は上昇と下降を繰り返している。これは地球の海でもっとも重要な生物学的特徴のひとつだが、それが音に与える影響がなければ発見されなかった。もしも人間が目に見えるものと網にだけ頼っていたら、これほど多くのハダカイワシの存在、そして適切なメッセンジャーを使ったときにだけ見える生命の層の全容について私たちはまだ知らなかったかもしれない。音を使った探究の習得は、海洋学的理解の新しい宝箱へと続く扉を開いたのだ。

その一方で私たちが逃したのは、音の初期状態にある海を研究する機会だった。なぜなら私たちは、その検出方法を学ぶずっと前に、みずから水中の音をつくり出していたからだ。私たちはそれを聞くことができなかったために、それに気づかなかった。しかし海の住民のなかには、確かに気づいた者もいた。

クジラの耳は語る

一九四〇年代、切迫する戦争にうながされ、人間は海において唯一効果的な長距離メッセージの伝達手段は音波だと気づいた。サーチライトではなくソナーこそが、濃密で流動的な海というものの謎を解き明かす方法だったのだ。しかし音は運動の副産物にすぎない――液体の水の分子を揺らすものはすべて、発生源から外側に向かって波打つ穏やかな圧力のパルスをつくり出す。ハドックは鰾を叩くことに

27　現在では、それらの層が特定の周波数の音でしか見えないことが判明しているため、潜水艦はその緻密な層の下に隠れられない。周波数を変えれば層が透明になるからだ。

よって故意にこれをおこない、初期のソナーはピストンのような変換器《トランスデューサ》に水面を押したり引いたりさせることで故意にそれをおこなうことができた。しかしメッセンジャーとしての音の有用性はその普遍性から来ている――水中で衝撃や振動を引き起こすものならなんでも、意図したかどうかにかかわらず、その音響的な影響をそこから深部へと送るのだ。海のサウンドスケープは、遠く離れた無数の出来事の波紋があなたのいる場所を通過するときに残す音の指紋で構成されている。

そして、人間が深さ数百メートルの場所にはじめて音のメッセージを届けたのは、はじめてソナーが使用されたときではなかった。ソナーの使用は、ただ最初の意図的な送信というだけだ。自然は長年、人間に聞き耳を立てていた。というのも、音は水のなかを遠くまで移動するし、人間はおとなしいとはいえないからだ。音はいまここにおいては一時的で、一瞬で消えてしまうものかもしれないが、場合によってはしっかりとした形で痕跡を残すこともある。そのうちの一部は現在、ロンドンのとある地下室で、アルコールで満たされた瓶のなかに保管されている。

「これを取り出すには大変な手間がかかるんですよ」。リチャード・セイビンはロンドン自然史博物館で哺乳類を扱う主任学芸員で、彼はいま大きなガラスの瓶を手にしている。そのなかに入っているのは茶色がかった一本の棒で、片側が尖っていて、私の親指よりも少しばかり大きく、無色の液体のなかで浮かんでいる。これはクジラの解剖学的構造の一部だが、実際に見てみないとそんなものがあるとは信じられない。偶然すでにそれを発見していたのでもなければ、間違いなく誰もそれを探しに行かないだろうものなのだ。

「クルミを殻から取り出すのと少し似ています」とリチャードは言う。「これにたどり着くには、たくさんの筋繊維を通って行かなければならないし、見つけたとしても、とても慎重に繊維を剝がさなければならないんです」。その結果、クルミのかわりに手に入るのは、かなり予想外の賞品だ——耳垢でできた栓。クジラの耳垢だ。それは現在この場所、つまりなんの変哲もない扉のなかにある、背の高い灰色の金属キャビネットの巨大迷路で、後世のためにアルコール漬けになって保管されている。

いつ誰がドアをノックして過去の特定の品を要求してもいいように準備しておくのが仕事なのだから、博物館の学芸員が計画的に物品を貯蔵しなければならないのは確かだ。そうはいっても、博物館の地下室に仕舞っておけるクジラの部位が他にもたくさんあるなかで、この栓を選ぶのは奇妙な選択のように思える。しかしクジラの耳垢は、科学的好奇心をおおいに刺激する進化の偶然によって、宝くじに当たったような気分にさせてくれる稀少な物質のひとつなのだ。この茶色の汚れに書きこまれているのは、尖った先端にはじまり、その基部へと進む、クジラのライフ・ストーリーのすべてだ。いうなれば、これは科学における黄金だ。

どうしてクジラに耳垢があるのかはまったく定かではない。クジラの並外れた進化の過程を考えると、テーブルの上には他にも多くの選択肢があった。すべてのクジラの祖先は小さな陸上哺乳類で、四本の脚と長い尾、そして私たちと似た構造の耳をもっていた。約五〇〇〇万年前、それらの哺乳類は水中に移動しはじめ、何百万年もの歳月を経て、より上手く泳ぎ、より水中での生活に適応できるようになった。それらの外耳——頭から突き出た部分——は流線型であることの利点が大きくなるにつれて縮んだ。しかし体内の耳にある、音を感知する部位につながる小さな管は完全なまま残った。初期のクジラの祖先が頭を水面の下に浸すと、音は水から頭蓋骨・顎のなかに直接移動した。つまりその管を迂回したとしても耳の知覚部位に到達したわけだ。そしてその後、より深く潜りはじめるにしたがって、管の外側が閉じ、敏感な内臓を水から保護するようになった。[28]

クジラの耳は現在、外側から完全に遮蔽されており、骨を通る音だけがそこへ到達できる。しかしヒゲクジラ類（シロナガスクジラ・ナガスクジラ・ザトウクジラといった、プランクトンを吸いあげる優しい巨人たちだ）には管がまだ残っていて、皮膚に覆われたままでいまも耳垢をつくっているのだ。

リチャードは瓶をキャビネットに戻し、鼓室胞と呼ばれる骨のカプセルの図を見せてくれる。鼓室胞はクジラの頭蓋についていて、その内部には現在のヒゲクジラの耳の知覚部位がある。管の基部はこの骨のカプセルの隣にあり、クジラの生涯を通して忙しく働き続け、クジラの摂食期には主に脂肪を生成し、クジラが回遊・絶食しているあいだはケラチンと呼ばれる繊維状タンパク質を生成している。この放棄された素材は管の上の他には行き場がないが、絞り出される前に外皮にとどめられる。そしてそこには、クジラが生きているあいだ毎年、暗い模様と明るい模様の縞模様が現れる。[29] その場所に出口はなく、耳垢がリサイクルされる道もないため、それはただ積みあがり続けるだけだ。どうして進化によってその管が放棄されなかったのかは明らかではないが、リチャードのような科学者たちはもちろん不満に思っていない。

「誰かから髪の毛を一本採取して、近ごろドラッグを使用したかどうかを判断する警察の手法をご存じですね？」と彼は言う。「それと同じ原理です」。この耳垢は科学における埋蔵金といえるが、本当の価値が得られるのは、現代科学の最新技術と博物館の学芸員たちによる何十年にわたる慎重な研究が組み合わせられたときだけだ。

耳垢の塊にとどめられているのは、コルチゾールやプロゲステロンといったホルモンの小さな痕跡だ。コルチゾールはストレスの追跡に使用でき、プロゲステロンは個々のクジラの長い生涯——おそらく二〇年または三〇年——にわたって妊娠を追跡するのに使用できる。博物館には古い標本と、その正確な起源についての注意深い記録が保存されている。リチャードと彼の同僚たちが考えたのは、自然史博物館と米国のスミソニアン協会が協力すれば、耳垢の栓を使って一四六年間の歴史を構成できるということだ。そしてその結果としてマッピングできたのは、世界中のクジラの個体のストレスが時を経るにつれてどう変化したかということだった。汚染物質は耳垢にも蓄えられるため、その栓はクジラの健康と同様に、海の健康も記録していた。浸水した木材のような稠度《ちょうど》をもつ、これらのなんの変哲もない茶色の棒は、海洋生物の歴史的経験を垣間見させてくれる——過去のクジラの状態はどのようなものだったのだろうか？

過去一五〇年間の答えは次の通りだ——まだらはあるが、全体的にかなりひどい。そしてその理由は全面的に、クジラたちがひとつの惑星を人間と共有しなければならなかったことにある。

捕鯨砲が発明されると、シロナガスクジラ・ナガスクジラ・ザトウクジラは商業狩猟者たちにとって狙いやすい標的となった。商業捕鯨は第一次世界大戦の前後でミニブームとなったが、本格的な捕鯨がはじまったのは一九五〇年代および一九六〇年代で、何万ものクジラたちが毎年虐殺されるようになった。そしてクジラたちはなにが進行しているのかを確かにわかっていた。クジラたちのコルチゾール（ストレスホルモン）は、捕獲されたクジラの数と同じパターンをほとんど正確に追っており、一九六〇年代の捕鯨のピークと一致して、痛々しいほど高いピークに達する。だが耳垢から読み取ることができ

28　ロンドン自然史博物館に行って等身大のシロナガスクジラの模型を見る機会があれば、右目のうしろ約一メートルの場所にある皮膚上の白い斑点の隣に、小さな窪みがひとつあるのを目にすることができる。その窪みはかつて耳が外の世界に開けていた場所で、耳垢の栓はこの真下に埋まっている。

29　この明暗の交互の縞模様は、耳垢の栓が保管されていた本来の理由だ。というのも、科学的に確かめられる前からすでに、クジラの年齢の計算に利用可能なように思われたからだ。

るのはこれだけではない。

捕鯨は第一次世界大戦、そして特に第二次世界大戦のあいだ、大規模に停止した。人間たちは苦しい時代を過ごしたかもしれないが、クジラたちはおそらく狩猟から一休みできたはずだ。しかしクジラのストレスは捕鯨がストップしていた期間、一九四〇年代の初頭に別の明確なピークを示す。これは一過性の音がクジラの生理機能に組みこまれた時期だ。

「クジラとイルカは音響の世界に完全に依存するようになっていたのです」。リチャードは言う。「ヒゲクジラは単独で行動し、何百・何千キロメートルという範囲でコミュニケーションを取り仲間を見つけようとします」。音はそれらのクジラが使用することのできる唯一のメッセンジャーで、数十メートル以上遠くにいる同種の他のメンバーとつながることのできる唯一の手段だ。そして第二次世界大戦中、人間は戦艦・爆雷・魚雷攻撃・潜水艦・飛行機墜落の音で海を満たした。クジラたちがそのアクションの真横にいなかった場合でも、その音はたやすく水中を移動し、通常は穏やかなこの環境に浸透したことだろう。クジラたちの日常生活に干渉したそうしたすべての音のストレスは、心に殺意しかない人間に追われるストレスに比するものだったのだ。

戦争がつくり出した音のヴォリュームについての直接の記録は残されていないが、私たちはその結果を〔耳垢として〕目にすることができる。クジラたちのもっとも効果的なメッセンジャーが騒音のなかで掻き消されたわけで、それは大きな出来事だった。そしてそのことがクジラたちの生理機能のなかに記録された、すなわち私たちが見つけて認識できる耳垢に書きこまれたのだ。戦争は膨大な量の騒音汚染をつくり出した。その汚染自体はつかのまのものだったが、その影響はそうではなかった。これは地球規模の現象で、大西洋と太平洋の両方で、三つの異なる種のクジラに一貫して見られるものだ。

私がその一貫性についてリチャードに尋ねると、私には思いつかなかっただろう解釈を彼は提示した。「生成された音はこうしたストレスを起こすに足る理由だったのでしょうか？　それとも私たちは、生き残ったクジラたちが他のクジラたちに伝えている、海の一部でクジラたちに対して引き起こされている苦痛を見ているのでしょうか？　私たちはただ、その疑問に答えられるほどクジラの文化について知らないのです」。

そこに脅威があり警戒が必要だというニュースを世界中のクジラたちがどうにかして共有していて、そのすべての原因は人間たちが数年のあいだクジラのかわりに互いを殺すのに没頭したことなのだと考えると、ぞっとした気分になる。とはいえ明確なメッセージは、私たちは音を主要な基盤にする生き物ではないが、海に生息するほとんどの種は音を基盤にしているということだ。私たちは音を優先しないかもしれないが、まだ音を発していて、その音はいまも海中を信じられないほど効率的に移動している。私たちは海を音で満たすことに無頓着かもしれないが、私たちがつくり出しているのは音の霧で、それは海洋生物にコミュニケーション上の苦労を強いているのだ。

リチャードのような学芸員は、保存された過去を未来の可能性につなげることが自分たちの仕事だと考えている。大切なのはただアイテムを展示して観衆を教育し楽しませることだけではなく、地球という惑星の歴史について私たちが共有する倉庫を保存し発展させることだ。ロンドンは海から遠いと思われるかもしれないが、自然史博物館は海の歴史についての膨大なライブラリを保管していて、それはただ読み解かれるのを待っている。そのためには読解のためのツールの開発が必要だが、おそらくそれは今後二〇年もしくは五〇年、あるいは二〇〇年のあいだになされるだろう。とても多くの未発見の物語がすぐそこにあり、私たちが訪れることのできない過去を秘めていて、これから私たちに多くのことを教えてくれるのだと思うと、私は信じられないほど興奮した気持ちになる。

見てきたように、音は海中での重要なメッセンジャーだ。しかしそれはなににも邪魔されず移動するわけではない。海は音を逸らせ、変形させ、吸収するため、音が水中を何千キロメートルも移動できるにしても、音そのものが周囲の痕跡を運んでいる。だから十分に遠くまで移動した音は、地球の海全体のスナップショットを見せてくれることだろう。これは、これまで海洋音響学で実施されたもっとも大胆な実験のひとつのための前提だった――人間が水中の音について学んできたすべてを取りこんで、地球の気候の研究に応用するという実験の。

「一緒にいられれば良かったが、そうでなくて嬉しい」

一九九一年一月、第一次湾岸戦争がはじまり、世界の目はイラク・クウェート・アメリカ合衆国に向けられていた。紛争がニュースを独占するのと比べて、同じ月に起きていたあることはほとんど注目されていなかった。それはある奇妙なプロジェクトで、大勢の海洋学者たちによって、地球の海全体の温度を一気に測定するという高尚な目的をもっておこなわれたものだった。

イラクで最初の爆撃がおこなわれているころ、二艘のアメリカ海軍の船が戦場から一万キロメートル離れたところで、人間の文明に背を向けて、地球の海でもっとも辺鄙な場所のひとつに向かっていた。その目的地はハード島という氷で覆われた荒涼とした火山島だった。南極大陸の沖一六〇〇キロメートルのところで海面から突き出していて、南アフリカの南端とオーストラリアのほぼ中間に位置する場所だ。この場所の海は冷たく猛烈で、その船と残りの人類をつなぐのはパチパチと音を立てる電話線と数台のファクス機だけだった。[30] 大きな問いは海の温度についてのものだったが、それに答えを出せるかは音についての、ある実践的な問いにかかっていた――ひとつの音を海の全体に送る、すなわち、単独の音響メッセージを地球全体に届けることはできるのだろうか？

二艘の船は僻地にいたかもしれないが、世界から完全に断絶していたわけではなかった。そのため計画では、海中へ送信された音のメッセージが受信されたかどうかを確認するために衛星電話を使うことになっていた。はっきり連想されるのは、メールを送ってから届いたことを確認するため受信者に電話をかけていた電子メールの初期の時代だ。しかしこの場合、もっとも重要なのは音のメッセージそのものではなかった。肝要なのは、航行中のメッセージに海がどのような影響を与えるのか、そもそもメッセージが受信者に少しでも届くのかということだった。

ニュース・メディアは別のことに主な焦点を当てていたとはいえ、世界中の海洋学者たちは間違いなく注目していた。船からの最新情報は「ハード・アイランド・サイエンス・デイリー」という形で定期的にファクス送信された。船の位置、海洋哺乳類の目撃情報、実験の進捗が詳細に記された二、三ページの文書だ。世界でもっとも有名な海洋学者・気候科学者のひとりで、当時八一歳だったロジャー・レヴェルは実験がはじまる直前、プロジェクト船に乗っている科学者たちに向けて一枚のファクスを送った。その内容はこうだ。「**南半球からのあなたたちのメッセージは素晴らしく興味深い。一緒にいられ**

30 三〇歳未満の方のために補足しておくと、インターネットの登場まで、人々は電話線を通じてファクス機で画像や文書を送信していた。実はファクス機は電話よりも前に発明されていた。信号を送って、グリッド上の各正方形を白にするか黒にするかを伝えることは電信線でも可能だったからだ。間違ってファクス機を呼び出すと独特なビープ音が聞こえるが、それによって各機械は互いに通信していた。そして一枚のページのためのビープ音を送るのに数分かかるのがふつうだった。ファクス機は一九八〇年代と一九九〇年代、オフィスならどこにでもあった。

れば良かったが、そうでなくて嬉しい」。しかし科学者たちは世界の目が見ているかどうかなど気にしていなかった。科学者たちが気にしていたのは、世界の耳が聞いているかどうかだったのだ。そしてたくさんの耳が準備して待ち構えていた。

ハード島フィジビリティ調査――これがその調査の名前だった――は三つの土台の上に成り立っていた。最初の土台は、人間が引き起こした気候変動が非常に大きな議題となっており、それを追跡する強固な方法について多くの議論があったことだ。有効な尺度のひとつが海の平均温度だった。というのも、地球が熱くなると余分なエネルギーの大部分がブルー・マシンの内部に行きつくと考えるのが妥当だからだ。そのため、地球の海の温度計を探すことになったのだった。

第二の土台は一九六〇年にさかのぼる。このとき、アメリカとオーストラリアの船がオーストラリアのパース近海で意図的に一連の大きな水中爆発を引き起こした。そしてその爆発音は、世界の反対側のバミューダでハイドロフォン（水中マイク）に拾われていたのだ。その距離なんと一万九八二〇キロメートル。音はおよそ三時間四三分かけ、インド洋南部を経てから大西洋を斜めに横断し、バミューダにたどり着いたのだ。しかし海洋学者たちは、この移動時間は少し奇妙だと考えた。そのことが暗に示していたのは、予想されたことかもしれないが、音波が発生源から受信者への直線に沿っては移動しなかったということだ。明らかに海そのものが音の経路を変えていたし、多数の経路をつくり出してさえいるかもしれなかった。つまり、そうした音の信号がどこへ行ったのか、そしてそこへ到達するのにどれくらいかかったのかを追えば、海の内部について知ることができるということが示唆されたのだ。

第三の土台は三つのなかでもっとも重要なものだった。なぜならこのおかげで音は、水中で惑星全体を半周するという馬鹿げた偉業を達成できるからだ。一九四〇年代には、海というエンジンの目に見えない構造――さまざまな温度と圧力をもつ独特の諸層――が効率的な長距離通信チャネルを構成する音響バリケードをつくり出し、音を囲ってつかまえることが発見されていた。海そのものが音のガイドとしてふるまうため、もっとも低い音は途中で信号を失うことがほとんどないまま、途方もない距離を移動できる。これは自然がもつ驚くべき特徴だ。光との差異は比べるべくもないほど大きい――見てきたように、電波の場合、容赦なく最大限の力で押しこもうとしたところで、非常に低い無線周波数のものを一〇〇メートルかそこら水中に送ることができるだけだ。しかし同じ周波数〔約六〇Hz〕の音は、天然かつ既製の音響ハイウェイに乗って、何万キロメートルもほとんど手つかずのままビュンと行くことができる。もし水中での長距離音響コミュニケーションに興味があるのなら、あなたは幸運だ――海にはそれをおこなうためのビルトインのシステムがあるのだから。

大西洋のなかへ、想像の旅に出かけてみよう。海面では明るい陽光が荒い波に輝き、砕ける波がつかのまの泡のサインを残すなか、あらゆる方向に白い点が浮かんでいる。見てきたように、あなたが水面下に沈むにつれ赤と緑の光はすぐに消えてしまい、闇を増す青く霧がかかったような水が残る。あなたの周囲の水は奪った光を熱に変換したため、この表層の温度は非常に快適で、約二八℃だ。これは混合層、私たちがすでに出会った海の温かな蓋だ。あなたがさらに下へ沈むと光は消えてゆくが、水は温かいままだ。なぜなら、混合層がその名前の通りのものだからだ――絶えず風に混ぜられることで、そのなかの水はこの薄い表層のどこでも似た温度になる。混合層の底にはほとんど日光が届かないが、この水は定期的に上にあるすべてと混ざりあうため、依然として十分な温かさを保持している。しかし光の最後のきらめきが消えはじめると、おそらく水深八〇メートル〔ビッグ・ベンを内蔵するロンドンの有名な時計塔〔ビッグ・ベンは元来は時計塔の鐘を指す名称〕の高さよりも少し下だ〕で私たちは混合層の底に到着し、そこでは水が変化しはじめる。あなたが沈み続けるにつれ、水はすぐに冷たくなる——顕著な冷たさだ。強烈に冷淡な黒さのなかへもう少しだけ沈んでから、その深みでとまってみよう。水面下八〇〇メートル、少しばかりの生物発光性のきらめき以外はなにも見ることのできない場所だ。あなたはブルー・マシンの内側深くにいる。

ここから下では、それまでは見つけられなかったものが認められる。まず、音の速度が変わった。音は水が温かいほど速く伝わるためだ。温度が二八℃あった水面では、音は毎秒一五四二メートルで動くことができた。しかし水温一〇℃のこの場所では、音の速度は毎秒一五〇四メートルまで遅くなっている。二・五パーセントの減少だ。たいした違いではないと思われるかもしれない——しかしこれが重要なのだ。なぜなら温度が変化している場所では、水は実際に温度だけで音を操縦できるのだから。

皆で手をつないでまっすぐ前に歩いている人々の列を想像してみてほしい。その列は方向を変えずに進んでいる。しかし列の右手にいる人々が早足で歩きはじめたら、列全体が左に逸れることだろう。音も同じ動きをする。もしも水深八〇〇メートルのこの場所で鐘を鳴らし、横向きに波紋として広がる音を追跡すれば、その音波の上部は下部よりもわずかに速く移動していることだろう。そのため、その音波は水面から逸れて離れてゆき、斜めに下へ向かう。音は移動しながら、〔温かな水での〕より速い音の速度から遠ざかるように曲がるのだ。

さあ、向きを変えられた音を追って沈み続けよう。いま、あなたはなにか他のことに気づきつつある。深くへ行けば行くほど、海はあなたを強く圧迫するようになる。上の水は文字通りあなたを押しさげており、深くへ行くほど、その圧力は大きくなる。しかし圧力は音の速さもまた変えるため、もし私たちが温度が同じところで水深二〇〇〇メートルまで降下すれば、音の速さは増して毎秒一五二四メートルまで戻る。状況は逆転し、いまや下の音速のほうが上の音速よりも大きいのだ。そのため音はふたたび曲がって上のほうへと戻るだろう。そして温かな水と出会うと、また下に逸れるのだ。

このようにして海は反射面を一切必要とすることなく音をとらえている。海の物理的構造がひとつの音響チャネルをつくり出し、水平に広がる音はそのなかに閉じこめられるのだ。そのサウンド・チャネルの軸は、上のより温かな海と下のより強い圧力に挟まれた、音速が最小になる深さだ。多くの場合、それは水深およそ一〇〇〇メートルのところだが、もっと海面に近い場合もある。このチャネル内で生成された音は主に横向きに移動するが、上下に縫うように繰り返し軸を横切って進み、この狭いチャネルから逃げ出すことができない。この回廊はＳＯＦＡＲ〔とても遠くへ〕チャネルと呼ばれる（広範囲サウンド固定〔Sound Fixing And Ranging〕の略だが、機能を非常に重視する人たちが物事に名前をつけるとこうなる）[31]。これはいくつかの理由から、信じられないほど役に立つ。ひとつの理由は音を水平の層にとらえることで、音の信号を強力に保ち、それが海底や海面に吸収されるのを防いでくれるからだ。それはまるで音のための秘密のトンネルのようで、その深さは海の状態によって変わる。

以上がハード島フィジビリティ調査の置かれた文脈だった。そしてここでふたたび、物語にウォルター・ムンクが登場する。大きなアイデアを恐れず、奇妙に聞こえるスキームのリスクを厭わない人物だ。

31　とはいえ、のちの科学者たちも、少なくともいくらかのユーモア・センスを披露することを恐れなかった。第二次世界大戦中、なにかがＳＯＦＡＲチャネル内で大きな音を出し、その音がたくさんの異なる受信局で聞かれた場合、それぞれの場所での音の検出時間を比較することで、発生源の位置がピンポイントで特定できることを誰かが苦労して発見した。その後、それを反対方向に実行したほうが便利だということが明らかになった――信号を送る既知の発生源がたくさんあれば、海の深くにいるなにかはそれらの信号すべてを聞いて、みずからの位置を計算できるのだ。その二番目のシステムは最初のシステムを反対にしていたので、今日にいたるまでＲＡＦＯＳと呼ばれている。ＳＯＦＡＲの反対だ。

彼が提案したのは、長距離の音を使えば、何百もの細かく厄介な海の特徴の平均を、それらすべてを個別に測定することなしに（！）算出できるのではないかということだった。海盆全体にわたって音を送れば、細部はすべてなめらかになり、もう一方の端に届いた音だけで全体像が得られる。そして音の移動速度は海の温度に大きく依存している。となればおそらく、長距離音信号を送信し、世界中での到着時間の違いを十分正確に計測できれば[32]、地球全体の温度についての単一の測定結果を得ることができるし、それを経時的に追跡し続けることが可能になる。もし海が熱くなっていたら、年を経るにつれ音信号はよりすばやく移動するようになり、旅の時間は減ることだろう。もしかすると、惑星の気候変動が音を使って測定できるかもしれない。

それは魅力的なアイデアだったが、上手くいくかどうかは誰にもわからなかった。確かめるには、試してみるしかなかった。そして大規模なチームが組織され、アメリカ海軍は説得されて船を提供することになり、本格的な計画作成がはじまったのだ。機運が高まるにつれ、多くの国々が深海の局所的な部分にリスニング・ステーションを設置することを志願した。そして一九九一年一月、M／V（内燃機関船〔motor vessel〕）コリー・ショウエスト号は巨大な音響送信機を積まれ、ムンクを責任者としてオーストラリアを出港した。そこにはもう一艘の船エイミー・ショウエスト号が同行しており、クジラとイルカを監視して悪影響を探すことになっていた。海洋哺乳類に害を与えているようなら、実験をやめなければならないという条件だったのだ[33]。ハード島の近海が選ばれたのはその位置――ここから、大西洋・太平洋・インド洋への音の経路があることが予想されていた――に加えて、SOFARチャネルがこのエリアの海面の近くに来ていて都合が良いためだった。

送信されることになっていた音は、一九六〇年にパースで聞かれたうるさい衝撃音よりもはるかに洗練されたものだった。コリー・ショウエスト号には一〇基の水中ラウドスピーカが搭載されていた。それぞれがおおよそ電話ボックスと同じ大きさで、主要な信号を五七Hz（標準的なピアノのもっとも低い音よりも約一オクターブ上）で生成するよう設計されていた。音の微妙な違いも注意深く設計されていたので、その信号は情報に富んでいたはずだ。この音がどれほど遠くまで行くかは誰にもわからなかったが[34]、試験が開始されることになっていた前日、技術者たちはムンクに、ラウドスピーカを五分間だけ起動して動くかを確認してよいかと尋ねた。ムンクはイエスと答え、その数時間後バミューダから一枚のファクスが届いて、なにをしているのかと尋ねてきた。というのも、音がバミューダに届いたものの、まだ試験の開始時間ではなかったからだ。第一の疑問、すなわち人工の音がそもそもそれほど遠くまで届くのかという問いは、実験がはじまる前に解決された。そして一月二六日に本格的に試験がはじまった。音波はラウドスピーカから目に見えないSOFARチャネルにあふれ出し、何時間もかけて海中を音響ハイウェイに乗って広がり、大陸にぶつかって終わりを迎えた。メッセンジャーは順調に進み、いまや問

32　信じがたいことに「十分正確に」というのは何万マイルも海を越えたのちの一〇〇分の一秒の精度を意味した。そしてそれは達成可能だったのだ。

33　この実験は海洋音響学者とクジラを愛する人々のあいだに絶え間ない摩擦を生み出した。クジラを愛する人々は海中での人工的な大騒音が音を主要なコミュニケーション手段としている生き物たちの邪魔をするかもしれないとかなり合理的に考えた。しかし、その影響がどのようなものになるか誰もわからなかったため、実験は続行を許されたのだ。

34　おそらくあなたはそれらがどのくらいうるさかったのかに興味をもっていることだろう。しかしそれを簡単に伝える方法はない。私たちは音量をデシベルで考えることに慣れているが、実際には「四〇デシベル」などといったものは存在しない――それは有効な単位ではないのだ。デシベルは相対的な尺度のため、本当は「二〇マイクロパスカルを基準として四〇デシベル」という必要がある。二〇マイクロパスカルとは、人間が聞くことのできる最小の閾値だ。日常生活においては、その参照レヴェルが想定されている。しかし海での参照レヴェルは異なるため、陸上でのデシベルと水中でのデシベルは直接比較できない。とはいえ、スピーカ群から発せられる音は、知られているなかでもっとも大きな自然のクジラの鳴き声よりも、わずかに大きかったとはいえる。

題は、到着した際それらがどのくらい多くの情報を運んできているのかということだった。

連絡が来はじめるにつれ、科学者たちの喜びは大きくなった――バミューダから、ノヴァスコシア、ワシントン州、アセンション島から……ハード島は世界中で聴取《ハード》されていたのだ。しかしその喜びは、最初の一台のラウドスピーカの悲しき終焉に次から次へと他のラウドスピーカが続いたことで薄められた。この嵐の海の荒天が大損害をもたらしていた。

技術者たちはすべてを修理するために二四時間態勢で作業した。しかし一月三一日付の「ハード・アイランド・サイエンス・デイリー」最終号には、誇らしくない一連のデータが皮肉っぽく手書きでプロットされていた――日が経つにつれ生じた、ほとんどすべてのラウドスピーカの悲劇的喪失だ。残された数字がゼロになったとき、その実験は予定より四日早く終了した。しかし科学的な要点は押さえられていた。ほとんどすべての受信局が地球をぐるっとやってきた音を聞いたのだ。それぞれがとった経路の詳細を明らかにするためには、まだ信号を分析する必要があったが、収穫できる情報が豊富にあることは疑いようがなかった。そして信号が到達し、その到達時間が計測できる限り、海の平均温度の変化を追跡することは可能なのだ。

科学者たちはラウドスピーカと受信機のグローバル・ネットワークがすぐに確立されて、温度変化だけに起因する音の到達時間の変化をモニタできるようになるだろうと楽観的だった。しかしそうはならなかった。クジラおよび他の海洋哺乳類への潜在的な危害のおそれと、必要な低い音を出せる信頼に足る水中ラウドスピーカをつくることの難しさにより、この方法で海の温度を測定するという最大の野心は駄目になってしまったのだ。そうして物事は落ち着いた。

しかしながら科学にはたいていサイクルがあり、近年ではさきほどの問題の両方を回避する、このアイデアの別ヴァージョンが登場している。最近の研究が示すところによれば、私たちはおそらく、大きな音を立てるかわりに自然が定期的に発する大きな音を聞いて利用することができる――その音とは、遠くの地震の深い轟きだ。理論上、地震を特定し、その音がある場所へ移動するのにどのくらいかかったかを異なる多くの場所に関して追跡すれば、海の温度の変化を計測できる。この方法では過去の地震の音の測定値を分析することさえ可能かもしれず、そうなると近過去の海の温度への窓が開かれる可能性がある。おそらくいつの日か、この「地震海洋温度測定〔seismic ocean thermometry〕」は、ありふれた実践となることだろう。

長距離メッセージ

非常に低い音は驚くほど遠くまで海中を移動できる。次に地球儀を眺めるときは、大海盆のひとつのある地点から鳴き声を上げている一頭のクジラを想像してみてほしい。そしてその音が地球全体にわたって、クジラ自体の動きよりもはるかに遠く、はるかに速く波紋を広げるところを想像してみてほしい。海の物理学が示しているのは、一頭のクジラ、その一頭の動物が、そのメッセージを惑星のかなりの部分にまで送り届けることができるということだ。海の音がすべて、クジラの鳴き声と同じくらい遠くまでどこへでも行けるというわけではない。しかし地球の海のあらゆる場所は音のメッセージの交差路で、近くの環境も遠くの環境も含め、環境の音＝痕跡であふれている。コミュニケーションのこととなると、海中の音はしばしば、陸上の光の役割を果たす。このことで現れる全体像が与えてくれるのは、今日の世界の状態はこのままでもよいという安心か――あるいはそこには心配すべきなにかがあるという警告だ。

海のメッセンジャーは水中で踊り、水を連れてゆく必要なしに、場所から場所へ情報とエネルギーを運んでいる。しかし別の移動方法がある——水に屈服し、永久の漂流者として存在を続け、海が連れていってくれるところならどこへでも行くことだ。これらの旅人たちには、ブルー・マシンのもっとも重要だがもっとも過小評価されてもいる構成要素のいくつかが含まれる。海の乗客《パッセンジャー》たちと出会う時だ。

第5章 乗客《パッセンジャー》たち

漂流者たち

タンザニアの海岸は巨大なアフリカ大陸の東にあり、インド洋に面している。この土地の浜辺は、ターコイズの水と、陸からあふれ出そうとしているかのような緑の茂みの線で挟まれた細長い砂浜だ。ここは人里離れた平和な場所だが、注目すべきことがなにも起こらないというわけではない。

二〇〇四年一二月、ふたりのウミガメ保護官ジュマンネ・ジュマとサイディ・ジュンベは、ひっくり返されたティンパニほどの大きさの動物が一頭、海からの波に最後の一押しを得て、キンビジの村近くの砂浜へ進出するところを目撃した。ウミガメは産卵のためよくこのあたりの砂浜にやってきて、陸上での移動には不向きなヒレを力いっぱい使い、砂の上で根気強くみずからを引きずっている。しかしこの新たな来訪者はウミガメではなかった。それは歩いていた。その甲羅の下半分と脚は大きなフジツボに覆われており、その姿が決然とした遅々たる歩みで波のなかから現れるにつれ、それがゾウガメだということが明白になった。それは海流に乗って漂流してきた、はるか、はるか遠くからの乗客《パッセンジャー》だった。ゾウガメは非常に明確に陸の生き物で、この個体の旅は地球を巡る塩水にうっかり乗りこんでしまった結果の事故だった。海水は一般に無害で、大きな運搬力をもつため、このような偶然の漂流者たちをおあつらえ向きにホストする。そして、こうした海の乗客たちは重要だ。これこそ、ブルー・マシンがこの惑星のつながりを保つ方法なのだから。

そのゾウガメは、その日に海に運ばれた何兆もの乗客——エンジンの一部にはめこまれ、その部分の水が行くところならどこへでも運ばれたそれぞれの乗客——のひとつにすぎなかった。輸送システムとしての海はこういうもので、原子・分子・生命を地球のあちこちに運び、エンジンの回転とともに、一部の乗客を陸や空気から隠したり他の乗客をさらけ出したりしている。しかしこの乗客たちは完全に受け身というわけではない。それらは海というエンジンの基本的な部品だ。それらは生きていることもあれば、ただ移動している地球の断片ということもある——個々の原子・分子あるいは物理プロセスの残余だ。ここまで私たちは、海というエンジンの全体的な形状とその動きについて見てきた。こんどは、その乗客の正体と働きに注目する時だ。キンビジのゾウガメでさえ「ただの」乗客ではなかった。なぜなら、そのような旅こそが生態系の全体を形成してきたのだから。

地球の反対側に目を向けると、ガラパゴス諸島は東太平洋の赤道の上、肥沃なフンボルト海流〔ペルー海流〕がちょうど通る場所にある。そこでもっとも有名な住民はゾウガメで[1]、この島々の西洋での名前の由来ともなっている（古いスペイン語で「ガラパゴ」〔galápago〕はゾウガメを意味する）。これらの火山島は比較的若く、約三〇〇万年前に海底から飛び出しはじめ、姿を現しただけだ。ガラパゴス諸島はエクアドルの海岸から一〇〇〇キロメートル以上離れた場所にあり、本土から歩いてそこへ行くのは不可能だった。それにもかかわらず西洋の探検家たちが最初に足を踏み入れたとき、そこはゾウガメでいっぱいだった。わからないのは、ゾウガメたちがどのようにしてそこへたどり着いたのかということだった。

ゾウガメは海の長距離乗車に向いていないように思えるかもしれないが、助けになる珍しい特徴をいくつかもっている。まず、ゾウガメは脂肪を豊富に蓄えられるうえに代謝が遅いため、何か月も食料や淡水がなくても生き残ることができる。その肺は浮力を保ち、長い首はシュノーケルのように機能するため、ゾウガメたちは波立つ海のなかでも息をし続けられる。さらに、ゾウガメは長生きだ——捕獲・飼育されたガラパゴスゾウガメのハリエットは一七五歳で死んだ。したがって連れ合いを急いで求める必要はない。また、メスは精子を蓄えることができるため、一頭のメスが単独でコロニーを形成することも可能だ。しかも、ゆっくりではあるが泳げるため、いちど上陸地点を定めれば（見晴らしが悪いので難しい課題ではある）、正しい方向に進むことができる。もちろん、海に流されてしまったゾウガメの個体それぞれにとって助かる可能性は低いわけだが、長い目で見れば、一頭や二頭は幸運を摑むわけだ。しかもゾウガメたちは、海に助けられてもいる。

ガラパゴス付近ではフンボルト海流が南アメリカ沿岸を離れて右に曲がり諸島を通過しており、漂流したゾウガメたちすべてを過去の不幸な同胞たちと同様に、同じ方向に流している。これこそ、ガラパゴス諸島にゾウガメがやってきた理由だ——南アメリカ沿岸から流された一頭か二頭が、フンボルト海流に乗る海の乗客としてごくまれに旅を生き抜き、到着した際に一族を確立したのだ。新しい種を開始するにはそれで十分だった。[2]

キンビジのゾウガメが二〇〇四年にタンザニアに打ちあげられたときにはすでに、すべての証拠がその方向を指していたが、そんなありそうもない旅の成功が直接観察されたのは、これがはじめてだった。

1　とはいえ、チャールズ・ダーウィンが研究したフィンチ〔主にガラパゴス諸島に生息するアトリに似た鳥類で、ダーウィンフィンチ類とも呼ばれる〕は非常に良い勝負をすると私は思っている。

2　人間がつい最近になってカメたちをちょっと移動させたのではないかと思われるかもしれないが、ゾウガメが島々に到着したのは人間がカメたちの近くに現れるずっと前だったということを示す幅広い証拠がある。

キンビジのゾウガメは漂流に二か月を費やしてアルダブラ環礁からやってきた。セーシェルの一部で、七四〇キロメートル離れた小さな島だ。[3] セーシェルはゾウガメが独自に定住した別の孤島群で、そのカメたちもたまたま、とても長い距離を行く海の乗客となることでそこにたどり着いた。アフリカ大陸の岸から海に迷いこみ、あとは海流のなすがままにそこへ到着したのだ。ガラパゴスとセーシェルの両方で、同じメカニズムが完全に独立して作動し、ゾウガメたちをもっとも近い本土から島々へと送っていた。

　ゾウガメを運べるのなら、海がたくさんの、より小さなヒッチハイカーたちを運べるのは明らかだ。大きさのスペクトラムのもう片方の端、原子のスケールでは、海は互いにぶつかりあう水分子の限りなく落ち着きのないスープのような姿を見せる。ぶつかりあいのなかにときおり見えるのは、ナトリウムイオン・塩化物イオン・マグネシウムイオン（海の塩のもっとも重要な三つの成分）だ。しかし、この群集のなかには他の原子の乗客も溶けこんでいる。それぞれとても珍しいので、それらを探すのは、とても大きな干し草の山のなかで一本のとても小さな針を探すようなものだ。

　科学者たちはその濃度をよく一〇億分のいくら、はたまた一兆分のいくらと表現する。それは印象的に聞こえるものの、かならずしもよくわからない。標準的な大きさの浴槽の約三分の一が中サイズの砂粒でいっぱいになっているのを想像してみてほしい。そのとき浴槽のなかには、約一〇億の砂粒が入っていることになる。さて、これらの砂粒が原子や分子を表現していて、その大多数が水分子だと想像すると、海に含まれる他のものの濃度を想像するのが少しだけ簡単になる。その浴槽のなかには、約七個の銅原子、三六個のヨウ素原子、七二個のリチウム原子があることだろう。一〇億個の砂粒の風呂で、それだけだ。しかしそれらはそこにあり、海のあちこちに運ばれ、揺れたり押したり、ときに水ではないもの、たとえば生命にぶつかったりする。

そして海はとても大きく、そのためそれぞれの種類の原子の合計は、海洋全体では膨大だ。したがってそれは抗いがたい魅力をもつように思えるかもしれない。特にそれが非常に貴重な元素で、あなたが経済的な苦境にある場合は。第一次世界大戦後のドイツでは、しばらくのあいだ、干し草の山のなかにある非常に特別な種類の針を分離する方法さえ見つけられれば、経済的苦境がすべて解決されるかのように考えられていた――金《ゴールド》だ。

海のゴールド・ラッシュを夢見て

ドイツの化学者フリッツ・ハーバーは一九三四年にこの世を去ったが、そのとき、ある非常に複雑な遺産を遺した。彼はアンモニアを合成する手法を開発することで人工肥料を可能にし（第1章で検討した鳥のうんちの代替を提供したのだ）、人口を膨らませ続ける人類に食料を与える方法への扉を開いていた。この発明だけで、今日の世界人口の半分を支えていると推定されている。しかし一九一九年に彼がこの業績でノーベル賞を与えられたとき（戦争の影響があり、これは公式には一九一八年のノーベル賞だった）、ノーベル委員会は彼の戦時下の仕事を見逃すことを選んだ。そしてその仕事は、彼に「化学兵器の父」の称号をもたらしたものだった。というのも、ハーバーはチームを率いて兵器として塩素ガスを開発した人物で、しかもイーペルの戦いにおける塩素ガスの破滅的な使用を個人的に監督していたからだ。彼はみ

3　このゾウガメは島から本土へやってきたのであって、その逆ではなかったわけだが、それでも要点は証明された。

ずからの行動を次のように言って擁護した――「平和なとき科学者は世界に属するが、戦争中はみずからの国に属する」。

戦争は一九一九年のヴェルサイユ条約で終結し、その条約によってドイツは戦争が生じさせた損害の賠償金として一三二〇億金マルクを支払うよう定められた。しかしドイツは破産した。そこでこの国は自国のスター化学者を頼り、頼られたハーバーはあるアイデアを提出した――海水からドイツの借金を返済するのに十分な金を抽出できるかもしれないという考えだ。

当時、水分子が一〇億個あればそこに約四七の金原子があると考えられており、ハーバーには彼の電気化学的な手法でそれらをフィルタできる自信があった。そうして彼は海からお金をつまみあげるという真剣な目的をもって、野心的な海洋調査プロジェクトに乗り出したのだった。しかし一九二〇年代のある時点で、彼はそれまでの計算と計測の誤りを見つけた。一〇億の水分子あたり四七の金原子というのがプロジェクトの鍵だったわけだが、その数字が間違っていたのだ。正しい数字は五〇兆個の水分子あたり金原子が一個というものだった。砂で満たされた浴槽というアナロジーに戻ると、五〇兆個の砂粒を入れるためには、五〇メートルのオリンピック用水泳プール ふたつを砂でいっぱいにしなければならないだろう。そしてそのなかにある砂のうち、たった一粒だけが金なのだ。多数の水分子のなかでそれだけしかない金原子を取り出そうとすれば、その原子の価値をはるかに上回るコストがかかってしまう。プロジェクトは破棄された。

海の乗客の最初の集団《コホート》は海水に溶けこんでいるこれらの原子と分子、すなわち〔水分子という〕大群集のなかの珍しいメンバーだ。それらの原子・分子は海のいたるところにあるが、ほとんどの部分においては信じがたいほど希薄な溶液のなかにある。それらは液体の水に結びついているため、海流に沿って流動し、湧昇・下降とともに上下し、常に地球を移動している。

周期表のほとんどすべてが海のどこかにあるが、量がとても少ないため測定が非常に難しいことも多い。しかしこの小集団《サブセット》はそれ以外よりも重要だ。というのも、それらの原子・分子は次の乗客集団のための原材料を提供するからだ——その乗客とは、生命だ。生命はステージの上に立つ俳優のようにしてポツンと海のなかに存在しているわけではない。それは海のなくてはならない部品だ。原子は生きている生物の一部となり、その後そこを離れ、結果として海全体に影響を与えるのだから。

漂泊の生命

海についてのもっとも悪質な通説のひとつは、それが空っぽだというものだ。確かに、手のひらに海水をすくいあげれば、それは世界中のほとんどどこでも空っぽに見える——色のない塩水、魚やボートが目的を与えてくれるのを待っている、なにも描かれていない液体のキャンバスというわけだ。それは自分たちの目で欠如を見てみたい、虚無というものに存在する物質的な場所を与えたい、という人々にアピールするロマン主義的な考えだ。

そうしたくなるのは単純に、無を想像するのがあまりにも難しいからだ。しかしながら、この美しいコンセプトの風船は、浮かんでいたところをとても大きなピンで割られてしまった。顕微鏡が発明されてほんのすぐあとのことだ。アレクサンダー・フォン・フンボルトはこのことを『コスモス』——自然《ネイチャー》の性質《ネイチャー》について彼が著した包括的な学術書に、次のように書いていた。

顕微鏡の活用は、もっとも顕著な形で、海における動物の命の豊かな繁茂についてわれわれがもつ印象を増し、生命の普遍性の意識についての驚くべき感覚を目覚めさせる……。活気に満ちた形でのこの豊かさ、そしてこのもっとも多様で高度に発達した多数の微生物たちが、どれだけ快く空想を刺激するかもしれないとしても、その無限と測定不可能性の印象――あらゆる航海が精神に提示するもの――が突き動かす想像力はさらに真剣で、そしてこう言ってよければさらに厳粛である。

顕微鏡は海の生きた乗客であるプランクトンの世界への扉を開いた。プランクトンはきわめて小さいので、なんとなく観察した人は、それらを取るに足らない第三者として簡単に無視してしまう。しかしプランクトンは海の生きている織物＝構造、すなわちブルー・マシンの不可欠な部品である生命のウェブの大部分を形成している。海はもちろん空っぽではなく、そのことは地球のシステム全体にとってきわめて重要だ。しかし、よく見えるところに隠されているものの大きさを知るには、少しばかりの努力が必要だ。そしてフォン・フンボルトが書いていた「測定不可能性」の印象は、プランクトンの生態系が比較的短い距離で変化する場合があること、季節や深さ、さらには一日の時間帯によってさえ変化する可能性があること、そしてこの微生物の脈動するモザイクが地球の海全体に浸透していることを考えてはじめて、より恐ろしいものとして迫ってくる。

ひとつの場所でひとつの水サンプルを採取し、そのなかに含まれているものを完全に調査するとして、それは世界最大の図書館で一冊の本からひとつのページを選び、それぞれの単語がどれだけ登場するかを数えるようなものだ。[4] それは確かに参考になるが、全体像からはほど遠い。プランクトンを正しく理解するには、理想的には、地球の海全体におけるパターンを、何度も何度も、詳細に調べる必要がある。

これは気弱な人やせっかちな人には向かない仕事だ。

今日では何千人もの研究者たちがプランクトンについて研究しているが、あるひとつのプロジェクトが、明らかに測定不可能なものを前にしたその粘り強さとゆるぎなさとで際立っている。政府・社会運動・産業界が過去九〇年以上にわたって参入・撤退を繰り返してきた一方で、イギリスのプリマスのある静かな一角にいる科学者たちは、ひとつの壮大で骨の折れる仕事に辛抱強く取り組み続けてきた――世界のプランクトンの物語を記録するという仕事に。

生きている海をアーカイヴする

「これは五〇年前のものですね」とデイヴィッド・ジョンズは楽しそうに言う。「ですがもっと古いものもありますよ」。デイヴィッドは連続プランクトン採集器調査〔Continuous Plankton Recorder Survey〕の責任者で、私たちは連続プランクトン採集器（ＣＰＲ）の装甲板の外側を見ている。

全長一メートルの頑丈な金属製のケースは、片側で鼻先に向かって細くなっていて、そのちょうど上にしっかりとした曳航用アタッチメントを備えている。もう片方の端では金属の四角いアーチが本体から突き出して〔鼻先に近い側が〕うしろ向きに倒れていて、その両側は開いている。この機器の側面には窓がひとつ切り取られており、そこには次のように書かれた飾り板が誇示されている。「ＣＰＲ　№１３８、一九七〇年一〇月製造。初回曳航一九七一年二月、最終曳航一九八七年三月。総曳航距離

4　ワシントンＤＣのアメリカ議会図書館が世界最大の称号を保持しており、本書の執筆時点で一億六七〇〇万冊以上の蔵書がある。

一万八四五八海里」[5]。エンパイア・ステート・ビルの一番上から落としても、地面に着いたときほとんど凹んでいないだろうという見た目をした機器だ。それもそのはず、これは全速力で移動している貨物船のうしろから放り出されて、減速もないまま引っ張られるように設計されているのだ。

外側の真面目な無骨さは、その内側でまったく予期せぬものを保護している——それは美しくつくられた機械で、輝く真鍮の歯車と軸が、硬いメッシュ生地のロールと組み合わせられている。まるで時計職人の工房からやってきたかのようだが、ある意味でそれは正しい——これは一九三〇年代から続く、昔ながらの時計製造技術なのだ。

この装置は一九三一年に設計されたのだが、その設計の素晴らしさにより、一九五〇年代にいくらかの細かな微調整が加えられた以外は、ずっと変化する必要がなかった。このことは非常に重要だ。というのも、それは九〇年前のプランクトンと現在のプランクトンを、計測技術による結果の偏りを心配することなしに、直接比較できるということだからだ。いまや何十年にもわたって海をトロールしてきたこれらの機器の数は何百にものぼる。

CPRの創意には息をのむものがある。筐体《きょうたい》の手前の鼻先には大きさ一平方センチメートルの小さな穴がある。この機器が海を曳航されると、水はこの穴に流入し、第一のローラの絹のメッシュを通過する。そのローラが水に含まれるあらゆるプランクトンをつかまえるのだ。第二のローラのメッシュはその上で閉じてプランクトンのサンドウィッチをつくる。そこへホルムアルデヒドが浸透して、とらえられたすべてを保存する。しかし本当に賢いのは、ケースの金属アーチの内側にインペラ〔羽根車〕があることだ[6]。流れ去ってゆく水がそのインペラを回転させ、連動したインペラはメッシュの軸を回転させて、メッシュのロールを五海里移動するごとに約五センチメートル進ませる。船が速度を上げたり遅くしたりすれば、インペラはそれに応じてもっと速く回転したり遅く回転したりするため、メッシュは自動的に適切な速度で進む。その機器全体が少しだけテープ・レコーダーに似ており、それぞれの場所にいたプランクトンはメッシュ・ローラの特定の位置に捕獲＝記録されるのだ。それは全速力で航行する船のうしろで四五〇海里にわたって引きずられても平気で、ローラのメッシュがなくなった時点で船上に引き戻される。

それらの機器が配置されるのは、何か月も何年も繰り返し同じ航路を巡っている商船隊の船だ。貨物船・フェリー・定期船、そしてときには大型ヨットさえ、どれもがそれぞれの役割を果たしながら海を揚々と進み、人々や積み荷を世界中に届けて、おまけとしていくらかのプランクトンをつかまえている。これは共同プロジェクトで、イギリス・アメリカ・カナダ・ノルウェーの研究機関がそれぞれ特定の航路に資金提供をおこなっている。二〇二一年の終わりまでに、連続プランクトン採集器の曳航距離は七〇〇万海里に達しており、これは地球三二六周分に相当する。これらの航路は海のほんの一部しかカヴァーしていないが、一貫性のあるサンプル採集によって、信じられないほど貴重な長期データが得られてきた。丸められたサンプルはすべてここプリマスに戻ってきて、研究およびアーカイヴ化される。そしてメッシュが交換されたのち、機器はふたたび送り返されるのだ。

5 これは地球の赤道の周囲すなわち二万一六三九海里に届かないくらいの長さだ。一海里は一八五二メートルだが、これはその由来がわかるまでは不必要にぎこちなく聞こえる――一海里とは、緯度一度の六〇分の一（すなわち緯度一分）の距離なのだ。海里は基本的に、緯度と経度の座標でプロットされた地図をたどる場合には理にかなったものだ。メッセンジャーを撃ってはいけない〔"Don't shoot the messenger."で、悪い報せをもってきた者に八つ当たりしてはいけない、というような慣用表現〕。

6 インペラはプロペラのような羽根をもっているが、水を押すために回転するのではなく、通過する水に羽根を押されて回転する。風力タービンが風で回転するのと似たようなものだ。回転した回数を数えることで、インペラを通過した流れの速度を知ることができる。

旅行のせいでボロボロになり、わずかに緑色に染まってメッシュが戻ってきたとき、それは果たしてなにを伝えているのだろうか？　私は一介の物理学者で、時間・空間の極限について考えることには慣れているが、混迷に満ちた生命の仕組みには慣れていない。だから私にとって、プランクトンを理解する試みは大変に難しい。ズーム・インすればするほど多くのことが見つかり、さらに事態は複雑になる。

人間が肉眼で見ることのできる最小の物体は、おおよそ人間の髪の毛の幅と同じ直径〇・一ミリメートルの物体だ。私たちの尺度にぴったりな例として、有孔虫の一種を取りあげてみよう。[7]この種の名前はトリロバータス・サックリファー〔*Trilobatus sacculifer*〕といい、直径約〇・二五ミリメートルになることもある。いくつかの丸い房状に分かれて膨らんでいる硬い殻に囲まれた単細胞生物だ。その殻からは細いゼリーのような巻きひげが伸びていて、有孔虫が食事・移動・排泄するのを助けている。この有孔虫を約二万倍に拡大したところを想像してみよう。するとレンジローバーの大きさになる。大きさのスケールを同じにしたまま小さいほうへ目を向けると、現代のミニクーパーとほとんど同じ大きさのところで、完全に異なる種の生物が見つかる――渦鞭毛藻のオルニトケルクス〔*Ornithocercus*〕だ。

このグループは一般に藻類と考えられている。また、この単細胞生物はセルロースの小さなプレートで覆われているのだが、加えて誇らしげに飛び出した入り組んだ扇をもっている。繊細だが硬いその扇によって、オルニトケルクスは一つの細胞に精巧な頭飾りが備わっているかのような見た目になっている。

有孔虫も渦鞭毛藻も、自分たちの食料を太陽からつくり出すことができない――栄養のために他のプランクトンを食べる必要がある。プランクトンには大きく二つのカテゴリがある――太陽を収穫する植物プランクトンと、生存のため他の生物を食べる動物プランクトンだ。しかし海の生き物は複雑なので、状況によってその両方をおこなう生物もたくさんいる。
この大きさのスケールをまださらに下ってゆくと、大きなスイカの直径くらいのところで、私たちは珪藻を見つける。たとえばタラシオシラレス〔*Thalassiosirales*〕で、これはシリカでできた美しい平らな円盤で形成された単細胞生物だ。蜂の巣模様に覆われており、周囲の水に突き出た繊細なトゲで飾られている。珪藻は太陽を収穫して、地球の酸素の膨大な割合を生成している。[8]
さらに小さく、ガリアメロンの大きさと同じくらいなのは円石藻。炭酸カルシウムでできた複雑な円形のプレートで覆われた、見事な球形の細胞だ。そしてさらに遠くスケールを下ってゆけば、モルティーザーズ〔ボール型のチョコレート菓子〕の大きさくらいのところに、シアノバクテリアがいる。たとえばプロクロロコッカス〔*Prochlorococcus*〕で、これは地球上でもっとも豊富な光合成生物だ。あまりに小さいために複雑な構造をもつことができないこれらの細かな小球は、光合成ができる生物のうち、知られているなかでもっとも小さい。
そして本当に最後まで行きたい生物学者たちにとっては、乾燥したクスクス一粒ほどの大きさのと

7　〔有孔虫の英名"foram"は〕"foraminifera"の短縮語だが、皆"foram"と呼んでいる。これから取りあげる有孔虫は水柱のなかに浮かんでいるが、ほとんどは海底に生息している。はじめて有孔虫を発見したのはヘロドトスで、紀元前五世紀、ギザの大ピラミッドのことだった。大型の有孔虫（貨幣石）が、ピラミッドの建造に使われた岩を構成しているからだ。
8　この酸素は通常、他の動物が呼吸に使用するため、海中でふたたび消費される。しばしば耳に入ってくる言説に「海は私たちが息を吐くたびに酸素をつくっている」というものがあるが、これは実際には正しくない。地球上のすべての光合成のほとんど半分が海中で生じており、したがってすべての酸素のほとんど半分もまたそこでつくられているというのは事実だ。しかし、そのほとんどが海中にとどまり、大気中に届くことがまったくないまま水中で消費されているのもまた事実だ。私たちが実際に吸っている酸素は、有機物の長期的埋没が原因で、ほとんど大気中にある。埋められた炭素は酸素と反応できる状態にないため、有機物が埋まると酸素が解放されるのだ。この非常に複雑な惑星におけるほとんどの物事と同じように、私たちが吸っている酸素の物語も単純ではない。

ころに海洋ウイルスがいて、これはより大きな宿主の細胞の働きを乗っ取ることで増殖して数を増やす。一粒のクスクスの隣にレンジローバーを置くと、プランクトンの大きさの幅についていくらかわかることだろう。

連続プランクトン採集器は、この幅の大きなほうの端に焦点を当てている。デイヴィッドは私に、見つけたなかでもっとも大きかったのは体長三〇センチメートルのパイプフィッシュ〔ヨウジウオの仲間〕で、[9]それはCPRの鼻の穴に正面から入り、そのあとメッシュのロールに巻きこまれたことに気づいたに違いないと言う。最小のプランクトンもメッシュの繊維にとらえられているのかもしれないが、だとしてもおそらく小さいために逃げ出している。

本当の作業はメッシュがプリマスに戻ってきたときにはじまる。連続プランクトン採集器調査の本部には長い部屋があり、一二台の顕微鏡が配置されていて、それぞれを科学者たちが担当する。白衣に身を包み、ゴーグルを着用し、紫色と規定されたラテックスの手袋をはめた出で立ちだ。科学者たちはメッシュの四角の上で見つけたものを特定・カウントしている。デイヴィッドが「プランクトンの轢死体《ロードキル》」と表現するものをデータに変えているのだ。[10]

この部屋のなかの専門知識には驚くばかりだ。実験室マネージャーのクレア・テイラーが仕事の手をとめて、私たちに話しかけてくれる。彼女の顕微鏡を覗きこむと、絹の糸にとらえられた小さな海の虫たちが見える。明らかにたくさんの種類がいたので、そのうち何種を知っているか彼女に尋ねてみる。返ってきた答えに、私はひっくり返るほど驚く――八〇〇から九〇〇種だというのだ。そのなかに、それぞれの種のさまざまな成長段階は一切含まれていない。

私たちは別のサンプルを観察する。それはエビのような小さな生き物で、少しつぶれた状態で顕微鏡の強い光に輝いている。デイヴィッドはそれの五番目の脚にあるひとつの突起を指し示す。それが特定のための重要な手がかりなのだ。これこそ、依然として人間が機械よりもこの仕事に向いている理由だ――人間は検体がつぶれていたりバラバラになっていたり変な角度になっていたりしても、手足を小突いて重要な特徴を出現させ、認識することができる。

他の多くの研究プロジェクトと協力することで、CPR調査は海を漂う生命の基本的なパターンを明らかにするのに役立ってきた。もっとも大きな特徴をひとつ挙げるなら、それは春季ブルーム〔春季大増殖〕――季節の変化とともに海のいたるところで生じる、脈動する生命の波だ。

どちらの半球でも、冬には大きな嵐が海の上層を掻き混ぜて混合を生じさせ、栄養を海面に向かって上昇させる。春になり日が長くなるにつれ季節的な帰結として陽光があふれはじめると、豊富な光と栄養は海の生き物の爆発的増殖の原材料となる――最初に珪藻や他の植物プランクトンが増え、次に植物プランクトンを食べる動物プランクトン、その次に渦鞭毛藻が増え、そして初秋になると珪藻の第二の増殖が生じる。[11] いくつかの種が支配的になる場合もあるが、そこには他の種も多くいる。

海には固定の熱帯雨林はないものの、この生命の大波は規模と多様性からいって、海の熱帯雨林といえる。しかしその性質は大きく異なる――移動可能で、短命で、海流の行くところならどこへでも運ばれ、栄養・光・温度のいずれかが変われば数日で変化する可能性がある。より短命で局所的な増殖とい

9　パイプフィッシュはタツノオトシゴの近縁の細長い魚で、体についていえば、本当にその名前の通りの形状をしている。

10　このメッシュの四角は未来の科学者たちがアクセスできるように、すべて保管されている。また、すべてのデータは頼めば誰でも自由に利用可能だ。

11　この季節的な増殖のパターンは熱帯では生じない。熱帯では冬の嵐の年次サイクルがなく、一日の長さも一年を通してそれほど変わらないからだ。

うのもあり、それらは条件が整えばいつでも飛び出て、熱狂的にすべてを食べ尽くすことで自滅し、ふたたび消えてしまう。とはいえ生命の基本条件――日光の届く場所での十分な栄養供給――は多くの場合、より深いところの水から栄養を引きあげる混合のプロセスによって決定されている。これまで見てきた通りだ。そしてプランクトンが道を示すところでは、プランクトンは魚や鳥に、そしてより大きな生命体にも食料を与えることで、生命のホットスポットをつくり出す。

したがって海の乗客たちは、乗っているエンジンに均等に分布しているわけではない。海の熱帯雨林と砂漠に相当する部分には、ブルー・マシンの構成要素が設定する境界があるのだ。もっとも小さな乗客たち――金原子やヨウ素原子――でさえ、その多寡について複雑なパターンを示し、ある場所では他の場所よりも数が多くなっている。物理的な条件と利用可能なエネルギーと原材料が好ましい場所では、不活性な乗客は生きている乗客――植物プランクトン――に組みこまれ、植物プランクトン自体が周囲の水の化学的特性を変化させる。植物プランクトンは海流に乗って漂流しながら、海の化学組成と海というエンジンの物理的構成が周囲で変化するにつれて、その数を増やしたり減らしたりする。こうした小さな生命の広大なウェブがなければ、ペンギンもイルカもサメもいなかったことだろう。

しかしそもそも海水に運ばれる化学的乗客がいなければ、すべての生命は存在しなかった。その乗客たちがもたらすのは、生きている乗客および地球のエンジンの全体的な仕組みの両方を形づくる、原子の組み立てブロックだ。海のもっとも重要な乗客は、ゾウガメでも人間でもないし、私たちの社会が海の気まぐれに任せるため放棄した浮き荷や投げ荷でもない。本当のＶＩＰはあまりに小さいため私たちには見えないが、それらの存在がもたらす結果はとてもよく目に見えるもので、私たち皆に影響を与えている。

私たちの社会は一般に、微生物を何百万、何十億というように数える考えに慣れているが、その数字は実際にはなにを意味するのだろうか？　私たちは海の市民権の本当の大きさを理解するために、海の生き物と私たち自身の関係からはじめる必要がある。そして私たちの種は冒険心と順応性をもっていて好奇心旺盛で雑食性のため、多くの人たちにとって、その関係は夕食のテーブルにはじまる。

ご馳走としての海の恵み

午前五時三〇分、美しく晴れた春の朝だ。明るい青空は静かで、夜明けのピンクが景色を撫でているが、新しい一日のはじまりを祝う鳥の歌声は聞こえない。ここロンドンのカナリー・ワーフでは、巨大なガラスの怪物たちが私の周囲に屹立している。銀行・法律・金融規制・通信産業の、空を覆う記念碑たちだ。ロンドンのこの地区は街の東側でテムズ川河口の水に囲まれた場所に押しこまれており、そびえたつ近代ビル群は一九九〇年代以降、二〇〇〇年の歴史をもつドックの周囲に建設された。かつてはカリブの富の上陸地点だった埠頭だ。

ノース・ドックの反対側へ渡るとタワー群は急に姿を消し、古い世界へ戻ったようになる。ここには近代的なガラスや鉄骨はなく、ただ長く背の低い黄色い屋根の建物が一棟、ウォーターフロントに沿って建ち、巨大な駐車場に囲まれている。この場所こそビリングズゲート魚市場、連合王国最大の内陸魚市場で、三世紀以上前から連綿と続くロンドンの伝統が現代でも表現されている場所だ。

駐車場には数十台の小さな白いヴァンが散らばっている。それぞれバック・ドアが開いていて、その周りには木のパレットや白い箱が乱雑に積まれている。入り口の看板が伝える市場の営業日時は、火曜日から土曜日の午前四時から午前九時三〇分。私はツアーを主催するシーフード・スクールのある上階へ向かう道を見つける。[12] 私たちは白衣——この建物にいる全員の制服かのようだ——を着用し、市場のフロアに足を踏み入れる。

店舗は狭い通路に沿って配置されている。どの店舗も白い発泡スチロールの箱でいっぱいで、それらを支えるメタル・ラックにスペースの余裕はない。緑色の硬い床はホースからの水と氷で濡れており、数分おきに「うしろ！」や「足元気をつけろ！」といった叫び声が聞こえてくる。声の主は白い箱を積んだパレット台車を押す人たちで、おそらくヴァンへ急いでいるのだ。

白い箱に入っているのは魚、そしてさらに魚だ。私が最初に感銘を受けたのは、すべてがよく分類されて均一になっている様子だ——ある箱には正確に同じ大きさのレッド・マレット〔ヒメジの仲間〕だけが入っており、隣の箱は同じレモンソール〔カレイの仲間〕でいっぱいで、別の箱はクローンかと見まがうアンコウばかりだ。私たちのガイドは例となる魚を手に取っては、エラの状態、肌や目のツヤ、肉の質感について解説してゆく。[13]

私たちはエビ、トラウト、シーバス、ホタテ、サバ、ドーバーソール、イシビラメを通りすぎる。ほとんどすべてが丸ごとの魚で、例外はシュリンク包装された深紅のマグロの塊と、たまに燻製の切り身くらいだ。

さらに進んで熱帯魚の並びを見たとき、私は顎が外れるほど驚いた。そこにあったのはパロットフィッシュ、ゴートフィッシュ、バラクーダ、ハタなどで、イギリスで食べる人がいるとは想像もしていない種だったのだ。これらの魚を私が知っているのはダイヴィングのとき一緒にいるからで、私はゴートフィッシュが顎のヒゲで礁を探っているところや、バラクーダが狩りのためにターコイズ色の水面近くを泳いでいるところを想像した。

私にとって、すべての店舗が混乱を誘う万華鏡だ。しばらくすると、私はこの方向感覚を失ったような感じの原因が、目の前にある生物学的なごちゃ混ぜ状態にあるのだと気づいた——外洋の捕食者も、沿岸の底生魚も、静かな採食者も、物騒な縄張りの守護者も、大きな群れで生活する小さな魚も、公海の独立航海者も、すべてが氷の詰められた白い発泡スチロールの箱に入れられて互いの隣にポンと置かれているのだ。

北海・インド洋・チリ沿岸・北太平洋からやってきた魚たち——生前は互いに一〇〇〇マイル以内には絶対にいなかっただろう魚たちが、死後に出会っている。それはまるで博物館を訪れたら、積みあげられたテューダー朝の頭飾りの隣にローマの硬貨、ヴィクトリア朝の安物の陶製パイプ、ドードーの剝製、イヌイットのカヌー、アポロ号の宇宙飛行士たちが月面で着用していた手袋、ベイクド・ビーンズの缶詰、コンクリートの塊、フットボールのワールドカップのトロフィーがあるのが目に入ってきたようなものだった。

私たちのガイドはそれらすべての魚の生態と起源、それぞれの漁業の持続可能性について豊富な知識をもっていた。ここで買い物をするのは鮮魚商と一般の人々の両方で、魚たちは世界中からやってきてロンドン東部のこの一角を通りすぎ、首都のあちこちのディナー・プレートへ向かう。買い手が個人の

12 私は幼いころ以来、魚その他のシーフードを食べてこなかったため、異文化に足を踏み入れる際にガイドを頼めるということで安心した。案内してくれたのは素敵な人たちで、親切かつ熱心だった。私は目の前の人々の生活の焦点〔シーフード〕と私に個人的な距離があることについては沈黙を保った。

13 彼女は自分がシーフード・スクールの一員として業者の許可を得て手に取っているのだということを念入りに説明した。一般の客は買う前に触ってはいけないからだ。

場合、魚は計量されたあと青いビニル袋に入れられる。その日の夕飯のご馳走だ。

私たちのツアー・グループにいる一組のカップルが夕食会でサーモンを食べることに決め、ひとつの店舗で立ちどまる。店には箱からはみ出るほど大きなサーモンが売られていて、それぞれが体長一メートル近い。それらは見事な魚で、なめらかだ。力強い体は背に沿って光沢のある黒色をしていて、胸へ下るにしたがって斑点模様となり、腹は白い。

店主は一番大きくて立派なサーモンのうちの一本の重さを量り、秤が示した結構な金額を現金で受け取る。それから店主は魚を黒いビニル製のゴミ袋のなかに入れ、ぶらさげた状態で手渡す。ここに格式張ったところは一切ない。ロンドン中心部の高級衣料品店で同じだけの金額を支払ってシャツを買えば、会計係はそれを注意深くたたみ、薄葉紙で包んで可愛らしいステッカーで留め、ブランドのショッピング・バッグに恭しく入れてくれることだろう。

私は結局、この対照について自分自身がどう考えているのか決定できない。ゴミ袋は一匹の美しい動物にふさわしくないみじめな輸送手段のように思えるが、そこには魚に対する純粋さと誠実さがあるのかもしれない――価値は魚そのもののなかにあり、どれだけ包装をしてもその本質を隠したり偽ったりすることなどできないのならば、どうしてそれを試すことがあろう?

私たちのほとんどはこのようにして海の生き物に出会う――メニュー表で、サンドウィッチで、鮮魚店や市場で、見知っていたり見慣れなかったりするさまざまな名前をもつ「魚」のごちゃ混ぜとして。それがどこからやってきたかといえば単なる「海」で、まるで魚というものが空っぽの水の一部であればどこからでも自然に出現するかのようだ。しかしもちろんそんなわけはない――市場にいる魚はそれぞれが生物学的な氷山の一部で、はるかに大きな構造の目に見える部分にすぎない。それらの魚は自分たちよりも小さな生き物を食べ、その生き物はさらに小さなものを食べているかもしれない。だとすれば目にできない生き物で構成された氷山の水面下の部分の大きさはどのくらいなのだろうか。私たちが見ることのできない海の生物学的構成とは？　おそらく驚くべきことに、これにはそれなりに明確な答えがある。とはいえ生物学者たちはまだ、その正確な理由を解明中なのだが。

　私たちが最初に訪れている店舗のひとつに白い箱が置かれていて、箱の大きさにほとんど見合わないほど巨大なレッド・スナッパーが二匹入っている。白い箱はすべて同じ大きさで、おそらく長さ七五センチメートル、幅四〇センチメートル、深さ二〇センチメートルだ。それぞれのレッド・スナッパーの体長は箱とほとんど同じ長さで、桃色のまだらになった鱗と大きなピンク色の目が、繊細な尾ビレで終わる細長い体を飾っている。このペアはおそらく、それぞれ約五キロの重さをもつ。

　では、この魚のうち一匹がひとつの発泡スチロールの箱に単独で入っていると考えてみよう。この一匹の魚――箱の中身――は重さにして一キロと一〇キロのあいだの海の生き物の塊ひとつを表している。こんどは、頭のなかでその隣にもうひとつ箱を置いてみてほしい。この箱のなかには一〇匹のドーバーソールが入っていて、それぞれが約五〇〇グラムだ。二番目の箱に入っている生き物の総質量は同じだが、それはそれぞれレッド・スナッパーの一〇分の一の重さの一〇匹の魚で構成されており、〇・一キロから一キロの海の生き物を表している。

　さらに隣の箱にはイワシが一〇〇匹入っており、その次の箱には一〇〇〇匹の大西洋産のエビ〔Atlantic prawn〕が入っている。[14]それから岩の隙間の水溜まりにいる小さな巻貝が一万匹入ったもうひとつの箱があり、巻貝はそれぞれ一グラムだ。

　これで私たちの前には五つの箱がある。それぞれの箱のなかには生き物が同じ質量で入っているが、その生き物の大きさはそれぞれ、ひとつ前の箱の一〇分の一だ。最近の研究が確認したところによると、海の基本ルールとして、大きさのスケールを一〇倍小さくするたびに、その大きさのカテゴリでの生物量の総計は同じまま、個体数はちょうど一〇倍になる。これはあらゆる生命の形態に当てはまる――甲殻類・魚・海洋哺乳類・バクテリア・ヒトデ他、すべてだ。そして、それぞれをその大きさのカテゴリごとに分類して、海全体ですべてを合計すると、それぞれのカテゴリで生命の質量は同じになる。海全体での数字は大きさのカテゴリそれぞれが一ギガトン（そのほうがよければ一〇億トン）で、ひとつのカテゴリで一〇倍までの質量の生き物を含む――要するに〇・一キロから一キロの（生物の）一ギガトンがあり、〇・一グラムから一グラムの一ギガトンがあり、以下同様というわけだ。[15]

海中では小さいもののほうが大きいものよりも多い、というのは明らかなことに聞こえるが、次の問いはどれだけ下の大きさのスケールまでこの関係が続くのかということだ。我らが大きなレッド・スナッパーの隣にはさらに、私たちが目でとらえることのできるものが入った箱がすでに四つある――ドーバーソール、イワシ、エビ、小さな巻貝の入った箱だ。それぞれの箱の重さは同じ。しかし大きさのスケールを下げて、私たちが目でとらえることのできない海の生き物でいっぱいの箱をさらに増やしてみよう。そうすればそれぞれの箱を満たす生き物は、ひとつ前の箱と比べて一〇分の一の大きさで、一〇倍の数になってゆく。先ほどの問いへの答えは、さらに一四箱というものだ――最後の箱（ほとんどバクテリアでいっぱいだ）には一〇の一九乗の個体、すなわち一〇〇〇万兆個の生細胞が入っていて、そのすべてを合わせた重さは一匹の大きなレッド・スナッパーと同じだ。これが、海における異なる大きさの生き物の割合だ。一匹の大きな魚を見るたびに、その魚が乗っている生物学的な基礎がどれほど大きいかを頭のなかで思い描いてみるのは価値ある営みだ――そしてそれは、あなたが目にしている魚の質量の約一八倍なのだ。

すべての大きさのカテゴリで質量が一定だということの関係は、健康な状態の海では、もっとも大きなクジラまで同じように続き、大きさの規模を計二三段階進む。もっとも大きなサイズ・カテゴリの頂点はもっとも小さなカテゴリの底と比べて一兆倍の大きさだ。これらの数字を具体的に思い浮かべるのは難しいが、考え方のひとつは、どれほど強い意志をもってしても（顕微鏡なしには）私たち人間は海のバイオマスの六一パーセントさえ見ることができないということだ。[16]「海の生き物」といえばイルカやタコでぜんぶだと考えてしまえば、重要な事柄の大部分を見逃すことになる。目に見えないマジョリティ――プランクトン――は乗客としてあたりを漂っており、それらの乗客たちなしには、それ以外のすべては生きることができない。プランクトンは原材料とエネルギーの両方を供給する。それらは再配置されることで、他のあらゆるものをつくり出すことができる。

市場の天井に吊るされた、凝った装飾の緑色の時計が午前七時を示す頃には、すでに清掃作業が進行中だ。床はホースで水をかけられ、魚の入った箱は建物の裏にある巨大な冷蔵庫まで台車で運ばれている。大きなスコップが氷を箱から箱へ移し替え、お金が数えられ、午前七時四五分までに、ホールは裸のメタル・ラックと冷たいコンクリートの床に戻る。私が、レストランのシェフはここへ魚を買いに

14 これ〔prawn〕は鮮魚商の言葉だ。海洋生物学者からすれば“prawn”〔エビ〕などというものは実際には存在せず、“shrimp”〔小エビ〕も同様に存在しない。どちらも一〇本の脚をもつ水生甲殻類の通称で、その使用は英語を話す国々でそれぞれに異なる。どちらにも正式な科学的定義はない。
15 これには小さな注意点がある――この関係は海の上部二〇〇メートルでもっとも一貫しているのだ。これは深く冷たい海の中域では大きな動物がより少ないからだ。
16 六一パーセントというのは、二三の大きさのカテゴリのうち一四だ。

くるのか、だからこんなに早く閉店するのかと尋ねると、私たちのガイドはその考えのおかしさに大声で笑った。そしてそんなことはほとんど一度もない、と彼女は言った。ロンドンにあるレストランの九九・五パーセントは大手小売業者の仲介する調理済みの切り身を望んでいて、その魚は決してこの市場を通過しない。[17]このことが暗に示しているのは、シェフたちは元の魚への親しみから遠ざかっており、骨・筋・エラからも離れて、きれいにパッケージ化されたタンパク質の塊のほうへ向かっているということだ。

上の階へ戻るとき、私たちは「はらわたを取り、皮をむき、切り身にする」ことを学ぶクラスの前を通りすぎた――自然のまったきピースを食べ物に変えるための基本スキルだ。西洋世界で魚を食べる人のうち、自信をもってこれができる人の割合は間違いなく小さいし、時間とともに減っているはずだ。魚というものが少なくともスーパーマーケットの棚以外のどこかからやってきたはずだということを認識できる場所が市場なわけだが、それさえ周縁部に追いやられつつある。

ビリングズゲート魚市場が一六九九年の議会制定法で正式に設立されたとき、それは街のもともとの水門の場所、つまりロンドン市民と世界中からやってきた品々とをつなぐ場所にあった。一九八二年まで、市場はもとの場所のまま壮麗なヴィクトリア様式の建物のなかにあったが、その年、市の中心部から離れて、はるか四キロメートル東の現在のロケーションに移された。この本を書いている現在、市場はもうすぐ、さらに一〇キロメートル東へ再度移動してロンドン中心部からもっと遠くなる可能性が高いようだ。

加えて、現在市場で売られている魚の半分以上が天然ではなく養殖で、その割合は常に増加している。私たちは、魚が私たちと海とをつないでくれると考えるかもしれない。しかし効率と低価格の追求によって、熱心に魚を食べる人たちさえも、実際に魚が目の前に丸ごと一匹あるという理屈抜きの現実からは遠ざけられている。しかし一匹の魚というのは、海の環境の複雑さを、その生理機能と状態に体現したものなのだ。

二〇代前半の頃だっただろうか、マグロが実際にどんな見た目をしているかを知ったときのことを、私はまだ覚えている。それは大きく、力強い捕食動物で、筋肉質で光沢がある、海の王だ。子どもの頃に学校給食やピクニックのサラダの材料だった悲しいほどに小さなツナ缶からは、私はそれ以上のことをなにも想像できなかった。いまでも私は、ツナ缶を見ると侮辱された気分になる。どの缶も、これが堂々たる海の貴族を切り刻み、加工し、規格化されたちっぽけな円盤に還元したものだと一切認めていないのだ。この海の恵みはずっと認識不可能にされていたし、誰も私にそれがなにかを教えてくれなかった。持続可能な方法で獲得された魚、特に地元産の魚を食べることについての主張はなされているものの、私たちは間違いなく、魚とはなにかということについて正直でいること、そして魚が表現している海の莫大な豊かさについて正直でいることを主張する必要がある。あなたが一匹の魚を食べるとき、あなたは広大な地理的範囲に広がる何百万もの植物プランクトン・動物プランクトンによって蓄積されたエネルギーと原材料を摂取し、自分自身の身体に組みこんでいる。海の一部だったものが、現在のあなたの一部になるのだ。

しかし私たちはまた、海の生態系の目に見えないマジョリティを形成する小さな海の乗客たち、つまりブルー・マシンの重要な一部で、私たちが知っている地球を維持するために必要不可欠な、生きてい

17　高級寿司レストランのような専門店は、おそらくこうした一般化にはあてはまらない。というのも、そうした店の人々はいまでも魚の調理の細部に大きな誇りをもっているからだ。

る生命のウェブについてもさらに声を上げる必要がある。視点の移行が必要で、私たちに見ることのできないものは、私たちが見ることのできるものよりもはるかに重要だという考えをそこに含めるための調整が必要だ。一八四四年、アレクサンダー・フォン・フンボルトは顕微鏡を使った彼の発見の重要性をすぐさま理解した。「これらの海洋微小動物の豊かさと、それらの急速な分解によって生産される動物質は非常に膨大なため、海水自体が、より大きな動物たちの多くにとっての栄養液となる」。

私たちはここまでで、二種類の海の乗客に出会ってきた——非生物（金とその他の多種多様な単独の原子）と生物だ。そしていま、私たちはそれらが海流に身を任せ、ブルー・マシンの働きによって輸送されながら世界中を漂っているところを想像することができる。それらは希薄でどこにでもあるが、その数は場所によって非常に大きく異なる。しかし乗客たちの個性が固定されることはない。乗客たちは海におけるおのおのの部分にほとんど閉じこめられているものの、その旅のあいだには再構成の計り知れないポテンシャルがある。そうした生物学的な車輪を回転させ続けている根本的な原則というものがあり、私たち人間はそれらのいくつかについて、学んだり私たち自身の社会に適用したりするのがかなり遅れている。だからこそ、これから私たちは鏡のなかの私たち自身を見ることでもういちど、海の乗客たちがブルー・マシンを巡る旅の途中でなしていることの重要な側面を検討してみよう。私たち人間はどのようにして、私たちをとりまく生態系とつながっているのだろう？

入ったものはかならず出てくる

私の頭上には、青々とした葉からぶらさがる黄金のイチジクがある。しかしここは温室ではない。それらは金属のイチジクで、真っ赤な鉄柱から芽を出している。その鉄柱は八本あるうちの一本で、それぞれが淡い花々と曲がりくねる緑、そして自信に満ちた誇りを見せびらかす、繊細に着色された鉄細工でつなげられている。このドラマティックな八角形とその見事な装飾は大ホールの目玉で、高いアーチでつながれた赤・クリーム・緑色の柱に支えられて、上へ外へと広がっている。この空間は意図的に壮麗に設計されたある種のスペクタクルで、それにはそうでなければならない理由がある――この空間は祝福すべきたくさんのものを抱えているのだ。

ここは背が高く立派なレンガ造りの建物の小さな複合体の内部にあり、それらの建物は明らかに機能性と美的側面の両方を念頭に置いて設計されている。しかしこの一帯を訪れたいなら、ロンドンからテムズ川を二四キロメートル下った河畔にある平坦なエリス湿地にひっそりと通る、長く曲がりくねった私道を進む必要がある。この場所が選ばれたのは、ここが一八六〇年代のロンドンっ子にとって僻地で、目に入らなければ気にもとまらない場所だったからだ。

湿地の大聖堂を飾る美しいイチジクは、意味ありげなニヤニヤ笑いを浮かべながら選定された――建物とイチジクの関連は園芸的なにかや料理の可能性にあるのではなく、イチジクの下剤としての有用性にある。これらの建物に役割を与えているのは、うんちなのだ。大ホールがここに置かれたのはクロスネス揚水所のエンジンを収容するためで、そのエンジンがここに置かれたのは日々氾濫するロンドンの汚水を街から遠ざけるためだった。

都市が河口に建設されるのには多くの理由がある。河口の土手は豊かな漁場・猟場、海外貿易へのアクセス、近くを流れる淡水、地の利を得た防御陣地を提供する。しかし二〇〇年前、そこは無料で便利な廃棄物処理システムとしても利用されていた。一八〇〇年までに、ロンドンの賑やかなメトロポリスは臭いを放ち衛生状態の悪い数多くの仕事場の本拠地となっていた――食肉処理場、皮なめし工場、石炭で焼くベーカリー、ガラス吹き工房、鯨油《げいゆ》の処理工場などだが、一〇〇万人いる人間も同じで、廃棄物、特に汚水を垂れ流していた。「老父テムズ」はその混乱を持ち去ってくれたものの、街はただ、ますます嘔吐し続けた。それからの半世紀は驚くべき科学・医学・工学的進歩の時代のひとつだったが、あることは変化しなかった――糞尿はテムズ川に流入していたし、人々は潮汐が六時間後にそれを引き戻してこないことを願うしかなかったのだ。

帝国は成長し、都市は成長し、産業革命は成長したが、悪臭はそれらすべてよりもすばやく成長した。[18] 国土全体の一〇分の一から集まる雨水ではそのすべてを流し去るのに十分ではなく、一八五〇年までにロンドンのテムズ川は汚物・病気・死の忌まわしいごった煮となった。皆がどうにかする必要があるとわかっていたが、この規模の問題を解決するには天文学的な費用がかかる。そもそもテムズ川はゴミを持ち去ることで何世紀にもわたって都市に多大なる恩恵をもたらしてきたのに、そのことを認識するのではなく、いまや川が対処できなくなったからといって、川そのものが問題の所在として非難されたのは、ひとつの悲しい皮肉だ（これが人類をとりまく環境の歴史におけるたったひとつの皮肉というわけではない）。この状況は大悪臭〔Great Stink〕と呼ばれるようになったが、どう考えてもそれはかなり控えめな表現だった。

転換点は一八五八年の暑い、乾いた夏にやってきた。庶民院（〔国会議事堂にあたるウェストミンスター宮殿は〕テムズ川のほとりに位置する）が、我慢ならない悪臭によって部屋の多くが完全に使用できなくなったと結論づけたのだ。ベンジャミン・ディズレーリ〔首相も務めた政治家〕がテムズ川を「言葉では言い表せない耐えがたい恐怖の悪臭を放つステュクス川〔ギリシア神話に登場する冥府の川〕の淀み」と表現した討論のあと、ついにそれらの恐怖を追放するのに必要な巨額の資金を支出するための法案が可決された。そして、イギリスの歴史でもっとも野心的なエンジニアリング事業のひとつがはじまったのだった。

プロジェクトのリーダーにはジョセフ・バザルジェットが任命された。彼は優秀な土木技師で、うんち問題に取り組む責任を課された首都土木委員会の主任技師だった。この計画には、一一〇〇マイルの新しい下水管をつくって、八二マイルのレンガ張りの下水道に注がせることが含まれていた。そのすべてがわずかに下に傾斜していて、重力が液体の泥を都市から遠ざけ、視界から完全に隠すのだ[19]。そのプロジェクトは、ロンドンのテムズ川の形を変えた。下水道の大きな支流群を擁する形で新しくできたヴィクトリア堤防とアルバート堤防が、川のこの部分の新しい土手になったのだ（今日もそのままだ）。システムの全体を建設するには一六年を要したが、それは驚くべき成功をおさめ、街でのコレラ・発疹チフス・腸チフスの発生を劇的に減少させることで、公衆衛生に大きな恩恵をもたらす結果となった。

しかしそのエンジニアリングは素晴らしかったとはいえ、新しい下水道が根底にある問題を実際に解決することはなかった。下水道はただ、問題を移動させただけだった。小さなパイプの広大なネットワークが結合されていって大きなパイプをつくっていたため、湿原の大聖堂は川の南側にある一番大きなパイプの終着点を示している（北側にはアビー・ミルズで終わる別のネットワークがあった）。ロンドンが位置する土地は比較的平坦なため、うんちを流し続けるために、下水道はテムズ川の水位から約一〇メート

18　水洗トイレの発明も役に立たなかった。というのも、それはレンガ造りの下水道で構成された限りある既存のシステムに大量の水を追加し、オーバーフローをさらに悪化させたからだ。

19　バザルジェットの下水道が今日でもまだ良好な状態で機能していることは（もちろん必要なところにはアップグレードや追加が施されてきたとはいえ）そのエンジニアリングの品質の大きな証明だ。

ル低い地点で終わっていた。クロスネスにあるレンガ造りの建物は、四基の力強い蒸気機関と、それらに動力を供給するのに十分な蒸気を生成するのに必要な一二台のコルニッシュ・ボイラを収容するために建てられた。これらの鉄の役馬たちは、汚水をテムズ川の水位までポンプで引き揚げる。そのことによって、潮汐で水が外へ流れる際に汚水を放出することができたのだ。

うんちはそれから北海へ運ばれ、乗客となって海の気まぐれに従って旅をした。下水道で重要なのはそれらが地面の下に隠れているということのため、クロスネスの揚水場はこの巨大な新システムの数少ない目に見えるマーカのひとつで、一八六五年のグランド・オープンの際にはロンドン社会の精鋭たちから大きな関心を集めた。その建築と精巧な鉄細工は、このプロジェクトの注目度の高さと、これがロンドンという都市の基礎構造に長く貢献し続けるだろうという自信に連動していた。

いくつかの拡張とアップグレードを経て、クロスネスのエンジンは一九五六年についに操業を停止した。ボイラは撤去ののちスクラップになり、残された大きなエンジンは錆びていった。しかし一九八五年、のちにクロスネス・エンジン・トラストとなるクロスネス・ビーム・エンジン保存会が発足した。現在、そのエンジンは一般に公開されている。過去の偉大な工学的達成を腐らせたままにしておくことを、この団体が断固として拒んだおかげだ。

私たちは下水に夢中なことを誇らしく認める熱心なボランティアから、この場所についての手ほどきを受けている（しばらくして彼がみずからの嗅覚の弱さについて言及したのはおそらく偶然だ）。私たちのガイドを務める男性たち（しかも私の視界に入る全員が男性だ）は、三〇年にわたる辛抱強い仕事の物語を語る。大きなエンジンの部品から錆びを少しずつ削り取り、それを分解・修理して新品同様にし、鉄細工の色を剝がして塗り直し、エンジン・ハウスの片側をかつての栄光へと引き戻すという仕事だ。反対側はかつてのまま残されていて、年月の灰と茶、錆と記憶に覆われている。溌溂とした色で塗られたエンジンのひとつは現在ふたたび作動しており、別のものもまもなく作動することが期待されている。

各エンジンは、中央の支点をまたいで頭上に伸びる長さ一三メートルの明るい緑色のアーム＝梁《ビーム》を上に押しあげる。エンジンの反対側で、その梁は直径八・五メートル、重さ五二トンの巨大な緑色のフライホイールを押したり引いたりする。稼働していた当時は、それぞれの梁が前後に揺れるたびに汚水をふたつの深いタンクから上へ運んでいて、エンジンが一ストロークするごとにロンドンの廃水六八〇〇リットルを高いところにある貯水池まで押しあげ、次の引き潮の際に排出できるようにした。これは当時における真の驚異で、私たちがそれを正当に評価できるよう確実に保存してきたクロスネス・エンジン・トラストは多大なる賞賛を受けるべきだ。しかしこれを見た未来の世代は不思議に思うことだろう。計画をこれほど優美に実行できた当時の素晴らしい頭脳が、同時にその根本的な欠陥を明らかに見逃していたことを。

都市は大悪臭の淀んだ空気から生まれ変わり、現代世界への大きな一歩を踏み出していた。悪臭問題はいまやどこか遠くへ消え去ったのだ。しかしその「遠く」は淡水と塩水の分水嶺の向こう側にすぎなかった。力強いエンジンに汲みあげられた汚水は、一八八〇年代まで未処理のまま放出されていた。それは潮汐によって遠くへ運ばれると想定されたわけだが、問題のひとつは、潮の流れが変わると、汚水の少なくとも一部が戻ってくるということだった。そして濃縮したゴミの流れのせいで下流での漁業が中止となるにつれ、結局その「遠く」はまったくもってそれほど遠い場所ではなかったことがすぐに明らかになった。議論がはじまるまでにそれほど時間はかからなかったが、状況が変わったのはイギリスの記録上もっとも恐ろしい民間災害のひとつが起こってからだった。

一八七八年、旅客外輪式蒸気船プリンセス・アリス号はロンドンの数マイル下流のウーリッジ近郊で石炭船と衝突し、真っ二つになった。水に投げ出された何百もの人々のうち、泳げる者はほとんどいなかったことだろう。しかし真の悲劇は、衝突が川の北側の汚水放出地点の近くで、その日の汚水放出の後半がおこなわれた約一時間後に発生したことだった。黒く、発酵している汚水は生命にとって川よりもはるかに大きな危険で、回収された遺体は泥に覆われていた。検視の結果、多くの人たちは溺れたわけではなく、毒気によって中毒になっていたことが判明した。それらは悲惨な、防ぐことのできた死だったのだ。この災害の結果、ついに汚水処理システムが導入された――しかし未処理の人間の排泄物を北海のさらに遠くのところへ運ぶ六艘の「汚泥船」もまた委託された。[20] どろどろの茶色い糞尿からつけられた船のニックネームは「ボヴリル・ボート」だ。[21] 人類は、すべての恐怖を徐々に「遠く」へただ遠ざけ続けることの誘惑を捨て去ることができなかった。そしてその「遠く」とは海を意味していたのだ。

バザルジェットの土木技術が何千もの命を救い、ロンドン市民の健康状態を計り知れないほど改善したことは疑いようがない。しかしそのエンジニアリングの輝きは、近代世界をつくりあげた態度を同じくらい鮮やかに明らかにする――なにかを使い終えたら、それをただ見えないところにやって、それ以上そのことについて考えなくてもよいという態度だ。そのなにかは世界のうち私たちが気にかけている部分からは事実上消えてしまう。そして歴史的に見て、海は私たちから心理的にとても切り離されているので「遠く」と見なされ、人間のための巨大なゴミ箱にされてきた。

しかし問題は、ちょうどヴィクトリア朝の人々が発見したように、海はそれほど遠く離れているわけではなく、私たちがそこに投げこむものは戻ってきて私たちを苦しませるかもしれないということだ。私たちは海のことを一方通行のパイプの終端だと思っているかもしれないが、自然の仕組みはそうなっていない。

それでは、海というエンジンの特定の乗客たちの旅路を追いかけるとしよう。次に見るのは、一頭のクジラのうしろから出てくるものを使って、自然がなにをしているかということだ。

浮遊する肥料

南極点の上を覆う凍える南極大陸は、南極海に完全に囲まれている。猛烈な東向きの風は極地の城塞を囲うその寒冷な水面を突き動かし、南極大陸を残りの世界から隔てる継続的で冷たい回転木馬を形成する。水面や水面のすぐ上で生活する生き物たち――堂々と滑空するアホウドリから、危なっかしく風に翻弄されるヒメウミツバメまで――にとって、ここは一瞬の判断ミスによって波打つ海面に叩きつけられ即座に魚たちの食料になってしまう可能性のある気まぐれで暴力的な環境だ。しかし境界を越えて水中に入ると、環境の特徴はすぐさま変わる。広大な極寒の海は静かで、地球の歴史上最大の動物シロナガスクジラの穏やかな生息地だ。この巨体が下の暗闇から上に泳いでくると、その長くスリムなシルエットの輪郭は鋭くなり、それから一〇〇トン以上の灰青色の塊が、噴気孔から空気と粘液を噴きあげて水面への到着を告げる。クジラは私たちと似た肺をもつ哺乳類で、そのためクジラたちは生きるため

20 信じられないことに、これは一九九八年まで続いた。

21 一九七五年以前にイギリスで生まれていない方々のために説明すると、ボヴリルは濃い茶色をした濃厚で塩辛い肉エキスで、水で薄めてホット・ドリンクをつくったり、スープの味つけに利用されたりした。それに関する私の子ども時代のおぼろげな記憶には、全体的に汚物船のニックネームがついてまわっている。ボヴリルは完璧に自力で頑張ることのできる、ある種の強固な特徴を備えているとはいえ、私はこれからボヴリルのために立ちあがる愛好家たちがまだいると確信している。

定期的に大気とつながらなければならない。摂食のため潜水をしたあとは特にそうだ。

クジラが水面で安らうときには、夏の弱い陽光がそのなめらかな肌にきらめく。自然はこの海のリヴァイアサンが生存の営みを休止できるよう美しく穏やかな瞬間を授けている。そして、明るいテラコッタの水煙がクジラの尾の真下の水中でうねって広がる。上部で漂流し、水面に直径数メートルの区画を形成する薄いべとべとの奔流だ。これこそクジラのうんちで、巨体の腸を通過してきた不要な残り物がいま、排出され取り残されている。そして一頭のクジラが出したがらくたは、生態系全体の宝物だ。

生態系は多くの場合、食べて食べられる関係の複雑なウェブを形成しているが、南極海の生態系におけるシロナガスクジラの一角は比較的シンプルだ。日光がほとんど常に注いでいる極地の夏には、海面の小さな植物プランクトンが陽光を収穫してエネルギーを集め、そのエネルギーが残りの生態系に力を与えることになる。通常、その働きがスケールの大きな海の生き物のところへやってくるのにはしばらくかかるのだが、南極海には非常に効果的なショートカットが、ナンキョクオキアミという形で生息している。[22]

この甲殻類は小さなエビに少し似ていて、体長は四センチメートルから五センチメートル、その体はほとんど完全に透明で、ビーズのように輝く黒い目をしている。ナンキョクオキアミは剛毛をもつ六本の胸脚を「食事用バスケット」として使う非凡な才能をもっており、水中を泳ぐ際に定期的にこのバスケットを開いては、入ってきたものを濾過して口へ放りこんでいる。巨大な群れをなしてぶらぶらしているオキアミたちは、全長数百メートルにもなる賑やかな大群集だ。

それらは南極海の小さな掃除機で、自分たちの一万倍小さな生きている海の乗客たちを濾し取って、すべてを平らげている。しかし次はオキアミたちがシロナガスクジラに濾し取られる。そのクジラたちが食べるのはもっぱらオキアミなのだ。摂食期において、成体のシロナガスクジラは毎日約一六トンのオキアミを消費すると考えられている。クジラたちはオキアミを見つけるため水深約一〇〇メートルのところへ螺旋を描いて降りてゆき、それから突進摂食〔lunge-feed〕をおこなう。巨大な顎を広げて海の塊を飲みこむのだ。しばらくすると、その残り物が表面の水に噴出される。

南極海におけるシロナガスクジラの物語は単純かつ憂鬱だ。人間がはじめてこの海域を探索したとき、シロナガスクジラはたくさんいた。そして水はオキアミに満ちて赤く見えたと言われている。その後クジラたちに起きたことは残念ながら予想通りだった——人間はクジラたちを入手の容易な資源と見なし、殺して、その虐殺を産業プロセスに変えたのだ。

シロナガスクジラが正式に保護されることになった一九六六年までに残っていたのは、もとの個体数の一パーセントから二パーセントだけだった。一方、オキアミに起きたことはあまり予想できなかった。シロナガスクジラはオキアミの主な捕食者のひとつだったので、個体数が急増したと思われるかもしれない。しかしそうはならず、オキアミの数はクジラがありふれていたその海域で八〇パーセント減少したのだ。クジラという海の巨人だけが食料をオキアミに頼っているわけではない。この小さな生き物の大群は、アザラシ・ペンギン・イカ・魚など、他の何百もの種の食料となっている。これほど多くのオキアミが消えたことで、ほとんど皆にとって南極海のビュッフェは品切れとなった。では一体オキアミはどこへ行ったのだろうか?

生命の機械的構造は頑強であると同時に繊細だ。進化は信頼に足る体を構成する分子コンポーネント

22 ナンキョクオキアミはエウファウシア・スペルバ〔*Euphausia superba*〕という素晴らしい正式名称で通っている。また、シュリンプ・ペーストの原料でもある。

の組み合わせを発見してきた、すなわち、すべての生細胞に適切な分子を慎重に配置することで、その構造の稼働と再生産＝繁殖を維持するための非常に具体的な仕事を細胞がこなせるようにしてきた。この構造は印象的でレジリエンスに富んでいる。しかしそうした専門化された分子のなかには、その中心にかなり特殊な原子をもっているときだけ機能するものがある。光合成と呼吸というふたつのもっとも重要な生命プロセスの場合、その分子構造は鉄原子を必要とする——たくさんは必要ないが、いくつかの重要な分子に機能を与えるのに十分な程度には必要だ。つまり鉄がないと、生命は生きることができないのだ。そして南極海の水面では、あらゆる種類の他の栄養の在庫は十分にあるものの、鉄が不足している。鉄がなければ植物プランクトンは存在できないし、植物プランクトンがなければオキアミは存在できない。そしてここで私たちは排便中のクジラと、そのうしろから噴出しているうんちの赤い水煙に戻ってくる。

クジラのうんちは液体で、浮かぶ。このふたつの特徴の重要性は、その錆びたような色によって増幅される——この豊かなリキュールは、鉄をたくさん含んでいるのだ。クジラは海の下のほうでオキアミを飲みこみ、その栄養を上に運んで陽光のもとへ戻す。そのようにして生命に必要な原材料とエネルギーはもういちど混ざりあうことができる。鉄をシステムのなかに保つことで、そのループを完成させているのはクジラなのだ。

植物プランクトンは厳密には、その鉄分豊富なうんちを食べるわけではないが、水中に放出された鉄を吸収できるため、それを使って必要な分子を構築する。これこそ海が物事を進めるやり方だ——一方通行のパイプではなく、終わりなきサイクルとして機能すること。ひとつの生きている命が放出した素材は近くにいる他の生き物によって再編成・再構築・再利用される。地球上のあらゆる生命——あなた、私、シロナガスクジラ、ナマケモノ、最年長の木、もっとも儚い植物プランクトン細胞――そのすべてがリサイクルされた素材でできている。あなたの身体には、かつてユリウス・カエサルの一部だった原子があるかもしれないし、[23]ティラノサウルス・レックスやT・レックスの何千万年も前からいた長さ二メートルの巨大なヤスデ、太古の草原、エグゾティックな玉虫色の甲虫、産業革命初期の煙の原子があるかもしれない。私たちを構成する原子は互いに完全に交換可能だ。どんな炭素原子も鉄原子も酸素原子も他のあらゆる炭素原子・鉄原子・酸素原子に相当する。そしてそれらはある配置から別の配置に移動し、組み合わせ・場所・時間を通り抜けながら、その途中のすべての段階で新しい環境と踊っている。

海を行く原子の乗客たちはすべて絶えず周回していて、ほとんどの過程で海中にとどまっているが、ブルー・マシンに乗って進むにつれ外形を変化させている。一般に、各種の乗客の需要と供給はバランスが取れているため、そのサイクルはただ回転し続ける。

オキアミにとって問題だったのは、クジラが殺されたことで、南極海のリサイクルの連鎖の大きなつながりが壊れてしまったことだった。鉄を水面の近くに保ってくれるクジラがいなくなったことで、この重要な元素は次第に陽光を離れて沈んでいった。生命の鍵となる構成要素が海面から奪われてしまったのだ。そしてオキアミたちは食料不足に陥り、その個体数は減少したのだった。鉄分豊富なクジラのうんちが沈まず浮かぶという事実は生態系の循環を助け、海を肥沃にする。そうして肥沃になった海が動物プランクトン〔オキアミ〕を養い、その動物プランクトンがクジラを養うのだ。

海は必要に迫られて、際限なくリサイクルを繰り返す。「遠く」などというものはない。例外は数

23　サム・キーンはこの着想を探究して丸ごと一冊書いた。『空気と人類』〔寒川均訳、白揚社、二〇二〇年。原題 *Caesar's Last Breath*〕だ。

百万年にわたって岩に閉じこめられるごく少量の物質だが、それさえ最終的にはほとんどがシステムに再登場する。

イカもクジラも、自分自身（あるいは他のもの）を宇宙空間に打ちあげる方法を発見していないので、原子に関していえば、地球は科学者たちが閉鎖系と呼ぶものだ——すべてが内側に閉じこめられており、そのためすべてはふたたび巡ってくる。[24] このことこそ、私たちがもっとも小さな海の乗客を目にすることがなく、正当に評価することがない理由の一部だ——それらは希薄で、絶えず再利用されているため、一般に、目に見える大きな山の形で積み重なることがないのだ。

自然は私たちの社会が最終的に再発見している原則に常に従ってきた——あなたのすることはうんちとともにはじまる。それは凝縮された、生命にかかわる素材の供給源だ。もしも必要なすべてを排泄物から構築できれば、原材料が枯渇することは絶対にない。また、廃棄物処理問題も生じない——唯一直面するかもしれないのは、処理廃棄物不足問題だけだ。自然はとめどなくリサイクルを繰り返す。うんちは、地球上でもっとも重要な資源のひとつだ。

バザルジェットの見事な下水システムがもつ一方通行という性質は、当時でも完全に目につかなかったわけではない。エドウィン・チャドウィックは衛生と健康の関係について一八三〇年代後半から声を上げており、彼が一八四二年に発表した「英国の労働人口の衛生状態についての報告」は下水と上水供給システムについての高まりつつある議論を駆り立てた。これは社会問題に対処するために適切な医学データを用いた最初の報告で、世論による大きな圧力を生成して政府の行動を促した。

彼は下水システムを海ではなく内陸に向け、人間の排泄物を畑に施肥することに使うべきだと提案した。バザルジェットはこれらの助言を無視し、人間の排泄物に対する一方通行のアプローチはロンドンの構造のなかにレンガと石で固定された。彼の下水は今日もまだ同じ仕事をおこなっているが、現在は下水処理プラントが終端から流れ出るものを処理している。しかし同時に、「遠く」へ通じる私たちのそのトンネルはロンドンの街路の下に隠されており、そのそれぞれが自分たちの世界についての私たちの考えの素朴さ＝甘さの直接の証拠だ。

一方でまた、海のリサイクルの規模の大きさを顕彰する非常に目に見えやすいモニュメントが私たちの目の前に堂々と立っている。ロンドンという近代都市は、ブルー・マシンによって何千年もかけて蓄積されたリサイクル済みの海の乗客たちの（かなり文字通りの意味で）上に成り立っているのだから。

植物プランクトンの塔

私はアーティストではないが、私自身を写した写真で気に入っているもののひとつは、黒板の前に立ち、白亜《チョーク》の欠片でドローイングをおこなっている一枚だ。黒板の下にはプリントアウトされた写真が一枚あり、私はそれを写し取っている。円石藻と呼ばれる見事な植物プランクトン細胞の画像だ。元の円石藻は、おそらく直径たった三〇ミクロンだった[25]。その細胞の外側を構成しているのは繊細なうねのある硬い円盤およそ一五枚で、それらが重なりあって球全体を覆っている。まるで飾られた小さな日傘の集まりのようだ。

その白亜の欠片は王立協会から私に貸し出されていたもので、ドーヴァーの白い崖《ホワイト・クリフ》から採られた本

24 宇宙空間へのわずかな漏出はあるが、全体で見れば、それは実際にはまったく微々たるものだ。
25 これは〇・〇三ミリメートルだ。隣同士に約三個並べることでやっと人間の髪の毛一本の幅になる大きさといえる。

物だった。この国の象徴の破片を収集することが抑制される数十年前に、研究所の貯蔵庫に到着していたものだ。この写真で私が興奮するのは、出来事の美しい循環性だ――私は円石藻で円石藻を描いている。白亜とはなにかといえば、円石藻のことなのだ。

約一億年前、鎧を着たこれらの植物プランクトンが浅い海で大繁殖した。それぞれが太陽のエネルギーを吸いこんで周囲から生命のすべての要素を集めるのに使うことで、小さく硬い盾とその内側で生きているまるごとの集合を築いたのだ。その大繁殖はとても急速に進行したため、生物学的なリサイクルのメカニズムはそれに追いつけなかった――植物プランクトンを食べる生き物が急速に増えて、突然のご馳走を平らげるということは起きなかったのだ。そして、とても多くの死にかけの、または死んだ細胞が進路を逸らされた乗客となって、水面を逃れゆっくりと下に漂い、何百万年もかけて海底に蓄積し、小さく繊細な円石藻の破片でできた、一〇〇メートル以上の厚みをもつ層を形成した。永劫に近い時が経つにつれ、それらは上にある層の重みの増加により圧縮され、互いに押しあって、私たちが白亜と呼ぶやわらかく砕けやすい石になった。陸と海が移動してそれらの層が地表に戻ってくると、イングランド南部の海岸のような場所で人間は白亜を拾いあげ、それがとても便利だとわかると掘り出した。

私には大好きな考え方がある。何世紀にもわたって、教室はアイデアと知識――言語・数学・歴史・地理・科学――が小さな古代海洋生物の助けを借りて次世代に引き継がれる場所だったという考え方だ。[26]

白亜は、ある特に興味深い海の乗客の一時的な経由地だ――そう、カルシウムのことだ。それが金属だということをご存じなかったとしても仕方ない。カルシウムは非常に反応性が高いために、ほとんど常に他の元素との化合物の状態で見つかるからだ。それは建築の素晴らしい原材料で、円石藻の外側を覆う美しい円盤の装甲はすべて、海の基本建材である炭酸カルシウムでできている。これは硬い固体の鉱物で、その成分は海の乗客として遍在している。そのため常に水中から取り出して利用できる状態にあり、結果として生物学的な彫刻をつくり出す。

巻貝・フジツボ・ムール貝・サンゴ・ウニ・ロブスター・コウイカ他、あなたが海で目にすることができ、かつ殻をもっているほとんどどんなものも、その固体の構造は炭酸カルシウムで構築されている。[27] 地球上の他のすべての種類の原子と同じように、カルシウムは場所から場所へ移動し、何度も何度もリサイクルされる。[28]

しかしこの海の乗客はまた、クジラたちにリサイクルされる栄養よりもはるかにゆっくりとしたサイクルの一部でもある。カルシウムは侵食された陸上の岩から、川を伝って海へと流れ出し、その後、海流を旅したのち円石藻か似たなにかに吸いこまれ、その殻をつくる。もし海底に沈んで岩として埋葬された場合は、プレート・テクトニクスの重々しい攪拌器に何千万年あるいは何億年にもわたって加わることになる。その岩々が陸上にもちあげられ天候によって侵食されてはじめて、閉じこめられたカルシウムはもういちど海の乗客となるのだ。

海には速いものと遅いもの、ふたつのリサイクルの速度がある。生物学的な攪拌器は比較的すばやく、

26 今日では、あなたが舗道や黒板に描くために買う「チョーク」は石膏（海の生物からではなく蒸発乾燥によって形成される）である可能性がはるかに高い。そしていずれにせよ西洋世界のほとんどの学校はホワイトボードとマーカーに移行しており、それらはおそらくより「近代的」ではあるものの、自然環境との直観的なつながりをまったく欠いている。少なくともいくらかの生物学と地学は、まだチョークで教授されるべきだろう。そうすれば最低限、使い捨てプラスティックの使用は減る。

27 もうひとつ利用可能な建材がある――シリカだ。これは幅広い植物プランクトン、特に珪藻にとって非常に重要だ。しかしながら、シリカでその殻を成長させるほとんどすべては、人間にとってあまりに小さいために直接見ることはできない。

28 骨もまた重要な成分としてカルシウムを含んでいるが、それは水酸燐灰石という異なる形式のものだ。

数日、数か月、場合によっては数年でひと回りする。しかし、遅いほうのプロセスには何千年、何百万年もかかる場合がある。一部の海の乗客たちに関しては、岩のなかに隠されて旅路を中断されてしまい、プレート・テクトニクスのゆっくりとした働きによってふたたび吐き出されるまで、地質学的な待合室に事実上足止めされてしまうこともあるのだ。

カルシウムはそうしたリサイクル過程の結果、徐々に濃縮される。カルシウムは地球の地殻で比較的一般的な元素のひとつだが、それでもまだ希薄で、地殻の岩石のなかの平均では原子五〇個のうちおよそひとつを占めているだけだ。それが海水に溶けると、さらに希薄になる——水分子五〇〇〇個のうち、カルシウムイオンは一個未満だ。しかし海水のなかで、この貴重な資源は、生物学的な働きによって蓄積しはじめる。小さな円石藻たちは原子ごとにカルシウムを集め、美しい小さなプレートを構築する。それぞれの円石藻は炭酸カルシウムの盾に囲まれたひとつの小さなボールとして存在する。広大な海を漂う、カルシウムに富んだ、濃縮された一粒の生き物だ[29]。

一方で、それらの乗客〔炭酸カルシウム〕たちは、何度も何度も複製される、何兆個もの、小さな生物学的機械とともに数を増し漂流する。炭酸カルシウムは重いため、植物プランクトンが死ぬとその破片はどちらかといえば沈んでゆく可能性が高い。それから、条件が適切だと、それらの破片は海底にまとまって蓄積し、石灰岩[30]のようなカルシウムに富む岩を形成する。

希薄から濃縮へ、というこの道のりは何兆もの小さな海の生き物たちによってまったく偶然に組織されており、それぞれの生き物は、ただ自分自身でなにげなく進み続けているだけだ。この豊かな資源をつくり出したのは海洋生物だが、カルシウム化合物を建材として用いることの利点を発見したのは、なにも海の生き物たちだけではない。人間たちはこのゆっくりとした海のリサイクルのあり方におんぶにだっこで、私たち自身のカルシウムに富む建材をつくり出しているのだ。

コンクリートは古代の発明だ。荘厳なローマのパンテオンやコロッセオ内壁はどちらもコンクリートでできていて、二〇〇〇年後でもまだ立っている。それはセメント——「接着剤」——と強度を与える骨材——砂利・岩・砂——の混合物で、あらゆる建築家にとって夢の構造材料、すなわちどんな形状にでも好きなように鋳造できる頑丈な人工石だ。

近代コンクリートの時代が実際にはじまったのは一八五〇年代に「ポルトランド・セメント」が完成してからにすぎないが[31]、この媒体の可能性、特に鉄筋で補強された場合のポテンシャルを建築家たちと技術者たちが理解するやいなや、近代都市建設へのコースは定められた。今日、コンクリートは世界で水の次に広く利用されている資源で、私たちは毎年、地球上の人間ひとりにつき一・四立方メートルのコンクリートをつくっていると推定されている。そして地球上には八〇億の人間がいる。

ビリングズゲート魚市場から見えるのはカナリー・ワーフを構成する近代資本主義のそびえ立つトロフィーの眺望で、その外観はガラスと鋼鉄の外殻に占められている。しかしこれはコンクリートの基礎とコアのカモフラージュにすぎない。コンクリートそのものはふつう隠されているものの、そうした巨大な姿形は存在するだけで、そこにコンクリートがあることを示している。[32]そして私たちの道路・橋・

29 盾のようなプレートがもっとも一般的だが、円石藻にはさらにもっと装飾的な種もある。

30 白亜は石灰岩のうち比較的珍しいタイプのもので、石灰岩の類型は他にもたくさんある。

31 ポルトランド・セメントの仕様を最初に書き留めた人々のひとりが首都土木委員会のジョン・グラントで、彼はバザルジェットのロンドンの下水システムの建設に必要な基準を定めた人物だった。

32 とても背の高い建物をコンクリートの基礎なしに建てることは可能だが、誰も実際にはそれをまだやっていない。また現在では、そのなかにセメントを含まないタイプのコンクリートというものがある。

駐車場・舗道、そしてたくさんの近代建築ではコンクリートは隠れてさえいない。

コンクリートがつくりやすい理由はひとえに、海の生物がカルシウムを集めて濃縮するという難しい仕事のすべてを私たちのためにすでにこなしてくれていたからだ。セメント中の重要な成分は酸化カルシウム、つまり石灰で、私たちはそれを石灰岩から得る。そして石灰岩が存在するのは、ひとえに小さな海の生き物たちが周囲のまばらな資源を使って自分たちをつくりあげるために少しずつカルシウムを集めたからなのだ。

海中のカルシウムのゆっくりとしたリサイクルは永劫に近い時間をかけて進む。石灰岩は最終的におのずと侵食され、カルシウムを海に戻すことで、それがふたたび循環できるようにする。このカルシウムを私たちのビルのためにくすねることでそのサイクルを中断しても、カルシウムのサイクルにはほとんど変化が生じないといえる。というのも、それらの原子は天然の岩に閉じこめられている状態から人工の岩に閉じこめられている状態に移行したにすぎないからだ。しかし自然の岩での逗留のあいだ、カルシウムには同宿者がいる。海の乗客から岩に移行し、また海に戻る別の原子だ。この同宿者はまた、海における、よりすばやいリサイクルのシステムの周囲で踊っている。それは動物プランクトンやクジラのタイムスケールでのことだ。セメントをつくり出すには石灰岩の炭酸カルシウムを酸化カルシウムにすることが必要だが、その過程で炭素という同宿者は二酸化炭素の形で蹴り出される。そして炭素は、おそらく他のどんなものよりも重要な海の乗客だ。

炭素

この二〇年のあいだに「炭素」という言葉は巷の言説にあふれ出した。それを学校の科学の教科書に監禁していた枷《かせ》は引きちぎられ、粉々になったのだ。炭素は小さな原子で、周期表の上部右手にあり、記号「C」で識別される。それは特にありふれた原子というわけではない——地球の地殻を構成する原子のうちたった〇・〇二五パーセントしかない——にもかかわらず、いまやまるでそれが予算・会計・市場における一種の通貨であるかのように議論されている。他の原子はこの精査を免れている——誰もアルゴンの世界的な制限やカリウムの過剰な使用に伴う問題について話すことはない。しかし実際、炭素は違う。控えめな炭素原子は変身の達人で、その再構築のポテンシャルと適応力によって、生きている世界にとって必要不可欠な組み立てブロックとなっている。それはこの惑星の生物システム・物理システムの両方に深く組みこまれながら、変化するブルー・マシンに乗ってさまざまな装いで世界を旅する。しかしその重要性の認識は遅れてやってきた。理由のひとつは、その数多《あまた》の外見がすべて同じ原子を隠していることが明確ではなかったことにあった。そしてそうした理解のためのもっとも劇的な最初の一歩は、かなり軽薄なものに思えるかもしれない一連の実験において踏み出されたのだった。

ダイアモンドは永遠ではない

一七七〇年代のパリはハッピーな場所ではなかった。フランスは豊かで強力な国家だったが、ほとんどすべての資産と権力は王と貴族に属しており、それらは複雑で逆進的な税制によって絶えず王宮に注ぎこまれていた。賃金は停滞し、食料価格は上昇していた。国王ルイ一六世とその妃マリー・アントワネットの治世は一七七四年にはじまり、農民階級を助けようという試みはなされたものの、大変な飢餓が街に広まるなか、貴族階級の並外れた富への憤りはくすぶっていた。

一方そのころ、貴族階級には自由に娯楽を楽しむ贅沢が許されており、なかには科学に興味をもつ者もいた。フランス科学アカデミーはルイ一四世が創設した厳格な階級組織で、気づいたときには前世紀から残された謎に夢中になっていた——どうしてダイアモンドは加熱されると跡形もなく消えてしまうのだろう？　ダイアモンドは硬くて価値があり、その美しさと傷つきにくさで珍重されていた。そんなものがどうやってただ消えてしまうというのか？　この疑問によってもたらされたのはダイアモンドとは実際にはなんなのかという問いで、アカデミーはその謎の解決に着手した。科学チームが結成され、そのなかには若きアントワーヌ・ラヴォアジエが含まれていた。化学実験に対する体系的なアプローチによって、今日では近代化学の父と見なされている人物だ。

チームが選んだ研究方法は科学的には正当なものだったが、腹を減らした農民たちにベーッと舌を出すならば、それ以上長くは舌を伸ばせないほどのものだった。そのアプローチとはこうだ——貴重なダイアモンドを大量に入手し、慎重かつ洗練された科学的なやり方で、それらを焼却するのだ。

当時の貴族や宝石商たちは実験の結果に興味をもち、原材料の寄付を申し出た。自分たちの資産が科学者たちによって効率的に焼き払われるのを観察するため個人的に立ち会う者もいた。科学者たちは直径八〇センチメートルの巨大な丸いレンズを借り、それを使ってダイアモンドのサンプルに太陽光線を集めることにした。陽光でダイアモンドをフライにすることのできる晴れた日を待ったうえで、実験は空気中や真空中、酸素を遮断された状態や磁器で包まれた状態でおこなわれ、そしてついにラヴォアジエは鐘状のガラス瓶での実験で、かつてダイアモンドだった気体をつかまえてそれを分析することに成功した。[33] すべてを注意深く追跡し続けることで、ラヴォアジエは自分たちの見ているものが気体として漂うダイアモンドではなく燃焼だということ、そして生成された気体は同量の木炭を燃やした結果生じる気体と区別できないということを証明できた。その意味は明らかだった――高価なダイアモンドは、安価な木炭とまったく同じものでできていたのだ。

炭素は極端な度合いで二面性をもつ原子だった。炭素原子は並外れて堅固な結晶構造にみずからを閉じこめてダイアモンドを形成することができる一方、同じ炭素原子が別様に層状で並ぶことでダイアモンドとはほとんど正反対の特徴をもつやわらかく黒い物質であるグラファイトをつくり出すわけで、今日の私たちはこの考えに慣れている。しかしラヴォアジエ自身はその結果をあまり信じなかったようで、このプロジェクトで確実性を追求するのではなく、他のプロジェクトに移ってしまった。[34]とはいえ、炭素の多重人格は明らかになった。同じ原子が酸素と組み合わさって二酸化炭素ガスを形成したり、[35]知られているなかでもっとも硬い物質やもっともやわらかい物質の形をとったりする。そしてこれは炭素原子がとることのできる装いの長いリストのはじまりにすぎなかった。

現在では炭素原子のもっとも重要かつ珍しい特徴は、利用可能な結合点をまだ十分に残したまま長い鎖を形成する能力だということがわかっている。他の種類の原子はその結合点にくっついて、主鎖から

33 お手持ちのダイアの指輪の安全を心配している方は、次の事実にどうか安心してほしい。すなわち、通常の大気中でダイアモンドを十分に分解するには、それを九〇〇℃まで熱する必要がある。噴火している火山にそれを投げ入れる予定がない限り、あなたのダイアモンドは安全だ。

34 彼は一七九四年に断頭台に送られた。公式には彼の他の仕事のひとつだった徴税請負における不正のためとされたが、実際には彼がアンシャン・レジームとあまりに密接に結びついていたことが原因だった。

35 ラヴォアジエはそれを二酸化炭素とは呼ばなかった――酸素そのものがイングランドで一七七四年に単離されたばかりだった――が、彼はそれが石灰水を白濁させる気体だということは知っていた。

分岐できるのだ。それぞれの炭素原子はいちどに四つ他の原子と結合するポテンシャルをもっており、それらの組み合わせは紐状・環状・分岐構造、さらにはそれらすべてが一緒に結合したものなど、たくさんのあり方で並べ替え可能だ。酸素や窒素といった他の原子もその骨組みとなることがあり、諸々の並べ替えのポテンシャルはめまぐるしいものとなる。これほど簡単に組み合わさり、これほど多くの異なる形状と大きさの、これほどヴァラエティに富んだ分子を形成する原子は他にない。炭素原子は反応して分子をつくることに大変熱心なので、遊離炭素は自然界では比較的珍しい。そのためこの元素は酸素と抱き合わせで、つまり私たちが二酸化炭素と呼ぶ形で見つかるのがもっとも一般的だ。

　こうした化学的構造には、他にひとつ非常に重要な特徴がある。周囲から炭素を二酸化炭素の形で取りこみ、それを建て増ししてさまざまな種類の分子にするために、コストが必要なのだ。そのコストはエネルギーで支払われ、あらゆる炭素建築が建設される前には、どこかから工面されなければならない。これこそ、植物が太陽光を使っておこなっていることだ――植物は自分たちが集めた太陽エネルギーを消費して、炭素をベースにした複雑な分子を組み立てている。私たちが光合成と呼ぶプロセスだ。

　裏を返せば、その構造がなんであれ炭素の構造を解体し、炭素原子を安定した二酸化炭素分子に戻せば、そのエネルギーが返ってくるということだ。どんなに複雑な有機分子でも、それぞれは炭素を基礎に置いた小さなお城で、したがってふたつのものの貯蔵庫だ――原材料と、そしてエネルギーの。そうした生きている小さな工場を私たちは細胞と呼び、その工場はそれらふたつの世界的に受け入れられた通貨に依存している。

　炭素原子はあらゆるところにある。これを書いているとき私がたったいま吸っている空気から一〇〇万個の分子を取り出すとしたら、そのうちの約四一九個は二酸化炭素だろう。[36] 陸上では、岩は通常あまり多くの炭素を含まないが、土壌は炭素に満ちていて、有機物質が分解されることなく積みあがると（たとえば泥炭地）、複雑な炭素分子が大量に蓄積する場合がある。また、あらゆる生命は炭素のフレームをもった分子で構築されている――人体の約一八・五パーセントは炭素原子にすぎない。しかしこれだけ周りに炭素があるなら、それが欠乏することはないように思える。しかも、生命にとって炭素は必要がないときには無理に使わなくてもいいものだ。では、どうして炭素の収支を気にする人々がいるのだろうか？

炭素原子は生命にとって間違いなく重要で、かつ生物学的構造のすべてに織りこまれている。また同時に、それはいくらかの重要な物理学的影響をもっている。それがどんな影響かを見るためには、私たちはずっとズーム・アウトして、はるか地球の大気の外へ、さらに月より遠くへ、そして太陽系全体を見おろすことができる宇宙空間まで視野に入れる必要がある。

暗く静かなこの宇宙で、惑星の時計仕掛けがゆっくりと回転しているのが見える。光景を支配しているのは、太陽系の全質量の九九・八六パーセントを占める太陽だ。惑星たちは相互の重力によって軌道を維持しながらこの巨獣《ベヒモス》の周囲を回っている。見晴らしの良い場所にいる私たちにとって、この光景でもっとも驚くべきものは、密度の高いその星〔太陽〕とその諸惑星のコントラストだ。

それぞれの惑星は何兆・何京・何垓《がい》もの原子を含む混雑した回転動物園で、それらのあいだにはほと

36 これは季節や換気の良い部屋にいるかどうか、周囲でどのくらいの人たちが呼吸しているかによってわずかに変化するが、地球の平均だ。そして無視できないとても深刻な留意事項として、これから私たちが見るように、この数字は時を経るにつれ非常に急速に大きくなり続けている。その原因は私たちが依然として化石燃料を燃やし続けていることだ。私が生まれたとき、それは三三五パーツ・パー・ミリオン（ppm）〔一〇〇万分の一を示す単位〕だった。

んど完全な空虚がある。物理法則は原子でできたそれぞれのボールを固体か液体または気体に組織して、山・火山・大気というように形成している。しかしそれぞれの惑星はひとつの孤島で、暗闇のなかでひっそりと回転している。

太陽から流れ出ているのは光で、それはエネルギーを運ぶ。光エネルギーはそれぞれの惑星にぶつかると取りこまれて熱または化学エネルギーに変換され、これが各惑星のエンジンに燃料をくべる。しかし光エネルギーは主に赤外線として〔各惑星から〕にじみ出てゆく場合もある。それぞれの惑星はエネルギーのお風呂のようなもので、そのエネルギーは浴槽の蛇口である太陽からあふれ出てくる。そして宇宙空間のあらゆる方向へ滲出する赤外線は、風呂の排水口のようにふるまう。それぞれの惑星に関する疑問はこうだ――どれだけの量のエネルギーがその貯蔵庫＝風呂にはあるのだろう？

安定した惑星では、流入するエネルギーと流出するエネルギーのバランスは間違いなく取れている。言い換えれば、常にエネルギーが出入りしていても浴槽の水位は変わらないわけだ。エネルギーのほとんどはその風呂に熱として保持されており、したがって浴槽内のエネルギー量の全面的な尺度は温度だ。いっぱいになった惑星の浴槽の温度は、半分空っぽのものよりも高い。そしてここで、炭素原子の別の奇抜さのひとつが問題になりはじめる。

それぞれの惑星に到達する太陽からのエネルギーの割合は、惑星の大きさと太陽からの距離によって決まる。それらは変わらないため、太陽の蛇口はそれぞれの惑星に決まった割合でエネルギーを加える。しかし惑星の排水口は惑星とその大気によって大きさを変える。もし大気が熱エネルギーを惑星に閉じこめる手助けをすれば、排水口は実質的に小さくなるため、〔排水口から〕外へ向かう流れが蛇口からの流入につりあう前に、エネルギーの風呂はさらにいっぱいになってしまうに違いない[37]。つまり、惑星がより熱くなるということだ。熱エネルギーを実に上手く閉じこめる気体はいくつかあり、もっとも重要なふたつが水蒸気と二酸化炭素だ。[38]

金星では二酸化炭素が大気を満たしており、大気全体の九六パーセントを占める。惑星の排水口が小さいため、金星はエネルギーを蓄積し続け、熱くなり続けた。そしてついに今日の四六四℃という苦痛なほどの温度に到達し、この温度で、宇宙に流出するエネルギーと太陽からの流入が最終的につりあったのだ。これは温室効果の極端な例で、惑星のエネルギー排水口がほとんど完全に詰まった状態で生じている。

金星と地球の初期の歴史はどちらかといえば似ていたとはいえ、地球の状況はかなり違う。もし地球にまったく大気がなかったり、地球の大気に酸素と窒素しかなかったりした場合、エネルギーは排水口を通っていとも簡単に流れ去っていたことだろう。そしてその場合の地球の平均気温は現在の一五℃ではなく、おおよそマイナス一八℃だったはずだ。[39] 私たちは平均気温を一五℃に保つためなら、少しばか

37 熱い物体からエネルギーが流れ出す割合は、その物体が熱くなるにつれて増加する。したがって惑星が温暖化するにつれ、流出はふたたび増加して流入とバランスを取る。流出が追いつくと、惑星はより高い温度で安定することになる。

38 二酸化炭素分子における炭素原子と酸素原子のあいだの結合は、赤外線が通過するときに分子を振動させ、光〔赤外線〕を吸収して異なる方向にふたたび送り出すのにちょうどいい大きさだ。となると、二酸化炭素は不安定な野球選手に少しだけ似ている。ボールはいつも同じ方向から投げられてくるのだが、バッターは打球をあらゆる方向にランダムに逸らしてしまう。だから赤外線が二酸化炭素のなかを妨げられずまっすぐに移動するということはなく、少なくともそのうちのいくらかは下方向に向きを変えられる。そのようにして宇宙空間へ出てゆく赤外線の量が減るのだ。

39 マイナス一八℃という数字はこの計算でよく引用されるが、これは惑星の反射率がどちらの場合も正確に同じだという、ありそうもない仮定に基づいている。地球がマイナス一八℃まで冷えると、地球は実際には現在よりもはるかに多くの氷で覆われる。そうすると、やってきた陽光はさらに多く反射され、平衡温度はさらに低くなる。

り温室効果を必要としている。というのも、そうでなければ地球は居住可能な惑星ではなくなるからだ。とはいえ、私たちが凍った固体ではない惑星に住むのに必要なだけ排水口をふさぐには、少しばかりの水蒸気（大気全体の〇・二パーセントから四パーセント）と二酸化炭素（〇・〇四パーセント）で十分だ。しかしいま、私たちは危険な状況にある。その排水口は大気中の二酸化炭素量にきわめて敏感だ。[40]ほんの少しの追加でも規格外の影響がある。だから私たちは大気中の炭素量に注意を払う必要があるのだ。惑星の温度を設定するのは、炭素なのだから。

炭素原子の貯蔵庫は大気だけではない。海や土壌、そして生命自体のなかにも炭素はある――そこらに多量の炭素があるわけだ。さまざまな装いをして、炭素はいたるところにある。炭素は二酸化炭素から砂糖へ、タンパク質へ、気体へと、そして陸から海へ、生命へと、絶えず形状を変えている。しかしたったひとつの場所――大気中――での炭素量が私たちの惑星の温度を決定づける。これこそ、収支が重要な理由だ。

地球上には決まった数の炭素原子しかなく、その全体のうち一定の割合が生命・海・大気・陸地を巡る絶え間ないサイクルに参加している。それらの炭素原子のうちどれだけが大気中にあるのか、そしてどれだけがそこに、すなわち炭素原子が地球の温度に膨大な影響を与えるひとつの場所にとどまる見込みなのかを真に理解するための唯一の方法は、それ以外のあらゆる場所にあるすべての炭素原子を追跡・記録することだ。炭素原子はどこへ向かって、どれくらいの速さでそこへ到達し、いつ二酸化炭素として大気中に漂い戻ってくるのだろう？　こうした、大気中にないすべての炭素原子の居場所こそが本当に重要なのだ。そしてそれらの大部分がブルー・マシンに乗る乗客として海にあると知っても、いまさら驚かれることはないだろう。

しかしマシンに乗って移動するからには、炭素原子はそれに乗りこまなければならない。そして大気と海の境目を直接モニタする唯一の方法は、移行が生じる際にそこにいることだ。ときに海と大気は穏やかで秩序だったやり方で気体を交換する。そしてときには、一時的に乗客たちを海に殺到させる劇的な出来事が生じ、私たちの追跡・記録の試みをほとんど圧倒してしまうこともある。

海が深呼吸するとき

「でもわたしはあたまのおかしなひとたちのあいだには入りたくないの」とアリスは言いました。

「ああ、なすすべなしだね」とねこは言いました。「ここではみんなあたまがおかしいんだから。あたしはおかしい。あなたはおかしい」

「どうしてわたしのあたまがおかしいとわかるの？」とアリスは言いました。

「そうにきまってるさ」とねこは言いました。「そうじゃなきゃここには来てないんだから」[41]

主任科学者は船のブリッジに立って海を眺めながら、すべてのクリスマスがいちどに来たかのようにニヤニヤと笑っている。甲板長はレーダーに顔をしかめながら、これのせいで船の寿命が一年縮んだとブツブツ言っている。風速表示は六五ノット（時速七五マイル）で、本日の最大測定値九〇ノット（時速一〇五マイル）が同時に示されている。これこそ私たちがここに来た理由だ。

40　メタンなど他の温室効果ガスも同様だが、現時点でもっとも大きな影響をおよぼしているのは二酸化炭素だ。
41　ルイス・キャロル『不思議の国のアリス』より。

時は二〇一三年の秋で、アメリカの調査船R／Vクノール号が六週間の私たちの家だ。私たちは北大西洋の、もっとも近い陸地から何百マイルも離れたところに浮かんで、選択の余地のある他の人なら誰もが避けている海域に固執している。その船はひとつの巨大なスチール缶で、海と大気の境界をうろつき、波が打ち寄せると横に縦にと揺れるが、安全に水面に張りつけられている。船には一一人の科学者と二四人の乗組員がいて、私たちは皆、ひとつの目的のためにここにいる――海の呼吸を観察するのだ。私たちは北大西洋ジェット気流の真下にいる。空高く東向きに突進し、力強く渦巻く嵐をその下に引きこむ大気の高速道路だ。

主任科学者がチェシャ猫のようにニヤニヤと笑っているのは、彼がこの嵐を、予報にはじめて現れたときからずっと待ちわびていたからだ。しかもそれは、予報で示されていたよりもさらに大きいことが判明している。風は速くなるにつれ海面を掻きまわし、新しい水を大気と接触させている。加えて、砕ける波が大きな表面積をもつ泡を生成する。海に閉じこめられた大気の一時的な小包だ。

この混合・攪拌・接触のすべてが意味するのは、大気中の気体の分子が、大気と海の境界を越えて海に溶けこむ好機をたくさん得ているということだ。大気中での自由奔放な分子のごちゃ混ぜ状態から、ブルー・マシンのぎっしりとした貯蔵庫への移行。私たちの観点からすれば、ひとつの大きな嵐というのはまさに、海がいちど深呼吸をしているということなのだ。そして私たちは、海が私たちに投げかけうるもっとも厳しい諸条件のうち、いくつかの条件下でなにが生じるかを測定するという、とても貴重な機会を得てここにいる。

私の同僚たちは大気・気体・波を測定しており、私の仕事は泡を測定することだ。私は数台の泡探知器を搭載した大きな黄色いブイ一台〔観測用のブイで、よく見られる球状のものとは異なる〕を使用しているのだが、それをサウサンプトンの波止場のそばではじめて目にしたときには、なんとも怪物じみていると思ったものだ。しかしここでは、その全長一一メートルの躯体は小さく脆く見える。それは前日に船のそばに設置され、まだそこにあり、私たちが嵐の中心を通過してふたたび戻るあいだ、暴風時の水中の詳細を記録している。私はそのデータがどんなものになるのかさえわからない。とてもたくさんの泡があり、海面が完全に白くなっているからだ。いまその嵐はここにあり、私たちの科学機器すべてのスイッチがオンにされ、データを収集している。風と海が静まるまで波に身を任せている以外、私たち科学者にできることはほとんどない。船は跳ねたり揺れたりしており、デスクワークに集中するのは不可能だ。私たちのほとんどは昼寝をするか、ブリッジでスペクタクルを眺めている。私はちゃっかり後者のカテゴリにいる。何時間でもここで過ごせそうだ。

ランチタイムまでにうねりは増し、通常の波がおよそ一二から一四メートルの高さになるが、船はまさにその無限にやってくる水の尾根めがけて進む。それぞれの波が通過するたび、船首は鼻先を浸してからすぐ波に乗ってもとに戻るが、ときには海についていけなくなり、正面からぶつかって波をかぶってしまう。海面は風に吹かれている泡の軌跡に覆われていて、水面下へ進んだ手前の巨大な砕波が残した泡の噴煙を見ることができる。その様子はまるで、決して動きをとめない海という山の頂と中腹から海面が暴力的に吹き飛ばされているかのようだ。

そして私たちの周囲のあちこちで、見えない気体が海にとらえられている——二酸化炭素・酸素・窒素の分子が水面に衝突して付着し、逃げるより先に下へ運ばれるのだ。同時に、一部の分子は海を出て上へ漂い大気に加わっている。[42] しかしきょうのところは、私は気体についての考えを同僚たちに任せている。私が気にかけているのは泡だけだからだ——海が泡をつくり出すスピードや、泡の運命を決める上部の数センチメートルでの小さなプロセス、泡が海面を変化させる方法のことだ。いま私はこれまでの人生で見たなかでもっともたくさんの泡をいちどに目にすることができている。巨大な嵐のなか、北大西洋のまんなかのこの場所にいるこの日こそ、泡の物理学者の夢の一日だ。

しかし科学的な視点からではなく個人的なそれから見ても、良いことがありすぎると問題もあるということが判明する。数日後には激しい横揺れと縦揺れが、私たちのうちもっとも陽気な者にさえ悪影響を与えはじめていた。朝食のテーブルに座っているとすべてが一斉に横滑りし、その音が聞こえるやいなや、食事のプレートに片手を伸ばし、もう片方の手で近くの固定されたものを摑む。数本の不運なフォークがいつもどこかへゆき、横滑り音がはじまった一秒後には、調理場内のすべてが壁か調理場の天板の突き出た縁にぶつかってすさまじい音を立てる。そうなると重力がふたたび信頼できるようになるまで摑まって待ち続けるしかない。一秒前まで食堂に足を踏み入れようと考えていた一等航海士は映画『グリーン・デスティニー』の登場人物のように時間をとめている。その停止は船が反対側に押し戻されれば終わり、彼は思ったよりもむしろ早くコーヒー・マシンにたどり着く。このすべてが進行しているあいだ、誰も食べたり調理したり話したりするのをやめない。

昨夜は私たち全員にとって大変な夜だった。誰も眠らなかった。身体が浮かんでいるのはとてもリラックスできる状態だが、そのたった〇・五秒後には寝台にぶつかっているとなると台無しの感が強い。私は船の中央に近い船室にいるため浮遊状態をほとんど免れているが、それでも寝台から滑り落ち、また戻ってはときおり寝台の端から端へスライドするという夜を過ごした。ベッドシーツは「タイヤのように」数値のわかるトレッドがついているべきだと、はじめて思った。そうすれば状況に応じて適切なグリップを選ぶことができる。朝食の席にいるのは好事家か、数時間前に寝ることを諦めた者だけだ。調理担当者は次の卵をフライパンに割り入れて、待つ。フライパンを傾けて卵を広げる手間を船が省いてくれるからだ。アリスの見た不思議の国でも鏡の国でも、これはなかった。

科学者自身を除くほとんどすべてのものが紐で固定されているが、横揺れは絶えず続いているため、もっとも注意深く固定されたものであっても、ときには紐が緩んでしまうことがある。その晩、私は船の図書室で本を読もうとしていた。するとトリビアル・パスート〔ボードゲームの一種〕が私の横を通りすぎて床へ突っこんでゆく。物が床に落ちた場合、ふたたび落ちるのを避けるため、そこにそのままにしておくほうがよいことがままある。もちろんその際は、落ちた物すべてが波を受けた船の揺れによってバンパーカー〔実際に乗りこんで動かすことのできる車型の遊具〕となり遊ぶ音を聞かなければならない。数秒後、トリビアル・パスートはピクショナリー〔これもボードゲームの一種〕を引き連れて左舷側に戻りつつある。私の疲れた頭はゲームがゲームを遊んでいると気づく。ここではハンプティ・ダンプティは長く形を保てないことだろう。波はあらゆる方向から押し寄せていて、彼をふたたび座らせようとする王様の馬も王様の家来もいない。三〇分後、『オックスフォード天文学辞典』が一脚の椅子と小さなギターに帯同されて私の足元にやってきた。寝る時間だ。しかし嵐は、そして大気からやってきた何十億という海の新しい乗客たちの流入は、落ち着かずにいる人間という観客に気づかないまま外で続いていた。

42 最終的な結果（海への気体の総流入量が多いか大気への気体の正味流出量が多いか）はそれらふたつのプロセスのバランスによって決まる。北大西洋のこの海域では平均して、二酸化炭素の海への正味流入量が強い。

船乗りたちは何世紀にもわたって嵐の海を眺めてきた。その際には、安全と望郷の思い、そして衣類乾燥機に入れられた布人形のように振りまわされながら睡眠と食事をする手腕に気を取られていたとしても不思議はない。しかしどんな場合も、船乗りたちの周囲では、海が深呼吸をしていた。広大な海面は常に大気と接触しているため、気体の分子はその表面にぶつかると上手く付着して下へ運ばれることがある。一方、水中でスタートを切った気体は空気と接触して上へ漂い大気に加わる可能性がある。穏やかな海では、このプロセスはゆっくりだが、風が立つと、この呼吸プロセスはスピード・アップする——大きな嵐のなかでは、とても穏やかな日と比べておよそ五〇倍も速くなることがあるのだ。

私たちの北大西洋探査はときに快適でなかったかもしれないが[43]、私たちの全員が、持ち帰ったデータと理解のおかげでそれだけの価値があったと考えていた。ああいった風速の大きな状況でなにが起きているかを直接計測できたことは本当に貴重だった。そして、もっとも風の強い期間はもっとも興味深いデータをもたらしてくれた。

気体の分子は常に両方向に移動しているが、境界の一方の側の濃度が他方よりも高ければ、呼吸プロセスがその違いを平らにする傾向がある。私たちは現在、地球の海面全体をカヴァーする、海での二酸化炭素の吸いこみと吐き出しの地図を描くことができる。北大西洋北部では、海は主に吸いこみ、大気から二酸化炭素を取りこんでいる。一方で、熱帯——赤道に近い温かな水域——では海は吐き出す傾向にあり、二酸化炭素を大気に戻している。この呼吸プロセスには季節的な変遷があり、水温と天候、海が水面にもたらすものによって変化する。これが意味するのは、大気から海へ、海からまた大気へという、炭素原子＝乗客の定期輸送があるのだが、それは異なる場所においては別の様相で生じるということだ。

私たちは炭素原子が陸・大気・海の全体に分布していることを見てきたが、それらは均等に分布しているわけではない。陸上の炭素の量（土壌と陸上植物を含む）は約二〇〇〇ギガトンで、大気中の量は八七五ギガトンだ。そして海を移動する炭素の乗客として蓄えられる炭素の総量は、その両方を小さく見せる——三万七七〇〇ギガトン[44]、大気中の約五〇倍だ。

では、そのうちかなりの量が大気中に戻ってきてとどまってしまうという危険はないのだろうか？これは、かなり短期的に見た場合は心配におよばない。というのも、見てきたように、海はよく掻き混ぜられたプールというよりも、巨大なエンジンだからだ。海の表層、すなわち下にある冷たく暗い水の上に浮かんでいる温かな混合層は、海の炭素のうち約六七〇ギガトンしか含んでいない。残りは深部にあるのだ。炭素が表層より深くにある海の層へと入っていくと、その炭素は次に大気と接触するまで、何百年あるいは何千年ものあいだ海の乗客の状態となる可能性がある。そして炭素は空気に接しているときにだけ、大気中の炭素レヴェルに影響を与えることができる。その〔地球にある炭素の総量からすれば〕非常に微妙な数の炭素が、惑星の温度を決定づけるのだ。

物理的なプロセスによって炭素は海に入るわけだが、重要な問題は、それらの乗客たちに次になにが

43　正直にいえば、そうした条件で働く、私の知っているほとんどの海洋学者は（私を含めて）海にいることが大好きで、この種の環境で元気になる。船酔いを起こしやすい人は明らかに他の人よりも苦しむが、波打つ海にずっといると次第におさまる傾向はある。

44　これらすべては岩石がためこんでいる炭素——六〇〇〇万ギガトンと推定されている——と比較すると微々たるものだが、それは主に岩石中にとどまっていて、人間が気にするようなタイムスケールでは現行の地球システムと相互作用していないため、ここでは無視する。

起こるかということだ。もちろん、上の層に行くほど炭素は短いタイムスケールでリサイクルされるだろう。生命のもとへ運ばれ、生命の営みが進むにつれて排出されるのだ。しかし、この炭素は、他へはどこへ行く可能性があるのだろう？　炭素原子を温かな表層混合層、海の蓋の下へと輸送する手段がある。そしてそれには物理学的構造と生物学的構造の両方が必要だ。私たちはすでにそれと出会っている——小さくて脆い、沈みつつある生命の残骸《デトリタス》、集合的にマリン・スノーと呼ばれているものだ。海の上層を出て深部へと沈む動物プランクトンのうんちは、ひとつの非常に重要な構成要素だ——うんちは海の乗客たちにとっては、なんといってもＶＩＰ用の航路で、それは内容物〔うんちに含まれる海の乗客〕が通常の制限を迂回し、次の目的地へすばやく移動する手助けをしている。

　近代の人間の歴史は排泄物を好意的に見てこなかった。私たちが見てきたように、ヴィクトリア朝のロンドンでは、それを視界から消すために当時最高の技術者に巨額の資金を支払う用意があった。当然あなたは、家の玄関の外にそれが積みあがってゆくのを望まない。疫病のリスクがあるためだけではない。その山は積み重なるのを決してやめないからだ。[45] それにもかかわらず、それを集め、どこか他の場所へ人力で移動させることで他の人間たちを助けてきた人間たち——イギリスのナイト・ソイル・コレクターあるいはゴング・ファーマー、オーストラリアのダニー・マン、インドの不可触民たち——は歴史的に見下されてきた。そうした人々はできれば見えないままで、絶対に臭わせないままでいることになっていたのだ。しかしもちろん、海では事情が違う。現代の海洋科学では、うんちを集めることはニッチな活動ではない——それはブルー・マシンをとりまく炭素を追跡するのに不可欠な作業なのだ。うんち収集者たちは尊敬される熱心で重要な科学者で、海の生物学的構造を理解するには、かれらがそれについて非常に良い研究をおこなっている必要がある。うんちそのものが魅力的だと判明するのは、その仕事の思いがけない贈り物だ。

うんちの科学者たち

ステファニー〔ステフ〕・ヘンソン教授はサウサンプトンにあるイギリスの国立海洋学センター〔National Oceanography Centre＝NOC〕の主任科学者だ。私たちは彼女のオフィスに座って、サルパの排泄習慣について話している。サルパは体長数センチメートル、海の表面のあたりに浮かんで植物プランクトンを貪っている、ゼラチン質で透明な、よくいるチューブ状の生き物だ。「サルパたちがどれほど小さいかを考えると、その便はとても巨大ですね」とステフは言う。「こうした大きな塊が得られるわけですが、それらが海中で処理される方法は、オキアミの粒《ペレット》状の糞とはかなり異なります。オキアミの糞は本当にコンパクトですから」。

オキアミの密度の高い糞の粒は海を落ちるにしたがってご馳走として食されるが、サルパの排泄物は暗い深海にいるスカヴェンジャーたちからまったく人気がなく、そのため海底に無傷のまま到達する可能性がおそらく比較的高い。私たちはしばらくのあいだ、脆いゼリー状のサルパの生物学的構造が、どのようにして、それほどの大きさのうんちを生産するのかについて推測していた。とはいえ落下する糞便については、海の食通たちから人気があるということがとても重要だ。なぜなら、それらの粒に入っ

45　私たちの基本的な生物学的構造——口と肛門をつなぐ一本の管の周囲に知覚可能な構造が構築されている——を考えると、人間の生にとって確かなもののリストに死と税金とともに加わる第三のものがあるに違いないと主張できる——それがうんちだ〔「死と税金以外に確かなものなどなにもない」（"Nothing is certain but death and taxes."）という慣用的な言い回しをふまえた表現〕。

て漂い落ちてゆくのは栄養だけではないからだ――炭素も糞の粒に入って落下する。炭素は大気を離れて海底まで落ちてゆくが、そのあいだになにかがそれにたどり着き、それを食べた場合はそうではない。同じことは半分食べられた動物プランクトン、活動を終えた植物プランクトン、ゲル状のクズなど、海面からの他のどんな残骸《デトリタス》についてもいえる――それらはそう、栄養を保持しているのだが、炭素のフレームに包まれている。

炭素の会計係にとって重要な疑問は、海を漂っている炭素のうちどれだけが、貯蔵庫の、大気とつながっている部分から離脱するのかということだ。見てきたように、海の上部では生命の原材料はすばやくリサイクルされる。原子は水から生命へと他の生命を通って移動し、数日・数か月・数年以内に水に戻るのだ。そうした原子のほとんどは表面付近を循環しているだけで、そこでは原子はいつでも大気中への帰路につくことができる。しかし海の上部は、漏れる。国立海洋学センターのステフのグループはその漏出の計測を任されていて、巨大なシステムからの小さな喪失についてはどんなことでもそうであるように、それは正確に記録するという難しい挑戦だ。海洋科学についていえば、実験には一般に二種類ある――極限までシンプルなものと恐ろしいほど複雑なものだ。うんち収集は現在は前者のカテゴリに分類されるが、後者に飛び移りつつあるのかもしれない。

実証済みの仕事道具は屋外、コンクリートの波止場に置かれ、次回の深海への進出に備えている。それぞれが高さ一メートルの巨大な黄色のプラスティック製の漏斗で、空へ向けて開口している。逆さになった巨大なコーンのようだ。

底の部分では、それぞれの漏斗の首が丸い回転盤にはめこまれている。NOCチームの別のメンバーであるコリン・ペボディが、私にその動作方法を教えてくれる。回転盤の下にはサンプル用のボトルが環状に配置されていて、それぞれのボトルは非常に塩分の高い水に溶かされた保存料でいっぱいになっている。そして二週間から四週間ごとに回転して、新しいボトルが漏斗の口のところに運ばれるようシステムがプログラムされている。運用の際には、回転盤とボトルを伴った漏斗がまるごと深海に吊るされ、大きな黄色の吸いこみ口に落ちてくるものをすべてつかまえる。上に浮かぶガラス球と二〇〇〇メートル下の海底にある大きなおもりが、それを所定の位置に保つ。ボトルの口は漏斗に落ちてきた残骸《デトリタス》をつかまえられるよう開いている。それでも、驚くべきことに保存液はボトル中にとどまり続ける。この水深（典型的には五〇〇メートルから三〇〇〇メートル）の海の環境がとても穏やかで、保存液の密度が高いためだ。

このマリン・スノー収集器は海中に一年間吊りさげられたままでいることができる。そのあいだ、プログラムの指示に従い、新しいボトルの順番がきて、一年の終わりにはそれぞれのボトルが、指定された期間中に漏斗に落ちてきたものすべてを収容している。ボトルはコーンと比べれば小さく、家庭用のペッパーミルほどの大きさといえるかもしれない。

コリンによれば、水深三キロメートルで二週間を経たあとで底にたまっている落下物は、通常せいぜい一、二センチメートルぶんだという。私は漏斗の広い開口部を見あげ、それが数週間の収穫高のすべてだとすれば、その水深でのマリン・スノーの降雪がどれほどわずかなはずかを想像しようとする。海の上部は明らかに、それほど多く漏れ出していない。コリンの仕事はボトルのなかに現れたものすべてを勘定・計量・分類・分析することだ。ゆっくりで希薄な生態学的ドラマを物語っている手がかりを、そこからこぼれ落ちるクズをふるいにかけることで得るというのは、海の世界を眺める奇妙な方法かもしれない。しかしコリンは重要なことだと考えている。

研究室の上階で、彼女はボトルのなかから発見したものを私に見せてくれる。最初のスライドガラスには灰色＝緑色＝茶色の綿毛が密集しており、ピペットでつついてみると、まるでゼリーが詰まっているかのように揺れる。これは表層で死んだ植物プランクトンで、たくさんの小さな綿毛状の破片として沈み、それからサンプル・ポットの底でこの大きな塊に一体化したものだ。しかしそれはゼリー状の粘度の説明にはならない。

コリンは部屋の反対側をひっかきまわして探し、小さなガラス製のバイアルを手に戻ってくるが、それは見たところ空っぽだ。しかしもっと近くで見てみると、実は完全に透明な巻貝の殻がひとつ入っているのがわかる。これはプテロポッド〔pteropod〕、自由に泳ぐ巻貝で、コリンの説明によるとプテロポッドのなかには粘液の網を周囲の水中に滲出させて食べ物をつかまえるもの（特に、詩的に「シー・バタフライ」と呼ばれるものたち）もいる。それらは動揺させられると、そのゼラチン質の漁網を切り離す。それからこの粘着性の網は本体を離れて漂い、海の残骸《デトリタス》をつかまえて、すべてを接着してまとめ続ける。これこそ私が顕微鏡で見ているもの――プテロポッドのゼリー状の網が何百万もの微粒子にぶつかってそれをとらえ、接着することで、マリン・スノーの大きな欠片としてまとまったものだ。大きな塊はよりすばやく落ちるため、それら天然のゲルが水中に存在することで、深海への漏出の速度は増す。

二番目のスライドガラスはそれよりはるかに印象に欠け、ゼラチン質の植物プランクトンの塊が散見されるだけだ。深海に降る炭素の雨は一定ではなく、時期や場所によって変動する。水面での光と栄養の利用可能性に応じて、上からゆっくりと流れてくる食べ物の変動が生じるわけなので、暗く穏やかな深みにいる生き物たちにとって、こうしたマリン・スノーという残余物だけが季節的なものだ。そして、うんちもそのリズムに従う――サルパの出す枕のような小塊、プテロポッドの丸い粒《ペレット》、カイアシ類の長いソーセージの他、あらゆる動物プランクトンが出す多様な見た目のうんちのフル・セレクション・ボックスがある。

ステフによると、一般に、海の混合層つまり表層の水において生物学的な働きを通じて蓄積された炭素の約一〇パーセントは一五〇メートルまでは沈む。しかしそれから他のなにものかに食されることなく海底にいたるのは、おそらくそのうちの一パーセントにすぎない。そして〔炭素を含む〕粘性の網もしくはうんちが食された場合も、炭素が消えてしまうわけではない。生物は食べ物を食べるとき、大きな炭素ベースの分子を分解して、それらを二酸化炭素に変えているからだ。私たちも同じことをしており、私たちが酸素を吸い込んで二酸化炭素を吐き出しているのはそれが理由だ。いちど炭素が二酸化炭素の形に戻ると、水に溶け、それ以上は沈まない。そのかわり、二酸化炭素はそれを溶かしたひとかたまりの水によって、異なるカテゴリの炭素＝乗客として運ばれることになる。

海の生態系は攪拌されているため、〔食べられずに〕捨てられる炭素は全体で見ればほとんど生じない。国立海洋学センターのマリン・スノー収集器がある水深三〇〇〇メートルでは、炭素の残り物は本当にわずかだ。しかしこの海の炭素＝乗客の漏出は積み重なる。それはいわば螺旋を描いて暗闇のなかを落ち海底に滴下する、季節を通じた地球の海全体での絶え間ない点滴注射だ。で、それから？

海のもっとも深い部分でも、そのほとんどが依然として食料になる。海底には海底の住民たちがいるからだ。太平洋東部にあるクラリオン・クリッパートン海域の広大な深海平原でエイドリアン・グローヴァーのカメラがとらえたナマコ・カニ・小魚は、上にある生態系から降ってきた微々たるクズを食べている。深海では食料がとても稀少なので、食べられないまま残るものはほとんどなく、その深さに到達した炭素は水に溶けた二酸化炭素として水中に戻されることになる。それらの分子は海というエンジンに閉じこめられたわけだ。

　この場所でのエンジンの動きは密度に駆動されるゆっくりとした熱塩循環に規定されており、その循環は海をとても長いタイムスケールで回転させ続ける。炭素＝乗客とそれを運ぶ水は、湧昇する海域に出会うまで深海のあちこちを横滑りしながら巡るだろう。それらの炭素分子が水面に戻ってくるまでには数百年あるいは数千年かかるかもしれず、少なくともしばらくのあいだは、大気や陸上の生物からは遠ざかっていることになる。

　炭素にはこの終わりなき循環とは別の選択肢がある。生態系のタイムスケールでいえば、倉庫の扉の錠をおろして鍵を投げ捨てるのに等しい選択肢だ。

　植物プランクトン・動物プランクトンの残骸《デトリタス》が河口付近で大量に沈んだ場合、シルトと泥が非常にすばやくそれを覆ってしまうことがある。というのも、川は摩耗した岩の小さな欠片を陸上から流出させているからだ。シルトの覆いは酸素がほとんどない息の詰まるような環境をつくり、そこではほとんどの生命が生存できない。言い換えれば、そこでは沈んできた有機物の恵みは摂食されることがないのだ。

　泥とシルト、炭素ベースの残骸《デトリタス》の混合物が積みあがり、追ってやってくる泥の層の重さに押しつぶされるにつれ、炭素＝乗客はロックされて岩《ロック》となる。この運命を被るのは海底にたどり着く小さな欠片のうちさらに少数だけだが、地球の生きているシステムからこのように除外された場合、その除外はほとんど永遠に続く。この一部有機的な岩は地球の歴史において何億年も蓄積しており、地球全体で大量のエネルギーを保持している。そのエネルギーは植物プランクトンによって海面で収穫され、本当に少しずつ炭素の骨組みに閉じこめられ、海底に埋まったものだ。[46] その大部分は埋まったままでいる。しかし、一部は別のなにかに変わる。

数千年にわたって、人間たちは黒くねばりけのある液体が地面から滲み出ている場所を発見し続けてきた。その液体はときに蜂蜜のように流れることもあれば、別の場所では粘度が強いためにほとんど流れなかったこともある。青銅器時代の文明では、それは防水に重宝された。古代エジプトの人々は、それを死海からもってきて、ミイラに防腐処理を施した。またそれは二五〇〇年前から影響力をもっている中国のテクスト『易経』で言及されているし、北アメリカの先住民族はそれを矢尻の石をシャフトにとりつける接着剤として使用した。日本の人々はそれを照明用の燃料として使った。

この天然の油は便利だったが、取り扱いが面倒で、供給が限られていた。しかし一九世紀を通じて、掘削によってそれを取り出す取り組みは強化された。主な要因は照明用の灯油の需要が増えたことで、ランプの中身はすぐさま鯨油からそれにとってかわられた。その後、内燃機関が世界に轟き、石油の採掘量は急増して、二一世紀初頭には毎日約七〇〇〇万バレルに達した。この黒い黄金は海に貯蔵された炭素全体のうちの一部のそのまた一部、岩《ロック》にロックされ何百万年もかけてゆっくりと蓄積されていたものだけからなっている。あなたがこれまで乗ったすべてのガソリン自動車と飛行機に動力を与えた燃料、あなたがこれまでふれたほとんどすべてのプラスティックに必要な原材料、道路のアスファルト、合成繊維の衣類、潤滑剤、スポーツ機器……このすべては、何百万年も前に海中で植物プランクトンが収穫した太陽エネルギーを縫い合わせられた炭素からできているのだ。

埋もれ、熱せられ、加圧され、変形され、閉じこめられることで、海の堆積物のなかに埋もれた炭素

46 こうした炭素の埋蔵は、私たちの大気に遊離酸素が存在することの間接的な原因となっている。もしこの炭素のすべてが二酸化炭素（CO_2）を生成するために消費されていたならば、地球の大気を満たすために残る酸素はかなり少なくなっていたことだろう。その埋蔵は、ほとんど永久的な分離――下部での炭素の過剰と上部での酸素の過剰――をもたらすのだ。

は場合によって石油とガスに変化する。[47] 人間たちはそれを見つけた途端、エネルギーを解放した。それは同時に炭素の解放でもあった。燃焼によって炭素を含む長い鎖状分子は二酸化炭素に戻り、大気中に直接排出される。永遠に近い時をかけ地中に蓄積されてきたものが、ほんの数十年のうちに大気中に戻り氾濫したのだ。大気中の炭素収支の繊細なバランスは崩壊した。

ここで私たちは地球規模での海の乗客としての炭素に戻る。ズーム・アウトして、私たちの下で回転する地球を眺めよう。それは太陽の光に輝くブルー・マシンだ。私たちの目に見える水は大気にふれており、二酸化炭素は絶えず空気と水の境界を行き来している。一般に、もっとも寒い地域では二酸化炭素は水中に流入し、赤道付近では流出する。海の温かな表層、混合層は風がその上を押すときにひっくり返り、攪拌して混ざりあう。この水は溶けた炭素を多量に含んでおり、[48] 何十億ではおさまらない数の炭素分子が水のなかで押しのけあっている。それらは海流によって運ばれ、泳ぐ魚が通るときには搔き乱される。

私の同僚たちと私が大西洋の巨大な嵐のなかにいるよう資金提供されたのは、これが理由だ。海に取りこまれた炭素は下へ運ばれることがあり、その場合、一時的に大気の届かない状態に置かれるが、その量は計測が困難なだけでなく、海水温および海というエンジンの動作様態によって変化する可能性がある。これは惑星がバランスをとるときの繊細な活動だ——海は巨大で、その重要なプロセスは散発的かつニュアンスに富んでいる。

表面の層の下をより深く覗いてみると、さらに多くの溶けた炭素が見つかる。それは海の中間の冷たい場所で表層から遠ざけられていて、微生物が上から降ってくるマリン・スノーを貪り、二酸化炭素を吐き出すことで増える。海の深部は溶けた炭素に満ちており、それは海というエンジンに押しあげられれば湧昇して表層に戻り、水の密度によって下に引っ張られれば深部へ沈む。海というエンジンはこの炭素をあちこちへ押したり引いたりしており、それが表層の水にふたたび加わるか海中で何百年も孤立したままになるかは、ブルー・マシンがどのように動作するか次第だ。

この濡れた炭素の巨大プールで浮かび、泳ぎ、漂うのは生命だ――そして生命とは炭素ベースの複雑な分子の集合であり、魚の骨もサルパの細胞もバクテリアもクジラも、それらで構成されている。この生きている炭素は主に表層の水を泳ぎまわるが、こときれるとマリン・スノーに加わり、ゆっくりと深部へ降る可能性がある。大きな嵐が表層の水に栄養を混ぜこむと、生細胞が溶けた炭素を掴み、みずからを構築して増殖する。このようにして、溶けた炭素という受動的な乗客は、うごめく生命に移行するのだ。

全体として、生命が貪り、泳ぎ、増殖し、太陽を収穫することで、生きている炭素のプールがひとつできあがり、それは、生命が死ぬと深部へ漏出し、炭素をゆっくりと絶え間なく大気から運び去ってゆく。[49] 海における生命のパターンは、有機的な〔つまり生命に関する〕炭素――複雑な分子でパッケージ化され、それにより燃料と栄養の両方を供給する炭素――のこうした流動によって決定される。海の深い

47 石炭は陸上の埋蔵物からできている――木々と植物だ。

48 この「溶けた炭素」という単純化した説明には重要な捕足がある。理解するのは大変だが、しなくとも全体像は変わらない。もしあなたが苦難に耐えられるなら、次の概要を読んでみてほしい――CO_2 が溶けたときに変化しうる化学的形態には、炭酸（H_2CO_3）・重炭酸塩（HCO_3^-）・炭酸塩（CO_3^{2-}）の三つがある。炭酸から重炭酸塩へ、重炭酸塩から炭酸塩への反応は可逆的なため、これら三つのイオンの数が状況に応じて常に調整されているというのが実際に生じている事態だ。そのシステムの全体がpHの緩衝機能を果たしており、それは海水を比較的一定のpHに保つために重要なものだ。その詳細な結果に関しては困惑するほど複雑で、多くの海洋学の学生たちの顔をしかめさせてきた。

部分では太陽の光が届かないため、こうした〔生命に関する〕炭素をベースにしたスクラップが唯一の食料源だ。それらの旅路を理解すれば、海の生物分布が説明できるようになる。また、上手く使えばその理解に役立つ新しいテクノロジーもたくさんある。

ステフのオフィスから廊下を挟んだ向かいにガヤガヤと若い研究者たちが集まり、自分たちの取り組みを私に見せてくれる。サリ・ギーリング博士は、彼女が扱っている装置にみずからがどうしてそこまでこだわるのかについて非常に自覚的だ。「これを使えば、私たちは私たちの仕事の実際のところをおこなえるようになるでしょう。私たちの役目は死んだものを数えることではないわけですよね？　海と生態系を理解するのが仕事なわけですから」。

話題の焦点になっているのはクリケットのバットほどの長さと幅の黒いチューブだ。それが海中に投入されると、水は片方の端にある小さな窓を通って流れ、そのスペースを通って落ちるあらゆるものがホログラフィック・カメラで撮影される。[50] このカメラは〇・〇二ミリメートルから二〇ミリメートルの大きさのすべてをとらえることができ、マリン・スノーが降るときに、そのあらゆる詳細を記録することが可能だ。それがとらえるのはプランクトンの轢死体《ロードキル》や押しつぶされたべとべとではなく、降下するふわふわとしたマリン・スノーの欠片や糞便の粒《ペレット》、およびそうしたご馳走を貪っている生き物たち、そしてそれらが降る際の様子だ。そこからは、死んだものの観察から得られるほどの分類学的詳細は得られないだろう。しかしそれらは、マリン・スノーの粒子をとりまく生命の、ありのままの観察なのだ。

サリは機械学習の専門家をリクルートしているところだと教えてくれる。画像のなかにあるものを自動的に特定するためだ。それが必要なのは、この機器が幾テラバイトもの想像しがたいほどに大きなデータの激流を生成するからだ。なるほど、それらをふるいにかける作業は人間ひとりの手におえる量をはるかに超えているし、人間が束になってもできることではない。「グーグルはこうした自動的な特定作業を車を使って可能にしているわけで、私たちが必要としているのはちょうど、それを私たちが観察できるものでやることなんです」。彼女はこのことが炭素・海・地球に対する私たちの理解にもたらすかもしれない変化に情熱をもっている。

彼女の考えによれば、技術の進歩が必要以上に遅れ、制限されているのは、もっとも有望かつ優秀な人々が、地球を理解しようとする試みよりもグーグルのような企業でのキャリアを魅力的なものと考えているからだ。「ですがこの建物のなかには、銀行でのキャリアを蹴ってここへ来た賢い人たちがいます。そして私たちに必要なのは、そうした人々をさらに多く説得し、ここへ来て、こうした本当にクールなプロジェクトをおこない、世界をより良い場所にしようとひたすら訴えることなんです」。しかしサリは物悲しい言葉を最後につけ加える。「グーグルにあるような多くの資金は私たちにはありません。ですが私たちにできる小さな一歩を踏み出さなければ」。

49 もちろん、これはひとつのサイクルの一部でもある。岩石中に埋まった炭素は火山によって大気中に自然と戻される。火山は散発的かつゆっくりと二酸化炭素を吐き出すからだ。しかしこのプロセスは、私たちが埋まった炭素を、化石燃料を燃やすことで放出するプロセスよりもはるかに、はるかにゆっくりだ。

50 このこと〔炭素の海中への隔離〕で私たちが気候変動の問題から解放されるのではないかと考えておられるなら、その答えはノーだ。海はすでに、私たち人間が大気中に放出している余分な二酸化炭素の約三分の一を引き受けることで、私たちに多大な恩恵を与えてくれている。もしそうでなければ、私たちは何年も前にパリ協定の気候目標をぶっちぎっていたことだろう。しかし海が今後も同じ割合でその恩恵を与え続けてくれるかは明らかではない。私たちは最良の味方の自然のひとつを失いつつあるかもしれないのだ。基本的に、問題を改善する責任は依然として私たちにあり、私たちはそれをあとまわしにせず迅速におこなわなければならない。

このホログラフィック・カメラがつくり出すのは3D画像ではなく、非常に詳細な2D画像の集まりだ。おそらく将来的には3Dのホログラフィック・カメラがこの分野で利用されるようになるだろう。

目に見えない海の乗客たちは私たちの惑星の全体を形づくっているが、それらがブルー・マシンを旅する唯一のものというわけではない。泳ぎ、帆を張って乗客たちのなかを通りすぎる人間や動物たちは、積極的かつ慎重に海というエンジンを動きまわり、その特徴と性質を利用して航行・生存・探検する。私たちはすでにブルー・マシンの輪郭と仕組みを目にしているので、海を渡るものたちにとってなぜそうするだけの価値があるのかを理解することができる。そうしたものたちは海とその他のすべてのあいだにある、もっともわかりやすいつながりで、その働きが文明と生態系を同様に形成してきた。海の航海者《ヴォイジャー》たちと出会う時だ。

第6章 航海者《ヴォイジャー》たち

海の使者《メッセンジャー》たちと乗客《パッセンジャー》たちはみずからの運命をコントロールできない——つまりブルー・マシンの物理的構造が定めるところならどこへでも行かなければならない。メッセンジャーと乗客の視野は常に局所的だ。しかしそれらがつくり出す内部構造のダイナミクスは、海の内部や上部を活発に動きまわることができるあらゆるものに対して豊かな可能性をもたらす。航海者《ヴォイジャー》たちは単一の環境における長所と短所の絶え間ないトレードオフという妥協を生きる必要はなく、複数の現実のあいだを自由自在に移動して、それらすべてから利益を得ることができる。航海者たちはこの美しいエンジンの規模と複雑さがどうして重要なのかを、それが見せるコントラストを移動しながら私たちに示してくれることだろう。

私たちは陸上哺乳類であって海のネイティヴではないのだから、私たち自身は常に海の航海者だ。私たちはどこか他の場所へ向かうときに、海の水を経由したり通過したりすることしかできない。そして多くの場合、私たちはそれを周囲に対する非常に限られた視野を通じておこなっている。海を行く動物たちは進化の結果、周囲のあらゆる機微に調子を合わせるようになった。すべての手がかりを正確に解釈することが生存のために重要だからだ。私たち人間はこのことについて抜きん出た技術と知性をもちあわせているが、直観的な能力の部分は近代世界に飲みこまれて大幅に失われてしまった。

一方、今日では技術・コミュニケーション・科学的手法が私たちに航海者の最大の特権を与えている——地球規模の視野だ。私たちはまだ、それが示しているものを不覚にもほとんど見逃していることが多い。なぜなら私たちは画面と数字のうしろに隠れており、観察の習慣を失っていて、これ以上なにを探せばいいかわかっていないからだ。しかし航海とそれが重要な理由を再検討すれば、私たちは両方の世界の最良の部分を活用できるかもしれない。

肛門（たち）と旅立ち

あなたが三二系統のバスに乗る通勤者であっても、渡りをするヒメウミガメであっても、A地点からB地点へ積極的に移動するプロセスにはしばしば時間がかかり、費用と危険のどちらかあるいは両方がともなう。近道はほとんどなく、命にかかわる仕事はリモートではおこなえないため、ウミガメも通勤者も同じようにそれらの不便を受け入れ、とにもかくにも移動しなければならない。しかし進化は目を見張るような例外を生み出すことがあり、そのもっとも極端なもののひとつがラミシリス・ムルティカウダータ〔*Ramisyllis multicaudata*〕という海のワームだ。この細くてのたうつワームは、その航海のすべてを完全に肛門——より正確にいえば、肛門たち——に外注している。これは間違いなく、非常に奇妙なワームなのだ。

捕食者と驚きでいっぱいのにぎやかなサンゴ礁では特にだが、隠遁生活には多くの利点がある。このワームは特定の種類の海綿の内側に頭をとても深く埋め、その土台から突き出た状態で見つかることがある。海綿は管と孔でできた固体の浄水フィルタで、動物の資格を得るのに十分な生命を内蔵しているが、実際の器官のすべてを欠いており、ほとんど動かない。

ワームの幼虫は海綿の土台の内側にみずからの場所を定め、保護された内部チャネルを通じて上向き・外向きに成長することで生涯を過ごす。しかし、この生物が本当に他と一線を画しているのは、それが自然界の他のほとんどの例のようにひとつの頭とひとつの尾で満足するのではなく、成長するにしたがって分岐するからだ。

神経系・消化管その他のあらゆるものが分裂また分裂し、ひとつの頭に何百もの尾を生じさせる。その尾のすべてが海綿のチャネルを通じて外向きに成長し、その成長は外に到達するまで続く。すべての尾の端はひとつの肛門で終わり、表面に到達した何百・何千もの尾は、それぞれの孔から突き出て、海綿の赤く多孔質な表面を這いまわり、常に周囲を探索する。[1]

この複雑な分岐構造の結果として、ワームは海綿から出ることができない。チャネル内部の迷路にフィットするように成長してしまうからだ。そしていずれにせよ、飢えた捕食者と渦巻く水流に満ちた、海綿の外の水は危険だ。このワームは間違いなく外出しないし、世界をうろついて仲間と出会うこともない。そしてそこにはひとつ問題がある。種が続いてゆくには、DNAが移動しなければならないのだ。

他の種は卵と精子を水中に放り出し、それらが海の乗客としてなんとかやっていくに任せることでこの問題に対処している。しかしラミシリス・ムルティカウダータは違う。海綿の上部に突き出てしばらくのあいだ動いたのち、それぞれの尾の先端が変化しはじめる。肛門は封印され、上端の小さな部分は成長して複数の目とひとつの原始的な脳になる。腸が委縮し、筋肉がみずからを再組織し、DNAがパッケージ化されれば準備完了だ。

1　ワームの頭から礁に向かって進み排出されるもの〔糞〕があるのかどうかについては、完全にはわかっていない。ワームの消化管は正常に機能していると考えられているものの、これまでに検査されたすべてのワームで、そこはほとんど完全に空っぽだった。また、ワームは海綿の内側で周囲から直接栄養を吸収して食料としているのかもしれないが、それもまた明らかではない。

そしてある日、この小さな自律型生殖腺――ストロン〔stolon〕と呼ばれる――は（新しい肛門を残して）尾から離れ、交尾の仕事を進めるために海面へと泳ぎ出す。その唯一の役割は上部へ航海し、反対の性の別の小さなストロンを追ってつかまえることだ。[2] つまりワームの本体がその場所をまったく動かず海綿の内側で安全を保っているあいだに、ＤＮＡに満ちた小さな部分的ワームが何十・何百と光のほうへ活発に航海をして、交尾相手を探しては死んでゆくのだ。この生物は「ケーキをとっておきながら食べる」〔"You can't have your cake and eat it." という慣用表現（「一挙両得はできない」というような意味）をふまえている〕ことに、極端だが論理的な結論を与えている。[3]

これは極端に複雑な戦略のように思えるが、海のある部分から別の部分への旅は――この場合たとえそれがたった数メートルであっても――ワームの本体がやりとげる余裕などないほどに危険な可能性がある。また、その旅は非常に貴重なものなので、膨大な時間とエネルギーを消費して肛門の改造に多大な労力を費やす価値がある。

このすべてから得られる最初の教訓は、私たちは生命の戦略における「ふつう」とはなにかという定義に関して、きわめて狭量なことが多いということだ。しかし第二の教訓は、大きい海の生き物ほど、乗客として出たとこ勝負でゆく余地がなくなるということだ。

ブルー・マシンを渡る積極的な航海は航海者の制御下にある。そしてその制御にはたくさんの選択肢が伴う。温度・塩分・栄養・微量金属とその他の乗客たちの無限の組み合わせはランダムに置かれているわけではなく大きなシートやフィラメント、あるいは層または独立した区画にアレンジされているものの気まぐれな場合があり、日々や季節が過ぎるにしたがって行ったり来たりしている。あのワームは短い片道の旅をするだけなので、先に進んで、さらに果敢な航海者のひとつに出会うとしよう。それは、ある採食者〔forager〕だ。採食とは、摂食できるほど十分に濃縮し十分に豊富な、ある形式で蓄えられたエネルギーを探すことであり、その成功は、どこを見るべきかを知ることにかかっている。

ペンギンの通勤

一二月、南半球はほとんど真夏で、一羽のメスのオウサマペンギンが彼女の卵を連れ合いに渡したところだ。その卵は彼の足元で羽毛の生えた肌に挟まれ、南極海の荒波への旅を終えて彼女が帰還するまでのあいだ、厳しい気候から守られるだろう。彼女は首を伸ばし、なめらかな灰色の背中を太陽に向けて、去年は茶色でまるまるとしたヒナだった、今年は親となる彫像のようなペンギンたちのあいだを、よたよたとゆっくり歩いてゆく。

彼女はクロゼ諸島の沿岸部へと移動している。クロゼ諸島は草と地衣類に覆われた小さな火山島の集まりで、マダガスカル島と南極大陸の中間に位置し、どちらからも二二〇〇キロメートル離れた、荒涼とした寒い場所だ。陸上の食料がほとんど存在しないため、この場所の生き物は生きていくための燃料を海に頼らなければならない。

最初の波が彼女の足元をかすめるとほとんどすぐに、彼女は腹ばいになって水中に飛びこみ、ぎこちないもたもた歩きの姿から優美な魚雷に変わる。水中では彼女は飛ぶことができる。魚の形をした体のあらゆる利点に加え、ひとつの尾ヒレよりも俊敏な動きを与えてくれる、ふたつの力強い翼のさらなる

2 ひとつのワームから同時に周囲へ放たれたすべてのストロンは同じ性のものだ。
3 この科の他のワームもほとんどすべてがこれをおこなうが、それらはいちどにひとつの頭とひとつの尾をもつことに固執している。

アドヴァンテージを活かすのだ。彼女はやすやすと回転し、体をひねり、潜ることができる。つまりは機敏な捕食者というわけで、彼女は数週間をかけて脂肪を蓄え、ふたたび卵の上で絶食する番に備える。南極海のすべてが彼女の前に広がっている。

ブルー・マシンの内部ではあらゆる場所に生命がいるが、見てきたように、実際に獲物のいる場所はきわめて局所的だ。ペンギンたちは主に視覚を使って狩りをおこなうが、彼女らはアホウドリやミズナギドリのように眺望がきくわけではない。このペンギンは獲物からたった数メートルのところでなければそれを視界に入れることができない。彼女には遠くから大きな魚の群れの目当てをつける手立てがないし、水の砂漠にある生命のオアシスに集まってくるかのような他の捕食者を予想する手段もない。

クロゼ諸島周辺の水域にはまったく食料がないわけではない。しかし彼女と彼女のヒナ、両方の生存を確かにするためには、たくさんのご馳走が必要だ――そして彼女はそれをすばやく効率的に得る必要がある。このあたりでは、わずかばかりの収入では十分でないのだ。

広大な海でランダムに狩りをするのはあまりにリスキーだ。ただ探すだけで多大なエネルギーを使うからというのがひとつの理由で、だからこそ生き残るための唯一の方法はどこへ行くべきかを知ることだ。そして彼女はそれを知っている。ブルー・マシンは予測可能な構造をもつからだ。

水に入るとすぐに彼女は南へ向けて出発し、呼吸のために上がってから波の下に数メートル潜って、直接獲物へ向かって水中を飛行する。人間からすれば、彼女の目的地はたくさんの水のなかにある水にしか見えない。しかしクロゼ諸島の南およそ四〇〇キロメートルでは、海というエンジンの物理的構造が、期待してよい生物の宝庫という大きな特徴をつくり出している。その特徴こそがオウサマペンギンたちの命を支えているもので、そこへたどり着けるならば大航海をする価値がある。

南極大陸のすぐそこを囲んでいる水域は極寒だ。それはここが寒い場所だからでもあるし、深い場所からの冷たい水の供給がこの場所の水面へと上がってくるからでもある。そうして、この大きな白い大陸を囲む氷水の移動プールができあがる。表層の水温は二℃以下で、そこではもっとも丈夫なものだけしか生き残ることができない。しかし南極大陸沿岸から北へ進むと、大西洋・インド洋・太平洋が見えてくる。[4] そのそれぞれが、赤道まで広がり赤道を越えるひとつの巨大な海盆だ。それらの表層の水はより温かく、クロゼ諸島の緯度ではおそらく約八℃だ。そしてこのペンギンの目的地は、その温かな水と冷たい水が出会う大いなる境界――極前線〔Polar Front〕だ。

この細い水の帯――おそらく三〇キロメートルから五〇キロメートルの幅しかない――は南極大陸をぐるっと囲んで伸びる海のバリアで、それらの冷たい表層水を、世界の海の残りの部分にあって忍び寄ってくる温かな表層水から隔てている。見てきたように、比較的温かな水と比較的冷たい水の巨大な領域同士が単純に出会って混ざりあうということはない。大きな水塊が集まる場所では、それらはぶっきらぼうに肩をかすめながら、それぞれどこか別の場所へ進む。行き先は密度・風・回転という主人が送り出すあらゆる場所だ。その結果として生じるのが海洋学者が「前線」と呼ぶこれらの緩衝地帯で、その大きく蛇行する輪郭線は海というエンジンの形状を地図上で表現する。極前線は北向きに流れる冷たい水が亜南極のより温かく塩分の高い水と出会う場所で、生命に満ちている。

そのペンギンは、屈んで潜って南へ向かい、水面に出て冷たい空気を吸いこんでは、静かで穏やかな水面下に潜って先へ移動し、ほぼ直線を描いて前進しながら、ほとんど一週間のあいだ毎日約六〇キロ

4　どの海が見えるかは、その際の緯度による。

メートル進む。彼女はその途中であまり食べないし、彼女のいる水はほとんど変わらずに水温八℃で比較的塩分の高い状態にある。しかし四〇〇キロメートルを過ぎると、急速に変化が訪れる。ブルー・マシンの異なる構成要素に入りこむからだ。数時間のうちに温度は二℃に下がり、水はほんのわずかに淡水に近くなる。彼女はわかっている――この国境地帯を占める賑やかな大都市を見つけたのだ。そしてこのとき、彼女のふるまいは変化する。いちど深く空気を吸いこむことで、彼女は表層混合層を一息に潜る。そうすることで彼女は周囲の水がさらに冷たく感じられるようになるまで下降できる。いまや彼女は水面の一〇〇メートル下におり、彼女のためのご褒美を目視できる――点滅するハダカイワシの大群だ。ハダカイワシたちはすばやいが、彼女は俊敏かつ経験豊富で、水面に戻る時間までに四匹ほどをつかまえられる。休憩を挟んで彼女は何度も潜り、この海の大都市から必要な燃料を手に入れる。彼女はここで五日から六日をすごし、日中は摂食して、夜は狩りをするには暗すぎるので休む。

海の前線は生命に満ちている。前線の特性はそれぞれにかなり異なるが、共通しているのはそこが、水が掻き混ぜられ、ときに上に引っ張られる場所で、住民たちがふたつの異なる水塊の利点を両方利用できる場所だということだ。栄養が蓄積するということは、そこで存在するにあたっての制限がより少ないということで、前線にはときどき、元の水塊に深い場所まで従うのをやめた生物がさっと入ってくる。そこでは植物プランクトンが成長し、動物プランクトンはそれらをたらふく食べることができる。ハダカイワシとイカは饗宴への道を見つけ、それからより大きな捕食者――アザラシ・ペンギン・アホウドリ――はその宴に参加するためだけに長い航海にとりかかる。

前線は種の豊かさと多様性の重要な拠点だが、もっとも重要なのは、それらが時間的にも空間的にも予測可能だということだ。極前線はほとんど動かない。というのも、その境界をつくり出す広大なふたつの水塊は、ただただあまりに大きくあまりに遅いため変化しないからだ。それはこの海域全体からすれば小さな部分だが、いつもそこにあって、安定した食料供給を実現している。ここは航海してやってくる価値のある場所で、以上が海の捕食者たちのおこなっていることだ。捕食者たちはおおいに蓄積している食料を遠くから見ることはできないが、海というエンジンのなかで食べ物が育ち生息するのに適切な条件に適う物理的な場所を突きとめることはできるわけだ。

数日後、ペンギンは仕事を終え、自宅へ戻るため北へ出発する。彼女は続く二週間のあいだ卵を抱えて生存し続けるのに必要なエネルギーを集めたのだ。それからも彼女はヒナが孵り成長するあいだ何度も旅に出るだろう。これは高度に専門化された摂食戦略で、きわめて効果的だ。海の前線は海の大型捕食者たちに食料を与える海の各種の特徴のひとつにすぎず、他にもたくさんのものがある。そのうちいくつかは季節的なもので、常にそこにあるわけではない。しかし海の捕食者は、そして人間も、そうした特徴を中心に生活の計画を立てることができる。

追いかけるあとを追いかける

私たちが航海に抱くイメージは多くの場合、長旅での勝ち目のない戦い、孤独、友や家族なしで長いあいだ耐えること、そして陸から完全に切り離されたことによる心理的・物理的な影響に直面することについてのものだ。しかし動物たちも人々も、いつだってそれよりもはるかにドラマティックではないやり方で海のなかのそれぞれの場所を航行している。

一頭のアザラシが砂洲からみずからを投げ出して魚を獲りに出かける。河口のさらに数メートル上流では、一匹のヒラメがくねくねと動く。これらの短くて明らかにランダムな旅はともに、広範囲にわたる洗練されたダンスの各部分となってゆく。ブルー・マシンと季節に振り付けされた巨大なパターンのなかで複数の種が脈動し、渦巻く。

そして人間の航海者たちが食料目的の狩りに参入するためこの振り付けに踏み入るとき、人間は同じ旋律に合わせて踊らなければならない。そのため海の変化する構造はしばしば、海と同様に陸でも、人間たちの比較的ささやかな旅路の上に痕跡を残している。どこを見ればよいかを知っていれば、それはわかる。したがって私たちは特筆するところのないカイアシ類――ドラマティックなアンテナをもつ、わずかにでこぼこした動物プランクトンの仲間――こそ一九〇〇年代初頭の「ニシン娘」のような反抗的コミュニティが存在したそもそもの理由だと知っても驚くべきではない。とはいえニシン娘たち自身は彼女たちが苦労して勝ち取った独立に横から口を挟む者に冷静な怒りの言葉をもっていたとは思うが――。

アイスランド・ノルウェー・シェトランド諸島の三角形の南部、ノルウェー海の冷たい水の上で、カラヌス・フィンマルキクス〔以下カラヌス〕は世界から隠れて静かな冬を過ごしている。私たちはこれに第3章で出会った。北大西洋で、深い場所へ転がっていくうんちによって栄養を下方に移動させる役に立っていた、よくいるカイアシ類だ。

その涙滴型の体は全長たった二ミリメートルから四ミリメートルだが、そこには余裕があり、秋になるとソーセージ型の油嚢が体全体の二〇パーセントから五〇パーセントを占めるようになる。冬が近づくとそれは海中で数百メートル下に沈む。そして部分的な静止状態に突入し、その生化学的な働きの多くを停止して暗闇のなかを受動的に漂う。その上では、冬の嵐が表層の水を動揺させ、冷たく栄養に富む水を上へ運び、比較的温かな混合層を沈めている。しかし冬は暗く、生命の燃料がないため、その恩恵を有利に使うことができない。だからカラヌスにすれば深い場所にいて飢えたスカヴェンジャーたちから離れ、油の蓄えをゆっくり消費しながら危うい生活をなんとかやりくりするほうがよいのだ。

　惑星が回転し春が来ると、突如として光と温かさが生じ、上の表層では植物プランクトンの大繁殖《ブルーム》が可能となる。カラヌスがどのようにして、突然の生物活動のラッシュのはるか下で、その時が来たことを知るのかは明らかではない。しかしカラヌスは知っており、この眠っているカイアシ類の大群はふたたびみずからのスイッチを入れ、上へ漕いで表層へ戻り、繁殖する。カラヌスの何十億もの幼生は太陽から燃料を与えられた食べ放題の植物プランクトンを腹いっぱいに詰めこみ、成長のサイクルを開始する。幼生たちは海面近くにとどまるが、海というエンジンは回転し続けており、その結果としてそれらはいまや力強い表層流に乗っている。その表層流はメキシコ湾流の支流のひとつが最後に残す巻きひげ状の流れで、それがカラヌスたちを南へ向かわせ、スコットランドとノルウェーのあいだを経て北海へと運ぶ。カラヌスの軍隊は行進していない――海流に沿って漂っている――が、進出するにつれ別のことをおこなうようになる。極小の植物プランクトンからエネルギーを収穫し、そのエネルギーを新しくかつ成長しつつある体にまとめるのだ。北海は浅く、平均で九〇メートルの水深しかない。こうした大陸棚の海は栄養を過積載しており、したがってプランクトンに満ちている。カラヌスはそれらを分別なく詰めこみ、タンパク質と油の便利なパッケージとなる。そしてそれは、ある他のものの興味を引くのに十分な大きさをしている――そう、大西洋のニシンだ。

　ニシンは一匹ではうろつかない。それらの銀色の小さな魚は巨大な群れをなす。そうすることで、捕食者から少しくらいは身を守ることができる。そして繁殖期以外でのニシンたちの焦点は、食料だ。選択の余地があれば、ニシンたちはカラヌス・フィンマルキクスを探す。それはなんとも豊かな栄養源だからだ。ゆえにカラヌスが南に向かって浮遊するにつれ、ニシンはそれらとともに移動して、食べ、それから産卵する。一方で、そのカイアシ類たちは魚が近づいているのを知覚するとさっと逃げ、一匹の魚相手では簡単には捕食させない。しかし群れ全体が通りすぎると、継続的な回避行動によってカイアシたちはすぐに疲れてしまう。そしてついに一匹のカイアシがあまりの疲れのためにジャンプできなくなると、ニシンのうちの一匹が口いっぱいのご馳走という褒賞を得るだろう。そのニシンは成長するにつれ軟部組織に油を蓄え、カラヌスから得た油の栄養を再パッケージ化する。[5] そしていまや一匹のニシンは海鳥・アザラシ・タラなどの、さらに大きな捕食者たちを惹きつけるのに十分な大きさになっている。季節が進むにつれ、このサーカス――カラヌスの群れ、ニシンの群れ、当番制で変化するしつこい捕食者たち――がまるごと、スコットランド沿岸からイングランド沿岸へ南に移動し、五月にシェトランドにあったサーカスは一二月にはイースト・アングリア沿岸に到達している。

しかし当然ながら、このような大きな食料源が、このアクションをまるごと取り囲む土地の人々に気づかれないままでいるということはなかった。過去一〇〇〇年のあいだ、北海の人類の歴史は、主にニシンで構築された舞台の上で演じられてきたのだ。これらの小さな魚は北海沿岸のいたるところで何十億と水からすくいあげられ、人間の食事の貴重な追加物となった。ニシンによってもたらされた資源と富はイングランドのグレート・ヤーマス、オランダのアムステルダム、デンマークのコペンハーゲンといった街と、より小さな町や村の印象的なコレクションを基礎づけ、つくりあげた。一五〇〇年代から一八〇〇年代初頭にかけて、オランダは塩漬けニシン貿易の主《あるじ》で、北海をうろつくことで金を山のようにがっぽり稼いだ。人々はつかまえたすべてのニシンを保存して、いまや驚くほど価値のある商品となったそれを売りさばいた。しかし一八〇〇年代までには、魚の移動と技術の進歩によりスコットランドが人類でもっともニシンを略奪する立場を新たに狙うようになり、スコットランド東岸を毎年通過する巨大な群れを漁獲した。ニシンはたくさんいたが、そこから金を稼ぐのは簡単なプロセスではなかった。

問題は油分だった。ニシンを豊かなエネルギー供給源にしているのと同じ特徴が欠点だったのだ――ニシンは死ぬとあっというまに腐る。一八〇〇年代後半までにニシン貿易はさらに公式化されており、買い手に対して魚が適切に保存されていて腐っていないことを保証するための基準が存在した――スコティッシュ・クラウンというブランドだ。これにはニシンが水から引きあげられてから二四時間以内に内臓の処理と塩漬け・梱包が施されることが必要だった。しかし男たちは船にいて漁をしていた。だから漁獲物の世話は女たちにかかっていた。漁業コミュニティにおいて女たちは網と船の準備をして漁獲物を受け取り、金と販売の責任を負い、一般にそのプロセス全体で対等なパートナーとして扱われていた。それは大変な生活だった――チームのメンバー全員がみずからの役割を十分に果たす必要があり、そうすることで尊敬を得ていたのだ。

しかしこれはヴィクトリア朝の最盛期の時代の出来事で、その当時、社会のほとんどが働く女性などほとんど見かけないし、その声などまったく聞こえないという立場を採用していた。そして働く女性た

5 油の豊富な魚は、健康意識の高い人々からますます注目を浴びている栄養素、オメガ3脂肪酸の供給源として有名だ。しかし魚がそれらをつくり出すわけではない。ニシンは油の豊富なカラヌスからそれらを奪い、カラヌスは自分たちの食べる珪藻からそれらを奪っている。元の供給源は珪藻やその他の藻類なのだ。したがって、人間の食事で十分なオメガ3脂肪酸を得るにはかならず魚を食べなければならないというのは完全に間違っている。供給源に直行することは完全に可能だ。その場合、人間は濃縮された十分な量を自分たちで抽出するという仕事をおこなう必要があるとはいえ。

ちの居場所はきっぱり家庭内と決められており、彼女たちは靴下を繕ったり調理をしたりしていた。辺鄙な海沿いの村で平等に近いなにかとともに生活するスコットランドのフィッシュワイフたちは変わり者と見なされており、ときおり訪れる旅行者たちは、自分たちが不道徳や純粋な不条理的状況と見なすものに勝手な恐怖を感じていた。

それはそうとカラヌスが海流で南へ運ばれるにともなってニシンも南へ移動するため、スコットランドの漁船もそれを追わなければならなかった。漁船は冷たい北海をたやすく航行して魚を見つけることができたが、ニシンが二四時間以内に内臓を処理され梱包されなければならないなら、唯一の選択肢は漁獲物をもっとも近い港に持ちこむことだった。スコットランドの漁船団が大きくなるにつれて、鉄道が敷設され、移動と宿泊の選択肢の規模は拡大した。その結果一九〇〇年までに、もうひとつの毎年の渡りがはっきりと確立された──「ニシン娘」たちの渡りだ。

魚を確実にパックする責任を負う保存処理担当者たちは、魚の内臓を処理して梱包する仕事のためにスコットランドの村々から女性たちをリクルートした。そうしてニシン漁の船が五月にシェトランドから進み、ウィック、バッキー、アバディーン、スカボロー、グレート・ヤーマスといった町を通過し、一二月にローストフトまで南下してゆくあいだ、何千人ものニシン娘たちが船の行き先に対応して岸を移動した。女性が旅行をすることがなく、自分たちを気にかけることもできず、大きな独立した集団をつくることもまずなかった時代に、期間中の持ち物を運ぶ木製トランクをそれぞれに携えた女性たちの多数のチームがスコットランドを出発し、南の港へたどり着いては仕事の準備をしていたのだ。

仕事の時間は長くきつく、一日最低一二時間という場合もあり、待ち構えている樽にすべての漁獲が詰められ塩漬けされるまでは終えることができなかった。天候がどんなものであれ、すべては屋外、海岸の長机でおこなわれ、樽の量に応じて支払いがなされたので、すばやく作業しなければならなかった。スピードを出して作業するには信じられないほどの技術が必要だった――一分間に六〇匹の魚の内臓を処理した女性がいるという証言は複数ある。そして他の女性たちの丁寧な梱包のおかげで、それらの魚が腐ることはなかったという。それはダーティーで散らかった仕事で、汚れの飛び散った衣服とニシンの臭気はその女性たちをアウトサイダーと印象づけるのに十分だっただろう。しかしそのあとに続いたのは、広義のスコットランド方言と、漁夫たちとの大声の冗談の応酬、そしてみずからの仕事に対するゆるぎない自信と誇りだった。

時代が要請していたのは目立たず表に出ない女性だったが、それとは程遠く、彼女らは無視できない声と存在感をもっていた。彼女らは自分たちが生活している区域を清潔に保ち、定期的に教会に通っていたが、楽しいパーティーも好きで、社交を恐れなかった。彼女らはよく働いて独立心が強く、強い労働倫理をもっていた――彼女らは自分でお金を稼いで自分で使い、自分たちのやりたいことをやり、国をまたいで港から港へ移動し、そのすべてをどんな男たちからのどんな許可も求めずにおこなった。この自由度は時代の六〇年先を行っていた。ニシンの内臓を処理してパック詰めする技術あるいは意志を他に誰ももっていなかったので、もしそれからも貿易が続いていたなら、社会はニシン娘たちに慣れるか、少なくともその存在を容認していたことだろう。

きつい仕事内容にもかかわらず、ニシン娘に加入することはスコットランドの町や村の女性たちにとっては良い選択肢で、彼女らは実際にそれを選んで楽しんだ――年に一度の冒険、自分たちの小さな村や両親の管理からの逃走、自動的に友人となる他の女性たちの一団との強い仲間意識がそこにはあった。魚のはらわたのなかで二本の指を振って既成のイギリスの家父長制にさよならができるというのは、ちょうど使い勝手の良いボーナスだった。

人類の歴史のほとんどで私たちは海に出かける他の哺乳類とただ同じように航海者だった。ニシン娘たちは究極的にはカラヌスの生物学的必要と進化に導かれていた。海が与えてくれるに違いないものから利益を得るため、人間の社会はその物理的パターンだけでなく文化的パターンも適応させる必要があったのだ。そして数十年間にわたって、ニシン娘たちは自然界が提供する生態的地位《ニッチ》に適応することで人間の文化に印を刻んだのだった。

しかしそれは長続きしなかった。第一次世界大戦により、そのすべてが突如として終わりを迎えたのだ。一九一三年はニシン漁に最高の年だったが、漁は戦争のため停止させられ、その後に再開されることはほとんどなかった。イギリスのニシンの市場の九〇パーセントはロシアとドイツにあったため、一九一八年以降は需要が崩壊した。それでも第二次世界大戦がはじまるまでは、まだいくらかのニシン娘たちがいた。

それにしても海とのつながりはわかりやすい——海というエンジンが物理的に回転し、海の生物がそのエンジンのなかに居場所を見つけるにつれ、人間の生活もまた、そのエンジンが作動するあり方の周囲に構築される。海を巡って航行する人間はまた、貿易・戦争・渡り・探検を通じて陸上にコミュニティを構築した。あまり熱心に探さずとも、その痕跡はほとんどあらゆる場所で目にすることができる。

海にいる生物が関心をもっているもののリストは人間のそれよりも短く、生存・摂食・交尾だが、人間以外の航海者たちがそれらに注意を向けて海を巡る方法には、人間と同じくらいかそれ以上の洗練がある。存在の重荷を軽減するための複雑な社会構造や物理的インフラがなくとも、あらゆる航海は物になるに違いない。ただし、それらの航海者たちがもっとも成功するためには、比較的固定した予測可能な海の内部構造を越えて航行できる必要がある。たどり着くのがより危険な、エンジンの束の間の部品の利点を活かし、はるかに高い報酬を得るのだ。そして、そうした場所でニシンを追いかけている航海者は人間だけではない。

青く大きな海で渦を狩る

「頂点捕食者」であることは栄誉と見なされている。それはみずからの環境において非常に優勢なため、人間以外の捕食者がおらず、したがって恐れるものなどなにもないという地位だ。

頂点捕食者は好きな場所へ行き、食べたいものを食べ、もっとも豊かな獲物を巡って同種とだけ競争する。陸上で私たちは、調査され、そう見なされた王と女王すべてのうちの多くを知っていて、崇敬している――ワシ・ライオン・オオカミ・ホッキョクグマ・ユキヒョウなどだ。海ではシャチ（キラー・ホエールとも呼ばれる）が頂点捕食者の王冠の保持者のうちもっとも有名で、ホオジロザメにさえ、シャチの近くよりもっと良い居場所があると判断させることができる。

しかしこのカテゴリで悠々と独自の地位を保っているのが巨大なクロマグロだ。威厳と筋肉をもつ海の住民で、誰にも劣らず狩りをするのみならず、偉大な航海者の一種でもある。クロマグロはずっと同じ産卵場に忠実で、地中海、メキシコ湾、あるいは北アメリカの海岸線に沿った場所に継続的に戻ってきて、比較的温かな水域で繁殖する。しかしこの重要な任務が完了すると、クロマグロは方向を変えて外洋へ向かう。そして実際クロマグロは、多くの海の生き物たちとは異なり、海におけるほとんど完全な自由をもっていて、行きたい場所ならかなりどこへでも行くことができる。これは稀有な利点だ。

クロマグロを際立たせているのは、研究者たちに「自然がつくり出したもっとも効率的なエンジン」と称賛される解剖学的・物理的特徴だ。成体のクロマグロは典型的に体長二・五メートルほどで、その流線型で魚雷型の体は、鼻先と尾ヒレのつけ根でほとんど点になるまで狭まる、頑丈で驚くほど力強い筋肉の丸い塊だ。その体は硬く引き締まっているが、筋肉質の巨体は細い三日月形の尾ヒレと効果的に結びついている。この尾ヒレこそ、クロマグロを水中で突き進ませ、この魚に驚くべき加速と敏捷さを与えているものだ。[6] それはほとんど、船尾にプロペラをつけた一艘の船のようなものだが、はるかに操縦しやすいという点で異なる。その筋肉には豊かな血液供給があり、部分的に恒温性のこの魚は、それらを温かく効果的な状態に保っている。クロマグロはたった七℃しかない水のなかでも体内温度を二八℃に維持できる――見事な達成だ。クロマグロはまた、食べた物から動きへとエネルギーを変換するにあたっても尋常でなく効率的だ。そしてこのことが、世界中を遊泳する持久力と結びついている。マグロの成魚はたやすく年間九万五〇〇〇キロメートルを泳ぐことができると推定されており、それは地球を二周する以上の距離だ。

毎年、成体のクロマグロの流れがジブラルタル海峡という細い導管を通って地中海から大西洋へやってくる。背中の暗色と腹の輝く銀色が、外洋の紺碧のなかにその姿を隠す。しかしその巨躯にもかかわらず、脂肪の蓄えは繁殖のための長い渡りのあとで枯渇しており、クロマグロたちは食料を必要としている。この頑健なハンティング・マシンを進ませ続けるにはたくさんの燃料が必要で、そのマグロは海が提供してくれるはずのもののなかで最高の品質の食べ物を選ばなければならない。

南極海のオウサマペンギンはマグロよりもひ弱で、限られた範囲と時間スケールで狩りをおこなっていたため、予測可能な場所、最初で唯一の可能な試行で到達できる場所で採食する必要があった。しかしこのマグロはオウサマペンギンよりもはるかにパワフルで、探す余裕がある。そして探すだけの価値はある。ここ北大西洋には、腹を減らしたマグロがニシンとサバとイカで肥えることのできる移動式オアシスがあるからだ。クロマグロたちは正確にどこへ行くべきかを知らないが、どこで探索をはじめるべきかは知っている。

大西洋の反対側では、大きなメキシコ湾流がフロリダからノース・カロライナへの海岸線に沿って北へ疾走している。それは熱帯から温かな水を運んでおり、その海流は北緯約三五度で海岸が指関節のように出っ張ったところに到達すると曲がって陸を離れ、東に向かって進み大西洋のより冷たいところへ流れこむ。それはおよそ幅一〇〇キロメートル深さ一キロメートルの海流なのだが、固定した経路をもっていない。それはカナダ沿岸を下って流れる寒流のラブラドル海流と出会うと、彷徨《さまよ》いはじめる。そのよろめきは、並外れた海の特徴を生み出す場となる——世界を回転しながら動きまわる、何週間・何か月も継続可能な水の島々だ。

少し時間を取って、地上の視点から見ればこれがいかに奇妙なものかということを実際にきちんと考えておくのは価値のあることだ。陸上では、森・草原・丘・池といった独特な地理的・生態的特徴はひとつの場所に固定されている。私たちはそれらを地図上に描き、ランドマークとして利用する。しかし、あなたの町のすぐ外側にある、キツツキとキノコとリスの美しい森林が、景色のなかをゆっくり漂流していたと想像してみてほしい。あなたはある週末から次の週末にかけてそれがどこにあるのかわからず、飼い犬が散歩を必要とするたびにそれを探しまわらなければならなくなる。そして次は、数年後にその

6　このひときわ力強い筋肉は持久力のために進化したものであり、エネルギーを供給するミトコンドリアとミオグロビンが豊富で、寿司において大変重視されている。

森がすっかり消えてしまい、大変よく似た別のふたつが近くにポンと現れたと想像してほしい。それこそ、海で回転する水の島々にかなり近いふるまいだ。それらは遊牧民《ノマド》だ。しかしそうしたオアシスを見つけられる場合、航海者たちはこの迷い水が運んでいるすべてから恩恵を受けることができる。

メキシコ湾流は少しばかり陸上の川のようにふるまうことがある。道中にわずかなよろめきが生じれば、そのよろめきがさらに大きくなるという意味だ。よって、もしこの大きな水の流れの東向きの道筋が北へ向いてから南へ戻る小さな隆起を生じさせれば、そのよろめきは時間とともにゆっくりと大きくなり、外側に弧を描きカーヴして、東へ進むことなくそれ自体に戻ってくるという、ひとつのループへと成長する。場合によってはループと流れをつなぐ首がとても細くなり、やがてなくなって、ループが元の流れから切り離されることがある。ところでメキシコ湾流の北側は北の冷たい水と南の温かな水の境界に位置する。そしてこのことが意味するのは、ふたつの結果がありえるということだ。

ループが北側に突き出ているとき、ループの内側の水は暖水で、その流れはループの周りを時計回りに動いている。これが離脱すると、北の冷水にとらえられた時計回りに回転する暖水の島を形成する。これは暖水渦と呼ばれており、私たちが以前に出会った迷子のチョウチョウウオを立ち往生させていたものだ。しかしループが本筋のメキシコ湾流から南に突き出ていて、さらにくびれて切れるときは、南の暖水に放たれた反時計回りに回転する冷水の島が形成される。これは冷水渦と呼ばれる。これらはどちらも中規模渦〔mesoscale eddy〕（この大きさの回転する水の島々を表す正式な海洋学用語だ）の一種だ。

これらの暖水渦と冷水渦は典型的に直径一〇〇キロメートルから三〇〇キロメートルで、それぞれの中心にある特徴的な水の部分は、水面下一〇〇〇メートルまで伸びることがある。これらの液体回転木馬は移動しながら回り続けており――リングの境界部の水は数週間かそこらで一周する――そのことで完全なままの状態を保っている。その水がもつ元の特徴――温度・塩分・小さな乗客たち――は、それが周囲の水から上手く隔絶されているため、多少の変動はあれど同じままだ。その結果として、アイルランドとほぼ同じ大きさをした、水面のまったき区域が親の海流を残して海を漂流することになる。

メキシコ湾流の蛇行によって、毎年およそ二二の暖水渦と三五の冷水渦が孵化し、そのすべてが散らばって、海の物理に連れられるまま自由に漂流する。それらが行き着く正確な場所を予測することはできないが、探しはじめるにあたっては、メキシコ湾流の渦巻き孵化場はとても良い場所だ。そして回転する水塊は周囲の水からおおむね切り離されたままとはいえ、航海者たちがそこへ泳いで出入りするのをとめるものはなにもない――壁はないのだ。それらのドラマティックな海の特徴を見つけることができるあらゆる航海者たちに、この迷子の水塊への扉は大きく開かれている。

地中海から出てきたばかりのクロマグロは泳いで大西洋を渡る。四〇〇〇キロメートルから五〇〇〇キロメートルの旅路だ。クロマグロたちは温かな表層を泳いで出入りしながら、完全に成長したヨーロッパウナギがサルガッソ海へ戻るときの道筋と似た経路をたどる。しかしその広大な道のりには食料がほとんどない。北大西洋中央部のほとんどを占める大砂漠を横断したあと、マグロたちはその北西の隅に出現する。メキシコ湾流とラブラドル海が出会う場所だ。さあ、食事の時間だ。

クロマグロたちはどこでも狩りをすることができるが、暖水渦を好む。メキシコ湾流のすぐ北の冷たい水のなかで孤立して漂っている、時計回りに回転する暖水の島だ。私たちはクロマグロがその恒温性を利用して冷たい水域での狩りに対処できることを知っているため、暖水渦を好むというのは直観に反するように思えるかもしれない。しかしそれは非常に効率的な戦略なのだ。というのも、これはただ水でできた島というわけではなく――切り離される前にその水が運んでいたすべての乗客でいっぱいの島だからだ。さらに、縁の部分および垂直方向での混合もあり、そのことで私たちが以前に見た、水塊を混合する利点のすべてがもたらされている——両方からの、栄養と乗客へのアクセスだ。すなわち暖水渦は水に浮かぶ小さな水の町で、海洋生物を集合させ、それらに繁栄をもたらしている。

その渦巻きの内側にはかなり高度な種の多様性があり、小さな魚が大きな魚を引き寄せ、それから頂点捕食者が到着して他を牛耳る。幼魚・稚魚は渦によってあちこちに運ばれ、成長するあいだ、その脆い若魚の時期を比較的穏やかな環境で過ごす。渦は捕食者の魚だけでなくウミガメや海鳥も引き寄せる。そしてそれらの渦はその温度によって、またそれらが水面の形状に残すサインによって、宇宙空間からでさえ観察可能だ。[7]

マグロたちは持ち前の持久力を発揮して、この豊かな狩場を見つけるまで探求をやめない。そして発見のあと、マグロたちはそこにとどまる場合が多い。腹を減らした魚が饗宴を立ち去ることがあるだろうか？

マグロは優れた聴覚をもっているわけではない。理由のひとつとして、その耳骨に大量のパッドを当てる必要があることが挙げられる。獲物を追うときに鋭く回転したり突進したりする際に生じる大きな力に抗うためだ。しかしマグロたちは優れた視力をもっており、そのため主に日中に狩りをおこなう。いくつかのさまざまな種を食べるが、本当に狙っているのはニシン、すなわちマグロの大きな筋肉にエネルギーを与える、小さく、脂がのった獲物だ。リングに蓄積したプランクトンを食べることができるため、ニシンはここにいる。

そのすべてがひとつの大きくてハッピーな掘り出し物だが、それも永遠に続くわけではない。最終的に、その暖水の渦は冷たい周囲の水と合わさってひとつになり、運んでいるすべてのものを周りの水に混ぜこむ。その熱と塩はいまや冷たい北の諸水域に加わっている。つまり渦の存在により、熱エネルギーの大きな塊が北へ移動したのだ。すべての渦巻きは最終的には消え去るが、メキシコ湾流がラブラドル海流と出会う場所に戻ると、海というエンジンが回転を続けるにつれ、さらに多くの渦巻きが孵化している。クロマグロは別の暖水渦を見つけてそこで摂食するだろう。海というエンジンの構造のなかを航行し、期待がもてる他の狩場を見つけるのだ。

あるいはひょっとしてそのマグロが十分に肥えていて、時期が一年の内で適切な頃ならば、マグロはふたたび産卵するために地中海へ戻る大航海を開始することだろう。クロマグロは生後四年から九年で性成熟に達し、[8]野生下で一〇年から一五年のあいだ生きることができ、幸運ならばそれ以上生きる可能性もある。マグロたちは毎年そうした暖水渦を探しては見つけることだろう。そしてそれは往復一万キロメートルの旅で行く価値のある場所なのだ。

メキシコ湾流の南で回転する冷水渦もまた生命のホットスポットだが、異なる特徴を備えている。それらの渦では、回転の効果によって中央部で上向きの水の流れが生じることになる。その流れは下からの栄養を上の太陽光のもとへ運ぶ。その栄養は植物プランクトンを繁茂させ、それらを摂食できる小さな動物プランクトンを引き寄せる。冷水渦は南へ移動し、栄養と食料をサルガッソ海に運んでいる。

そして驚くべきは、ここまで述べてきた中型の渦巻きは、その唯一の例ではないということだ。似

7　細かくいえば違うのだが、暖水渦の中心は端よりも約五センチメートルから一〇センチメートル高くなり、冷水渦は五センチメートルから一〇センチメートル低くなるため、丘あるいは窪みが存在することになる。

8　同じ種でも個体群によって差があるようだ。クロマグロは同じ場所で摂食する傾向があるにもかかわらず、その個体群は産卵場所によって分かれる。

たような回転する渦は世界中の海で見つかっており、常におよそ三〇〇〇の渦が全海面の数パーセントを覆っている。それらはポンと出現し、数週間あるいは数か月あるいは（ときには）数年後にふたたび消える。メキシコ湾流に形成された渦は特に区別しやすい。それらはなんとも大きな温度差と強い流れのある境界で生じ、独特な大きさと深さをもつからだ。しかし地球の海にはそうした回転する一時的な島々が散らばっていて、それぞれが熱・塩・生命を周囲に移動させ、水を上へ下へと混ぜあわせている。それらはある範囲の大きさと強さで生じ、そのほとんどがおおよそ真西に移動しているが、周囲のより大きな海流によって他の方向に運ばれるものもある。それらは大気における天気のよりゆっくりとしたヴァージョン、いわば海というものの天気を形成している。そしてそれらは海面に、もうひとつ豊かな構造を与えているものなのだ。

航海者たちは好みに応じて、絶え間なく、それらの特徴のあいだと周辺を航行している。大西洋北西部では、キハダマグロは冷水渦を好む。メカジキはどちらの渦タイプからも離れて、その外側で狩りをすることを好む。地形《ランドスケープ》は固定されているが海景《オーシャンスケープ》は流体かつ動的なもので、移ろいやすく、詳細には予測できない。しかしその詳細は、海の物理構造が設定した、信頼可能でさらに大規模な諸パターンの内側にある。航海者たちは巨大な海盆を航行する際、均一な空間を横切っているわけではない――そうではなく、これらの動的な諸パターンの内部と周囲を泳いでいるのだ。

人間の航海者たちもまた、かつてはそうした諸パターンに気づき、水面を渡る際に海の環境の微妙な違いを感じることができていた。私たちが羅針盤や時計を発明した時代でさえ、あらゆる帆船がブルー・マシンの移動する表面部を乗りこなしていた。そこに乗船している人間たちは下部で生じている大攪拌を見ることはできなかったが、その影響と性質の変化を感じていたことだろう。人間たちはその環境のなかを航行するにあたり並外れた技術を発展させたが、その目的地はふつう海ではなく陸にあった。人間たちはマグロたちと同じ理由で航海したのだ――ある生態系から別の生態系へ到達し、ひとつの生態系につながれるのではなく、地球上の諸生態系の一定の範囲へのアクセスから利益を得て、多様性の恩恵を受けることでより豊かでより長い生涯を生きるために。

しかしそうした生態系のすべてへと、より良く、より幅広く、よりすばやくアクセスしようとした集中的な追求が、あるトレードオフを生じさせた。帆船時代の絶頂期、一九世紀の半ばから後半にかけて、人間は海の自然の動的特徴を手探りで進むことに関してはおそらくマグロと同じくらい習熟していた。しかし近代への容赦のない推進は人間と地球の海との関係の根本的変化をも駆り立てた。私たちが失ったものを眺めるための場所は、その時代最後の大型帆走貨物船だ。

大きな断絶

ある美しく静かで雲のない夏の日、ロンドンのグリニッジの街路は特に用事のないリラックスした人たちのざわめきに満ちている。その人々がここにいるのは、太陽と、ここテムズ河畔にぬっと現れる旧王立海軍大学校のドラマティックなバロック建築の、両方に浴するためだ。おそらくかれらは丘をふらふらと登ってグリニッジ子午線[9]の上に立ち、時間が不確かで、位置〔経度〕はさらに不確かだった過去に想いをめぐらせることだろう。完璧な休日の光景だ。

9　本初子午線は公式に東と西を分けるもので、経度〇度を表すために選択された線だ。あなたやあなたの携帯電話あるいは衛星ナヴィゲーションがこれまで利用してきたあらゆるGPS位置表示は、この線と比較して得られた測定結果だ。

しかし私がいる上空二六メートルはあまりリラックスできる場所ではない。下の舗装された広場と私の足元のあいだには、ピンと張ったロープがあるだけだ。私が掴まっているのは太い木製のスパーの上部に沿って水平に渡されている鋼鉄製のレールで、このスパーは世界で唯一現存しているティー・クリッパー〔紅茶運搬船〕、カティ・サーク号の大きなメインマストから突き出しているものだ。

専用の乾ドックの上に吊るされ、テムズ川を視界におさめながら、この船はいま彼女を追い越した近代世界を見渡している。カティ・サーク号は自然から切り離される前の人類の航海の絶頂期を表現しており、失われた時代の旗手の役目を果たしている。人類はこの船を用済みにした革命によって大きな利益を勝ち得たわけだが、失ったものもあり、カティ・サーク号がここにあるのは、そのことを私たちに思い出させるためでもあるのだ。

一八六九年に建造されたカティ・サーク号は当時最速の船となるように設計された。この船はヨットのなめらかな線をもち、最低限の抵抗で水を切り裂くことを可能にした鋭くほとんど垂直な船首を備えている。しかし船の腹部は貴重な茶葉のための追加の貨物スペースのぶん、わずかに膨らんでいる。船は中国からロンドンへ茶葉を運ぶためのもので、一度に一万の茶箱を収容する余裕があった。茶葉貿易はなによりもスピードが大切で、重要性の点でただひとつ航海速度に匹敵するのが持ち帰ることのできる積み荷の量だった。満載時には詰めこまれた貨物が主甲板にいたるまで船の内側全体を占拠していたことだろう。

主甲板から立ちあがっているのは三つの巨大な帆柱《マスト》で、それぞれが帆桁《ヤード》と呼ばれる大きな横木を備え、それらは細長い船の側面をゆうに超えて外側に伸びている。私はそのうちひとつの外側の端に座っている。私は想像してみる。船が嵐の海で転がっているとき、この場所にいたらどんな感じだったのだろう。

帆桁の端[10]は波にどれほど近づいたのだろう。そしてこの逆さになった振り子に張りつき、船の上で揺れてまた戻ってくる感覚は？　世界がどれほど周囲を動いていたか、どれほど船によって投げ出されそうと感じたはずかを、私は見通すことができない。

私は川を挟んだ素晴らしい景観を感心して眺めながらしばらく過ごしたが、その後は帆たちを補強・接続するロープの精巧なネットワークに気を取られる——これが策具《さくぐ》だ。地上から見るそれはほとんどでたらめなものに思え、嵐を迎える神経質なキャンパーが大急ぎでやりすぎたかのようだ。しかしこの場所で上から見ると、その入り組んだロープの構造がいかに体系的かがわかる。私はここまで「ラットライン」を登る経路で上がってきた。「シュラウド」という、帆を決められた位置に保つロープを飾る、事実上のロープの階段だ。

完全な策具が施された稼働中の船だと、帆の形状と位置を定めるために、ロープでできた網がさらに必要となる。全盛期において、全長六五メートルしかないこの比較的小さな船は、一八キロメートルぶんの策具を載せていたことだろう。

私はハーネスとヘルメットを身に着けて、ふたりのロープの専門家に見守られながら、どこかの誰かがこのアクティヴィティについてのリスク評価の作成に熟慮を重ねたはずだと完全に信頼した上でここにいる[11]。しかし一八七〇年代と一八八〇年代にカティ・サーク号が貴重な貨物を積んでロンドンに急い

10　もしもこれまで「ヤードアーム」とはなにか疑問に思ったことがあるなら、これがそれで、帆が完全に届かない帆桁のもっとも端の部分のことだ。

11　全面開示——私は本当のところそのリスク評価に自信がある。というのも、私はこの船を所有しているグリニッジ王立博物館の理事のひとりであるという大きな特権を有しているからだ。そのため私はこれらのリスク管理のすべてについて読んだうえで議論したことがある。

で戻っていたとき、船員たちは荒れた海のなか、裸足で、安全器具もつけずに、絶えずここを登り降りして、キャンバス地の帆を展開・調整・修理していたことだろう。やるべき作業があったため、常に両手で摑まっているという選択肢はなかったはずだ。当時、帆走には船との非常に物理的なつながりを要した。引っ張り、調整し、集め、整頓することで、人間の筋肉に負担をかけながら継続的に船を再構築して自然の要求に合わせていたのだ。

そしてそれこそ、この船が重要な理由だ——すなわち、この船が、人間とそれ以外の自然のあいだの関係に折り合いをつけていたから重要なのだ。航海に出ている帆船というものは、ひとつのコラボレーションそのものであって、ひとつの物体ではない。船員がいなければ帆船はどこへも行かない。カティ・サーク号が建造されるまでに、人間は何世紀にもわたって帆船に調整を加えていた。それらの調整は、非常に特殊な方法で人間を環境に結びつけるハーネスとしての船というものの使い方を、トライアル・アンド・エラーを通じて習得しながらなされたものだ。カティ・サーク号を、距離を取って横から実際に見てみると、それが鎖のひとつの輪にすぎないということがはっきりしてくる——積み荷と風のあいだにある、必要最低限の接続部だ。この船はひとつのすらっとした鉄骨フレームの上に木製の板を複数置いた複合体として設計されている。繊細な外殻だ。木材だけで同じ強度を得ようとすれば、もっと嵩が必要となる。船体の上にあるすべてを支配していたのは巨大な帆で、最大三〇〇〇平方メートルの帆布が風を摑むために空高く掲げられていた。

貨物の上には薄くて丈夫なベニヤがあり、人間たちはその上に置かれた三つの船室に押しこめられていた。そして船員たちは、それらの寝室兼生活スペースから踏み出すときには、直接雨風のなかへ踏み入っていたのだった。大きなうねりだと船の真横を越えてくる場合があり、ある乗組員は海がその下のすべてを飲みこむことで、船が一時的に水から突き出た三本の棒（帆）だけになったと書いている。その乗組員は海を体験し、海を呼吸していた。このように自然環境に浸ることは、海というエンジンを手探りで進むのに必要なことだった。そして船員たちは意識的にせよ潜在意識的にせよ、舵のあらゆる微調整や追加されたすべての帆に気づいていたはずだ。船員たちはきっと、船の動きを足元の反応で感じていたのだから。

一八八五年、カティ・サーク号はシドニーからロンドンへの航海をたった七三日間で完了し、その移動時間で世界記録を樹立した。この達成は人間＋船というコラボレーションの勝利だった。船長と船員が技術を駆使して海流・風・波のニュアンスを乗りこなしたのだが、その技術とは純粋に、船の形状に微妙な変化を生じさせることだった。すなわち、帆を変え舵の位置を変えることで、周囲で動作する大気と海という巨大マシンのなかでの船の居座り方を変更したのだ。帆の形状と船の方向が自然というマシンに効率的に接続するよう微調整されていれば、風は膨大な力を発揮できた。これが帆走の技術だ。

カティ・サーク号は完全に海のなすがままだったため、「無風帯」（赤道付近で地球を取り囲む穏やかな天候が続く帯）に出会って風が静まり、ついにはなくなると、その依存は明瞭となった。しかし風があるときのコラボレーションは素晴らしかった。カティ・サーク号が達成した最高速度の記録は一七・五ノットすなわち時速三二・四キロメートルで、これは今日の基準から見ても速い。船のベストを引き出すために乗組員は船の癖のすべてを理解して感じる必要があり、それは科学であると同時に技術＝芸術《アート》でもあった。その帆船は謎めいた異郷の地への入り口で、知識・技術・直観の適切な組み合わせだけがその進路をひらいたのだが、海そのものは常にうろうろして肩越しに覗きこみ、ひどい傲慢は挫《くじ》こうと準備をしていた。

その責任のすべては船長のもとへ集約されていた。陸へ戻れば家族がいて、政府、食料・予備物資・薬の供給網、専門家と図書館、嵐から身を守る場所があった。頼ることのできる資源・知識があり、頼れる人々がいたわけだ。しかし外洋に出ると、それらは一切ない。舵の前に立つとき、船長はみずからを取り囲む自然の巨大な広がりを感じ、同時に彼のコントロール下にあるのが人間のつくったちっぽけなカプセルだということを理解しただろう。

海上にいるあいだ、船長はこの浮遊する王国の絶対的な統治者で、食料供給、貨物、外国の物品を購入するのに必要な資金、乗組員の管理と規律、運航指示、船の状態、そしてなにより船・貨物・船員を地球の片側から反対側に安全に運ぶことに関する究極的な責任を負っていた。もし船長が計算を間違えたり風や海流を読み違えたりすれば、自然の膨大な力が帆を破壊し、船員を飢えさせるかもしれない――あるいは単純に遭難してもう見つからないということもある。船長というのはびっくりするほど孤独な立場だったのだ。

しかしその孤独には自立と独立への大きな誇りもともなっていた。船長は自分自身が目の前の状況を乗り切ることができると知っていたし、自然を読み自然と協調する技術、そして船を押しのけ歪ませる力を囲いこむ技術を自分自身が確かにもっているとわかっていたし、剝き出しの自然のあらゆる力に直面してもなお文明に帰還できると確信していたのだった。

いちど港を出発すれば、船は地球と協定を結ぶことになった――この巨大で制御不能なシステムの機微を、もてる技術を使って乗りこなせば、家に帰してもらえるという取引だ。あまりに多く間違えれば――あるいは、たったひとつでも深刻な間違いをしでかせば――破滅が訪れた。船長は苦労して、毎回、航海の成功を摑み取る必要があったのだ。船長の航海日誌は風・雨・海流・気温の詳細に満ちており、そのためそれは、次に講じるべき最善の動きを推測するために利用できる手がかりの、微に入り細を穿つコレクションだった。しかし計測結果はあくまでも手がかりの一部であって、船と周囲の様子についての感覚も同様に重要だったはずだ。帆走において合理的選択と同時に道徳的選択が重要だと考えられていたのも不思議なことではない。しかしこの人間と自然の偉大な統合は、経済とテクノロジー、そして利便性の要請により船上から投げ捨てられようとしていた。

カティ・サーク号の最初の航海以前でさえ、新しい時代への遷移は順調に進行していた。カティ・サーク号が進水したのと同じ週にはスエズ運河が開通し、地中海と紅海を直接連絡することで、中国からロンドンまでの航路を九〇〇〇キロメートル短縮した。この近道を通って帆船を曳航するのは非常に困難で費用もかかったため、スエズ運河は石炭燃料の蒸気船に大きなアドヴァンテージを与えた。エンジン駆動の船は一八〇〇年代初頭から存在していたが、木造外輪船が最速の貨物帆船と張りあえるテクノロジーに進歩するまでには数十年を要した。しかしその時は来た。

カティ・サーク号はかろうじて八シーズンの紅茶輸送をおこなっただけで、その後は蒸気船が、この利益・注目度の大きなスピード偏重の貿易を引き継いだ。カティ・サーク号は羊毛貿易（これもまたスピードが重要だった）に追放され、それから一般貨物船として比較的平凡な存在となった。しかしこれは同一条件の置き換えではなかったし、その移行に論争がなかったわけではなかった。

この激変のもっとも根本的な観点は、木材から金属への移行でも、無料の風から高価な石炭への移行でも、天気の不規則性から時刻表の信頼性への移行でもなかった。それらすべてが重要だったとはいえ、根本的だったのは、自然とともに航海することから、自然に反して航海することへの変化だった。蒸気船というのは単なるひとつの機械仕掛けにすぎない。ボイラに石炭をほうりこみ続ける必要があるのは別として、大筋では蒸気船のスイッチをオンにして船を任意の方向へ向けてしまえば、船がひとりでに動きまわっているあいだはほうっておくことができた。何世紀にもわたる人間と自然のコラボレーションは終わったのだ。

帆船の乗組員たちは蒸気船を毛嫌いしていた——その大多数が、天候にかかわらず石炭をほうりこみ続けるよりも、嵐のなか、濡れた策具の上でバランスを取るのを選んだことだろう。しかし帆走のロマンティシズムは近代的な現象ではない——一九世紀の船員たちもそのことを知っていたし感じていた。そして多くは屈するよりも引退を選んだ。蒸気船に必要な少数の船員のほとんどは機械仕掛けに仕える単なる召使いで、鋼鉄の牢獄のはらわたのなかに閉じこめられ、「悪魔の船」に赤々と燃える火をくべながら、周囲の海から完全に隔絶されていた。

あらかじめ決められた方向に同じスピードで移動する能力は、人間の自然に対する勝利をはっきりとしるしづけていたかもしれないが、それは人間と海の自然のあいだのあらゆる直観的関係に対する包括的な敗北を示してもいた。もちろん、海流と波は依然として船の進行に影響を与えていたはずだが、その重大さははるかに少なかった。当時のコメンテーターたちは紙面をたくさん費やして、このような形で神に抗い、どこへでも行きたい場所に行けるという厚かましさを得て、船をたまたま動く単なる容器に変じさせるのが道徳的に正しいかどうかについて論じた。

ただし帆船は、より味気ない理由から長いあいだ実務に投入され続けもした。最初の理由は柔軟性だった。天候はどこにでもあったので、適切な季節を待つ必要があるかもしれないときでも、帆船が行くことのできる場所に制限はなかった。移動を助ける風は常に、結局のところ吹いていたはずだからだ。また、帆船には乗組員の賃金と食費以外の費用はなにもかからなかった。一方で蒸気船には高価な石炭が必要だった。蒸気船が貨物ルートのほとんどを引き継いだあとも、帆船はまだ利用された。蒸気船がふたたび燃料を得られるよう、多くの港に石炭を輸送するためだ。

化石燃料の使用のせいで存続の危機に瀕している現代社会で考えると、このことには度肝を抜かれる──一八〇〇年代後半には、無料でクリーンなエネルギー源が、高価で汚いエネルギーの利用を可能にするものとして使われていたのだ。もし石炭を運ぶ帆船がなければ、蒸気船の普及は燃料への直接のアクセスのある少数の港に限られていたことだろう。現在、私たちは化石燃料のサプライ・チェーンが普及していることを当然と考えているが、なにもないところからそれらの鎖《チェーン》を構築する必要があったわけで、そのプロセスのスタートを切ったのは帆船だった。

蒸気船は近代世界の発展に不可欠だったが、それらは設計からして傲慢だった。人間はもはや海に連れられるのではなく、いまや自分たちの独断で動いていた。他のあらゆる航海者たちと違って、私たちは海そのものから独立するようになった。確かにそこを航海しているのだが、周囲で生じていることにほとんど注意を払わないようになったのだ。とはいえ、この規模のエンジンを純粋に背景に押しやってしまうことは不可能だった──つまり海は依然として、金属製の航海マシンに対してさえ、影響力をもっていた。しかし人間たちはもはや以前と同じように精神的に海とつながることを必要とせず、したがってその習慣は失われた。ブルー・マシンの複雑さを理解することはもはや剝き出しの生存の問題ではなくなり、いまや電波・レーダ・GPS・衛星電話・気象予報・海流予想・AIS・遭難信号が当然のこととなっている。[12]

つまり人類は自分たちが達成したテクノロジーを鎌として用いることで、何世紀にもわたって蓄積された関係と知識を切り裂き、みずからを、航海する人類を、海の剝き出しの現実から切り離したのだ。

近代世界で求められたのはある種の効率で、それは正確なスケジューリング、通年の稼働、利便性、スピード、投資家への利益といったものを供給する能力によって判断された。そうした尺度で計れば、人間がブルー・マシンとのつながりを失ったことなどどうでもよく、関連して文化とアイデンティティが委縮したことも同様だった。しかし人間はやはり人間だ。貸借対照表《バランス・シート》は情緒的な豊かさを無視するかもしれないが、その豊かさを取り除くことはできない。そしてこのつながりの喪失が永久に続くとは決まっていない。

現代世界においてさえ（において特に）、海を渡って航海することは、単にA地点からB地点へ海面を横切ってたどり着くことよりも、はるかに意義深いものとなる可能性を秘めている。これを認識することで、すべてのなかでもっとも偉大な遠洋航海文化は絶滅の瀬戸際からみずからを守り、そのアイデンティティを再建し、未来を再考することができた。その道のりは険しく、道中は障害や挫折の連続だったが、ひとつの考えを粘り強く信じることでなんとか切りひらかれた。偉大な教師、リーダー、ヴォランティア、コミュニティの成員たちが皆、自分たちの過去と現在の両方を航行するという課題のために立ちあがり、ついには「ホクレア」と呼ばれる航海カヌーに乗って、未来への道を見つけたのだ。[13]

リヴァイヴァル

ポリネシアは太平洋にある巨大な三角形の広がりで、北のハワイ諸島から南西に七三〇〇キロメートルのところにあるニュージーランドへ、そして海を挟んで南東のラパ・ヌイ（イースター島）へ伸びている。海を覆うその面積は三〇〇〇万平方キロメートルで、アフリカ大陸全体とほとんど同じ大きさのエリアだ。その範囲内には一〇〇〇を超える島々があり[14]、そのほとんどが非常に小さい。

キャプテン・クック以降の西洋の探検家たちは、これら点々とした陸地の地図を作成し、宣教師たちを船で運び入れ、その多くを植民地化した。それらは理想の軍事的・外交的な前哨基地と見なされたのだ。一九七〇年代初頭までに、ハワイ固有の文化の多くが意図的に抑圧されるか単純に次世代へ継承されないかのどちらかの状態になっていた。ガソリンや旅行者、貨物船、そしてアメリカの行政システムの到来によって、それまでそこにあったものがあまり考慮されないままに、巨大な変化の波が生じたためだ。ネイティヴの人々の多くが、この輸入されたシステムのなかで居場所を見つけるのに苦労していた。

しかしある小さなグループが、もともとの住民はどのようにしてこの島々へたどり着いたのかという問いを発しはじめていた。普及していた学術的見解は、人々は偶然そこへ漂流してきたに違いないというものだった。しかし海流と風を考慮すると、それはありそうもないことだった。もっとも近い本土はおよそ四〇〇〇キロメートル離れているし、いずれにせよ、太平洋の他の島々の多くに人が住んでいる――人々がそのすべてにただ偶発的に流れ着いたとは考えにくかった。

ならば考えられるのは、ハワイの人々と他のポリネシアンたちが、島々のあいだを航行したり、この

12　AISは自動船舶識別装置〔Automatic Identification System〕の略で、ほとんどすべての船が搭載を義務づけられている（しかし無理強いには用心しなければならず、まだ見えないままでいることを望む少数派もいる）。オンラインで調べればAISデータへのリンクが見つかり、そこにある地図は世界中のあらゆる船の現在の位置を示している。

13　ここでは簡単な概要しか示さないが、ホクレアとその航法師ナイノア・トンプソンの物語の全容はサム・ローの優れた著作『ハワイキ・ライジング』〔*Hawaiki Rising*〕で語られており、私はこの本を強く薦めたい。

14　正確な数は岩や礁の飛び出た部分をどのくらいの大きさから島に数え入れるかによって異なる。

広大な海を渡ったりするための技術と知識をもち、意図的に旅を繰り返していたかもしれないということだった。旧式の航海カヌーがあったことは知られていて、それは足場で〔並列に〕つながれたふたつの船体と、クロウ・セイル（三角形の帆で、二本のスパーによって所定の位置に保たれる）をもつものだった。そして計画がはじまった——そうした航海カヌーのひとつのレプリカを建造し、それが現代の航行技術なしで島々のあいだを帆走できるかを見極めるのだ。ホノルルにあるディリンガム・コーポレーションの造船所の片隅で、カヌー「ホクレア」は形をとりはじめた。

安全に帆走可能な航海カヌーを建造するのがひとつとして、もうひとつ、航法の課題が桁外れに大きかった。試験運行ではハワイからタヒチまで四二〇〇キロメートル以上の旅路を航海する。これは素人がこなせる任務ではない——小さな誤差しか許されないなか、この広大な海で小さな島々を見つけるのだ。

古代ポリネシア世界では、航法師たちはその技術の達人として尊敬を集めていて、かれらのコミュニティに不可欠な秘密《シークレット》でかつ神聖《セイクリッド》な知識をもっていた。しかしポリネシアの航法師の最後の世代はすでに亡くなっており、その知識は失われていた。鎖は途切れているかに思われた——しかしハワイの人々は、ミクロネシア最後の航法師のひとり、マウ・ピアイルックを見つけ出した。[15]

マウは秘密を口外しないという伝統を破ること、そしてホクレアを海に出すためハワイの人々を手伝うことに同意した。彼は古来の手法が滅びつつあるのを理解していたからだ。彼はみずからハワイの人々の文化を守る手助けができれば、おそらく彼自身の文化を守ることもできると考えたのだった。

最初の長期航海のための準備は多くの失敗をともなう急峻な学習曲線を描いたが、地元のハワイアン・コミュニティはその計画に惹かれ、ますます多くの人たちがその重要性を理解しはじめた。このプロジェクトは自分たちの祖先がもっていた技術を証明するためだけのものではなかった。それは祖先が実際にはどんな人々だったのかを再発見するための航海でもあった。

一九七六年五月一日、ホクレアはハワイを出発した。マウが航法師を務め、カウィカ・カパフレフア（私の良き師キモケオのおじだ）が船長だった。その他に一三人の乗組員がいて、その全員が、全長一八・七メートル、幅四・七メートルしかない一艘のカヌーに乗っていた。乗員たちはマウが指し示す方向ならどこへでも船を進め、風とうねりのなか、無風帯の穏やかな水域を越え、海に次ぐ海を越えて帆走した。マウはほとんど眠らず、空・星々・うねり、そして周囲のあらゆるディテールに常に気を配り、カヌーの動きを感じていた。空が雲に満ちているときでさえ、海そのものがカヌーを進ませる方向についての十分な情報を与えてくれた。しかしそれにはあらゆる細部に気づき、それを正確に解釈することが必須だった。船員には羅針盤も、GPSも、外部からの位置情報の更新もなかった（とはいえ、安全確保用のボート一艘はカヌーを追跡していた）。

そして三一日後、ついにマタイヴァ環礁が見えた。ここからタヒチへの航路はほんの少しだ。そしてタヒチへ到着したとき、船員たちは約一万七〇〇〇もの人々が歓迎のため待ち受けているのを目にした。これはポリネシアのすべてにとって特別な瞬間だった。古代ポリネシアの人々が信じがたいほど熟練した船乗りだったこと、そして現代社会がなんと言おうとポリネシアの人々は海の民というみずからの立場を誇りに思ってもよいし、思うべきだということを疑いの余地なく証明したのだ。その祝賀は文化全体の、その文化自体に対する見方の転換点となった。マウは彼の故郷の島に戻り、ホクレアはハワイに

15　ミクロネシアは西太平洋に位置し、ポリネシアとアジア大陸のあいだの隙間の部分を埋める地域だ。マウは一九五一年に「ポゥ」を受け取った。彼がただの航法師ではなく、あらゆる航海技法の達人だと公式に認める称号だ。マウは彼の故郷サタワル島で通過儀礼を受けた最後の人物だった。

戻って大きな拍手喝采とともに迎えられた。

この航行技術が可能だと証明されたことはひとつの大きな出来事だった。そして次の世代に伝えるべきもっと具体的ななにかがあるという確信が得られたのは、さらに大きな一歩だった。そのバトンを引き継ぐ責任を負ったのがナイノア・トンプソンだった。ハワイ出身で、西洋の学校で教育を受け、ハワイへの復路でホクレアに乗っていた男だ。

最初の航海が終わってから何年ものあいだ、彼は星々の研究に身を捧げ、地元のプラネタリウムを使って、マウがおこなっていたように航行する方法を見つけ出そうとした。彼は独自の天体羅針盤を作製し、星を使って航海カヌーの位置を計算するメソッドを試行・試験した。彼は海を眺め、それが彼に伝えてくれるものを探した。そして一九七八年、マウがナイノアに教えるためハワイに戻ってきた。それまでのあいだ、ハワイの人々はチームワークについて、そして成功するため、乗員の皆に必要な姿勢について多くを学んでいた。いまやかれらは技術的熟練が十分ではなかったこと、乗員全体のコミットメント・謙虚さ・調和もまたなくてはならなかったことを知っていた。協力して、かれらは練習・習熟・準備をおこなった。

そして一九八〇年三月一五日、ホクレアはふたたびハワイを出発した。その際、ナイノアがカヌーを操り、同乗したマウはなにも口出ししなかった。乗員全員が、みずからの双肩に文化全体の期待がのっているのをわかっていた。かれらは教えを十分よく習得したのだろうか？　現代のハワイアンたちは、先祖がおこなっていた方法で海と協調できるのだろうか？　海とそれが示す手がかりは変わっていなかったが、かれらはもういちどそれらを読み、利用することができるのだろうか？

出航して三〇日目、乗員たちは、陸で暮らし海で摂食する海鳥を目にした。島が近くにあるに違いない。そして次の日、海を見つめるかれらは波が転がり去ってゆくのを目にした。マウは立ちあがって言った。「島がちょうどあそこにある」。そしてそれはあった。ホクレアはふたたびタヒチに到着していた。こんどは、その方法を見つけているひとりの現代のハワイアンとともにだ。マウの生徒ナイノアは見事試験に合格していた。そしてハワイアンたちはいまいちど海をゆく民となっていた。

ホクレアの初期の諸航海はハワイ文化の一大リヴァイヴァルの重要な一部だった。ポリネシアの人々は海の民で、史上もっとも偉大な航法師たちの子孫だった。そしていまやかれらはそのことを知っていた。一九八〇年代と一九九〇年代のあいだ、さらに多くの航海カヌーが建造され、航法スクールが設立された。ハワイの人々だけでなく他のポリネシアの人々も皆、自分たちの過去・現在・未来の海とのつながりを見つめ、それを熱狂的に祝福した。航法師たちが大切にしている価値もまた共有された――チームワーク、謙虚さ、観察、勤勉さ、そして自分たちのカヌー・ファミリーの大切さだ。太平洋中の島々が自分たちの文化を復活させ、新たにした。いまや人々は海をこれまでと違うものとして見ていた――自分たちの島々をつなぐものとして、そして自分たちをつなぐものとして見ていたのだ。二〇〇七年、マウは五六年ぶりにポゥの儀式を挙行して、サタワル島の一一人とハワイの五人（ナイノアを含む）にその称号を授け、航法の達人の新しい世代をつくり出した。

二〇二〇年二月、サン・ディエゴでおこなわれたアメリカ地球物理学連合海洋科学部門の会議で、ナイノアは次の必勝コンビネーションを強調した――文化と科学はパートナーであるべきだと。次世代の教育についての話題で、彼は言った。「こうした子どもたちは航海の方法、そして世界中への行き方を知っています。しかし子どもたちはまた、家への帰り方も知っているのです。なぜなら、自分たちが何者かを知っているからです」。世界と、そのなかでのあなたの場所についての新たなとらえ方を手にすることで、あなたはあなたの大切にする価値に合わせて科学技術を利用できるようになるのだ。

二〇一三年から二〇一九年まで、ホクレアは姉妹カヌーのヒキアナリアとともにマラマ・ホヌア世界航海を引き受け、世界中を一五万海里以上帆走し、一八の国で一五〇以上の港を訪れた。航海中は合計で二四五人の乗員が伝統的なメソッドと現代的な補助器具の両方を用いながら交替で乗船した。航海の期間中、船員たちは一〇万人以上の人々と話し、自分たちが得た海とのつながりを共有し、出会った人々と新しいつながりを築いた。そうしたポリネシアンたちは将来的な海との関係をこれまでとは異なる形で理解することを選択し、その未来を実現させるための取り組みを続けている。かれらは航海者で、海そのものがあらゆる航海の重要なひとつの要素なのだと理解している。

西洋世界にいる私たちは、私たち自身の海との結びつきにあまり気づいていないかもしれない。しかしホクレアが教えてくれるのは、私たちの前にはひとつの選択があるということだ。近代的な快適さを享受することは、決して私たちをとりまく世界と私たちとのつながりを見捨てることを意味しない。これは海の問題ではない――これは私たちの問題、つまり私たちが、自分自身どのような存在でいることを選択するかという問題なのだ。

私たちは皆、地球の市民、つまり海の惑星の市民だ。私たちがブルー・マシンを受け入れるという選択をするかどうかとは無関係に、ブルー・マシンはこの惑星を支配し、地球上のエネルギーと原子の流れを制御し、他のあらゆるもののための舞台を設定している。この偉大な液状エンジンは壮大で入り組んでおり、動的で、相互接続されていて、その渦巻く内部のいたるところで波紋を生み出している膨大な数の生命とともにある。それは私たちよりもはるかに大きいし、海の物理的構造の偉大な諸法則が人間の意志に従うことは決してない。

私たちは海について知らないふりをしながら自分たちの生活を送ることもできるし、海を理解し、それと協調する道を選ぶこともできる。いずれの場合でも自然のプロセスは私たちが直接コントロールできるものではないが、後者を選べば、そこから恩恵を得ることができる。自然のプロセスは私たちを驚かせ、ときに予期せぬ事態を生じさせると同時に、豊かさと多様性をもたらすからだ。そして、それこそがブルー・マシンの美なのだ。

私たちは、海を受け入れるかどうかなど重要ではないかのようにふるまって無知のまま活動を続けることのできる地点をとっくに過ぎている。ブルー・マシンは巨大なものかもしれないが、それは繊細に均衡を保っており、私たち人間の文明はそのプロセスに、それを混乱させるのに十分すぎるほどの影響を与えている。私たちの社会の海との関係は、大きな愛と酷い暴虐の両方を包含する複雑なものだ。

いまや私たちはこのエンジンがどのようなものか、なにをしているのかを理解することができるし、私たちがそれに与えているダメージを理解・計測することもできる。私たちはすでに海に干渉し、海を汚染しており、応答としてエンジンは軋んでうなりをあげている。しかし私たちのやり方を変えるのに遅すぎるということはない。私たちは地球という惑星から離れでもしない限り、私たちと海との関係から遠ざかることができない。そして私たちは、地球からは出られない。だからいまこそ、その関係の未来について、そして青い惑星でいま暮らしている市民として、私たちが直面している選択について考える時だ。

第3部 ブルー・マシンと私たち

第7章　未来

理解していないものを守ることはできない。
関心をもたなければ守ろうとすら思えない。
レイシー・ヴィーチ、NASAの宇宙飛行士

本書は大半の部分で、私たちがいま海に与えているダメージについての話題をわざと回避している。地球規模の変化に関する大変多くの議論が、壊れたものについて指弾することに焦点を当てており、ダメージを文脈のなかに置いて示すことをしていない。本書の目的は地球を見事に駆動する海というエンジンの輪郭を描き出し、その仕組みを示し、そのすべてがどのように噛みあっているか、なぜそれが重要なのかを共有することだった。海の物理的・生物学的な複雑さを細部まで目にすることで、私たちの惑星と私たちの生活の見え方は変わる。そしてその目撃＝理解は、それ自体で、ひとつの贈り物《ギフト》だ。地球の海はひとつの驚くべきシステムで、私たちはそのとても多くの部分について正しく理解し、喜びを感じることができる。そして私たちは次に起こることについての難問に取り組むあいだ、その喜びのすべてにしがみついている必要があるのだと私は思う。

偉大な物語へのまっさらな高揚を共有し、前向きでわくわくさせるような海の未来だけを楽しみにしながら、純粋な祝福とともに終わる海の本を書くことができれば良かったのにと心から思う。しかし

海についての知識の深化には、海の惑星の良き住民でいる責任がともなう。いま振り返ってみると、過去二〇〇年以上にわたって、ほとんどの場合、私たちは良き住民ではなかったことがわかる。おそらく、その期間の大部分で私たちは無知あるいは全地球的な視野の欠如あるいは学ぶべき歴史の欠如を言い訳《エクスキューズ》にしてきた。仮にこれまでは妥当な言い訳だったとしても、いまはもはや決してそうとは言えない。もう私たちは見ていて、わかっている。そして私たち自身が渦中にいるその状況について話題にすべき時が来ている。私たちの文明はブルー・マシンに深刻な問題を引き起こしている。そして私たちはそのことを直視しなければならない。海にはまだ祝うべき多くのものがあるが、未来の世代がそのうちのどれだけを私たちから受け取るのかという問題は際どいものとなっている。

私たちはこの海の惑星のより良い住民でいることができる——私たちがそうあることを選ぶなら。しかしそのためには、いくらかの大きな変化が必要となる。だから簡単にではあるが、地球の海が現時点で直面している困難な現実を見てみよう。そうすれば私たちは、私たちの知識と優先事項、そして私たちが人類として共有する価値を整理し、次におこなうべきことについて前向きに考えられるようになる。

本書に登場した話題についてのリサーチをおこなっているときに気づいたことがある。それぞれの話題に関する最近の科学論文のほとんどすべてが、当該システムがいかに変化し続けているかという議論からはじまっているのだ。海という巨大エンジンはこれからも回転し続けるが、その繊細な均衡と、生命がそこに織りこまれるあり方は固定されていない。それは回転するに違いないものの、あらゆる細かな部分までかならずしも「これ」という見本のように回転するわけではないのだ。しかし「これ」は膨大な豊かさをもつひとつのシステムで、もし私たちがそれを失えば、海洋物理学と進化論は、その恩恵を取り戻すのに長い時間を要するだろう。

私たちは地球の海についてすべてを理解しているわけではない。しかしそれがどれほど貴重かを知り、それを保護するもっとも明確な方法を知るのに十分なくらいには、私たちは地球の海についてしっかりと理解している。ブルー・マシンに私たちが加えてきたダメージを並べ立てるのは、なにもショックを与えるためではない。そうではなく、どうすることもできない状況から私たちを引きあげるためだ。知識を得ることは、楽天主義のための土壌を得ることでもあるのだから。

もっとも根本的な問題

私たちは化石燃料を燃やし、土地利用の方法を変えることで、この惑星のコントロール・レヴァーを動かしてきた。その結果として現在の地球に生じているのが、出ていくエネルギーよりも入ってくるエネルギーのほうが多いという、エネルギーの不均衡だ。私たちはこの不均衡を計測することができる――それは平均して総エネルギー収支の約〇・三パーセントで、約五〇〇テラワットすなわち毎秒五〇〇兆ジュールの継続的な流動に相当する。根本的には、これが気候変動の正体だ――すなわち地球のシステム内での余分なエネルギーのゆっくりとした蓄積だ。

ではその余分なエネルギーはどこへ向かっているのだろうか？　その答えは明白で疑う余地がない――海のなかへ向かっているのだ。人間が引き起こす気候システムの変化によって地球に蓄積されているすべての追加エネルギーのうち九〇パーセント以上が最後には海で熱となっている。海中の熱の総量を追跡するのは惑星規模の温度計をつくり出すひとつの方法だが、それは間断のない上昇を示している。[1]

しかしこの余分な熱は、単に海という食器棚の奥に入れられて保管されているわけではない。見てきたようにブルー・マシンはひとつのエンジンで、余分なエネルギーをエンジンに加えることにはいろいろな結果がともなう。たとえば、余分なエネルギーが熱として海の最上部に入ると、表面の水――温かな混合層――は、さらに下の諸層よりもすばやく温まる。私たちは海の重要な特徴のひとつに、栄養を冷たい深部から太陽の光のもとへ運び、植物プランクトンがその栄養を生命の素材に変換できるようにする一連のシステムがあることを見てきた。しかし表層がより温かくなると、冷水中に保たれている深部の栄養が混合され上昇して太陽光へたどり着くのは、はるかに難しくなる。層化が強固になればなるほど乗り越えが難しくなるためだ。このことで太陽光のもとにある生命の原材料が減少し、生態系の全体がストレスにさらされる。より強い成層化が意味するのは、海というエンジンの内部で、熱・気体・栄養その他たくさんのあらゆるものの交換が少なくなり、海の内部での物質の相互作用が不足するということだ。表層に加えられた余分な熱は層構造を強化し、結果としてブルー・マシンの垂直方向の反転を抑制するブレーキの役割を果たすようになる。また、温かくなった海は、より多くのエネルギーを大気中に与えることで天候のパターンを変え、嵐をより激しくする場合がある。熱帯ではその影響が特に深刻に出ることがあり、しばしばハリケーンや台風が、インフラを回復させる力をもたない貧しいコミュニティを襲っている。

私たちは生命の世話役としての酸素について好んで語るし、[2] 空気中の酸素レヴェルが比較的少し低下

1　余分なエネルギーの量についてはかなりよくわかっているものの、それを「度」を単位とした特定の上昇温度に換算するのは難しい。というのも、この余分な熱は海のどこにでも均等に分布しているわけではないからだ。余分なエネルギーの三分の二は上部七〇〇メートルにあり、三分の一はその下にある。しかしそのパターンはかなり複雑なため、科学者たちはすべての余分なエネルギーを足し合わせて、海の温度ではなく、海の総貯熱量で話をする傾向にある。この数字は依然として惑星の温度計の機能を果たしているのだ。

しただけでも、人間がすぐに気絶してしまうことをよく知っている。しかし外洋での酸素レヴェルは過去五〇年から一〇〇年で二パーセント低下している。その変化の要因は複雑で、世界中でたくさんのヴァリエーションが見られる。水温の上昇で生じる酸素の消失はごく一部で、残りは海の成層化の増加や水流パターンの変化、そして光合成を通じて酸素を生成したり、呼吸を通じて酸素を取りこんだりする生命の変化によって引き起こされている。深部での酸素レヴェルは自然と大きく変化する場合があるため、特定の原因にピンを刺すのは難しい。しかし私たちはすでにその変化を目の当たりにしており、見たところ海の中深部における酸素の減少が気候変動の主な結果のひとつで、潜在的に深海の生態系にも深刻な影響をおよぼすことになるかのようだ。結局のところ、食べているあいだ実際に呼吸ができないならば、食べられる食料がどれだけあっても意味がない。多くの点で、海の諸層はゴルディロックスの性質をもっているといえる——諸層の存在が海の環境に構造というものを与えているが、もしも層化が強すぎれば、マシン全体が動けなくなりシャット・ダウンしてしまうのだ〔ゴルディロックスはイギリスで有名な童話に登場する女性。クマたちの椅子を大きさ別で分けたあと、ちょうど良い大きさの椅子に座って壊してしまう〕。

これだけでも十分に悪い話だが、余分な熱は、たちの悪い相棒をともなってやってくる。水が温かくなるほど、海中に移動する二酸化炭素が少なくなるのだ。そのため温暖化の進んだ世界では、海面が温かくなるとともに、ますます多くの二酸化炭素が大気中に取り残されることになる。そうなるとあらゆるものの温度はさらにすばやく上昇し、その結果として海はさらに温まり、私たちが排出する余分な二酸化炭素を取りこむ海の能力はさらに衰える。これまで海は私たちが排出した二酸化炭素の影響を和らげてきた。それは私たちにとって好都合だったが、温暖化の進む世界において、海が今後も同じ割合でそれをおこない続けるのかは定かではない。

二酸化炭素の増加は海中において別の結果ももたらす。地球温暖化と比べるとあまり知られていないが、たちの悪さの点では大して変わらない影響だ。それは海洋酸性化と呼ばれており、海の生命にとってもっとも便利な固体建材――炭酸カルシウム――の構築を遅らせることで、将来的に海洋生態系に重大なストレスを与える可能性がある。炭酸カルシウムは第5章で見たように、カキやカタツムリやカサガイの殻の材料となっているもので、同様にサンゴ礁の堅固な構造や、ドーヴァーの白い崖の大部分をつくりあげている小さな丸い植物プランクトン――円石藻――のハード・ケースの材料にもなっているものだ。

海中へ進む二酸化炭素は化学的なダンスに加わって、水のものだった水素と酸素とともに一時的な同盟をつくり出し、炭酸塩と重炭酸塩を形成する。それら新しいクラスタのそれぞれが電荷というものをもっており、それらのクラスタは果てしないワルツのなかで解体・再建する。海にはすでにそうしたクラスタがたくさんあるが、さらなる追加は残りの調和を変動させてしまう。その結果として、海水の根本的な性質が変化する――そのpHだ。[3] なぜこれが問題なのだろう? ひとつには、炭酸カルシウムの構築にはアルカリ性の環境が必要で、pHが小さくなればなるほど、その構築のプロセスが困難になるか

2 少なくとも私たちや私たちのペット、そして多くのカリスマ的な野生動物といった生き物にとって酸素はそういうものだ。しかし多くのバクテリアやいくつかの菌類は、酸素が皆無のほうがはるかに幸せでいられる。というのも酸素は反応性がとても高いため、それらにとっては毒だからだ。

3 液体がどのくらい酸性かあるいはアルカリ性かを示す尺度として学校で習ったpHのことを覚えている方もおられるかもしれない。純水のpHは7だ。数字がそれよりも小さくなると酸性の溶液であることを示し、それよりも大きくなるとアルカリ性の溶液であることを示す。少なくとも過去一〇億年にわたって、海はアルカリ性の環境だった。

らだ。約二五〇年前、表層の海の平均pHは八・二五だった。二〇二〇年までにそれは八・一にまで下がり、いまも下がり続けている。八・二五から八・一へというのは小さな変化のように響くかもしれないが、単位がpHなので、その変化は海の化学的性質に重大な違いをもたらす。炭酸塩で建築する個々の生き物は少しばかり困難な生活を送ることになるかもしれず、そのストレスは炭酸塩の建築家たちを常食とするあらゆる生き物にトリクル・ダウンして、残りの生態系（動物プランクトン・貝漁師・魚・セイウチその他たくさん）にまで波及するのだ。

地球システムへ余分な熱エネルギーが追加されると、海に直接影響する他の結果も生じる。現在、地球のすべての水のうち約二・一パーセントが陸に氷として閉じこめられており、主に南極大陸とグリーンランドの上に積みあがっている。極地が温暖化するにつれ、氷はその形成よりもすばやく溶け、陸上の雨と雪にも変化が生じる。そしてそれらは最終的に海に流出し、余分な液体の水を発生させる。この余分な水は余分な空間を占めるわけだが、これこそ海面上昇の主要因のひとつだ。別の要因として、水は温かくなると膨張するため、海が温かくなるほどその占有スペースが大きくなるということがある。この熱膨張は現在の海面上昇の原因の約三分の一を占める。また、追加される水は塩水ではなく淡水なので、海というエンジンの構造の変化——つまり諸層の厚さと密度の変化（および、その結果としてそれらが沈むのか浮かぶのかという問題）——を生じさせる可能性がある。完全な影響はまだ明らかではないが、海面への余分な淡水の流出は、海というエンジンの極地における形状を変えてしまう可能性が非常に高いと思われる。

したがって、地下深くにある化石燃料の貯蔵庫から炭素を大量に引っ張り出し、それを大気中に排出してきた人類の二〇〇年の結果として、ブルー・マシンへのかなり根本的な影響がいくつか生じている

――海というエンジンの回転の容易さが変化し、生命が花開くことがより難しくなっているのだ。しかしご存じの通り、私たちはそこで立ちどまるということをしていない。

他の問題（のいくつか）

第5章のビリングズゲート魚市場についてのセクションで見たように、海の生命の大きさは非常に幅広い。すべてのサイズ階級ごとに湿重量で一ギガトンの生命がおり、それは直径たった一ミクロン（一〇〇〇分の一ミリメートル）の小さな植物プランクトンにいたるまで同様だ。[4] これは驚くほど一貫したパターンであり、健康な生態系とは、そのもっとも小さな住民ともっとも巨大な住民の両方を必要とする、相互にリンクされた巨大なネットワークだということを私たちに示している。そしてこれが地球の海の現実なのだ――あるいは現実だった……一八五〇年の時点では。

しかし今日の状況を見ると、もっとも大きなサイズのスケールにおいて、それはもはや真実ではない。巨大なクジラたちがいる最大のサイズ階級では、そのバイオマスの九〇パーセント近くが失われつつある。一〇グラムより大きなすべてのサイズ階級をひとまとめにすると、約六〇パーセントが失われつつある。それは正確にいえば消えてしまったわけではない。そして私たちはその行き先を知っている。人間がそれを海から引きずり出して、食べたり肥料に変えたり体の部位を利用するために売ったりしたの

4　念のため補足すると、〇・〇一グラムから〇・一グラムのあいだの重さの生命すべてを合計すると、〇・〇〇一グラムから〇・〇一グラムのあいだのすべての生命の総重量と等しくなるということだ。これは〇・一グラムから一グラムのあいだのすべての生命の合計でも等しく、大きさのスケールを上下させても同様だ。

だ（フカヒレ・貝殻・鰾など）。私たちが見たり食べたりできる大きさのものはすべて、格好の獲物と見なされた。地球上の人類の総質量は約〇・四ギガトンだけだが、私たちのせいで海から失われつつある生命は約二・七ギガトンにのぼる。

海をエネルギーの流れるエンジンととらえる本書の視点で見れば、私たちはこれが魚の減少を意味するだけにとどまらず、海の生きているシステムに蓄えられたエネルギーの不可欠な供給源を切断し、陸地に転用することを意味しているのだと理解できる。いちど海から出てしまうと、そのエネルギーは大きな捕食動物や小さなスカヴェンジャーたちにとって利用できないものとなり、深部にいる海洋微生物にも消化されえないため、海の生きているエネルギーの流れから失われてしまう。また、魚が取り除かれることによって、海のなかでリサイクルされ生態系を順当に保つはずだった栄養が海のシステムから逸らされて人間に流れこんでしまう。

私たちが海から取り出してきたのは主に大きな動物たちだったため、小さな動物プランクトンはこれまでのあいだ、人間に簡単には見つからず、そのため目をつけられて略奪されることもないというアドヴァンテージを有していた。しかし、この意図せざる猶予期間は終わりを迎えつつあるのかもしれない。なぜなら、ますます多くの産業がペットの魚や養殖魚の餌の製造、そして栄養補助食品に利用可能なオメガ3脂肪酸の供給のため、動物プランクトンの収穫に関心を寄せているからだ。海の生態系のもっとも大型の部分を略奪するに飽き足らず、人間たちはいまや、より小型の部分にまで手をつけはじめている。そして当然、食物連鎖を下れば下るほど、私たちは生態系の住民たちだけでなく、その基礎までますます刈り取ることになる。乱獲は大きな問題なのだが、多くの人が実際にはそれを真剣に受けとめていない。魚たちは国境を気にかけないし、気候変動の結果、魚の個体群は自分たちのニーズに合った水域にいられるよう移動し続けている――つまり問題の所在も動きまわるため、いつも容易に他人《ひと》のせいだと主張できてしまうのだ。

そしてさらに、海洋プラスティックのような特有の汚染物質がある。海のプラスティック汚染は一九七〇年代から知られていたが、ここ数年で公共の議題としてかなり取りあげられるようになってきた。プラスティックに関して私たちが抱える諸問題は、「遠く」などといった場所はないということを私たちが認識し損ねた直接の結果だ。

私たちはプラスティックの製造に多大な労力を費やしてきたが、捨てられたプラスティックから新しい有用なものをつくり出す方法を考案することには〔比較すると〕ほとんど労力を費やしてこなかった。最初で最大の一歩は本当に必要というわけではないところではプラスティックを使用しないこと、次の一歩は私たちが本当にそれを必要とするときになにが起こるのかを気にかけることだ。プラスティック包装およびあらゆるタイプの使い捨てプラスティックを削減し、リサイクルのあり方を改善するキャンペーンが勢いをもちはじめている。[5] つまりスタートは切られたわけだが、先は長い。プラスティックの素材としての主要な利点のひとつはその耐久性だが、ちょうどCFC〔フロン〕と同じように、その短期的なエンジニアリング上の利点は、長期的に見ると自然環境に問題を引き起こす。あらゆる種別のプラスティックがそれぞれどのくらいのあいだ海に残り続けるのかは正確にはわかっていないが、それが長期間だということは確かに判明している。[6]

5　もしお住まいの場所の水道水が飲用可能なものなら、ペットボトルの水を避けることで大きな違いを生み出すことができる。代替案はとても簡単だ――水筒を一つ持ち歩き、水道で補充するか、カフェで頼んで補充してもらえばいい。この社会における不必要なプラスティック利用すべてのうちで、ペットボトルの水はその山の頂点に位置している。

プラスティックの本当の問題は、それらが海を漂う姿が醜いということではない（それは間違いなくひとつの問題だとはいえ）。本当に問題なのは、それらが生態系におよぼす特定の影響で、その影響はプラスティックの大きさによって異なる。[7] もっとも大きなプラスティック片（特に廃棄された漁具）は集まって、それより大きな動物たちを窒息させたり絡めとったりする可能性がある。浮遊している大きな欠片が日光と波の作用によってバラバラになり小さな破片になると、それらは食べ物と思われて動物プランクトン・海鳥・魚に摂取されることもあるし、藻類に覆われて沈むこともある。そうした破片はまた、水中に有害物質を滲出させたり毒素を蓄積させる働きをしたりする場合がある。

これらのマイクロプラスティックを海から濾し取るという考えは、単純に実現が難しい。というのも、それをおこなってしまうと海洋生態系の基盤である植物プランクトンと動物プランクトンのかなりの部分も濾し取ってしまうことになるからだ。

解決策はプラスティックの投入をやめることだ。確かに、少数の用途にはプラスティックが必要だ。というのも、特に医療や科学の分野では既存の代替品がないからだ。しかし私たちは、プラスティックの使用をできるだけ少なくすることができるし、私たちの使うあらゆるものについて、システムを循環型に変えることができる。

これらは海洋生態系に人間が与えている直接の影響だ。しかし、間接的な影響というのもある。保存された耳垢が保持していた過去一五〇〇年間にわたるクジラのストレスの記録についての話題で、リチャード・セイビンは私に、歴史的な捕鯨に関連するグラフの山と谷を見せてくれた。そしてそれから彼は、一九七〇年代に捕鯨がとまってから起きていることを示してくれた。[8] クジラたちはリラックスできるようになって、そのストレス・レヴェルは低下したと思われるかもしれない。しかしクジラたちのストレスはふたたび上昇を続けており、西暦二〇〇〇年前後には捕鯨の時代のもっとも高いピークとほとんど変わらないピークを記録している。

その最大の要因は上昇を続ける海の温度だと考えられている。温度上昇によって、獲物の捕獲可能性と居場所、クジラの種のあいだでの競争の状況、クジラたちの好む生息地の場所が変化するからだ。しかし温度上昇のストレスだけが増大しているというわけではない——他にも、増加する船が出すノイズ、汚染の増加による海洋生態系の健康状態への影響、遊漁の増加、極地の海氷の減少、病気の増加がある。こうしたものはすべて「亜致死ストレッサー〔sub-lethal stressor〕」と呼ばれている——実際にクジラを一頭殺すわけではないかもしれないが、その生活をより困難にするものだ。そのうちひとつだけでも十分に望ましくないわけだが、いちどにすべてが積み重なると、状況はさらに悪くなる。人間は自分たちが海をゴミ捨て場として、非＝場所として、「遠く」として扱っていることに気づいてこなかったかもしれないが、海の生命は、確かに気づいていた。

リチャードは目を輝かせながら、なぜ彼がクジラにそんなに興奮するのかを私に話してくれた。「クジラは物を摑める手をもちませんが、信じられないほど複雑な脳と、認識・記憶・認知・言語その他の

6　そして「生分解性」プラスティックは一般に、その名称によって人々が信じているようには決して生分解しない。それらは堆肥置き場に置かれても、数年後もまだそこにあることだろう。一部の生分解性プラスティックは分解のために工業用コンポスターによる長期的な超高温状態と湿度・pH・微生物の注意深い制御を必要とすることがある。あるいは、肥料化に適しているという未確認の主張をおこなっているだけの製品もある。また、竹製の布など、植物ベースでつくられたプラスティックもあるが、それらは「ふつうの」プラスティックとちょうど同じくらいの耐久性をもつため、化石燃料ベースのプラスティックと同じように周囲を漂って環境を汚染する。

7　ちなみに、海にたどり着いたと考えられるプラスティックの量を合計したとき、私たちはそのうちの約一パーセントしか発見することができない。残りがどこへ行ったかわからないのだ。これはおそらく、どこにあるかを知っているよりも憂慮すべき事態だ。

8　捕鯨はまだ完全には終わっていない。しかし捕鯨のほとんどすべてを停止するという大きな国際的合意がなされたのがこのときだ。

ありとあらゆる素晴らしい能力をもっています。私は人々に、私たちにとって大変異質な環境、つまり海に棲む、奇々怪々に思える生物と私たちのあいだにある類似を示したいと思っています」。そして言わずもがな、次には「しかし」が来た。「しかしクジラたちは予測可能な場所としての海に頼って生きており、ずっとそれに適応してきました。クジラたちは海流や、獲物の種が集まる特定の場所や時期などを学習してきたのです。そして私たちはそのすべてを変えつつあり、その変化の速度はクジラが適応できる速度を超えています。私はこのことについて、私たちがこれ以上無知でいられるとは考えていません」。

予測可能性の問題は重要だ。摂食のため海の前線を訪れるペンギンや暖水渦を訪れるマグロのところで見たように、動物たちは海というエンジンの特徴を効果的に利用する。そうした特徴は頼りになるからだ。言うまでもなく、動物たちの多くは他の場所へ泳いでいって採食することが可能だろう。しかしそのためには適切な場所を見つけるためのトライアル・アンド・エラーが必要となり、貴重な時間とエネルギーが費やされる。海で生き抜くことはすでに十分タフな営みだ。海の生命の大いなる豊かさはブルー・マシンの物理的性質と相互に関係しており、エンジンが変化すれば、生命は適応するか死ぬかしかなくなる。その多くはもう代替の場所や機会を見つけることができず、その結果、生き残るため悪戦苦闘することになるだろう。

たとえ種が移動できる場合でも、生態系を丸ごともっていくことはできない。クロマグロは近年、その種が通常狩りをするエリアのはるか北、グリーンランド近海で見つかっている。というのもおそらく、もとの場所の水温が通常より高くなり、マグロたちの獲物もまた北へ移動したからだ。しかし、移動先にもともと生息していた生物たちは集団で移動したわけではないため、そのエリアの生態系は現在この新たな訪問者に応じて調整をおこなっている。将来的にその生態系の構造がどのようになるかは定かではないが、勝者と敗者が存在することになるだろう。そうなると食物網は変化する。以前は孤立していたエリアが他とつながるようになるかもしれないし、以前はつながっていたエリアが孤立するようになるかもしれない。確約されるのは、なにも確かではないということだけだ。

大きな見取り図

これはすべて非常に簡単な概要にすぎず[9]、最大かつもっとも根本的な影響を取りあげているだけだ。要点は単に海が温かくなると魚にストレスがかかるということではなく、海が温かくなると魚の個体群が極地に移動するということでさえない。そうではなく、余分な熱がエンジンそのもの――そのパターン、その動作スピード、その内部の物理的特徴の位置――を変えてしまうということだ。海の物理的パターンと海の生物学的パターンはすべて密接に折り重なっているため、前者は後者に影響を与える。また、生物が物理に影響を与えることもある。植物プランクトンは光が海中を通過するあり方を変え、したがって太陽からやってきたエネルギーが熱に変換される場所の深さを変えるからだ。

9　ここで議論していない問題のいくつかの非常に短いリスト――白化による膨大なサンゴ礁の喪失、海洋生態系への有害化学物質の放出、水銀といった付加的な有毒物質の生物濃縮、生態系を大混乱に陥れる侵入種（一例としてカリブ海のミノカサゴを調べてみてほしい）、水産業および違法漁業による大量の混獲、海洋哺乳類の船舶プロペラとの衝突、極地における大規模な氷の喪失、人間による投棄物（タイヤ、ゴミ、貨物コンテナの中身）、最大の種たち（フカヒレを目当てにされるサメ、トロフィーとして釣りで狙われる魚、絶滅の危機に瀕するマグロ）に対する甚大な漁獲圧、魚の養殖（しばしば非常に集約的で、栄養や病気を局所的な環境に流出させる）、海のインフラ（油井、「護」岸、沿岸地域の干拓）……リストはまだまだ続く。

もし私たちが海を存在ではなく不在として扱い続けるならば、つまりは海のことを、思いをめぐらせたくないあらゆる種類のものを捨てるための好ましい投棄場と見なし続けるなら、この状況はなにも良くならない。また、個別の問題に焦点を当てても本当の改善にはつながらない。根本的な問題はシステムに連関しているからだ。

しかしひとたび海のことを、私たち自身の生活と相互に連関する統合された複雑な単一のシステム、惑星を巡るエネルギーおよび物質の大きな流動の媒体ととらえれば、私たちがブルー・マシンに対しておこなっていることを真に理解するための展望が得られる。大きな問いは次のふたつだ。私たちは次になにをすべきなのだろうか？　そして次にすべきことについてどのように考えるべきなのだろうか？

＊

キモケオが運転するトラックはマウイの海岸に沿ってマケナに南下しており、私たち四人はそこに同乗している。時間は午前五時三〇分、私たちはマケナ・クラブに二艘のカヌーを借りに行くところで、それから数マイル沖合に出て、モロキニの水没した火山の火口の周りでカヌーを漕ぐ予定だ。

早朝の開始にもかかわらず、キモケオは一息にあらゆることについて話している。「大切なのは風・波・潮汐・海流ですね」と彼は言う。「この四つが世界中の全員に影響しているわけです」。それらに経時的な変化が生じているのかと私が尋ねると、彼は顔をしかめる。「暑いですね。マウイじゃ［華氏］九二度を上回る日なんて年に一日くらいのものだったけれど、いまでは一年に八日から一〇日ある。まさに気候変動だ。暑いと沖合の凪が吹かないから、うん、凪は変化していますね」。

それから彼は黄色いさやをたくさん降らせている道路脇の一本の木に気を取られ、外に出るよう私を促し、踏みつけられていないさやをひとつ見つけて食べてみるように言う。彼は私に、ハチたちを養っているというこの木の重要性について語り（私はのちに、その木がキアヴェ、学名プロソピス・パリダ〔*prosopis pallida*〕だと知る）、この木をもっとたくさん育てて山の上のどこかでハチたちを活気づけるというプロジェクトについて教えてくれる。

さらに少しばかりしてから、つまり彼が設立しようとしている天測航法の学校の説明と持続可能な家を建てる最善の方法の入門編を経てから、私たちは自然界についての話題に戻ってくる。「大切なのは人間と土地と海と天のつながりです。そしてそのつながりはひとつの文化だけに与えられているものではない。それはたぶん……」そこで彼はとまって、適切な言葉を探してから続ける。「小さなアイデアなんです。皆が平等に、そうした物事とつながるための贈り物をもらっている。ボートの帆を押すための風や、光を得たり果物を乾かしたりするための太陽、カヌーを動かすための海流を、皆がもっている。皆が、自然が与えてくれるはずのものを活用することができるんです。私たちはすべてつながっているんだから」。

それから私たちはカヌーとともに浜辺に行き、漕ぎ出して海を渡り、火口を囲む白い水の巨大な泡立ちをほれぼれと鑑賞する。海面から突き出た火山の岩にうねりがぶつかっているのだ。もしもキモケオ以外の誰かがカヌーを操っていたなら私は非常にはらはらしていたことだろうが、私は彼を信頼しているため、このカヌーは安全だと感じている。

三時間後、私たちはキヘイに戻って朝食のためナルズ・グリルにたどり着いていた。キモケオと一緒にここへ歩み入るのは、セレブと一緒に入店するようなものだ。レストランのオーナー、給仕スタッフ、通りすがりの三組の漕ぎ手、家を建てる途中と思われるふたりの男など、誰もが挨拶をしにやってくる。

彼は全員を知っていて、その全員と会うのを純粋に喜び、朝食のあいだクスクスと笑い、冗談を言っては、皆を他の皆に紹介する。そして彼は店内に流れる音楽に合わせて歌いながら、自分たちの島をより良い場所、より良く世界に貢献できる場所にするための、彼の、そしてマウイのプロジェクトについて私にさらに語りかける。

マウイでは大勢の人々が集まって巨大なレイ（葉でできたガーランド）をつくった。それを銃乱射事件で傷ついたサンディ・フックとクライストチャーチのコミュニティにキモケオがみずから届け、支援を示したのだ。また、人々は毎年パドル・フォー・ライフを開催し、がんサバイバーたちのための募金活動をおこなっている。子どもたちをカヌーに乗せる計画があり、もっと多くのハチたちを活気づけるためのココナッツの木についてのプロジェクトがある。地域社会からの熱意とかなりの時間・資金の投入に力づけられ、そのリストは果てしなく続くように思える。建築業の男たちは、キモケオと話す時間をもてたことを喜びながら立ち去る。そのうちのひとりは、去り際にキモケオの肩を叩いて言う。「あなたは良いことをしている。それを続けてください」。

それでも、小さなコミュニティが直面する限界の兆しはある。最近ではいつ悲惨な出来事の生存者たちにレイをつくったのかと尋ねると、もうその活動はしていないのだとキモケオは言う。「いまは銃撃事件があまりにも多すぎる。私たちでは追いつけないんですよ」。

彼は私たちの宿泊先まで運転して送ってくれる。その途中には、ビーチのすぐ隣に広がる美しい道路がある。このあたりのビーチは狭い——たった数メートルの幅しかない——が、それらは熱帯の楽園を見事に例示している。だからなおさら、ここを車で通りすぎるときにキモケオが話す内容は衝撃的だ。彼によれば、一九七二年にキモケオがマウイにやってきたとき、そこは大きな広いビーチで、外側に広がって海にふれるまで、黄金の砂で幅広の帯を形づくっていたというのだ。一九七〇年代の古い写真を見てその違いを確認するべきだと彼は私に勧める。ビーチは失われているのだ――「まさに気候変動だ」。

あとから私はこのことを調べる。アメリカ地質調査所がおこなった海岸線変化に関する国際評価の二〇一二年版の見積もりによると、マウイでは長期的な海岸線の消失によって年間で平均一七センチメートルのビーチが失われている。これは島全体の平均だが、一九七二年からの五〇年間で、なんと八メートルものビーチが失われたことになる。これを科学的に考えようと思うと煩雑だ。というのもビーチは常にかりそめのもので、堆積物はいつも動きまわっているからだ。砂があるかどうか、砂丘から防波堤への置換、波への露出、そして地質学的な要素一般のすべてが、個別のビーチが成長しているか縮小しているかに影響を与える。しかし近年の複数の科学論文が合意するところによると、マウイ島のビーチはオアフ島やカウアイ島のビーチよりもすばやく浸食されている。マウイでの他より大きな海面上昇がその違いを生み出している可能性が高いようだ。そしてそれらの論文すべてが同じく合意しているのは、将来的に、現在よりはるかに多くの海岸線が失われるだろうということだ。

私はキモケオに、マウイはそれについてなにかできるのかと尋ねる。彼は道路のつくり直しやルート変更、海に消えつつある家々や土地について語るが、はっきりしているのは彼の憶えている広い砂浜がマウイからおそらく永遠に失われたということだ。キモケオはこの変化の深刻さについて声高に主張しているが、彼がうしろを振り向いて時間を無駄にすることは一秒たりともない。彼の精神的・肉体的な努力は未来を変えるだろう多くのプロジェクトを前に進めるために費やされている。

もっとも強力なツールたち——視点・知識・謙虚さ

人間でいることが容易だった時代はなかった——しかし私たちの周囲にある世界の複雑さと豊かさについて、これほどまでの情報の殺到に直面した世代はかつてなかったし、それと同時に、私たちの巨大な社会システムがそれに対して与えているダメージについての等しく圧倒的な情報の殺到に直面した世代もかつてなかった。しかし情報だけによって私たちが救われることはない。もちろん情報は重要だが、どうして関心をもったほうがいいのかということを問う必要がある。それは、もし私たちが関心をもたなければ、私たちが知っているものは意味をなさない——私たちがそれに基づいて行動することがない——からだ。

私たちは、私たちがもつあらゆる種類のつながりによって定義されている——家族や友人と私たちの関係、コミュニティ内での相互作用、私たちが食べるものと私たちがつくるものを介した周囲の物理的な世界とのつながり、そして考えがめぐる際に生じる他のあらゆる人間的なものとの知的なつながりのことだ。

宇宙空間の真空の脅威は、その過酷さにあるのではなく（とはいえそこには有害な放射線がたくさんあるが）、それが表象する不在にある。星々から外側に向けてシュッと移動するエネルギーの細流もあるかもしれないが、そのエネルギーが作用することのできる原子はほとんどない。そこにはつながることのできるものが皆無なのだ。だから私たちのつながりはすべてここ地球にある。素晴らしいことに、私たちは、私たちの誰もが死ぬまで遭遇し続ける、もっとも豊かでもっとも美しい環境の生ける構成要素なのだ。これこそが人間であることの美だ——私たちの周囲＝環境と、私たちのコミュニティへの、みずからの参加＝わかちあいを十分に理解可能な状態にあるということこそが、人間であることの美しさだ。

以前私は、私たちのそれぞれが三つの生命維持システムをもっているということについて書いたことがある——私たち自身の身体、私たちの惑星、私たちの文明のインフラだ。[10] 私たちが生存を続けるためには、そのすべてが機能している必要があるし、そのすべてが健全な状態にある必要がある。しかし次の段階は、そのすべてが互いに統合されている必要があるということだ。なぜなら、それ以外にはありえないからだ。原子はぐるぐると巡るしかないし、私たちの惑星における限られた量のエネルギーは流れるしかない。このことを考えるにはなにより、長期的な思考が必要だ。私たちはその枠組みのなかで動くしかない。

私が海に関心をもつ理由には大きくふたつある。最初の理由は、海の生命とその知恵・美しさ・多様性に対する深い、直観的な認識だ。海の生き物が存在すると知り、それを見て、探究し、それとつながることは、私たちの生活をより豊かでより良いものにする。これは深い意味で人間的な事柄で、人生の大きな喜びのひとつだ。

第二の理由は実践的なものだ。私たちの大多数にとって、地球は私たちがこれからずっと居続ける唯一の場所だ。人間のふるまいをもっとも根本的に駆動しているのがおそらく生存の必要だとして、もし私たちが生存したいと望むなら、地球という宇宙船に完全に機能していてもらう必要がある。見てきたように、海というエンジンは、その物理的なシステムと生物学的なシステムの両方で、地球という生命維持システムのひとつの主要部分だ。だからこそ、もし私たちが生き残り、種として繁栄したいと望む

10　私の最初の著書『ティーカップのなかの嵐』〔*Storm in a Teacup*〕にて。

なら、海の良き執事でいることは不可欠なのだ。

関心をもったら、どうすべきなのか?

ナイノアとキモケオ、そしてかれらの文化の他の師たちは、あるフレーズを他のなによりも繰り返す。「ヘ・モク・ヘ・ヴァア、ヘ・ヴァア・ヘ・モク」がそれで、「一艘のカヌーはひとつの島、ひとつの島は一艘のカヌー」という意味だ。広大な太平洋のまんなかにあるひとつの小さな島に住む人々にとって、このフレーズは完璧に意味をなす。もしも島で上手く暮らしたいなら、そのためのもっとも効果的な方法は協力すること、そして関係を絶つのではなく(小さな島だ。将来的に互いにたくさん衝突を繰り返すことになる)、親切であろうと努力することだ。チームワークが瓦解すると、誰も得をせず、誰もが苦しむことになる。それはカヌーも同じだ。次の島へ漕いで渡ろうとするならば、カヌーに乗る者もまた、全員が協力的で、幸せで、ひとつの強いチームでいなければならない。ひとたびカヌーに乗りこんでしまえば、他に行き場はどこにもなく、問題から逃れることはできないため、誠実に、かつ敬意をもって諸問題と向き合う必要がある。また、カヌーが安全に到着するためには全員が貢献することも必要だ。

何年か前、私は宇宙飛行士クリス・ハドフィールドの著書『宇宙飛行士が教える地球の歩き方』〔千葉敏生訳、早川書房、二〇一五年。原題 *An Astronaut's Guide to Life on Earth*〕とサム・ローのホクレアについての著書『ハワイキ・ライジング』をたまたま同時に読んでいた。ある限られた空間で必要とされる協調・寛容さ・チームワークについての記述が、航海カヌーのホクレアと国際宇宙ステーションとでほとんど正確に同じだったことは非常に印象的だった。テクノロジーは変化するかもしれないが、人間は変わらないままだ。過酷な環境にある小さな船においては、協調と寛容さが最良の問題解決への道だ。最新テクノロジーでさえ、そのことをシステムのなかに組みこむ必要があった。もっとも困難な状況では、機能するチームが必要だからだ。

そしてもちろん、いちどカヌーと島々について考えはじめると、地球が、大勢の人々を乗せて空っぽの宇宙のなかを航海する脆いオアシス、私たちのカヌーだということはまったくもって明らかとなる。こうした見え方は宇宙飛行士たちが地球に戻るときに語るものだが、それは「オーヴァーヴュー効果」すなわち宇宙空間から地球を見下ろし、その美のすべてを文脈に即して眺めるという経験の結果だ。アポロ九号の宇宙飛行士ラスティ・シュウェイカートが「私たちは地球という宇宙船の乗客ではない。乗員だ」と言ったとき、彼は核心を突いていた。この場所にいる私たちは皆、私たちにとって最大の生命維持システムの乗組員だ。好むと好まざるとにかかわらず、私たちはひとつのチームなのだ。この宇宙船に生じることは私たちの全員に影響を与える。

そう、それが地球なのだ。だが地球の青い海、私たちの惑星を定義する特徴についてはどうだろうか？　私たちは地球を撮影した初期の劇的な写真をもっと頻繁に見るべきだと私は思う――「地球の出」（一九六八年にアポロ八号で撮影）と「［ザ・］ブルー・マーブル」（一九七二年にアポロ一七号で撮影）だ。それらの写真は、私たちに宇宙のなかで私たちがいる場所を示し、私たちのアイデンティティにより大きな全体像を加える。

さらに私たちは平面の地図のかわりに球形の地球儀をできるだけ多く見るべきだ。そして私たちはその地球儀をときどき回転させるべきで、そうすれば見えてくるのは一面に広がる太平洋だ。そうした海の表象のすべてで青を見るとき、私たちは心の目で青いエンジンを眺める必要がある。それは実際、地球という惑星の脈打つ心臓だ。その落ち着きのない性質、その複雑な内部、そのすべてを通り抜ける生命のウェブ――これこそが私たちの世界を定義するものだ。しかしこの視点を得た私たちは、それを使ってなにをすべきなのだろう？

価値観

しばしばあるのが「科学に従うこと」が物事をおこなう一番の方法であるべきという見識だ。私は科学者だが、そんなことはないとお伝えしよう。理由は単純、科学は決して導かないからだ。

リーダーシップとは〔科学からではなく〕価値観の明確な表明からやってくるもので、それに続くのが、それらの価値観に準じてふるまう方法に関してもっとも上手く利用できる情報の使用だ。私たちは私たち自身のために、そして私たちのコミュニティのために、私たちが気にかけるものを決定する必要がある。私たちはどのようにして社会正義や経済的利益、個人の自由やコミュニティの価値観などに優先順位をつけるのだろうか？　その答えは状況によって異なるかもしれないし、そうした状況はしばしば難題を抱えている。状況はニュアンスを含み、それらが依存している物事は他の物事に依存しているかもしれない。しかし私たちは価値観のことをはっきりと話題にするべきだ。というのも、価値観こそが私たちに、私たちの優先するものを教え、私たちが私たちの社会にどの方向を向いてほしいと思っているのかを教えてくれるものだからだ。あなたがみずからの価値観について決断すれば、いまこそ科学には、なすべき貢献がある。そのとき科学は私たち皆に、そこへたどり着く方法についての、私たちにとって最善の集合的理解を与えてくれるのだから。

科学的助言についての議論が混乱に陥りがちなのは、価値観についての明示的な議論がないからで、しかも多くの場合、議論に参加する人々が、そこにいる全員が自分たちと同じ価値体系を有していると想定しているからだ。しかしそんなことはめったにないので、価値観についての議論を明示的におこなう必要がある——念のため。

もちろん科学は、問うべき適切な疑問および、価値観の適用が必要なトピックを導くにあたって重要な役割を果たしている。とはいえそれは「やるべきこと」を教えてくれるわけではないのだ。

それで、こうしたことのすべてがどうして海にとって重要なのだろう？　それは世界の見え方が、あなたに、あなたの価値体系のための文脈を授けるからだ。いちど海のことを私たちの惑星の生命維持システムの心臓部としての広大で動的なエンジンととらえれば、みずからの価値観に従うにあたってあなたは、いままでよりも大きなその文脈をふまえるに違いない。海というエンジンについて知ることで、やるべきことがわかるわけではないが、知ることは、あなたがやりたいことについてあなたが考えるための文脈を設定するわけだ。

人間にとって、海の問題に取り組むのは陸の問題に取り組むよりも難しい。ひとつの理由は海へのアクセスが一般に陸よりも難しいからだが、主な理由は、海の相互作用が陸よりもはるかに見えづらいからだ。海にあるのは移動する小さな植物プランクトンであって、移動しない巨大な木ではない。海に含まれるのは海流とともに動きまわり、常に変化して天候や季節に適応している生態系や、海というエンジンの回転に大きな影響を与える、水の温度と塩分の比較的小さな変化だ。

もしも誰かが古い森林地帯にセメント工場を建てたなら、影響のほとんどが目に見える形になる機会が少なくともそれなりにあることだろう——追加の交通量、追加の雇用創出、追加の汚染、野生動物の消失、地域にもたらされる資金のことだ。地元の人には少なくとも、そこに関係するトレードオフの輪郭を目にする機会がある。しかし、もし誰かが魚の養殖のために海底を浚渫しても、残されたものの状態や、ダメージがどのくらい残るのか、他のどの種が影響を受けるのかなどは、実際には誰も目にすることができない。魚がいくらで売れたか、漁船では何人が雇用されていたかはわかるかもしれないが、それだけだ。

そのため私たちは、海でおこなうことにとても慎重でいなければならない。そこでは故意にせよたまたまにせよ、全体像を見落としやすいからだ。私たちが物事をおこなっているのは、それらが私たちを満足させることで私たちの気分を良くするからなのだろうか？　それとも、それらが実際に自然界にとって長期的に有益だからなのだろうか？　あるいは、ただ単に企業にとって短期的な金儲けの好機となるからなのだろうか？

ここには特定の対立があり、それはしばしば不十分にしか解決されない。海についてのプロジェクトでふたつの目的が同時に述べられているのを耳にするのは珍しいことではない――ひとつ目は「原初の」自然環境への回帰で[11]、ふたつ目は海が私たちに特定の物事をおこなってくれる状態の創出だ――炭素を蓄え、海岸の浸食を防ぎ、食料を供給し、エネルギー源を提供する海というわけだ。

多くの理由から、海洋生態系がより健康な状態にあることが利益につながりうるのは確かに事実だ。しかしここでの対立は、自然を時間とともに自然に任せるという考えと、人間は自然のシステムを自然そのものよりも上手く管理できるという考えのあいだで生じている。この後者のカテゴリには、自然のシステムの分別ある管理から本格的なジオエンジニアリングまでが含まれる。自分たちのために自然をどうにかしようと設計をおこなっているのなら、「原初の」環境をふたたびつくり出していると主張することはできない。最終的に、そのふたつのあいだでバランスが取られる可能性はある。しかしすべてを手に入れることはできないため、トレードオフについてはっきりさせる必要がある。

物事が単純であるかのようにふるまったり、一発で解決できる方法があるかのようにふるまったりしても、どうにもならない。[12] 海を「管理する」ということは、完全には理解していない複雑なシステムに対する責任を受けもつということだ。地獄への道は善意で舗装されているというが、しばしばそれは環境災害〔environmental disaster〕についてもあてはまる。そのため私たちの目の前にある課題は、私たちの惑星のシステムと協調する謙虚さをもつことだ——それらとたたかうのではなく。

地球の海は誰の所有物でもない。ブルー・マシンを自動車のように運転できるという考えは、破滅的驕慢《ヒュブリス》の産物にすぎない。そしていずれにせよ、意図的な改変の長期的な結果を計算するのは困難な場合が多い。たとえば、海の化学的構造や生物学的構造をテクノロジーにより徹底的に操作することで大気中から二酸化炭素を取り除くというスキームが提案されはじめているが、それらのスキームが海という複雑なエンジンでどのくらい上手く実際に機能するかを追跡・検証するのはきわめて難しい。長

11 「原初の〔pristine〕」というのはかならずしも有用な言葉ではない。というのも、それは上手く定義されていないからだ。自然のシステムは時間とともに変化するうえに、人類はその周囲に長いあいだ存在してきた。どのヴァージョンの過去がお望みだろうか？　世界の塊を過去のある時点に移すというのは、その周囲のあらゆるものが堅く現代と結びついている状況で、そもそも可能なのだろうか？　そしてもし、現代のままで、それらの場所が、現代世界の残りの部分とより良く適合する、しかし以前見えていたものとは異なる新しく健康な生態系になったらどうだろうか？　それは「原初の」ものなのだろうか？

12 おそらくひとつの例外は化石燃料の燃焼をやめることだ。それは仮に実現すれば（いいや、実現する際には、というべきだろう。なぜなら、それをおこなわなかったときの結果は非常に悪いものとなるので、私たちには他に選択肢がないからだ）、地球のシステムへの大量の圧力を除去することになる、唯一の定まった目安だ。しかしこれはシステム内で新しい物事をはじめるのではなく、なにかをおこなうことをやめるような選択となるだろう。

期的に見て、本当に宣伝されている通りの効果があるのだろうか？　エンジンの他の部位にとって、他のどんな欠点もないのだろうか？　私たちはそうした行動をとると決意する前に、こうした点について妥当な程度の確信をもっておく必要がある。

そしてさらに、私たちは誰がこれらの決断を下すのか、誰がそれらの決断に影響を与えるのかを考慮する必要がある。海の地域、特に太平洋と北極海の先住民族の人々は、自然環境に対する長く深いつながりをもっている。地球の海にダメージを与えてきたわけではないのだが、確かにその結果を経験している人々だ。

つながりの概念はかれらの生き方の全体に深く組みこまれており、かれらは西洋諸国家からの訪問者たちとともにやってきた分離と抽出の慣行と長年たたかっている。各コミュニティは生活様式と意見の点でそれぞれ大きく異なるが、そのすべてが海の管理についてのあらゆる決断から歴史的に排除されてきた。かれらの声はようやく聞かれはじめているものの、多くの場合かれらはまだ完全なパートナーとは見なされていない。

西洋の人々が計測と計算、所有権とパワー・プレイに焦点を当てていたのに対し、それらのコミュニティはしばしば、みずからの価値観を考えることを通じて議論をはじめる。私たちはそこから学ぶのが良いだろう。危機の渦中という状況で関係や協調的な議論を再構築するのは難しいことだが、私たちは試さなければならない。

北極圏では特に、気候変動が先住民族コミュニティの観点を聞き入れることなしにかれらを威圧するための、最新の世界的な口実となっているとして、そうしたコミュニティの多くが不満をもっている。西洋世界の私たちは、自然界だけでなく、同胞としての人類の多くとの結びつきの多くをもまた断ち切ってきた。しかし私たちは皆このカヌーに同乗していて、好むと好まざるとにかかわらずつながっているため、あらゆる種類の関係を再構築することがひとつの優先事項でなければならない。

価値観について考えることは人間であることについて考えることをも意味する。経済的な価値について話すのはそれよりも簡単だ。それは数字に行き着くし、数学の本質とは、ある数字が別の数字よりも大きいかどうかが常にわかるということだからだ。[13] しかし一方で、価値観——敬意・平等・公正・機会・自由・コミュニティについて私たちがどう考えているか——について実際に話すことは、それよりもはるかに難しい。なぜなら、そのことには内省と多くの時間が必要なのに加え、単純な回答のない難しい問いを発することが必要だし、「正しい」と「間違った」があり、「間違った」側にいる人々は馬鹿か悪人かのどちらかであるという心のありようから離れることが要求されるからだ。

ロンドン自然史博物館のエイドリアン・グローヴァーは自然界に関する決断がどのようになされているかについてたくさん思索している。彼が研究している地球の一画——多金属ノジュールに覆われた広大な深海平原——が、そこにある海のジャガイモを深みから吸い出してしまうのを苦としない鉱業会社に目をつけられているためだ。

深海生物学者の多くが非常に強く感じているのは、そこへ進出して略奪する前に、この環境が実際にどのようなものなのかを理解し、その物静かなプロセスとニュアンスを探究するのが賢明だろうということだ。しかしほとんどの人々はいちども深海を目にしたことがないし、いずれにせよ、そこは暗くて

13　初期の経済学者たち——というより、GDPの開発者サイモン・クズネッツ——は、これが数字を他のなによりも称揚するシステムの大きな欠陥だと非常にはっきりと述べた。クズネッツは一九三七年の合衆国議会でみずから次のように語った。「一国家の福祉は国民所得の測定からはほとんど推測できない」。

冷たく、とてもはるか遠くにあるようにしか思えないため、なにをすべきか、誰が決断すべきかについての会話をすることは難しい。

「私が思うに、私たちが望んでいるのは」と彼は言う。「議論がより良い情報に基づいておこなわれ、過去の産業災害のときと比べて、人々がその決断により良く関与し、より良くつながることです」。彼はまた、保全の主張が人間にとっての直接の経済的利益――新しい薬や新しい食料源の発見の可能性、炭素を棄てるのに便利な場所――に関してのみなされるのがますます一般的になっているとも指摘する。このことは彼を悩ませている。「歴史的に私たちは、それがこれやあれにとってどのくらい実際に重要かもしれないかということについて、ただわめき散らしてきました。なのに私たちは、生物多様性に満ちたウィルダネスの環境だけが重要で、それだけで十分だとは決して言いません。人々はウィルダネスの地域やナショナル・パークを訪れるでしょうし、かれらはただ、そこに生息する興味深い鳥や奇妙なワームについての情報を読み、自然界と関わりたいと欲しているだけなんです。それに経済的な正当化など必要ありません。生まれもってのことなんです」。

このすべてをなんとか解決するにあたって、私たちにはあまり時間がない。海の物理システムと生物学的システムは両方とも、いま変化している。最善の応急行動はダメージを与えるのをやめることだ。しかしすでに生じたダメージを修復するためのより長期的な介入は複雑なものになるだろうし、私たちはその複雑さから逃れることができない。より健全な未来の海を選択するための基礎を私たちに与えてくれるのは、はっきりと述べられた価値観と、真正のコラボレーションと、ブルー・マシンへの惑星規模の視野とが一体となった堅牢な科学だ。

人間と海

私たちが構築した文化は、有限の惑星に住まうことの諸現実を無視することに基づいていたし、私たちを生かし続けている惑星規模の生命維持システムについてあまり考えることなく建設・拡大・消費・創造することに基づいていた。同時に、私たちは自然界との関係の多くを失い、はるかに大きななにかの一部であることの喜びと驚きを自分たち自身から奪った。しかし私たちが海を存在というよりはむしろ不在として扱っていたあいだでさえ、それは依然としてそこにあり、この惑星を居住可能なものにして、私たちの歴史と私たちの文化を形成し、私たちが確かに目にしたり相互に作用したりしていた海洋生物のための諸パターンを設定していた。航海カヌーのホクレアが示したように、もし私たちがそうすることを選ぶなら、私たちがふたたびつながることは完璧に可能だ。海はまだそこにあり、依然として私たちの物理的現実を形成していて、依然として見事に美しい場所だ。私たちは海を失ってはいない。しかし西洋世界の私たちは海を再発見する必要があるのだと私は思う。

私たちは私たちの過去の行動を前にして無力ではない。知識と理解によって私たちは行為主体性《エージェンシー》を得ることができる。私たちが海に（そして間接的に私たち自身に）加えてきた諸問題について憂鬱になるのはとても簡単だが、私たちはそのことを無関心へと変化させてはいけない。私たちには行動が必要で、行動には熱意・エネルギー・決意が必要だ。もしあなたがそれが可能か疑問に思っているなら、過去五〇年間でさえ私たちの社会がどれほど変化してきたかについて少しばかり考えてみてほしい。そうすれば、変化を達成することになんの問題もないことがわかるだろう。私たちはただそれを求める必要があるのだ。それで……私たちはなにを求めているのだろう？　決断しなければならない。

私は自分自身がなにを望んでいるかをわかっている。私が望むのは、海が私たちの惑星の生命維持システムの健康な心臓部であり続ける未来だ。そしてそれを望むことは自己犠牲的な営みではない。私たち人間にとっても惑星にとっても同様により良いシステムというものはあるからだ。私たちは化石燃料への依存を断ち切り、先へ進むことができる。これはすべて、より良い世界へ向かおうという話だ。

それで私たちは実際のところ、実践としてなにをすればいいのだろうか? 最初にして最大の課題は海の惑星の住民としての私たちの状態について学び、はっきりと口にすることだ。私たちはブルー・マシンについて話し、海についての考え方を共有して発展させ、それを私たちの世界観に組みこむ必要がある。しかるのち、私たちは行動する必要がある。海が直面している諸問題は人間のシステムによって生じており、個別の悪いおこないのリストから生じているわけではない。私たちは全体像を考えることによってのみ、私たちの文明の問題含みの側面を再構築・改善し、私たちの惑星の巨大な生命維持システムと共存させることができる。私たちの全員が乗員なのだから、私たちの全員が貢献可能だ。その貢献の多くは、投票、政治家への手紙、なにを買うかを通じて私たちの好み=選択を明確にすること、地域の小さな選択こそ建設的であるということの確認、といった形を取るのかもしれない――そしてそのすべてが重要だ。もし私たちが変化を望むなら、私たちはそれを起こすことができる。

ブルー・マシンのありのままの姿をきちんと認識することは、私たちに変化をもたらす。私たちはこの広大な青の片隅をさまよっている生命の小さな点で、そういうものとして青い惑星の上にいる私たち自身を想像すれば、私たちは謙虚さと快適さの両方を得ることができる。私たちの影響はすでに、この巨大なエンジンをひねりまわしているが、未来は違ったものでありうる。その未来は他のなにによりも、私たち人間と地球の海との関係にかかっており、それはアイデンティティの問題に行き着く。私たちは毎朝、どのような人間でいることを選択しよう？　私たちは地球の決定的特徴を私たちの生活の重要な一部ととらえ、自分たち自身をこの青い惑星の住民と見なすことを選ぶのだろうか？　それとも私たちは、顔をそむけることを選ぶのだろうか？

＊

ピンクと紫が空に滲むにつれ、宇宙の暗闇と遠い星々の点々とした明るさは視界から消えてゆく。きょうも新しく海の一日がはじまる。私たちは櫂を携えて座り、太陽が昇るのを待っている。宇宙はまだそこにあるが、私たちの焦点はここ、私たちのカヌーにある。私たちは皆ここにいて、地球の住民で、海に囲まれている。私たちはどのように、そしてどのくらいブルー・マシンとつながるかを選択しなければならない。ひとつ私たちができないのは、それを無視することだからだ。海は私たちを抱きしめることができるし、海は私たちを壊すことができる。私たちは海と協調することができる、あるいは対立することが。

一筋の陽光がカヌーの前部を横切ってきらりと光る。櫂を上げろ、いまがその時だ。

イムア！

謝辞

スクリップス海洋研究所でポストドクターとして偶然にも海洋科学の世界に足を踏み入れてからというもの、海は久しく私を惹きつけてきた。私はグラント・ディーンに途方もなく感謝している。彼はスクリップスで一緒に働く機会を私に与え、私たちの青い惑星の青がもつ驚きと複雑さへの扉を開いてくれた。そうした複雑さのなかを航行し、気高さと科学のどちらか一方をごまかすことなしに、海が機能する方法と理由を示す物語を共有することは難しい課題であり続けており、相当な量の助けと支援がなければ私はそれをおこなうことができなかっただろう。私がこの本を書くにあたって、時間・専門知識・熱意を気前よく共有してくれたすべての人たちに、私はすこぶる感謝している。

海を研究するには協力的である以外なく、私は世界中の海洋科学者のコミュニティからとても多くのことを学んできた。私はデイヴィッド・ソーナリー、クリス・ブライアリー、アルノー・チャヤ、エイドリアン・グローヴァー、エイドリアン・キャラハン他の多くの人々に対して、ロンドン・オーシャン・グループでの助けと支援に特別に感謝している。私たちが一緒に創立し、互いの学びに役立ち続けているグループだ。また、大西洋・太平洋・南極海・北極海・バルト海・北海における調査船での生活のあいだ、もっともありのままの海を目にするという大きな特権は、船上の素晴らしいチームのおかげで、はるかに豊かなものとなった。最高の科学と最高の親交の両方に献身的に取り組んだ人々だ。あまりに数が多いため名前を挙げることはできないが、かれらはかれらが誰かを知っている。

キモケオ・カパフレフアは本書の執筆のあいだずっときわめて協力的で、ハワイの文化とカヌーの重要性について時間をかけて私に教えてくれたし、他に助けになってくれる人と私が連絡を取れるようにしてくれたし、彼の世界観を共有してくれた。私は彼が私を信頼してくれていること、特に、陸と海の両方で私たちが一緒にすごした時間のいくらかについての記載を許可してくれていることにとても感謝している。また、ロンドンで私はアウトリガー・カヌーを漕ぐコミュニティと出会った。私の所属クラブOCUKだ。キャメロン・テイラーとシボーン・トーマスは大変多くの人々に対してスポーツとしてのアウトリガー漕ぎだけでなくその文化までをも紹介しており、このふたりに特に感謝を伝えたい。

私はナイノア・トンプソンが本書にホクレアについてのセクションを含めることを許可してくれたのを光栄に思う。ポリネシアの伝統的な航行技術のリヴァイヴァルについての物語と教訓を、特に若い世代に共有しようという彼のたゆまぬ努力は、本書にとってひとつのインスピレーションだ。ポリネシア航海協会は並外れた仕事をしており、そのウェブサイトでホクレアとその他のポリネシア航海カヌーの現在位置と航海についての情報を見てみることをお勧めする。マーナ・アヒーとソニア・スウェンソン・ロジャースは私のリクエストに対して計り知れない手助けをしてくれた。

一冊の本を著すことに付随する最良の事柄のひとつは、本にとって重要な場所やプロジェクト、そして理由を説明できる人々のもとへ直接赴く好機が得られることだ。インタヴューで次の全員と話すことができたのは名誉なことだった――NELHAのキース・オルソンとローレンス・ソンバルディエ、ワシントン大学のデボラ・ケリー、国立海洋学センター（サウサンプトン）のステフ・ヘンソンと彼女のチーム、海洋生物学協会（プリマス）のデイヴィッド・ジョンズ、ロンドン自然史博物館のエイドリアン・グローヴァーとリチャード・セイビン、コーニッシュ・シーウィード・カンパニーのティム・ヴァン・バーケルだ。また、カティ・サーク号について私に話す時間を割いてくれたグリニッジ王立博物館の学芸員ハンナ・ストックトンと、その会話の手配を手伝ってくれたカレン・エデン＝タクスフォードにも感謝する。

ヘレン・ファー、ルース・ジーン、ティナ・ファン・デル・フリールト、リアナ・ヘフナー、ヨギニ・ラステは皆、アイデアを発展させ、特定の部分についてファクトチェックをするのを手伝ってくれた。デイヴィッド・ホー、スミス・モーダック、イアン・ブルックス、ロラン・ボップは勇ましく原稿すべてに目を通し、貴重なコメントと修正を提示してくれた。ステフ・ヘンソン、デイヴィッド・ジョンズ、マリオ・ホップマン、ジェイミ・パルターは皆、個別の章について、読んだうえでフィードバックと安心を与えてくれた。もちろん、除ききれなかったあらゆる誤りについて、その責任は私だけにある。

ジャンクロウ&ネズビット社の著作権エージェント、ウィル・フランシスは得がたい激励と友情を通じて、このプロジェクトにおける温かく賢明な導きの声であり続けてくれた。特に助かったのは、最初のアイデア形成のあいだと、私が自分自身を疑いはじめていた中間の避けがたい部分でのことだ。トランスワールドのスザンナ・ウェデソンは当初からアイデアを信じてくれて、全体を通して建設的かつ前向きなサポートをくれた。原稿はイギリスのジリアン・サマースケールズとアメリカW・W・ノートン社のジョン・グルスマン、ヘレン・ソマイディースからの注意深く詳細なコメントと校正によって大きく改善された。細部に対するかれらの鋭い注意と、その高い基準を本書が満たすよう努めてくれたかれらの尽力に、大変感謝している。

執筆の過程すべてを通じて、多くの友人たち、特にケンブリッジ大学チャーチル・カレッジからの仲間たち、さらにジェム・スタンスフィールド、トレント・バートンとメリンダ・バートン、ロビン・インス、スミス・モーダック、ガイア・ヴィンス、マリオ・ホップマン、イアン・ブルックス、トム・ウェルズ、アダム・ラザフォード、アリス・ロバーツその他大勢からのさまざまなサポートと励ましは信じられないほどにありがたいものだった。また、ジャック・ウォーマルドは本書で言及されている初期の旅行と冒険のいくつかでの貴重な仲間だった。

私の家族はいつも、私の冒険に安全で愛のある基盤を提供してくれた。特にお母さん、スーザン・チェルスキーと、いとこのカール、ジェイムズ、ニッキーとその家族たちだ。お父さん、ジャンは、この本が書かれている途中で亡くなったが、彼の影響は生きている。私は彼が完成品を見ずに逝ったことがとても悲しい。妹のイレーナは、それが私にふさわしいかどうかにかかわらず常に私の最大のファンで、私は彼女の変わらない愛とサポートに畏敬の念を抱いている。パートナーのデイヴィッドは最高で、常に励まし常にそばにいてくれる人生のすばらしいチームメイトであり、おまけに海洋学上の詳細と情報源の一部について信じられないほど役に立つ。彼と恋に落ちることになった機会は、海がこれまで私に与えてくれた最高の贈り物のひとつだ。

訳者あとがき

海と出会うことで、ひとりの物理学者の人生が大きく変化した。本書の著者ヘレン・チェルスキーだ。もともと物体が爆発する際の動きについて研究していたチェルスキーは、博士号取得を機に新たな研究対象を「泡」に定めた。そこで彼女は初めて海の世界と出会うことになる。それが著者にとってどれほど衝撃的な出来事だったかは「イントロダクション」に詳しい。

その後サウサンプトン大学での勤務などを経て現在はユニヴァーシティ・カレッジ・ロンドン機械工学科の准教授を務める著者は、物理学者・海洋学者としてBBCテレビなどのメディアにも積極的に登場し、科学についての知見を広く発信している。

さて、冒頭で「海と出会う」と補足もなしに書いたが、それは具体的にはどういうことだろう? 現代に生きる多くの人々は海を（少なくとも写真や映像を通して）見たことがあるし、それぞれ海についてのなんらかの印象を抱いていることだろう。しかし、海のなかに間違いなく存在する海水の層について、あるいは海を漂う回転木馬のような流動について、あるいは目に見えないプランクトンたちの、強調してもしすぎることはない活躍について、あるいはクジラの耳垢が語ることについてはどうだろう? ほとんどの人はなにも知らないのではないか。私たちの多くは、海とのつながりを近代化とともにますます失ってきた。その結果、海は「遠く」にある「空っぽ」の場所と見なされてさえいる（第5章）。すなわち、人々が忘れてきた、海のもつ複雑さと豊かさを、海洋物理学の知見を通じて発見し直すという試みこそが、ヘレン・チェルスキーの海との「出会い」だったのだ。

さらに彼女は、科学以外の面からも海とふれあうことになる。ハワイの伝統的アウトリガー・カヌーの世界だ。海洋文化の真骨頂とさえいえるかもしれないそれにふれた彼女は、科学的な視野と体験的な視野を隔ててしまうことなしに、みずからが出会った「海」を読者にまるごと提示することを試みる。それが本書だ。そこには小さな炭素原子の移動から明の時代の巨大船団の移動まで、あるいはプランクトンの糞の行方からロンドンの下水施設の歴史までもが含まれる。話題が次々と転換する本書の構成に戸惑う読者もおられるかもしれない。しかし案ずることはない。まるでアウトリガー・カヌーを導く熟練の漕ぎ手のように、著者は必ずや、新しい景色の見える場所まであなたを導いてくれることだろう。訳者から提示できる本書の「読み方」があるとすれば、それは櫂を漕ぎ、波間を行くようにして読書という航海を楽しめばいいということだけだ。

本書では多くの化学的・物理学的解説がなされるが、数式は完全に省かれている。さらに著者一流の「話術」が、難しい概念の理解を助けてくれる。数式を見た瞬間に目をそむけてしまう私が翻訳を終えられたのは、多くの人に本書を届けようという著者の工夫と情熱の翼に乗ってのことだった。

そしてこれだけはこの場を借りて自画自賛したいのだが"ocean engine"の訳として「海というエンジン」という日本語をあてることができたのは本当に良かったと思っている。そう、海こそがエンジンそのものなのだ。その真意を知るには、とにもかくにも本文を読んでいただきたい。

偉そうなことをいろいろと書いたが、どこかで的外れな訳をしているのではないかという思いは絶えない（なお、〔 〕は訳注と訳者による補足を示している）。もしも疑問に思うところがあれば、図書館で調べるなり専門家に尋ねるなりしてほしい。そして間違いがあればご教示ください。

今年の五月、逗子でのアウトリガー・カヌー体験で漕いだ櫂の手ごたえを思い出しつつ。

二〇二四年九月、東京

海をまるごと捉える自然史的＝身体的実践の試み

解説 管啓次郎

これこそがデンマーク海峡オーバーフロー、すなわち水中の長い山腹を下って海の奥底のプールに落ちる世界最大の滝だ。(90)

唐突な引用からはじめたが、たとえばこうした細部に、ぼくは陶然とするような魅力を感じる。そしてそんな細部が、この本においては枚挙にいとまがない。読者は多くを学べる。その主題は海。海とは地球にとって、生命にとって何なのか。このあまりに本質的な問いに答えるための手がかりが、惜しみなくひろびろと提供されている。だがそもそも海と生命は不可分で、生命はまるごと海に属しているともいえる。海を自分たちの生存や居住から遠いものとして考えること自体、われわれが習慣づけられてきた偏見なのかもしれない。

島々に住んでいる以上、われわれの大部分は海を見たことがあるだろうし、海を聴いたことがあるだろう。海にふれたことがあるだろうし、濡れたこともあるだろう。それで海を知った気になっている。だが何を知っているというのか。きみやぼくが見たのはこの惑星に水平方向にも垂直方向にも果てしなくひろがる海のごく一部であり、聴いたのは海をみたす万物のさまざまな音のごく一部にすぎない。読者としては、この無知の告白からはじめるのがいちばんよさそうだ。ゼロからの出発ほど力強く、また楽しいことはないのだから。

地球そのものが海によっていかに調整され、海という場と媒体においていかに全面的な試みが絶えることなくつづいてきたか。地球に暮らす生命は海という不思議な現象に、いったいどれだけのことを負ってきたか。それらの問いに対する無知から出発して本書とともに旅をはじめるとき、海に対するわれわれの目と耳と肌はひらかれ、何度でも改めてひらかれ、その上で海とそこで起きているあらゆる事件に対する畏怖がこみあげてくる。この覚醒はほとんど痛みにも似た驚きとともに訪れ、現在が地球生命の歴史の上でどのような非常事態であるかも、いやでも考えざるをえなくなるだろう。

だったら臆することなく、そんな無知の岸辺に立ってみようか。きみが海辺の堤防や岩壁を歩いたことがあるなら、一見おだやかに打ち寄せる波の反復がつづく海岸でも、何十という波のうちにときおり突然に驚くべき大きさと強さをもった大波がやってきて、あやうくさらわれそうになった人々がその水しぶきに悲鳴や歓声をあげる場面を目撃したことがあると思う。ワイキキ・ビーチの防波堤でも、ハバナのマレコン（海岸通り）でも、ぼくにはそんなことがあった。子供時代の海水浴の浜辺で、砂浜の波打ち際を歩いていてぶつかってくる波に実際に転び水に巻かれた経験のある人も多いにちがいない。そのずんとくる体感を思い出すなら、水というものがいかに重い物質で、それが無際限にやってくる波がいかに圧倒的に強力かを、想像する入口にはなる。だがその波の起源はどこ、その力の源泉は何？　そもそも海水はみずからのうちに何を保持し、何につらぬかれている？　漠然としてはいても、われわれはすでに（潜在的には）これらの問いのすべてにぶつかってきたはずだ。

本書『ブルー・マシン』がきわめて興味深いのは、著者が物理学者としての立場から海に注目し、アウトリガー・カヌー漕ぎや研究ダイヴァーとしての身体的実感と経験から、まるごとの環境としての海を考えようとしている点にある。「海はエンジン」だと彼女はいう。え、エンジンですか？　そう、海こそ地球の気象を駆動し、生命圏を積極的に整えてくれる機械であることは疑えない。これは文字どおり、そうなのだ。エンジンと呼んだからといって、硬い素材で組み立てられた工業機械を想像してはいけない。それは水とあらゆる生物・微生物、ミネラルや微量の元素を含む、生命と非生命を総合した、惑星大のバイオ機関なのだ。そもそも地球の究極の動力源が太陽エネルギーだということは疑えない。われわれは太陽に由来し、太陽のおかげで生きている。そしてその太陽エネルギーを具体的な運動に変換し(エネルギーを運動に変換する何か、というのが「エンジン」の定義)、惑星規模の循環をつくりだし、安定が維持される条件を整えるのは、海だ。

まず押さえておきたい基本は次のようにまとめられる。「一年にわたって、赤道地帯ではエネルギーが純増し、極地では純減するということだ。この対比は、ひとつの非常に根本的な結論をもたらす。すなわち、大気と海はシステムを流れるエネルギーを単に貯蔵しているのではなく、再分配しているということだ」(16)。

端的にいって地球上のすべてはその再分配の結果だろう。しかしその全貌を展望することはむずかしい。人間の知識の大きな問題は、まず第一に、ひとりひとりの人間が絶望的なまでに局所化され、自分の鼻先のことしか知らず考えずにすませようとしていること、ついで第二に、各地のローカルな実践がそれなりに伝統的に蓄えてきた知識や方法が、失われるときには一世代ですっかり失われてしまうということだ、とぼくは思っているが、これらの限定と現実を克服する努力がなければ、ヒトは海との関係を新たにむすびなおすことの、とば口にもたどりつけない。

近代は一面においては地理的自由度や交通技術の高まりとして定義できる。だがそれは必ずしも、知識の堆積にも認識の深まりにもむすびついたわけではなかった。それどころか、近代の都市化と技術化は人類の大部分をどんどん無知に、無感覚にしている。ほとんどの人間にとって、海についての英知は失われる一方だ。たとえば第6章で述べられるように、帆船が蒸気船にとって代わられたとき、人類と海とのつながりは「大きな断絶」の時代を迎えたのかもしれない。風と波と星を読み、海とひとつにつながりながら航海する時代は終わり、都市住民にとって海はひどく遠いものとなってしまった。「遠い」からこそ海はどうでもよいものと見なされ、都市は海にゴミと汚水を投げ捨てる。その結果もたらされる水質の悪化はいうに及ばない。現在では大量のマイクロプラスティックが大洋をすみずみまで漂い、恩知らずなニンゲンたちの体内にも着実に忍びこんでいる。

いうまでもなく、いわゆる「環境問題」はすでにわれわれの、そして他の多くの生物の、生存を脅かす段階に達している。温暖化、汚染、ゴミのいずれについて考えるためにも、海について考えることが不可欠だということに異論はないだろう。しかし、海という対象は比較を絶して大きい。大半のわれわれは海についてほとんど知らず、断絶された場所から海を風景化し、あるいは海を目のまえにしながらそれを幻想化して、呆然と立ちつくしているにすぎない。この状態を脱出する手がかりは、ないわけではない、むしろいくらでもある。これまでに得られてきた各分野の科学的認識、そして海とともにある生活がつちかってきた文化実践をめぐる伝承知だ。それらをどう連係させ、総合してゆくか。その総合によって、地球生命の核心にある海を、いかによりよく想像できるようにするか。本書がめざすのは、まずそのあたりではないだろうか。

以上は前置き。著者ヘレン・チェルスキーは物理学者だ。彼女があざやかな手際でしめす「海というエンジン」の構造には、考えさせられる。少しまとめてみよう。

すべては太陽エネルギーにはじまる。海面に到達した太陽光は熱として海に蓄えられる。しかし海水の上層部は温められても、下部は冷たいままだ。豊富な栄養は下のほうの層にある。そこへ海流がやってきて、下にある栄養を上へと押しあげる。その結果、エネルギーと栄養の両方をいちどに得た植物プランクトンは、海面で光合成をはじめる。光合成、すなわち太陽エネルギーのとりこみ。これが地球上の生命の絶対的基盤だ（植物プランクトンのことを彼女は「地球上でもっとも小さな発電所」と呼ぶのがおもしろい。その発電所は海に無数にあり、プランクトンをオキアミが食べ、オキアミをアンチョビが食べ、アンチョビをより大きな魚、アシカなどの海獣、さまざまな海鳥が食べる。存在の大いなる連鎖？）。

水温が急激に変化する海の内部境界のことを「水温躍層」と呼ぶ。明るく温かい水と暗く冷たい水の境界だ。このように「明確に層が生じているが、その層は破られることがある」というのが、海の作動の基本パターンだ。海が蓄えた太陽エネルギーは、塩、自転、風などとのあいだに海がむすぶ複雑な関係を通じて分配され、この世界を造形している。海という一元的な流動における層化と、層の局所的な乱れが、地球の多様な景観を直接つくりだしているのだ。

「複雑な関係」と呼ぶのはかんたんだが、ほんとうのところ、それはどのようなものなのか。その関係をときほぐすために、本書では科学者たちの探究の歴史や、話題となっている海の現象にかかわる生物の生態、さらには著者自身の生活や態度までをも織りまぜた、混成的な記述が試みられる。このスタイルはもちろん博物学的といっていい。ただしその博物学は自由闊達で、詩的言語とも合流し、海の多様性そのものをまるごと映そうとするような野心すらそなえているように思う。それが本書の魅力だ。

たとえば第1章のクライマックス部分で、著者は北極海を横断した最初の船、木造船フラム号を保存する博物館（オスロにある）を訪れた際のことを述べている。それにつづくのは水分子の運動と構造の変容、フラム号を率いたフリチョフ・ナンセン（ノルウェーの科学者・探検家）たちの調査のようす、ヴァイキングの赤毛のエイリークの活躍、第一次世界大戦でドイツ軍が使用した「パリ砲」の弾道と「コリオリ効果」の関係、そして「エクマン螺旋」についての解説などなど。それから話題はナンセンの調査の結末を経て、フラム号博物館へと回帰する。海の全体像を提示しようとするなら、物事のつながりを断ち切らずに記述をおこなうしかないという確信が、彼女にはあるようだ。著者のアウトリガー・カヌーの師のひとり、マウイ島のキモケオ・カパフレフアが語った言葉「大切なのは人間と土地と海と天のつながりです」が思い出される（第7章）。その壮大な連関に絶えず注意をはらうことこそ太平洋航海術の基本であり、著者はまるでその航海術の精神を執筆にも応用しようとしているかのようだ。

第1部で海というエンジンの構造の輪郭を描いたのち、第2部では「使者《メッセンジャー》たち」、「乗客《パッセンジャー》たち」、「航海者《ヴォイジャー》たち」という三つのテーマに即して海が探究される。光と音、受動的に海を漂うものたち（プランクトンや原子など）、能動的に海をゆくものたち（ペンギンや人間など）それぞれと海との関係が、またしても花やかに話題を盛りこみながら語られてゆく。

どの話題も興味深いが、一例をあげるなら「クジラの耳は語る」と題された節(279)。クジラたちに外耳はないが、体内の耳には耳垢が溜まってゆく。そして驚くべきことに、博物館に保管されてきた耳垢を分析すれば、クジラたちのストレスの増減が年代ごとにわかるのだという。仲間たちが次々と狩られる捕鯨の時代にクジラたちのストレスがピークに達するのはいうまでもない。おなじく注目すべきなのは、第二次世界大戦中に人間たちが起こした騒音もまた、クジラたちに相当なストレスを与えていた可能性があるということだ。さらに、この研究に携わるリチャード・セイビン（ロンドン自然史博物館）は著者との会話の中で、音そのものが原因ではなく、戦争という脅威をクジラたちが仲間のあいだで共有していたことがストレスの原因ではないかと推測する。深刻に考えさせられる話だ。第2部ではまた「ニシン娘」たちの話が社会史的に非常に興味深いし、クロマグロの話には動物学的に、カティ・サーク号やホクレア号の話には航海史的に、魅了されないわけにはいかない。

そしてこの決定的なメッセージ。

私たちは、海を受け入れるかどうかなど重要ではないかのようにふるまって無知のまま活動を続けることのできる地点をとっくに過ぎている。ブルー・マシンは巨大なものかもしれないが、それは繊細に均衡を保っており、私たち人間の文明はそのプロセスに、それを混乱させるのに十分すぎるほどの影響を与えている。私たちの社会の海との関係は、大きな愛と酷い暴虐の両方を包含する複雑なものだ。(409)

この苦い反省をうけて第3部では、海と人類が現在直面している諸問題について語られる。これらを人新世的問題と呼んでもいいだろう。ニンゲンが化石燃料を燃やし、土地利用の方法を変えることでひきおこされてきた問題だからだ。われわれが生んだエネルギー不均衡のつけを、大洋が支払っている。海水は酸性化し、砂浜は極度に減少している。読み進めるにつれ、人類が海に対しておこなってきた蛮行から目を逸らしたくなることだろう。それ以前の部分では、著者は意図的にそうした話題を抑制していたようにも思われる。それは悲嘆にくれるよりも、まずは海について「知る」ことが先決だと、彼女が考えていたからだろう。

海をめぐる問いのむずかしさは「海の相互作用が陸よりもはるかに見えづらい」(435)ことに関係している。海に関しては「全体像を見落としやすい」(436)ことも否定できない。われわれは海を見ていない、聴いていない。しかしこれは克服すべき態度であり、海を知ることは火急の要請だ。

知ることは変わること、変えることだ。知れば世界の見えが変わる。そのためにはあらゆる学科の成果、歴史と神話までも動員して、海の博物学＝自然史的総体を想像する必要がある。グローバルな合意に達する唯一の道は、想像力なのだ。しかもグローバルな合意というフィクションを、懐疑的に批判するだけではすまない段階に、すでにわれわれは達している。物理的事実が（温暖化が、大量のゴミが）つねに地球という単一体をつきつけてくるからだ。ドラスティックな方向転換も、まずは想像からはじまる。私たちは海をどうしたいのか、ひいては未来をどうしたいのか。地球をどう生きたいのか、どんな種として生きたいのか。そうした本質的な問いを考えるためにはまず、海についていま知ることのできることをじゅうぶんに知らなければならない。そのためには漕ぎだすしかない。

Hoʻomākaukau.（準備して）
Imua!　（さあ、進め！）

アウトリガー・カヌーを漕ぎつつ、イングランド北西部出身の実験爆発物理学者が学び身につけたハワイ的＝ポリネシア的＝太平洋的感覚に、これからしばらくついていこう。われわれが、それぞれの責任において、海を、地球を、よりよく想像するために。そもそもわれわれは、ただ今ここでこうして生きているだけで、つねにブルー・マシンと連動しているのだ。

著者

Helen Czerski

ヘレン・チェルスキー

マンチェスター生まれ。ユニヴァーシティ・カレッジ・ロンドン機械工学科准教授。物理学者としての研究対象は外洋での砕波の下に生じる泡で、それらが気象と気候に与える影響を解明しようとしている。2011年よりBBCテレビの科学ドキュメンタリーのプレゼンターを定期的に務める。ポッドキャスト「オーシャン・マターズ」のホスト、コズミック・シャンブルズ・ネットワークの一員、フリー・チャージド・ショーのプレゼンターのひとり。2017年からはウォール・ストリート・ジャーナルで科学コラムを執筆。著書*Storm in a Teacup: The Physics of Everyday Life*(未訳)はベストセラーとなった。2024年、本書でウェインライト賞(保全部門)を受賞。ロンドン在住。

翻訳

林 真

はやし・まこと

奈良県出身。京都府立大学文学部欧米言語文化学科卒業後、会社員生活を経て明治大学大学院理工学研究科建築・都市学専攻総合芸術系にて修士号取得。主な論考に「村上春樹の紀行文と小説における相互影響について——なぜ『多崎つくる』は名古屋にもフィンランドにも「行かずに」書かれたか」小島基洋・山﨑眞紀子・髙橋龍夫・横道誠編『我々の星のハルキ・ムラカミ文学——惑星的思考と日本的思考』(彩流社、2022年)がある。

A&F

Japanese translation rights arranged with Janklow & Nesbit(UK)Ltd.
through Japan UNI Agency, Inc.

BLUE MACHINE: How the Ocean Shapes Our World

2024年 11月14日 第1刷発行

著者
ヘレン・チェルスキー

翻訳
林 真

発行者
赤津孝夫

発行所
株式会社 エイアンドエフ

〒160-0022 東京都新宿区新宿6丁目27番地56号 新宿スクエア
出版部 電話 03-4578-8885

ブックデザイン&カバービジュアル
明石すみれ（芦澤泰偉事務所）

編集
宮古地人協会

印刷・製本
株式会社シナノパブリッシングプレス

使用用紙
カバー 岩はだ／白 46Y130kg
帯 ポルカ／キナコ 46Y90kg
表紙 Fボード 310kg
本文 モンテシオン 46Y70.5kg

Published by A&F Corporation
Printed in Japan
ISBN978-4-909355-49-2 C0044

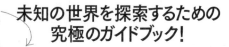

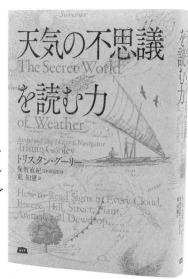